**王意成**

中国环境科学学会植物园保护

分会原副秘书长

江苏省中国科学院植物

研究所（南京中山植物园）原园景处处长

江苏省花木协会原副理事长

高级工程师、花卉科普作家


年逾八旬，一位温润儒雅的老人，兢兢业业的园林工程师，如痴如醉的植物爱好者，一生的事业就是与植物相知相伴，认识的植物比认识的人还多。

编著了《新手四季养花》《零基础学养花》《新人养多肉零失败》《花草树木图鉴大全》等畅销好书，备受业内好评和读者喜爱。

汉竹●健康爱家系列

# 花卉博物馆

（第二版）

王意成 / 编著

江苏凤凰科学技术出版社 · 南京

图书在版编目（CIP）数据

花卉博物馆 / 王意成编著 .— 2版 .—南京：江苏凤凰科学技术出版社，2024.01
（汉竹•健康爱家系列）
ISBN 978-7-5713-3000-2

Ⅰ.①花… Ⅱ.①王… Ⅲ.①花卉－观赏园艺 Ⅳ.① S68

中国版本图书馆 CIP 数据核字（2022）第094609号

花卉博物馆

编　　著　王意成
责任编辑　刘玉锋　黄翠香
特邀编辑　陈　旻
责任校对　仲　敏
责任监制　刘文洋

出版发行　江苏凤凰科学技术出版社
出版社地址　南京市湖南路1号A楼，邮编：210009
出版社网址　http://www.pspress.cn
印　　刷　南京新世纪联盟印务有限公司

开　　本　787 mm × 1 092 mm　1/16
印　　张　27
插　　页　4
字　　数　1 000 000
版　　次　2024年1月第2版
印　　次　2024年1月第1次印刷

标准书号　ISBN 978-7-5713-3000-2
定　　价　198.00元（精）

王意成老先生已经年过八旬，与江苏凤凰科学技术出版社打交道超过40年，我们这些“小字辈”和老先生合作时，已经是社里的第五代编辑了。

近50年来，在出版园艺科普类图文书的道路上，老先生一直兢兢业业，他坚持提供自己拍摄的照片。为了丰富图片库，每逢花期和园艺展，他都会背着相机，坐公交车、地铁辗转到各个地方拍摄植物的照片。这样的脚力和精力，连年轻人都称赞和佩服。

当听说《花卉博物馆》这本书要修订、升级，老先生开始认真思考如何才能改得更好、更受欢迎。在跟编辑见面之前，他不仅手写了对每个章节的新规划，还准备了一大摞参考资料。“现在的栽培品种又多又漂亮，一般人不常看见，很值得加进去。”面对老先生的赤诚与敬业，编辑们也不敢怠慢，从框架结构的重新调整到几百个新品种图文的增补，都尽可能按照老先生手稿一点点来，仔细核对、校准，生怕辜负老先生的心血和期望。

在改版的两年时间里，老先生独身一人前前后后来出版社十几趟。他感慨道:“这次改版花的精力比做第一版要多得多！为的就是给读者展现更丰富、有意义的花卉植物。”

因为繁重的修订工作，老先生视力下降很多，所以从原先每天工作半天，减少到工作两三个小时，但还是无法承受这样的用眼强度。这期间，老先生去做了白内障手术。等视力得到良好的恢复之后，他又加快进程，生怕因为自己的原因影响出版进度。编辑、设计师团队非常感动，打起十二分精神，与老先生并肩奋斗。

当我们懂得作者背后的辛苦，经历过出版过程的辛苦，再回头看，那一枝枝梅花、一朵朵牡丹都变得灵动十足，满眼都是盛放的花香，处处都是大自然的绿意，页页都是这位园林工程师对植物的热爱与激情。

# 目录

## 第一章

## 花卉百科

## 第二章

## 中国传统十大名花

## 第三章

# 世界十种知名花卉

## 第四章

# 草本观花植物

# 第五章

# 木本花卉

# 第六章

# 观叶植物

# 第七章

# 多肉植物

# 第八章

# 观果植物

## 本书植物符号使用说明

|  |  |
| --- | --- |
| 喜光 | ☼ |
| 喜阴 | ● |
| 喜半阴 | ◐ |
| 怕强光 | ☼ |
| 喜湿润 | ● |
| 较喜湿润 | ◐ |
| 不喜湿润 | ○ |
| 怕积水 | 盆 |
| 耐寒 | ✳✳✳ |
| 较耐寒 | ✳✳ |
| 不耐寒 | ✳ |
| 单瓣 | ✿ |
| 重瓣 / 半重瓣 | ✿ |
| 菊花型 | ✹ |
| 兰花型 | ✿ |
| 花小且多 | / |
| 小花 · 4 瓣 | ✤ |
| 小花 · 5 瓣 | ✿ |
| 辐射对称花 · 3 瓣 | ♣ |
| 辐射对称花 · 4 瓣 | ✤ |
| 辐射对称花 · 5 瓣 | ✿ |
| 辐射对称花 · 6 瓣 | ✻ |
| 两侧对称花 · 蝶形 | ● |
| 两侧对称花 · 唇形 | ⊦ |
| 树 | ● |
| 竹 | ‖ |
| 藤本 | § |
| 多肉 | ● |
| 观叶 | ❦ |
| 观果 | ● |
| 佛焰苞 | ● |

# 第一章

# 花卉百科

# 花卉的分类

从狭义上理解花卉，花是植物的生殖器官，卉是草的总称，花卉仅指草本的观花植物和观叶植物。而人们平日里常说的花卉与狭义的花卉有所不同：凡是具有一定观赏价值，适合室内外布置、美化环境并丰富人们生活的植物，皆可称为花卉。因此，依据植物外形，可将花卉主要分为以下几类。

## 草本观花植物

**一二年生草本花卉：**是一年生花卉和二年生花卉的统称。凡在一年内完成其生命周期，即在春季播种，夏秋季开花结实，直至死亡的花卉，以及不耐寒的多年生花卉，在温带及以北地区不能露地越冬，须春种秋收的种类，都称一年生草本花卉。凡在两年内完成其生命周期，即秋季播种，次年开花然后死亡的花卉，都称二年生草本花卉。上述两类花卉，整个生长发育期一般不超过 12 个月，因此合称一二年生草本花卉。

**多年生宿根花卉：**植株地下部宿存越冬而不膨大，次年继续萌芽开花并可持续多年生长的草本花卉。简单地说，凡生命周期在两年以上，地下部器官形态未经变态的草本花卉，都称多年生宿根花卉。根据其耐寒程度，常分为常绿宿根花卉、不耐寒性宿根花卉、耐寒性宿根花卉。

**多年生球根花卉：**植株地下部分大量贮藏养分，改变原来的形态而膨大的多年生草本植物。球根植物根据其形态可分为鳞茎、球茎、块茎、根茎和块根 5 类。

**水生花卉：**是园林和庭园水景中常见的植物种类，常年生活在水中，或在其生命周期内有段时间生活在水中。根据其进化过程和生存方式，常分为沉水类植物、浮水类植物、挺水类植物、漂浮类植物。

半支莲是一年生草本花卉，耐干旱又耐高温，已成为夏季花卉代表。

勋章花是喜阳性多年生宿根花卉，生长和开花均需充足的阳光。

郁金香是世界著名的球根花卉，秋植球根，春季开花。

## 木本观花植物

**观花乔木：** 主干和侧枝有明显的区别，植株高大，多数不适于盆栽。

**观花灌木：** 主干和侧枝没有明显的区别，呈丛生状态，植株低矮，树冠较小，多数适于盆栽。

**藤本花卉：** 主茎细长而柔软，自身不能直立，匍匐于地面或攀缘、缠绕生长的花卉。根据其攀附方式，可分为钩刺类、缠绕类、卷须类、吸附类。

## 观叶植物

观叶植物是指那些叶形、叶色别致好看，株型美观，具有观赏价值的植物。

它们一般原产于热带和亚热带地区，不太适应直射阳光、较大的昼夜温差和冬季严寒。较典型的观叶植物有热带雨林植物、亚热带常绿阔叶林植物等。

## 多肉植物

多肉植物又称多浆植物，茎叶肉质，具有肥厚的贮水组织。多肉植物分布较广，以非洲国家特别是南非居多，少数产于温带干旱地区或高山上。多肉植物涉及的科属较多，根据其肉质化部位的不同，可分为叶多肉植物、茎多肉植物、根多肉植物、茎干状多肉植物。

## 观果植物

观果植物是指果实形状或色泽具有较高观赏价值的植物。色彩鲜艳、形状奇特、着果丰硕是观果植物的特点，常用以点缀园林风景。根据科属，常见的有葫芦科、蔷薇科、芸香科、茄科等。

白兰是观花乔木，香气浓郁，在南方被广泛用作行道树和庭荫树。

贴梗海棠是观花灌木，花色艳丽夺目，枝干挺拔健壮。

多肉植物黑法师叶片呈莲座状排列，主要靠叶部来贮存水分。

# 花卉的应用

花卉在园林景观配植中是十分重要的素材，既可单独成景，也可与其他构图要素如地形、建筑、园路、山石、雕塑等相配合组景，使园林绿地呈现出季相的动态变化，表现出生机盎然的自然美。通过构思、设计、布置，花卉还可用于点缀或装饰室内环境，使居住于城市中的人们有“重返自然”的感觉，从而增加愉悦感。

## 草本观花植物

**一二年生草本花卉：**一二年生草本花卉常以花色艳丽取胜，在园林景观中，多用于景点装饰，近距离欣赏。其配植的形式有适合规则式园林的花坛、花台、花带等，均以突出花色和图案为主，可单独或组合式配植。而在自然式园林景观中，则采用花台、花丛、花境、花带等，以表现出高低错落、色彩缤纷等自然之美。

毛地黄、金鱼草等组成的花境。

矮牵牛、百万小铃等盆栽悬挂布置桥景。

羽扇豆、耧斗菜等组成的花境。

蓝眼菊用于景点布置。

**多年生宿根花卉：**多年生宿根花卉花朵艳丽，集中栽植效果极佳，园林中常广泛用于花境或花丛。在公园、风景区常见用多种宿根花卉组成的花境，根据植株的高矮、不同的花期和色彩考虑，按后高前矮的原则，使立面高低错落，趋于自然。由于花期的不同和色彩的变化，不同季节有花可赏，每季有突出的色调，构成了不同的季节景观。

林下布置的黄水仙、风信子等球根花卉。

郁金香用于景点布置。

**多年生球根花卉：**球根植物在园林景观配置中能起到重要的烘托作用。球根花卉种类丰富、栽培容易、管理简便，适合家庭盆栽和水培。球根花卉以种球为繁殖材料，种源交流便利，花大色艳，花期长，适合园林布置，尤其是成片栽植，姿态优美、整齐，观赏效果明显，被广泛应用于花坛、花境、岩石园或作地被、基础栽植等。球根花卉开花一般都会抽出一根较长花秆，形成一枝花序。这枝花序被切下后也是商品切花和插花的良好材料。

**水生花卉：**水生花卉常用于缸栽或室外水景布置，是湿地风景区、公园的骨干材料。缸栽主要用于庭园、阳台装饰，如缸栽的荷花、黄菖蒲、千屈菜等为庭园、阳台环境布置的主体材料。水景布置是当前公园、风景区景观设计中的"热点"。在大面积的湖塘水面上，遍植荷花，能表现出碧叶连天、荷浪翻卷的壮丽景观。在广阔的水面上种植睡莲，碧波荡漾，浮光掠影，景色蔚为壮观。许多水生花卉如荷花、睡莲、黄昌蒲、花菖蒲等都是极佳的切花材料，用它们装饰居室或公共场所，具有独到的韵味。

睡莲用于室外水景布置。

热带睡莲用于室外景观布置。

观赏树木展示美丽的秋景。

牡丹群栽的景观。

## 木本观花植物

我国的木本花卉资源十分丰富，而应用木本花卉进行植物景观设计和配植却有一个相对漫长的发展过程。

**观花乔木：**最早仅单纯地进行树木种植，将相同树种的群体组合，种植树木的数量较多，以表现群体美为主，具有“成林”之趣。随着人们对植物与环境认识的提高，至今已发展到注重生态效益的生态园林配植，创造出丰富多彩的生态景观，使生态园林更富有情趣和韵味。

**观花灌木：**当前，密集种植小灌木作为园林绿化设计的一种技术手段，已得到了广泛的应用。观花灌木主要追求艺术性的树木造景，将自然美和生活美的“生境”、艺术美的“画境”、理想美的“意境”三者融合。它所反映的不仅是植物的自然美和个体美，而是人工修剪造型的方式和植物组合展现的简单明快的效果，体现了植物的修剪美和群体美。

**藤本花卉：**在园林景观中，常利用藤本花卉的形状、色彩和线条来营造藤蔓棚架的优美。

**1. 棚架式。**是最常见的应用形式。通常可用竹木或金属来构筑，藤蔓依柱而上，到达棚架顶部后再横向生长，在短时间内逐渐长满全棚，从而产生浓荫密闭的效果。棚架可以把庭园的不同部分联结在一起，为在棚架下的人们创造一个阴凉的空间环境。

**2. 凉亭式。**将棚架制作成各种凉亭外形，任由藤本花卉攀缘生长，直到藤蔓长满亭顶，营造出一个名副其实的绿色凉亭。

**3. 篱垣式。**用竹木或金属制作成一排通透的铁丝网式篱垣，让藤蔓枝叶攀缘而上，生长密集后可以构成一道绿色屏障，起到阻挡分隔和装饰作用，营造出僻静的气氛。

满园飘香的重瓣黄木香。

**4. 附壁式。**适合吸附类藤本花卉，如常春藤、爬山虎等，以建筑物的墙壁、假山、岩石、大树等为附着体，向上攀爬，直至布满全壁，营造出“绿墙”“绿屋”的生态景观效果。

**5. 立柱式。**多用于盆栽中小型藤本花卉，盆中常插入木或竹木棒，使植株通过卷须或茎缠绕而向上生长，形成藤蔓立柱的效果，是目前居室和公共场所室内装饰常用的绿化材料。

藤本月季用于花篱墙布置。

## 观叶植物

大型办公场所、现代化的室内，大量摆设观叶植物盆栽。逢年过节，人们还会在重点位置，根据观叶植物习性和观赏特性挑选摆放。

**树型盆栽：**有明显的茎干，常用作主景，如孔雀木、垂叶榕等。

**附柱盆栽：**花盆中心设立支柱，供藤蔓型植物攀缘，如蔓绿绒类等。

**悬垂盆栽：**枝条柔软下垂，叶片密集、蓬松的藤蔓植物，可以作吊盆或壁吊，如绿萝、吊兰等。

**艺术造型：**利用植物茎的柔韧性进行艺术加工而成的盆栽，如“发财树”可以几株编绞成螺旋状和辫状。

**瓶景：**在封闭或半封闭的瓶中种植，形成优美独特的植物小景。

室内观赏植物除作为盆栽生产外，还可作为切叶生产，如巴西铁叶、蕨类等，切叶可作为插花的配材。

经过精心培养、制作造型的三角枫盆景，树形壮硕，叶形秀美，极具观赏效果。

## 多肉植物

目前，用多肉植物装饰室内环境或室外景观已逐渐成为时尚和热点。用多肉植物装点的居室充满异国情调，以多肉植物为主体设计的庭园可让人们领略独特的自然景观。

**盆栽：**在多肉植物的大家庭中有许多小巧玲珑的种类，若用各式艺术造型的容器加以“包装”，则更添迷人的风采。

**瓶景：**目前室内装饰中十分时尚、流行的“微型温室”。在圆形、多边形、梨形、锥形等形状的玻璃瓶中，装上白色贝壳沙，种上一组多肉植物，形成一个“生态球”。用它装饰居室，成为一个吸引眼球的亮点。

**组合盆栽：**用各种造型的浅盆，装上泥炭土和各种颗粒混合的土壤，根据花盆的造型，配植一组多肉植物，可以有创意地形成一个主题景观。

**迷你小花园：**在室内或室外，开辟一个 3~4 平方米的种植区，成行成片有规则地栽植多肉植物，构成一个有趣的几何图形。

**庭园：**利用庭园的角落或墙际，用石块、树桩做成高低错落的地形，以多肉植物的高矮和色彩进行设计配植，营造出一个多层次、色彩丰富的小型多肉植物园。

多肉盆栽小巧玲珑，适宜放在阳台、书桌上观赏。

多肉组合丰富多样，能为居室带来活泼的氛围。

## 观果植物

在选择观果植物时，既要考虑体现地方特色，也要充分利用各种植物本身特有的芳香、色彩等，从而营造出秋果这样的景观氛围。

观果植物的应用形式主要有果篱、盆景、林植、棚架等方式。果篱在公共绿地中应用较多，按带状种植，起隔开空间的作用。盆景常用材料有佛手、朱砂根等。林植是果农将果树成林种植来提高收入，如苹果、梨等。棚架式观果常见于自家小院儿中，就是利用植物爬满棚架的方式来形成景观，常见的有猕猴桃、葡萄等。

居家可摆放佛手盆景，它造型奇特，芳香宜人。

# 花卉的繁殖

花卉的繁殖主要有播种、扦插、分生、压条和嫁接 5 种方法。

## 播种

花卉的播种期常以春秋季为主。有些种类须采种后即播，这样发芽率高。有些种类须去除果肉，再清洗、晾干、沙藏后播种，以提高发芽率。有些种类由于种皮坚硬，播种前须用温水浸泡 1~2 天或锉伤种皮后播种，这样能发芽快，发芽整齐，发芽率高。

**优点：**成本较低，播种后得到的苗多，根系发达，生长健壮，生命周期较长。

**缺点：**优良品种的特征难以得到保证。

**方法：**常采用盆播或育苗盘。盆播常用口径 30 厘米、深 8 厘米的浅盆。播种土以腐叶土、园土和沙的混合土为宜，须经高温消毒，保持一定的湿度。装盆时，粗土放下层，细土放上层，表面用小木板压平后播种。种子播种的深度视种类而定，小粒种子播浅一点儿，中等或大粒种子可略深一点儿，一般深 1~3 厘米即可，发芽需光照的种子不能覆土。播种完毕从盆底浸水，盆口盖上玻璃或塑料薄膜，以保持盆内湿度，置于适宜的室温中，静待发芽。

用于播种的育苗盘。

**应用花卉：**一般来说，草本花卉在 15~25℃条件下，播种后 1~2 周发芽，出苗后及时间苗（也叫疏苗，按一定的株距留下作物的幼苗，把多余的苗除掉），待幼苗长出 4 片真叶时移栽入小花盆。宿根花卉在 15~25℃条件下，播种后 1~3 周发芽，出苗后及时间苗，待幼苗长出 4~6 片真叶时移栽入小花盆。水生草本花卉、木本花卉、多肉植物等用播种方法繁殖种苗需先仔细阅读种子说明书（种子大小、发芽率等），再确定播种时间，准备播种盆、土（包括播种土配制、消毒等），最后进行播种繁殖。

**具体操作：**三色堇的播种

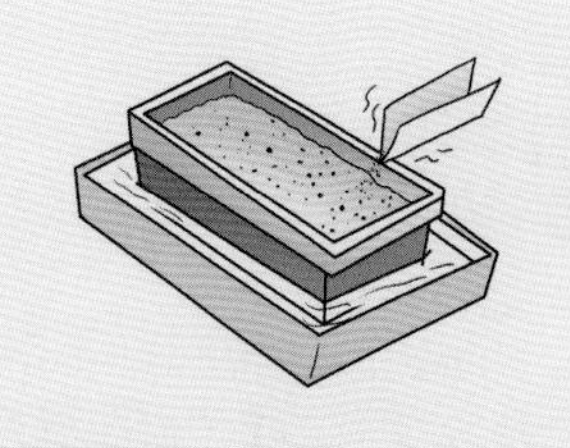

1. 在湿润的土壤中轻轻撒播种子，覆一层薄土。

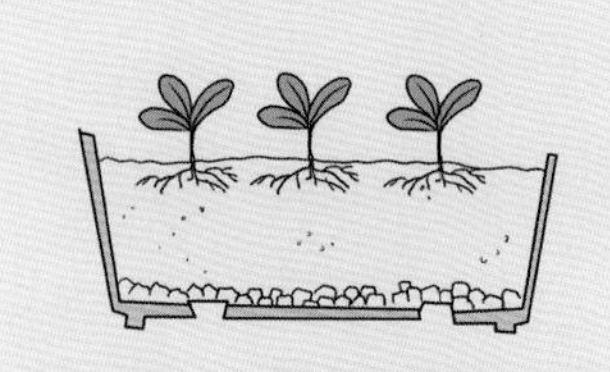

2. 长出 2 或 3 片叶片时移栽，间隔 5~6 厘米。

3. 长到叶片相互接触时，一棵一棵移栽至新花盆中。

## 扦插

扦插是利用植物的营养器官具有再生能力的原理，从母株上切下一部分，如根、茎、叶，插入基质中，使之生根，然后生长成为一个完整植株的繁殖方法。扦插一般分为生长期扦插和休眠期扦插。

**优点：** 保持母本的遗传性状，材料来源广泛，成本低，成苗快。

**缺点：** 扦插苗根系浅，寿命较短。

扦插
- 常用
  - 茎插
  - 叶插
- 较常用
  - 水插
  - 根插

**茎插**

**叶芽扦插：** 将完整叶片带腋芽的短茎作为插穗。

**硬枝扦插：** 落叶灌木、乔木落叶后剪取当年生枝条作为插穗。

**嫩枝扦插：** 剪取当年生半木质化的嫩枝作为插穗。

**肉质茎扦插：** 剪取肉质茎，切口晾干后扦插。

**叶插**

**叶插：** 常用于草本花卉、多肉植物。一般分为全叶插和半叶插。在叶脉、叶柄、叶缘等处产生不定根和不定芽，从而生长成为新的植株。成活时一般从切口的愈伤组织或叶脉的部分发根，开始独立生长。

**水插**

**水插：** 这是相对较简单的扦插方法。剪取10~25厘米长的嫩枝或半成熟枝条，以3片或4节为宜，枝条上部保留3片或4片叶，将枝条的下部浸入水中，就可促进根的生长，成活率较高。

**根插**

**根插：** 将根挖出，剪成5~10厘米长，倾斜或水平插于沙床中，促使长出不定芽。根插时，根部越粗，其再生能力越强。需要注意的是，根的抗旱、抗冻能力弱，插后床面要浇水并覆膜保湿。

**具体操作：** 月季的茎插

1. 剪取8~10厘米长当年生、健壮、无病虫害枝条，剪去基部的叶及侧枝。

2. 枝条底部插入盆中，深度为插穗长的1/3~1/2，浇透水，罩上塑料袋移至阴凉处。

3. 待新叶长出，取下塑料袋，喷水保湿，20天后逐渐增加光照和水分，30天左右生根。

**具体操作：** 富贵竹的水中扦插

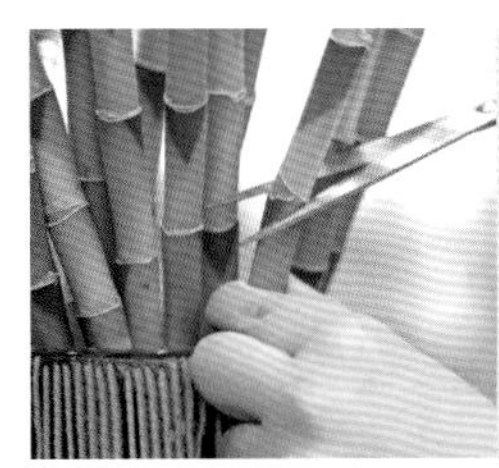

1. 选取扦插枝条，切斜口。

2. 将插枝放进盛水的容器中，定期换水。

3. 摆放在阴凉处有利于生根。

## 分株

分株以在早春或秋季进行为好，常用于分蘖能力强、茎叶呈丛生状的花卉。

**优点：**成株较快，成活率高。

**缺点：**产苗量较低。

**应用花卉：**

1. **草本花卉。**如石竹、四季报春、多花报春、三色堇等。
2. **宿根花卉。**如大花君子兰、非洲菊、勋章花等。
3. **水生花卉。**如灯芯草、千屈菜、梭鱼草、睡莲等。
4. **多肉植物。**如玉露、子持莲华、火祭、黄丽等。

**具体操作：**多肉植物的分株过程

1. 选择需要分株的健壮植株。

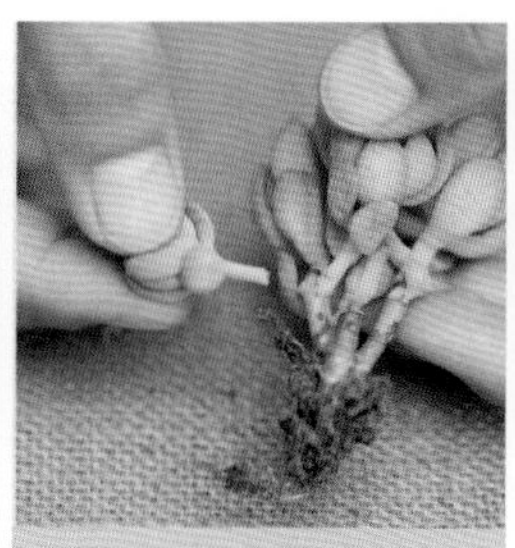

2. 将母株周围旁生的带根幼株小心掰开。

3. 幼株带根上盆，边加土边轻提幼株。

4. 分株后静待多肉植物恢复。

## 压条

压条是使未脱离母株的枝条在预定的发根部位通过环剥或刻伤以长出新根，将枝条剪离母株后即成新的植株。

**优点：**成活率和成苗率较高，适合扦插生根困难或嫁接愈合成活率低的花卉。

**缺点：**操作烦琐，繁殖系数较低。

压条运用

| 压条方法 | 适用花卉 |
| --- | --- |
| 高空压条法 | 基部不易产生萌蘖、枝条较高或枝条不易弯曲的花卉 |
| 堆土压条法 | 基部分枝多、直立性、多萌蘖或丛生性强的花卉 |
| 波状压条法 | 枝条比较柔软的藤本花卉 |

**具体操作：**垂茎的压条

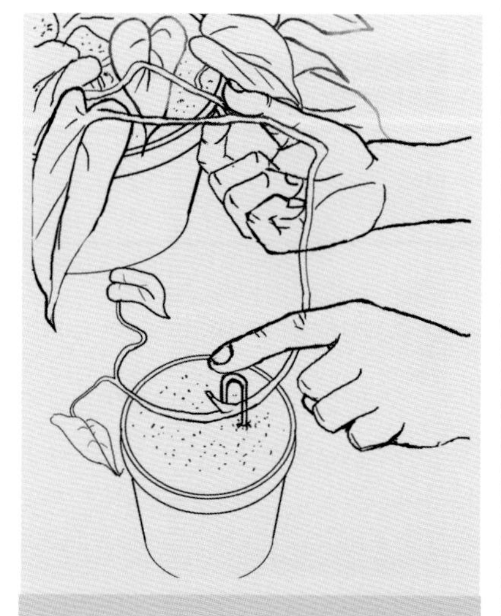

对于枝条不易弯曲的植株，用钩子将枝条固定时，需控制好力度，避免压断。

## 嫁接

嫁接是繁殖木本花卉和多肉植物普遍使用的方法，指的是人们有目的地利用两种不同植物能结合在一起的能力，将植株的一部分枝、芽接在另一植株的枝或根上，培养成为一个新的独立植株。

仙人掌类花卉切取冠状茎块进行嫁接。

**优点：**保持品种特性，开花结果早，适合矮化、抗病、一株多花和扦插难生根的植物等。

**缺点：**操作繁杂，技术性强，寿命较短。

嫁接分为芽接和枝接。而芽接又有“丁”字形芽接、嵌芽接、套芽接等，枝接又有切接、劈接、腹接等。

嫁接运用

| 方法 | 具体操作 |
| --- | --- |
| 芽接 | 常用“T”字形芽接。将砧木树皮切一个“T”字形切口，把接穗上的芽连同树皮和一小块木质部削下，接到砧木切口里吻合好，再把切口扎牢，但芽和叶柄必须露在外面。一般芽接后 10~15 天，如果芽叶柄一碰脱落，芽仍为绿色，则表明接活，1 个月以后便可松绑 |
| 枝接 | **切接法：**将砧木从地表往上 4~8 厘米处剪成水平状，并从一侧纵向切下 2 厘米，稍带木质部，露出形成层，切面要平直。将接穗儿先斜切 1 片，再从另一侧 2.5 厘米处慢慢切下接在砧木上，然后用塑料薄膜绑缚 |
| | **劈接法：**砧木选用二年生实生苗，接穗儿用已木质化、带 1 叶片的枝条，在接穗下端叶柄两侧，削成 0.7~0.8 厘米长的楔形，削面必须平滑。然后在砧木适当部位截断，劈成 0.6~0.7 厘米深的裂口，裂口深度与接穗儿楔形相近。把砧木劈口分开，将接穗插入，使形成层对合，楔形尖端到底，用塑料带扎紧。单株盆栽接后用塑料袋套好，保湿；3 周左右接口愈合；6 周揭开塑料袋，转入正常管理 |

## 砍头

砍头是让多肉植物从一株变成两株、从单头植株变为多头植株较为理想的方式。

**具体操作：**多肉植物的砍头过程

1. 从叶片基部下方茎节处剪切，剪口平滑。

2. 从母株剪下部分放通风处，待切口收敛。

3. 切口收敛后，将剪下部分埋进另一盆土中养护。

4. 20~30 天后母株茎干侧面长新芽，即成功。

# 花卉的日常管理

花卉的生长和发育都与日常管理的条件有着不可分割的关系，这些条件主要包括栽培基质、换盆、修剪、浇水、施肥、病虫害防治等方面。它们一起发挥作用，才能让花卉长势旺盛。

## 常用栽培基质

土壤是花卉生长的物质基础，为花卉生长提供重要的营养。植物根系通过土壤吸取养分和水分，并呼吸生长。因此，好的土壤必须具备良好的通气性、排水性和保水性这 3 个特性。

**园土：**是经过改良、施肥和精耕细作的菜园或花园中的肥沃土壤，使用时要去除杂草根、碎石子和虫卵，经过打碎、过筛。园土是微酸性土壤。

**腐叶土：**由枯枝落叶和根腐烂而成，含有丰富的腐殖质，具有良好的物理性能，有利于保肥和排水。土质疏松，偏酸性。也可用落叶堆积发酵腐熟而成。

**培养土：**常以一层青草、枯叶、打碎的树枝与一层普通园土堆积起来，并浇入腐熟饼肥或鸡粪、猪粪等，让其发酵、腐熟后，再打碎过筛而成。

**树皮：**常为松树皮和硬木树皮。新鲜树皮需碾碎并经堆积和淋洗解毒处理后才能使用。

**泥炭土：**是古代湖沼地带被埋藏在地下的植物，在淹水和缺少空气的条件下，成为分解不完全的特殊有机物。

**蛭石：**是硅酸盐材料在 800~1100℃下加热形成的云母状物质，具有孔隙度大、保水能力强等优点，但长期使用容易粉碎，影响土壤的透气和排水效果。

**珍珠岩：**是天然的铝硅化合物，将粉碎的岩浆岩加热至 1000℃以上形成的膨胀材料，具封闭的多孔性结构。

**沙：**常分为粗砂和河沙。河沙常来自江河底下，含河泥成分少，颗粒直径为 2~3 毫米。粗砂来自采石场，直径 3~5 毫米，一般偏碱性，含泥量稍高，使用前须冲洗，以降低含泥量，使 pH 值接近中性。沙的透气性好。

**陶粒：**由陶土烧制而成，呈蜂窝状的颗粒，直径 0.5~3.0 厘米，大小不等。

**木屑：**取材方便，没有病虫传染源，较易分解，不易干燥，保水和透气性较好，使用前必须经过堆积发酵。

**蕨根：**人们使用较多的是水龙骨的根系，目前也用具纤维结构的树蕨茎。

**苔藓：**是一种耐拉力强的植物性材料，具有疏松、透气和保湿性强等优点。

**沸石（轻石）：**属火山喷发物冷却后形成的多孔材料，其颗粒常分大、中、小三等。

**岩棉：**60% 辉绿岩和 20% 石灰岩的混合物，再加入 20% 焦炭，在 1600℃的温度下熔化而成。

**可可壳：**可可豆的纤维外壳，洗净、晒干后常作松树皮的代用品。

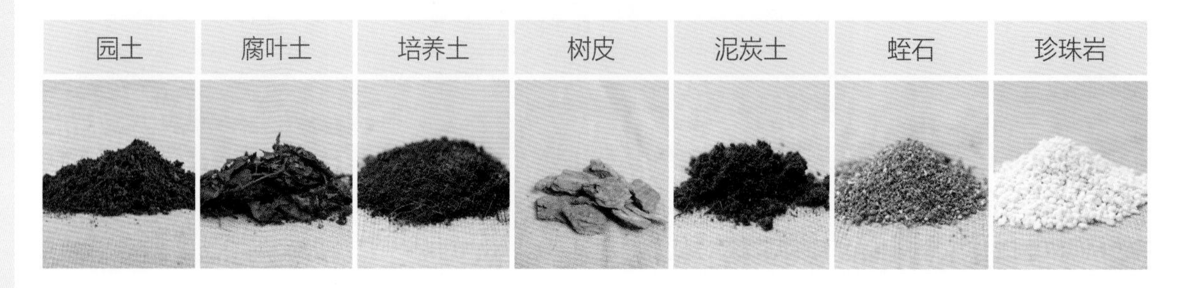

## 盆栽技术

盆栽一般包括上盆和换盆两个方面。而在上盆和换盆前，一般需要准备好新花盆、园艺小工具等。

**准备工作：**陶制新花盆在使用前要先浸水一段时间，让其吸足水分。若用旧花盆，则应清洗干净，去除青苔、泥土和盐分。盆栽基质应有一定湿度，过于干燥或过于潮湿，均不利于根系的恢复和水分的吸收。另外，换盆时若盆栽土壤过于干燥，应先浇水，1~2 小时后再脱盆，这样就能避免根系损伤过多。

**上盆：**将通过播种、扦插、分株、压条等繁殖的种苗栽种到花盆里，就是上盆。具体操作是，在花盆底部的排水孔上摆放 1 块或 2 块瓦片，上面加一层较粗的土粒，再加入准备好的栽培基质，中间稍高，然后一手提苗，另一手用小铲徐徐加土，同时调整苗的高度，当加土至快满时，将苗轻轻提一下，再用手沿盆四周将土压实，盆面留 2~3 厘米深的水槽，以便浇水。上盆后充分浇水，放半阴处养护，数天后再放置在适宜的场所。

上盆时，一手用小铲加土，另一手轻提植物。

**换盆：**就是给生长在狭窄的花盆中或几年没换过土的盆栽花卉倒换一下花盆，加入新鲜、肥沃的土壤。从花卉的生长发育过程来看，换盆的最佳时间是植物刚开始生长的时候，即萌芽前或开花后。对大多数盆栽花卉来说，春季换盆需要在芽萌动之前。早春或春季开花的花卉可在开花后换盆。

换盆的具体操作是，用左手扶住盆土表面，然后倒转花盆，将花盆边缘在桌边上轻轻敲打，边打边转动。若盆内土团还不下来，表面盆内根系紧贴盆壁，可在花盆外部，用木槌或橡皮锤边转动花盆边敲击或用竹刀从盆内壁慢慢插入，沿壁划动竹刀，使盆土与盆壁产生缝隙，再倒出土团。

用手取出土团底部排水孔的旧瓦片，细心掰开根系和宿土，剪除老根和腐烂、萎缩的根群，尽量避免伤害白色的新根，对从花盆底孔或盆面伸出的根，只要是新根就不能随便剪除。总之，根系的修剪不要过多。

用右手托住花盆底部，轻轻拍打，有助于脱盆。

## 正确修剪

修剪是通过去除或短截部分枝条、叶片，使株型更加美观，使其达到更新复壮，通风透光，调节营养生长和生殖生长平衡的目的。修剪具体内容包括疏枝、更新复壮、重剪、短截、摘心和除叶。

**疏枝：**主要目的是保持树形整齐。一般来说，着重修剪重叠的小枝、不规则的叉枝、多余的内膛枝、柔弱枝、枯枝和病虫枝等，剪口要平整。常在开花后或落叶后进行。

**更新复壮：**通过剪除老枝、病枝和残损枝等，可促进新枝生长，以达到更新复壮的目的。常用于花灌木和多浆植物。

**重剪：**剪除所有新枝和嫩枝，只保留主干主枝，力求植株呈丛生状。一般当年生枝开花的种类都需要重剪。修剪应在开花后进行，剪去离茎干基部以上 5 厘米处所有枝条。

**短截：**剪除离主干基部 10 厘米以上部分，以促使植株主干的基部或根部萌发新枝。常用于植株过高、居室中难以存放或植株长势极度衰弱的植物。

**除叶：**为了延缓植株生长，保持植株叶片细小美观，在 5~6 月份将植株上所有叶片剪除，几个星期后，重新萌芽长出新叶。常用于盆景的管理。

**摘心：**就是在植株茎部的顶端，剪除叶片上方的顶芽，剪口要求平整。在植株生长期可多次进行摘心处理，以达到控旺或促进花芽分化的目的，多分枝，多形成花蕾，多开花，使植株更紧凑，焕发生机。对一年生枝条进行剪短，留下部分枝条进行生长，促使其抽生新芽，增加分枝数目，以保证长势健壮。

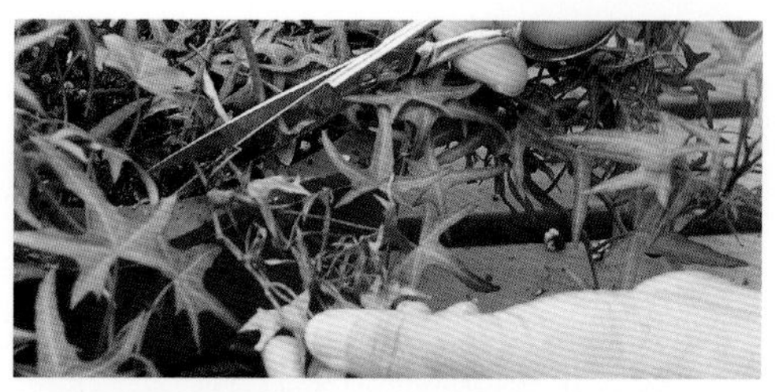

修剪过密、过长枝叶，可减少植株养分消耗。

及时摘除残花，节约养分。

重剪保留主干和主枝即可。

植株过高要剪去离主干基部 10 厘米以上部分。

摘心促使多分枝。

修剪叶片，促萌发新叶。

## 合理浇水

水分是植物生长发育不可缺少的物质，也是植物生命活动的必需条件。因此，适宜的湿度是花卉生长的重要保证。一般来说，土壤湿度以相对含水量 60%~70% 为宜，超过 80% 则土壤空气含量少，根呼吸作用受抑制，花卉生长必定受影响。对具有极强抗旱性的花卉，如果土壤中含水量过多，反而影响其生长和发育。花卉对空气湿度也有一定要求。喜湿的花卉要求较高的空气湿度，以 70%~80% 为宜，对湿度要求一般的花卉空气湿度不低于 60%。

**春季逐渐增加浇水量：**春季根据气温的变化，调整浇水量。草本花卉和宿根花卉保持土壤湿润，但不能积水。木本花卉在两次浇水间隔期，需保持土壤稍干燥一段时间。

**夏季宜在早晨和傍晚浇水：**夏季气温升高，花草对水分的需求也相应增加，加强水分补充，不仅可以保证花草健壮生长，还能达到降温增湿的效果。夏季浇水以早晨和傍晚为宜，不要中午浇冷水。草本花卉每 1~2 天浇水 1 次，高温时每天浇水 1 次或 2 次。宿根花卉每周浇水 2 次或 3 次。水生花卉不能脱水。木本花卉若发现 2~3 厘米深的盆土已干燥，则应立即浇水。

**秋季注意及时补充水分：**秋季气温开始下降，昼夜温差逐渐加大，雨水明显减少，天晴日数增多。草本花卉茎叶水分蒸发量较大，需要及时补充水分，以防叶片凋萎，影响生长和开花。

**冬季注意室温变化：**冬季室内温度随着室外温度的下降，变化明显。冬季浇水必须根据室温的变化来调节。北方室内环境干燥，可以向叶面喷水，及时补水。

**具体操作：**判断盆土是否缺水的方法

1. 将竹签或细木棍插入土壤中，适当停留一段时间。

2. 拔出查看竹签或细木棍留下的水印，若近多半盆土已经干透，应立即浇水。

## 科学施肥

科学施肥是满足花卉生长所需的营养物质的有效保证。花卉在生长发育过程中需要各种养分，除天然供给的氧气、二氧化碳和水分以外，还需要氮、磷、钾等大量元素，还需要钙、镁、铁、锌等微量元素。

### 花卉对肥料的要求

首先，给植株施肥前，最好先了解植株的喜肥程度，如吊兰、君子兰等为喜肥植物；仙客来、八仙花等为较喜肥植物；比利时杜鹃、四季秋海棠等为喜少肥植物。

其次，根据植株的“年龄”，把握施肥时的肥料用量。刚萌芽不久或播种出苗不久的花卉，对肥料要求较少；随着植株生长加速，对肥料的需求量逐步增加；到一定阶段后，所需肥料量相对趋于稳定。

最后，按照植株的生长发育阶段，判断该施用何种类型的肥料。营养生长阶段，需要氮肥多一些；孕蕾开花阶段，需要增加磷钾肥；生长旺盛期应多施肥，半休眠或休眠期则应停止施肥。

### 有机肥

有机肥有各种饼肥、家禽家畜粪肥、骨粉、鱼鳞肚肠、各种动物下脚料等。优点是肥力释放慢，肥效长，营养全面。缺点是养分总含量低，容易弄脏叶片。

饼肥是油料作物的种子经榨油后剩下的残渣，如菜籽饼、豆饼。

### 无机肥

无机肥包括硫酸铵、尿素、硝酸铵、过磷酸钙、硫酸钾等，通常被称为“化肥”。优点是肥效快，花卉容易吸收，养分含量高。缺点是使用不当容易伤害花卉。

尿素是一种中性肥料，适用于各种土壤和植物。

### 养花专用肥

养花专用肥适合相对应的植物，如兰花专用肥适用于蝴蝶兰、文心兰、石斛等，盆花专用肥适用于菊花、百合、天竺葵等。现在，花卉肥料已广泛采用氮、磷、钾配制的复合肥，质量较好的有“卉友”“花宝”系列水溶性高效营养肥，还出现了不少专用肥料。优点是可以根据土壤酸碱度和所含矿物质来确定使用量，还可以根据不同花卉种类来施用。

### 施肥四季各不同

**春季：**多施。春季茎叶生长最快，开花种类最多，需追肥来补充营养。

**夏季：**少施。夏季高温、多湿和强光的天气，使部分花卉被迫处于半休眠状态，所以不能多施。

**秋季：**适量施肥。秋季是花卉的第二个生长季节，营养的补充对茎叶生长和开花十分有利。

**冬季：**少施或停肥。冬季气温下降，部分花卉进入现蕾开花期，可少量施肥。部分花卉进入落叶休眠期，可停止施肥。

## 病虫害防治

花卉在栽培过程中，遇到高温干燥、通风不畅的情况，常会出现病虫害。此外，花卉受光照和养护管理等因素的影响，也容易诱发病虫害并蔓延。要想花卉长得好，在及时做好室内通风的同时，还要正确认识和预防常见的病虫害。

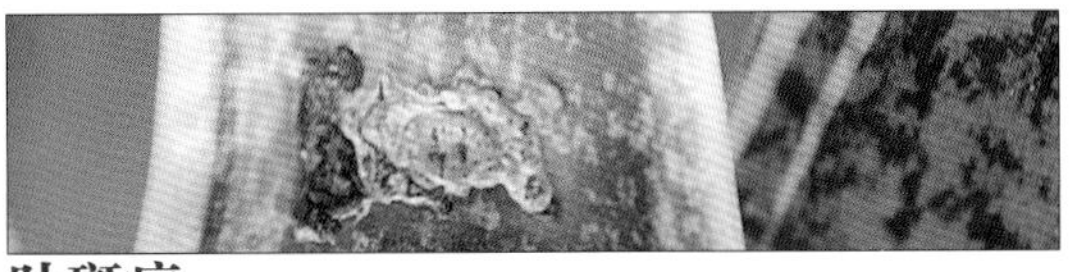

**叶斑病**

**症状：**大多由真菌引起，发生在花卉叶片上，开始时出现小斑点，后发展成圆形或不规则的褐色大斑点。**防治：**剪除病叶，喷洒75%百菌清1000倍液，每隔7~10天喷1次，连喷2次或3次。

**蚜虫**

**症状：**常危害花卉幼嫩的顶梢与花芽，刺吸汁液，造成枝叶皱缩、变形，其排泄物诱发煤污病和传播病毒病。**防治：**蚜虫量少时捕捉幼虫，用黄色粘虫板诱杀有翅成虫，或者用烟灰水、肥皂水等涂抹叶片和梢芽，喷洒吡虫啉等。

**白粉病**

**症状：**常发生在花卉的叶片、花蕾和嫩梢上，开始时出现小黄点，后发展成一层灰白色粉状物，严重时连成一片并干枯脱落。**防治：**摘除病叶，喷洒50%多菌灵可湿性粉剂1000倍液或25%十三吗啉乳油1000倍液。

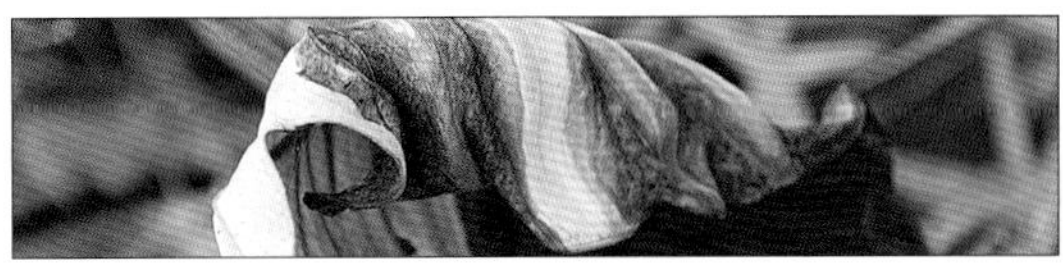

**灰霉病**

**症状：**常危害花卉的茎、叶和花，受害部位腐烂并出现灰色霉层，严重时叶、花或整株枯死。**防治：**剪除病叶，喷洒70%甲基硫菌灵可湿性粉剂800倍液或50%多菌灵可湿性粉剂800倍液。

**红蜘蛛**

**症状：**刺吸花卉的叶片、嫩梢和花，叶片出现黄色斑，造成大量落叶。**防治：**清除落叶，用40%扫螨净乳油4000倍液。

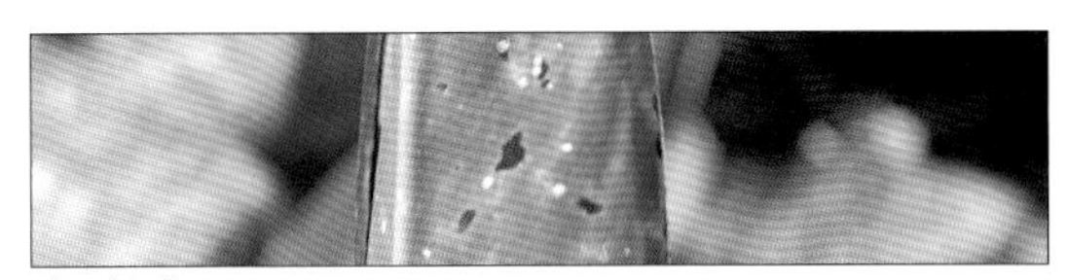

**介壳虫**

**症状：**刺吸花卉的嫩枝、幼叶，严重时造成叶片干枯。**防治：**剪除虫枝，虫孵化期用40%蚧必治2000倍液喷洒，每隔10天喷1次，连喷3次。

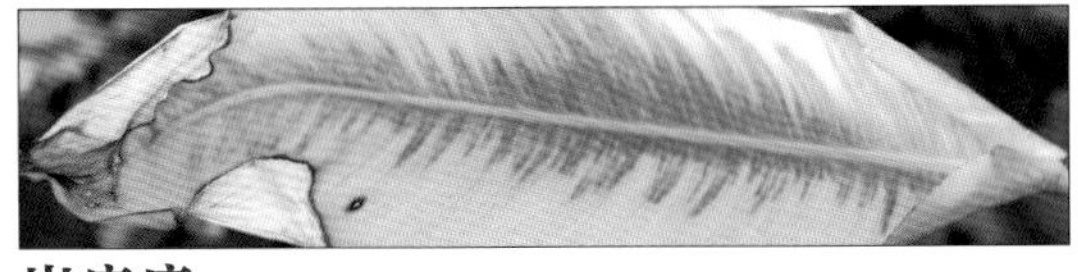

**炭疽病**

**症状：**常发生在花卉叶片上，开始时出现黑色、凹陷的斑点，叶尖有时出现深褐色斑纹，严重时整片叶死亡。**防治：**剪除病叶，用50%炭疽福美500倍液或25%咪鲜胺乳油3000倍液喷洒。

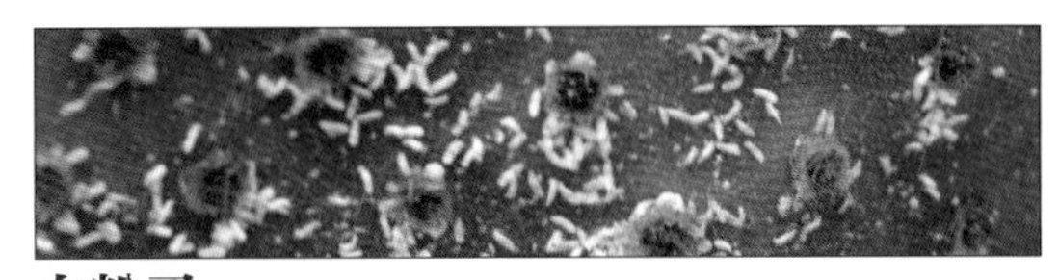

**白粉虱**

**症状：**刺吸花卉叶片汁液，造成叶片卷曲、褪绿、发黄，甚至干枯。**防治：**在黄色粘虫板上涂黏胶剂进行诱杀。

# 第二章

# 中国传统十大名花

# 梅花

*Prunus mume*

☼ ● ❋❋❋

〔别称〕春梅。

〔科属〕蔷薇科李属。

〔原产地〕中国。

〔适生地〕长江流域。

## 花卉百科

**识别**

**形态:** 落叶小乔木。

**花:** 早春先于叶开放，单生，白色至红色，有芳香。

**花期:** 冬末至翌年初春。

**叶:** 互生，卵形，深绿色。

**养护**

**习性:** 喜温暖和阳光充足的环境。

**土壤:** 宜肥沃、排水良好的微酸性壤土。

**浇水 / 光照:** 春季生长期需要浇透水，干后再浇。盛夏时，盆土保持稍干燥。秋季盆土保持湿润，保证水分充足，否则会引起落叶。冬季盆土须保持湿润，浇透水，最好在晴天午间进行浇水，保证充足光照。

**繁殖:** 春季用切接，夏季用芽接，秋季用腹接，冬季取硬枝扦插，梅雨季节用高空压条繁殖。

**用途**

**食:** 花、果实均可食用。梅花茶：采摘含苞欲放的鲜花，待初开时即可付窨。青梅酒：常用新鲜青梅果 5~7 个，用白酒 500 毫升浸泡 2 个月，即成青翠适口的青梅酒。

**药:** 梅花晒干后可入药。梅花粥：用粳米 50 克煮成粥后，加入白糖 100 克和梅花 10 朵，稍煮即可，香甜可口，有疏肝理气、健脾开胃的功效。

**布置:** 宜成片栽植，或在庭园、小游园中孤植。最好用苍松作背景，修竹作客景，梅花怒放于两种常绿树之间作主景，构成一幅相得益彰的“岁寒三友图”。

**赠:** 春节宜赠梅花表达“幸福吉祥”的祝福。探望长辈或给老人祝寿，宜送梅花，寓意“寒梅晚节”“延年益寿”。

## 梅花与樱花的区别

梅花和樱花的颜色都有白色和粉红色，由于外观相似，许多人分不清楚，这里介绍几个主要区别。

**花期不同:** 梅花开花是最早，花期在 1 月至 3 月。樱花有早樱和晚樱之分，早樱一般在 3 月开花，最佳观赏期为 3 月中旬；晚樱一般在 3 月底至 4 月开花，晚樱的最佳观赏期在 4 月中下旬。

**香味区别:** 梅花大多有浓郁的香气，而樱花基本没有香味。

**花瓣区别:** 梅花的花瓣呈圆形，花瓣边缘较为光滑；樱花的花瓣呈卵形，花瓣尖端有一个裂口，称为“花裂”。

**枝叶区别:** 梅花没有花柄，樱花有花柄。梅花叶片圆滑，樱花的叶片边缘存在一些锯齿。

**垂枝梅**
*Prunus mume* 'Chuizhi'

垂枝型 · 半重瓣
2~3cm

**密丛江**
*Prunus mume* 'Micongjiang'

江梅型 · 单瓣
2~2.5cm

**草思**
*Prunus mume* 'Caosi'

玉蝶型 · 半重瓣
2.5~3.5cm

**水心境（日本）**
*Prunus mume* 'Shuixinjing'

玉蝶型 · 半重瓣
2.5~3cm

**杏梅**
*Prunus mume* 'Xingmei'

杏梅型 · 单瓣
3cm

**素白台阁**
*Prunus mume* 'Subaitaige'

玉蝶型 · 重瓣
2~3cm

**米单绿**
*Prunus mume* 'Midanlü'

绿萼型 · 单瓣
1.5~2.5cm

**绿萼**
*Prunus mume* 'Lüe'

绿萼型 · 单瓣
2~3cm

**小绿萼**
*Prunus mume* 'Xiaolüe'

绿萼型 · 单瓣
2~2.5cm

**早花绿萼**
*Prunus mume* 'Zaohualüe'

绿萼型 · 半重瓣
2~3cm

**变绿萼**
*Prunus mume* 'Bianlüe'

绿萼型 · 重瓣
2.5~3cm

**云南丰后**
*Prunus mume* 'Yunnanfenghou'
杏梅型 · 半重瓣
2~3cm

**宫粉**
*Prunus mume* 'Gongfen'
宫粉型 · 半重瓣
2.5~3cm

**粉霞**
*Prunus mume* 'Fenxia'
宫粉型 · 半重瓣
2.5~3cm

**舞扇（日本）**
*Prunus mume* 'Wushan'
江梅型 · 单瓣
2.5cm

**锦枝东云**
*Prunus mume* 'Jinzhidongyun'
朱砂型 · 单瓣
2.5cm

**苏红**
*Prunus mume* 'Suhong'
宫粉型 · 半重瓣
2.5~3cm

**银红朱砂**
*Prunus mume* 'Yinhongzhusha'
朱砂型 · 半重瓣
2~2.5cm

**虎丘晚粉**
*Prunus mume* 'Huqiuwanfen'
宫粉型 · 重瓣
2~2.5cm

**难波江（日本）**
*Prunus mume* 'Nanbojiang'
玉蝶型 · 半重瓣
2~3cm

**白须朱砂**
*Prunus mume* 'Baixuzhusha'
朱砂型 · 重瓣
2~3cm

**大杯**
*Prunus mume* 'Dabei'
朱砂型 · 单瓣
2.5~3cm

**长蕊绿萼**
*Prunus mume* 'Changruilüe'

绿萼型 · 半重瓣
2~3cm

**单瓣早白**
*Prunus mume* 'Danbanzaobai'

江梅型 · 单瓣
2.5~3cm

**紫蒂白照水**
*Prunus mume* 'Zidibaizhaoshui'

玉蝶型 · 重瓣
2.5~3cm

**晚跳枝**
*Prunus mume* 'Wantiaozhi'

洒金型 · 半重瓣
2~2.5cm

**粉瓣**
*Prunus mume* 'Fenban'

江梅型 · 单瓣
2~3cm

**浅碗玉蝶**
*Prunus mume* 'Qianwanyudie'

玉蝶型 · 半重瓣
3cm

**早玉蝶**
*Prunus mume* 'Zaoyudie'

玉蝶型 · 半重瓣
2~3cm

**丽悬（日本）**
*Prunus mume* 'Lixuan'

江梅型 · 单瓣
1.5~2cm

**黄香梅**
*Prunus mume* 'Huangxiangmei'

黄香型 · 半重瓣
2.5cm

**淡桃粉**
*Prunus mume* 'Dantaofen'

宫粉型 · 重瓣
2.5~3cm

**别角晚水**
*Prunus mume* 'Biejiaowanshui'
宫粉型 · 重瓣
2~3cm

**南京晚粉**
*Prunus mume* 'Nanjingwanfen'
宫粉型 · 半重瓣
2.5~3cm

**重瓣大红（日本）**
*Prunus mume* 'Chongbandahong'
宫粉型 · 重瓣
2.5cm

**水波花**
*Prunus mume* 'Shuibohua'
宫粉型 · 半重瓣
3cm

**红冬至**
*Prunus mume* 'Hongdongzhi'
江梅型 · 单瓣
2.5cm

**南京红须**
*Prunus mume* 'Nanjinghongxu'
朱砂型 · 半重瓣
2.5~3cm

**单瓣朱砂**
*Prunus mume* 'Danbanzhusha'
朱砂型 · 单瓣
2~2.5cm

**皱皮朱砂**
*Prunus mume* 'Zhoupizhusha'
朱砂型 · 半重瓣
2~3cm

**密花骨红**
*Prunus mume* 'Mihuaguhong'
朱砂型 · 单瓣
2~2.5cm

**姬千鸟（日本）**
*Prunus mume* 'Jiqianniao'
朱砂型 · 单瓣
2~2.5cm

**鸳鸯**
*Prunus mume* 'Yuanyang'
朱砂型 · 半重瓣
2.5~3cm

**红须朱砂**
*Prunus mume* 'Hongxuzhusha'
朱砂型 · 重瓣
2.5~3cm

**南京红**
*Prunus mume* 'Nanjinghong'
宫粉型 · 重瓣
2~3cm

# 牡丹

*Paeonia × suffruticosa*

〔别称〕洛阳花、木芍药。

〔科属〕芍药科芍药属。

〔原产地〕中国。

〔适生地〕黄河流域和江淮流域。

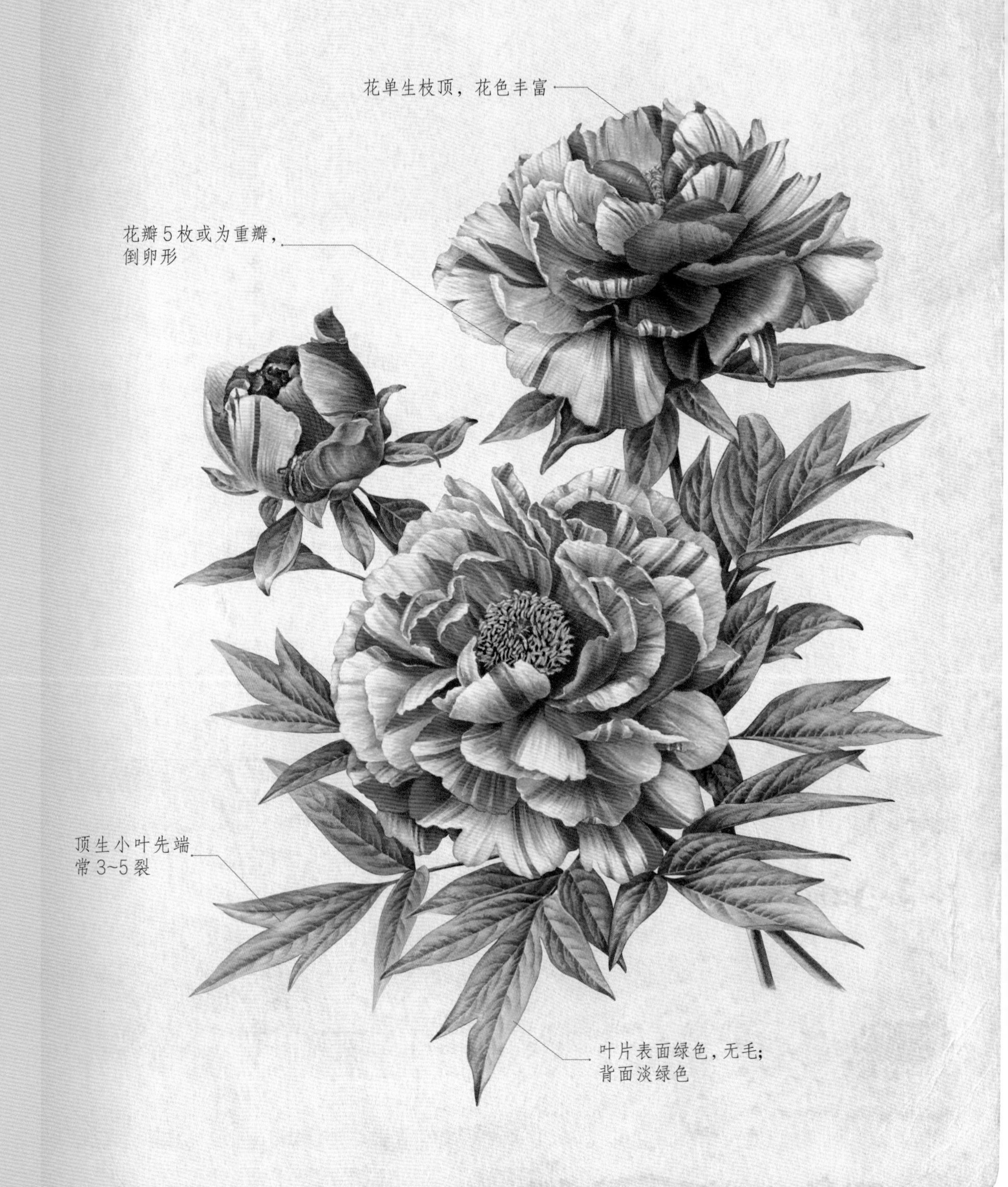

## 花卉百科

**识别**

**形态：**落叶小灌木。

**花：**单朵顶生，雄蕊多数，有黄、白、红、粉、紫等色。

**花期：**春季。

**叶：**互生，2 回 3 出羽状复叶，绿色。

**养护**

**习性：**喜凉爽和半阴的环境。

**土壤：**宜肥沃、排水良好的微酸性沙质壤土。

**浇水 / 光照：**生长期土壤保持湿润，过湿或积水会导致烂根。

**繁殖：**常采用分株、嫁接进行繁殖。一般于 8 月上中旬种子成熟后立即采收，当月播种。

**用途**

**食：**花瓣可蒸酒，牡丹露酒味正香醇；花瓣还可以做羹或配菜添色制作名菜。

**药：**根皮可入药，称牡丹皮，又名丹皮、粉丹皮、刮丹皮等，是常用凉血祛瘀中药。

**布置：**宜孤植、丛植、片植于园林。在较小型的居民院落，可选景点突出的位置，筑以高台进行栽植。

**赠：**牡丹花宜赠送国际友人和海外同胞，表示“和平和友谊之情”。老人和长辈生日祝寿时，宜赠牡丹花束或盆栽牡丹，表达“祝福健康长寿，生活美满幸福”之意。

## 牡丹与芍药的区别

古时在很长的一段时间里，牡丹常与芍药混称。直到秦汉时期，人们才将牡丹从芍药中分出，称之为“木芍药”，于是便有了“木芍药”和“草芍药”的说法。再后来，“木芍药”就成了牡丹，“草芍药”就是芍药。

**花期不同：**牡丹 4 月开花，芍药 5 月开花，故有“谷雨三朝看牡丹，立夏三朝看芍药”之说，即牡丹比芍药提早半个月左右开花。

**花朵区别：**牡丹的花单朵顶生，萼生 5 片绿色；而芍药花数朵，顶生兼腋生，萼生通常 4 片。

**枝茎区别：**牡丹为木本植物，芍药为草本植物。牡丹为木质茎，芍药为草质茎。冬天芍药的枝茎会枯萎，而牡丹还会留有木质茎。

**叶片区别：**牡丹的叶片为 2 回 3 出复叶至 2 回羽状复叶，顶生小叶 3 裂，顶端叶裂生 3~5 浅裂或不裂。芍药的下部叶片为 2 回 3 出复叶，向上渐变成单叶。

牡丹

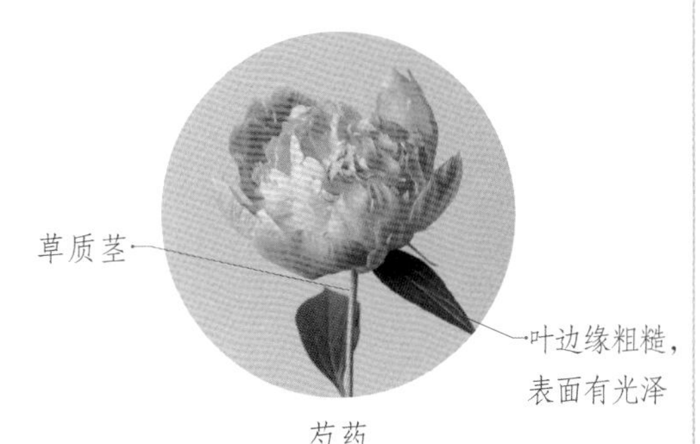


芍药

**洛新**
*Paeonia* × *suffruticosa* 'Luoxin'

单瓣
15~25cm

**西施粉**
*Paeonia* × *suffruticosa*
'Xishifen'

皇冠型 · 重瓣
15~25cm

**万花盛**
*Paeonia* × *suffruticosa*
'Wanhuasheng'

荷花型 · 半重瓣
15~25cm

**玉楼春**
*Paeonia* × *suffruticosa*
'Yulouchun'

皇冠型 · 重瓣
20~25cm

**肉芙蓉**
*Paeonia* × *suffruticosa*
'Roufurong'

蔷薇型 · 半重瓣
15~25cm

**大瓣白莲**
*Paeonia* × *suffruticosa*
'Dabanbailian'

单瓣
20~30cm

**玉楼**
*Paeonia* × *suffruticosa*
'Yulou'

皇冠型 · 重瓣
20~25cm

**赛茶花**
*Paeonia* × *suffruticosa*
'Saichahua'

单瓣
15~20cm

**孔雀羽**
*Paeonia* × *suffruticosa*
'Kongqueyu'

托桂型 · 半重瓣
15~25cm

**冰罩蓝玉**
*Paeonia* × *suffruticosa*
'Bingzhaolanyu'

皇冠型 · 半重瓣
10~30cm

**玉润白**
*Paeonia* × *suffruticosa*
'Yurunbai'

蔷薇型 · 半重瓣
15~20cm

**赵粉**
*Paeonia* × *suffruticosa*
'Zhaofen'

皇冠型 · 重瓣
15~20cm

**红楼春色**
*Paeonia* × *suffruticosa*
'Honglouchunse'

台阁型 · 重瓣
20~25cm

**梨花雪**
*Paeonia* × *suffruticosa*
'Lihuaxue'

皇冠型 · 重瓣
10~30cm

**玉楼点翠**
*Paeonia* × *suffruticosa*
'Yuloudiancui'

皇冠型 · 重瓣
20~25cm

**粉娥娇**
*Paeonia* × *suffruticosa*
'Fenejiao'

荷花型 · 半重瓣
15~25cm

**丹景红**
*Paeonia* × *suffruticosa*
'Danjinghong'

绣球型 · 重瓣
10~30cm

**观音池**
*Paeonia × suffruticosa*
'Guanyinchi'

单瓣

15~25cm

**蓝田飘香**
*Paeonia × suffruticosa* 'Lantianpiaoxiang'

蔷薇型 · 半重瓣

15~20cm

**茄紫生辉**
*Paeonia × suffruticosa*
'Qiezishenghui'

皇冠型 · 重瓣

20~25cm

**蓝田玉**
*Paeonia × suffruticosa*
'Lantianyu'

单瓣

15~20cm

**似荷莲**
*Paeonia × suffruticosa*
'Sihelian'

荷花型 · 半重瓣

20~25cm

**春日晴**
*Paeonia × suffruticosa*
'Chunrijing'

蔷薇型 · 半重瓣

15~30cm

**锦红缎**
*Paeonia × suffruticosa*
'Jinhongduan'

荷花型 · 半重瓣

15~25cm

**瑞莲**
*Paeonia × suffruticosa*
'Ruilian'

蔷薇型 · 半重瓣

15~20cm

**红花满池春**
*Paeonia × suffruticosa*
'Honghuamanchichun'

绣球型 · 重瓣

20~30cm

**圣代（日本）**
*Paeonia × suffruticosa*
'Shengdai'

碗状 · 重瓣

20~25cm

**小桃红**
*Paeonia × suffruticosa* 'Xiaotaohong'

单瓣

15~20cm

**紫起楼**
*Paeonia × suffruticosa*
'Ziqilou'

皇冠型 · 重瓣

15~25cm

**大胡红**
*Paeonia × suffruticosa*
'Dahuhong'

托桂型 · 重瓣

14~16cm

**贵妃醉酒**
*Paeonia × suffruticosa*
'Guifeizuijiu'

荷花型 · 半重瓣

20~25cm

**冰壶献玉**
*Paeonia × suffruticosa* 'Binghuxianyu'
皇冠型 · 重瓣
10~30cm

**大白**
*Paeonia × suffruticosa* 'Dabai'
荷花型 · 半重瓣
15~25cm

**朱砂垒**
*Paeonia × suffruticosa* 'Zhushalei'
荷花型 · 半重瓣
13~19cm

**长寿乐（日本）**
*Paeonia × suffruticosa* 'Changshoule'
碗状 · 半重瓣
15~20cm

**玉板白**
*Paeonia × suffruticosa* 'Yubanbai'

单瓣
15~20cm

**大红剪绒**
*Paeonia × suffruticosa* 'Dahongjianrong'
单瓣
10~30cm

**玉重楼**
*Paeonia × suffruticosa* 'Yuchonglou'
皇冠型 · 重瓣
20~25cm

**洛阳锦**
*Paeonia × suffruticosa* 'Luoyangjin'
皇冠型 · 重瓣
15~25cm

**承露紫**
*Paeonia × suffruticosa* 'Chengluzi'
皇冠型 · 重瓣
15~25cm

**青龙卧墨池**
*Paeonia × suffruticosa* 'Qinglongwomochi'
托桂型 · 重瓣
18~20cm

**粉楼台**
*Paeonia × suffruticosa* 'Fenloutai'
台阁型 · 重瓣
15~25cm

**淑女妆**
*Paeonia × suffruticosa* 'Shunüzhuang'
蔷薇型 · 半重瓣
15~25cm

**赤鳞霞冠**
*Paeonia × suffruticosa* 'Chilinxiaguan'
皇冠型 · 重瓣
10~30cm

**粉紫含金**
*Paeonia × suffruticosa* 'Fenzihanjin'
荷花型 · 半重瓣
20~30cm

**王红**
*Paeonia × suffruticosa* 'Wanghong'
蔷薇型 · 重瓣
20~25cm

**寒樱狮子（日本）**
*Paeonia × suffruticosa* 'Hanyingshizi'
碗状 · 重瓣
20~25cm

**芳纪**
*Paeonia × suffruticosa* 'Fangji'
台阁型 · 重瓣
20~25cm

**岛锦（日本）**
*Paeonia × suffruticosa* 'Daojin'
碗状 · 重瓣
15~25cm

**新日月（日本）**
*Paeonia × suffruticosa* 'Xinriyue'

单瓣
15~20cm

**户川寒（日本）**
*Paeonia × suffruticosa* 'Huchuanhan'
杯状 · 半重瓣
10~30cm

**太阳（日本）**
*Paeonia × suffruticosa* 'Taiyang'
杯状 · 半重瓣
15~25cm

**玫瑰紫**
*Paeonia × suffruticosa* 'Meiguizi'
蔷薇型 · 重瓣
15~20cm

**红缎铺金**
*Paeonia × suffruticosa* 'Hongduanpujin'
单瓣
15~20cm

**红旭（日本）**
*Paeonia × suffruticosa* 'Hongxu'
杯状 · 半重瓣
20~25cm

**世世之誉（日本）**
*Paeonia × suffruticosa* 'Shishizhiyu'
杯状 · 半重瓣
20~30cm

**多叶紫**
*Paeonia × suffruticosa* 'Duoyezi'
荷花型 · 半重瓣
10~30cm

**墨紫绒金**
*Paeonia × suffruticosa* 'Mozirongjin'
荷花型 · 半重瓣
15~20m

**海王（日本）**
*Paeonia × suffruticosa* 'Haiwang'
蔷薇型 · 半重瓣
15~20cm

# 菊花

*Chrysanthemum morifolium*

☼ ● ❋❋❋

〔别称〕寿客、金英。
〔科属〕菊科菊属。
〔原产地〕中国。
〔适生地〕全国各地。

## 花卉百科

**识别**

**形态：**多年生宿根草本。

**花：**头状花序顶生或腋生，根据瓣类可分为平瓣类、桂瓣类、匙瓣类、管瓣类、畸瓣类，有白、黄、绿、紫、红、粉等色。

**花期：**秋末。

**叶：**卵形或广披针形，深绿色。

**养护**

**习性：**喜湿润和阳光充足的环境。

**土壤：**宜肥沃、疏松和排水良好的微酸性沙质壤土。

**浇水 / 光照：**春季 3~4 天浇水 1 次，盆土不宜过湿。夏季每周浇水 3 次；盛夏 1~2 天浇水 1 次，适当遮阴。秋季减少浇水量，以每周浇水 2 次为宜。冬季室温 10℃以上，4~5 天浇水 1 次；室温低于 10℃时，每周浇水 1 次。

**繁殖：**春季室内播种，发芽适温 20~25℃，也可取嫩枝扦插或嫁接。

**用途**

**食：**嫩叶可炒食。杭白菊、怀菊、祁菊、贡菊、川菊等都是制作清凉饮料的上好原料。

**药：**我国传统的药用植物，有平肝明目、解毒消肿的功效。将白菊花、生山楂片、决明子用沸水冲泡 30 分钟后饮用，每日数次，可平稳血压。

**布置：**宜配植于园林的花坛、花境或假山上，花枝可用于插瓶、制作花束或花篮，增添娇艳光彩。

**赠：**恋人宜送红菊花、报春花的花束，意为“我爱你到永远”。探望病患时不要用黄色、白色菊花。黄色、白色菊花一般在葬礼时使用，请勿随意赠送他人。

## 菊花的历史

战国时，爱国诗人屈原的《离骚》中有“朝饮木兰之坠露兮，夕餐秋菊之落英”的佳句，借饮栏上滴落的露水和咀嚼秋菊的残瓣来表达自己的高洁。《礼记·月令》中有“季秋之月……鞠有黄华”的记载。《神农本草经》则称菊花“久服轻身耐老”。《搜神记》载：“菊花舒时，并采茎叶，杂黍米酿之，至来年九月九日始熟，就饮焉，故谓之菊花酒。”当时，人们称这种酒为“长寿酒”，饮用并流为习俗。晋代陶渊明栽菊隐居，写出了“采菊东篱下，悠然见南山”的名句。

**秦淮青云**
*Chrysanthemum morifolium* 'Qinhuaiqingyun'
平瓣类
14~16cm

**白莲**
*Chrysanthemum morifolium* 'Bailian'
平瓣类
15~20cm

**白玉**
*Chrysanthemum morifolium* 'Baiyu'
匙瓣类
14~16cm

**绿蟹爪**
*Chrysanthemum morifolium* 'Lüxiezhua'
管瓣类
15~17cm

**国华翠云**
*Chrysanthemum morifolium* 'Guohuacuiyun'
匙瓣类
14~16cm

**粉银狮子**
*Chrysanthemum morifolium* 'Fenyinshizi'
畸瓣类
14~16cm

**绿鸳鸯**
*Chrysanthemum morifolium* 'Lüyuanyang'
匙瓣类
14~16cm

**碧玉珊瑚**
*Chrysanthemum morifolium* 'Biyushanhu'
桂瓣类
20cm

**大如意**
*Chrysanthemum morifolium* 'Daruyi'
管瓣类
12~14cm

**金大社**
*Chrysanthemum morifolium* 'Jindashe'
匙瓣类
14~16cm

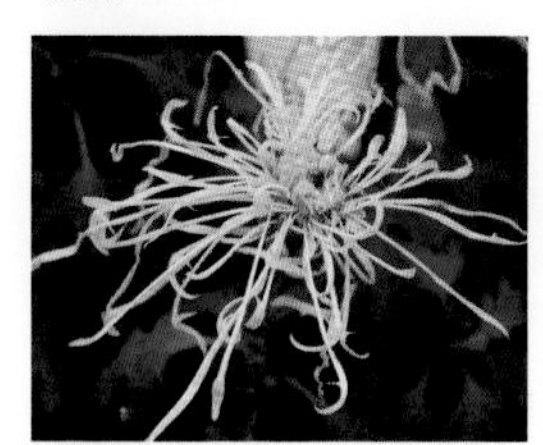

**细雪含沙**
*Chrysanthemum morifolium* 'Xixuehansha'
管瓣类
13~15cm

**曙光**
*Chrysanthemum morifolium* 'Shuguang'
平瓣类
12~14cm

**彩云金刚**
*Chrysanthemum morifolium* 'Caiyunjingang'
管瓣类
14~16cm

**金秋莲夹**
*Chrysanthemum morifolium* 'Jinqiulianjia'
匙瓣类
12~14cm

**骏河的九妆**
*Chrysanthemum morifolium* 'Junhedejiuzhuang'
匙瓣类
18~20cm

**港南黄友**
*Chrysanthemum morifolium* 'Gangnanhuangyou'
匙瓣类
14~16cm

**秦淮粉牡丹**
*Chrysanthemum morifolium* 'Qinhuaifenmudan'
平瓣类
14~16cm

**秦淮粉霞**
*Chrysanthemum morifolium* 'Qinhuaifenxia'
平瓣类
10~12cm

**胜似春光**
*Chrysanthemum morifolium* 'Shengsichunguang'
管瓣类
16~18cm

**国华花王**
*Chrysanthemum morifolium* 'Guohuahuawang'
匙瓣类
14~16cm

**粉妆台**
*Chrysanthemum morifolium* 'Fenzhuangtai'
管瓣类
18~20cm

**兼红**
*Chrysanthemum morifolium* 'Jianhong'
匙瓣类
18~20cm

**秋菊晚红**
*Chrysanthemum morifolium* 'Qiujuwanhong'
匙瓣类
14~16cm

**荦巷山颜**
*Chrysanthemum morifolium* 'Luoxiangshanyan'
平瓣类
12~14cm

**金背大红**
*Chrysanthemum morifolium* 'Jinbeidahong'
平瓣类
12~14cm

**凤凰振羽**
*Chrysanthemum morifolium* 'Fenghuangzhenyu'
管瓣类
14~16cm

**岸的赤心**
*Chrysanthemum morifolium* 'Andechixin'
匙瓣类
16~18cm

**西小春**
*Chrysanthemum morifolium* 'Xixiaochun'
平瓣类
12~14cm

**白牡丹**
*Chrysanthemum morifolium* 'Baimudan'

平瓣类
13~15cm

**圣光王国**
*Chrysanthemum morifolium* 'Shengguangwangguo'

匙瓣类
12~14cm

**黄牡丹**
*Chrysanthemum morifolium* 'Huangmudan'

匙瓣类
10~12cm

**金黄牡丹**
*Chrysanthemum morifolium* 'Jinhuangmudan'

平瓣类
12~14cm

**威娜**
*Chrysanthemum morifolium* 'Weina'

平瓣类
12~14cm

**女王冠**
*Chrysanthemum morifolium* 'Nüwangguan'

平瓣类
8~10cm

**翌舞**
*Chrysanthemum morifolium* 'Yiwu'

匙瓣类
14~16cm

**金红交辉**
*Chrysanthemum morifolium* 'Jinhongjiaohui'

平瓣类
14~16cm

**华清沐浴**
*Chrysanthemum morifolium* 'Huaqingmuyu'

匙瓣类
16~18cm

**淡粉千杯**
*Chrysanthemum morifolium* 'Danfenqianbei'

管瓣类
14~16cm

**绿萌**
*Chrysanthemum morifolium* 'Lümeng'

桂瓣类
12~14cm

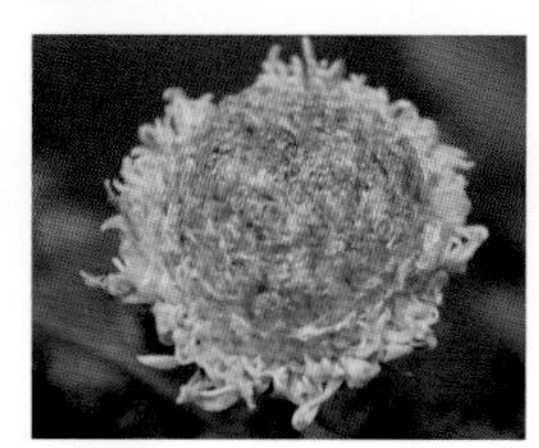

**金托桂**
*Chrysanthemum morifolium* 'Jintuogui'

桂瓣类
12~14cm

**状元**
*Chrysanthemum morifolium* 'Zhuangyuan'

匙瓣类
14~16cm

**珠帘**
*Chrysanthemum morifolium* 'Zhulian'

畸瓣类
14~16cm

**红毛菊**
*Chrysanthemum morifolium* 'Hongmaoju'
畸瓣类
12~14cm

**国华风光**
*Chrysanthemum morifolium* 'Guohuafengguang'
匙瓣类
14~16cm

**红托桂**
*Chrysanthemum morifolium* 'Hongtuogui'
桂瓣类
10~12cm

**红衣修女**
*Chrysanthemum morifolium* 'Hongyixiunü'
匙瓣类
16~18cm

**粉红千杯**
*Chrysanthemum morifolium* 'Fenhongqianbei'
平瓣类
14~16cm

**圣光白雪姬**
*Chrysanthemum morifolium* 'Shengguangbaixueji'
管瓣类
8~10cm

**盘花纽扣**
*Chrysanthemum morifolium* 'Panhuaniukou'
平瓣类
8~10cm

**雄心大志**
*Chrysanthemum morifolium* 'Xiongxindazhi'
匙瓣类
16~18cm

**紫琅彩球**
*Chrysanthemum morifolium* 'Zilangcaiqiu'
平瓣类
12~14cm

**粉鹤翔**
*Chrysanthemum morifolium* 'Fenhexiang'
匙瓣类
16~18cm

**粉螃蟹**
*Chrysanthemum morifolium* 'Fenpangxie'
平瓣类
14~16cm

**紫托**
*Chrysanthemum morifolium* 'Zituo'
桂瓣类
13~15cm

**莎娜**
*Chrysanthemum morifolium* 'Shana'
平瓣类
10~12cm

**红冠**
*Chrysanthemum morifolium* 'Hongguan'
匙瓣类
14~16cm

**东海的月**
*Chrysanthemum morifolium* ‘Donghaideyue’
匙瓣类
14~16cm

**黄蜂窝**
*Chrysanthemum morifolium* ‘Huangfengwo’
管瓣类
10~12cm

**国华宝球**
*Chrysanthemum morifolium* ‘Guohuabaoqiu’
匙瓣类
14~16cm

**御冠黄**
*Chrysanthemum morifolium* ‘Yuguanhuang’
平瓣类
12~14cm

**粉面金刚**
*Chrysanthemum morifolium* ‘Fenmianjingang’
匙瓣类
10~12cm

**玉龙金飞**
*Chrysanthemum morifolium* ‘Yulongjinfei’
匙瓣类
14~16cm

**红衣金钓**
*Chrysanthemum morifolium* ‘Hongyijindiao’
匙瓣类
16~18cm

**中国须眉**
*Chrysanthemum morifolium* ‘Zhongguoxumei’
匙瓣类
14~16cm

**红十八**
*Chrysanthemum morifolium* ‘Hongshiba’
平瓣类
10~12cm

**万朵金花**
*Chrysanthemum morifolium* ‘Wanduojinhua’
桂瓣类

8~10cm

**国华皇牛**
*Chrysanthemum morifolium* ‘Guohuahuangniu’
匙瓣类
14~16cm

**宝辛唐锦**
*Chrysanthemum morifolium* ‘Baoxintangjin’
平瓣类
12~14cm

**霸王举鞘**
*Chrysanthemum morifolium* ‘Bawangjubi’
平瓣类
16~18cm

**天女名曲**
*Chrysanthemum morifolium* ‘Tiannümingqu’
管瓣类
12~14cm

**大芳紫光**
*Chrysanthemum morifolium* 'Dafangziguang'

匙瓣类
20cm

**芍药**
*Chrysanthemum morifolium* 'Shaoyao'

平瓣类
12~14cm

**奉献**
*Chrysanthemum morifolium* 'Fengxian'

平瓣类
12~14cm

**粉狮子**
*Chrysanthemum morifolium* 'Fenshizi'

平瓣类
14~16cm

**龙爪**
*Chrysanthemum morifolium* 'Longzhao'

桂瓣类
12~14cm

**娃娃艳**
*Chrysanthemum morifolium* 'Wawayan'

平瓣类
16~18cm

**瑶池粉**
*Chrysanthemum morifolium* 'Yaochifen'

平瓣类
10~12cm

**墨荷**
*Chrysanthemum morifolium* 'Mohe'

平瓣类
14~16cm

**紫琅六号**
*Chrysanthemum morifolium* 'Zilangliuhao'

平瓣类
10~12cm

**金佛座**
*Chrysanthemum morifolium* 'Jinfozuo'

平瓣类
10~12cm

**墨狮子**
*Chrysanthemum morifolium* 'Moshizi'

匙瓣类
12~14cm

**北陆红玉**
*Chrysanthemum morifolium* 'Beiluhongyu'

平瓣类
12~14cm

**脸面椿春**
*Chrysanthemum morifolium* 'Lianmianchunchun'

平瓣类
12~14cm

**鸳鸯荷**
*Chrysanthemum morifolium* 'Yuanyanghe'

平瓣类
10~12cm

# 兰花

*Cymbidium* spp.

〔别称〕中国兰、国兰。

〔科属〕兰科兰属。

〔原产地〕中国。

〔适生地〕长江流域和西南地区。

## 花卉百科

**识别**

**形态:** 多年生宿根草本。

**花:** 单生,少有两朵或排列成顶生总状花序,有清香。

**花期:** 春兰3月中下旬;蕙兰4~5月;建兰花期分2次,第1次7月下旬~8月上旬,第2次9月;寒兰、墨兰10月~下一年1月。

**叶:** 茎生叶丛生,狭长,革质,3~8片,直立或稍作弧状弯曲。

**养护**

**习性:** 喜温暖和湿润的环境。冬季进入休眠期,春夏季进入生长期。

**土壤:** 宜肥沃、疏松和排水良好的微酸性壤土。

**浇水/光照:** 春季进入盛花期,2~3天浇水1次,盆土湿润即可,可多喷雾,注意通风。夏季气温超过18℃放在室外养护,避免阳光直晒,放在遮阴处,每天浇水1次,高温时可多向叶面喷水。秋季气温下降到15℃前搬进室内养护,2~3天浇水1次,最好不要晚间浇水。冬季将盆栽搬回室内温暖处,控制室温于12~15℃,即可开花。

**繁殖:** 春秋季均结合换盆进行分株,一般2~3年分株1次。

**用途**

**食:** 兰花香气清冽、醇正,多用于茶,可用来熏茶,还可做汤。

**药:** 兰花根、叶、花均可入药,其性平,味辛、甘,无毒,有养阴润肺、利水渗湿、清热解毒等功效。

**布置:** 宜作盆栽观赏。与盆、篮等容器组成艺术装饰品,摆放于书斋,使整个雅室更添诗情画意。

**赠:** 兰花适合送给知己朋友,表示意气相投;也适合送给德高望重的长辈,表示敬意;还适合送给品行高尚、有君子风范的人。

## “花中四君子”与“花草四雅”

**花中四君子:** 明代黄凤池《梅竹兰菊四谱》中,以梅、兰、竹、菊谓之“花中四君子”,其品质分别为傲、幽、淡、逸。其中,梅是经霜傲雪的高洁志士,兰是深谷幽香的世上贤达,竹是清雅淡泊的谦谦君子,菊是凌霜飘逸的世外隐士。

**花草四雅:** 清代苏灵《盆景偶录》中,以兰、菊、水仙、菖蒲谓之“花草四雅”。其中,兰以清香淡雅居首位,菊以艳丽脱俗居次位,水仙以纯白如玉位居第三,菖蒲以端庄秀丽位居第四。

**（春兰）小雪兰**
*Cymbidium tortisepalum* 'Xiaoxuelan'
素心花
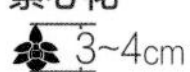
3~4cm

**（春兰）宋梅**
*Cymbidium goeringii* 'Songmei'
梅瓣花
4~5cm

**（春兰）桂圆梅**
*Cymbidium goeringii* 'Guiyuanmei'
梅瓣花
3~4cm

**（春兰）余蝴蝶**
*Cymbidium goeringii* 'Yuhudie'
蝶瓣花
5~6cm

**（春兰）华英**
*Cymbidium goeringii* 'Huaying'
色花
4~5cm

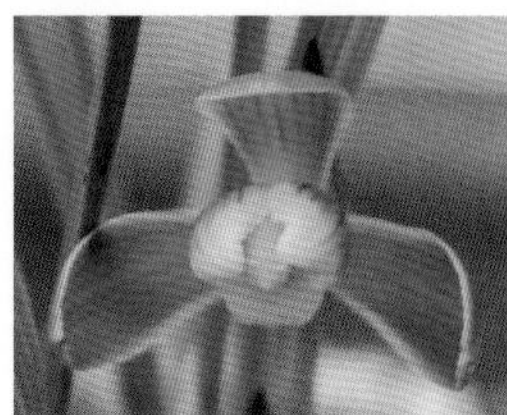

**（春兰）贺神梅**
*Cymbidium goeringii* 'Heshenmei'
梅瓣花
3~4cm

**（春兰）洋水仙**
*Cymbidium goeringii* 'Yangshuixian'
水仙瓣花
4~5cm

**（春兰）金砂梅**
*Cymbidium goeringii* 'Jinshamei'
梅瓣花
4~5cm

**（春兰）上品圆梅**
*Cymbidium goeringii* 'Shangpinyuanmei'
梅瓣花
4~5cm

**（春兰）蔡仙素**
*Cymbidium goeringii* 'Caixiansu'
素心花

4~5cm

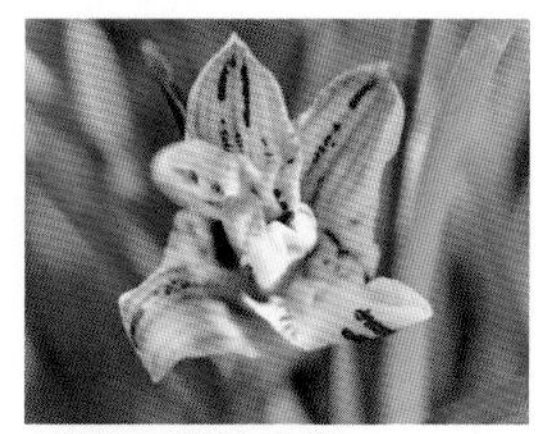

**（春兰）锦绣中华**
*Cymbidium goeringii* 'Jinxiuzhonghua'
蝶瓣花
5~7cm

**（春兰）大花蝶**
*Cymbidium goeringii* 'Dahuadie'
蝶瓣花
5~6cm

**（春兰）彩虹蝶**
*Cymbidium goeringii* 'Caihongdie'
蝶瓣花
5~6cm

**（春兰）龙字**
*Cymbidium goeringii* 'Longzi'
水仙瓣花
4~5cm

**（春兰）蕊蝶**
*Cymbidium goeringii* 'Ruidie'
蝶瓣花
5~6cm

**（春兰）神州之花**
*Cymbidium goeringii* 'Shenzhouzhihua'

色花
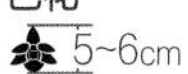 5~6cm

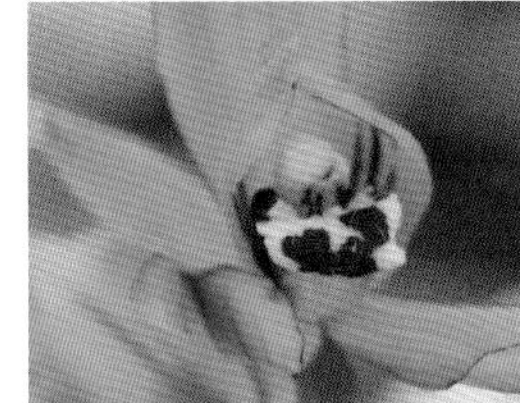

**（春兰）新种水仙**
*Cymbidium goeringii* 'Xinzhongshuixian'

水仙瓣花
4~5cm

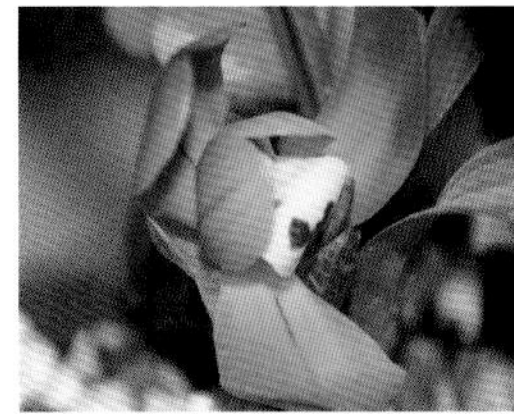

**（春兰）大富贵**
*Cymbidium goeringii* 'Dafugui'

荷瓣花
3~4cm

**（春兰）锦绣如画**
*Cymbidium goeringii* 'Jinxiuruhua'

蝶瓣花
5~5.5cm

**（春兰）大熊猫**
*Cymbidium goeringii* 'Daxiongmao'

蝶瓣花
4.5~5.5cm

**（春兰）方字**
*Cymbidium goeringii* 'Fangzi'

水仙瓣花
4~5cm

**（春兰）舞蝶**
*Cymbidium goeringii* 'Wudie'

蝶瓣花
5~6cm

**（春兰）蝉翼荷**
*Cymbidium goeringii* 'Chanyihe'

荷瓣花
3~4.5cm

**（春兰）翠盖荷**
*Cymbidium goeringii* 'Cuigaihe'

荷瓣花
4~5cm

**（春兰）绿云**
*Cymbidium goeringii* 'Lüyun'

荷瓣花
3~4cm

**（春兰）瑶琳胭脂**
*Cymbidium goeringii* 'Yaolinyanzhi'

色花
4~5cm

**（春兰）环球荷鼎**
*Cymbidium goeringii* 'Huanqiuheding'

荷瓣花
3~4cm

**（春兰）豆瓣朱金花**
*Cymbidium goeringii* 'Doubanzhujinhua'

色花
4~5cm

(春兰) 白雪公主
*Cymbidium goeringii* 'Baixuegongzhu'

素心花

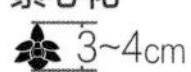 3~4cm

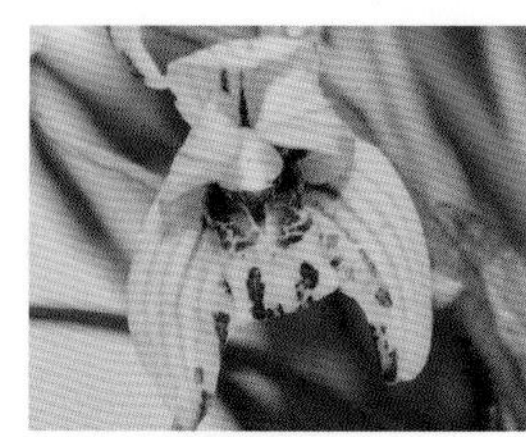

(春兰) 剑阳蝶
*Cymbidium goeringii* 'Jianyangdie'

蝶瓣花

4~4.5cm

(春兰) 西蜀道光
*Cymbidium goeringii* 'Xishudaoguang'

素心花

3~4.5cm

(春兰) 宝岛李
*Cymbidium goeringii* 'Baodaoli'

素心花

4~5.5cm

(春兰) 黄金海香
*Cymbidium goeringii* 'Huangjinhaixiang'

色花

5~5.5cm

(春兰) 麒麟牡丹
*Cymbidium goeringii* 'Qilinmudan'

蝶瓣花

5~6cm

(春兰) 江东仙子
*Cymbidium goeringii* 'Jiangdongxianzi'

水仙瓣花

4~5cm

(春兰) 皖鼎梅
*Cymbidium goeringii* 'Wandingmei'

梅瓣花

4~5cm

(春兰) 黄金海岸
*Cymbidium goeringii* 'Huangjinhaian'

蝶瓣花

5~5.5cm

(春兰) 碧瑶二代
*Cymbidium goeringii* 'Biyaoerdai'

蝶瓣花

4~5cm

(春兰) 红跃梅
*Cymbidium goeringii* 'Hongyuemei'

梅瓣花

4~4.5cm

(春兰) 牧雨素
*Cymbidium goeringii* 'Muyusu'

素心花

5~5.5cm

(春兰) 明月
*Cymbidium goeringii* 'Mingyue'

水仙瓣花

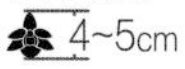 4~5cm

(春兰) 五星蝶
*Cymbidium goeringii* 'Wuxingdie'

蝶瓣花

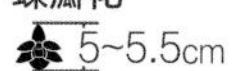 5~5.5cm

**（建兰）春华**
*Cymbidium ensifolium* 'Chunhua'

彩心花
4~5cm

**（建兰）金荷**
*Cymbidium ensifolium* 'Jinhe'

彩心花
3~4cm

**（建兰）金嘴红霞**
*Cymbidium ensifolium* 'Jinzuihongxia'

彩心花
5~6cm

**（建兰）雪鹤**
*Cymbidium ensifolium* 'Xuehe'

彩心花
5~6cm

**（建兰）大陶素**
*Cymbidium ensifolium* 'Dataosu'

素心花
5~6cm

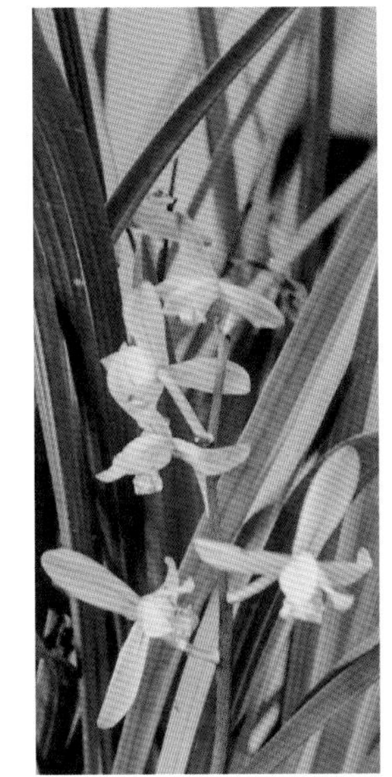

**（建兰）大叶白**
*Cymbidium ensifolium* 'Dayebai'

彩心花
4~5cm

**（建兰）赤金素**
*Cymbidium ensifolium* 'Chijinsu'

素心花
5~6cm

**（建兰）红舌兰**
*Cymbidium ensifolium* 'Hongshelan'

彩心花
5~6cm

**（建兰）阔叶仁化白**
*Cymbidium ensifolium* 'Kuoyerenhuabai'

素心花
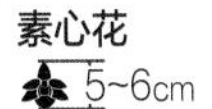
5~6cm

**（建兰）飞捧蝶**
*Cymbidium ensifolium* 'Feipengdie'

彩心花

5~6cm

**（蕙兰）绿花送春素**
*Cymbidium faberi* 'Lühuasongchunsu'

送春型
5~6cm

**（蕙兰）聚花素**
*Cymbidium faberi* 'Juhuasu'

素心花
5~6cm

**（蕙兰）三星蝶**
*Cymbidium faberi* 'Sanxingdie'

蝶瓣花
5~6cm

**（蕙兰）红秆黄花**
*Cymbidium faberi* 'Hongganhuanghua'

蝶瓣花
5~6cm

**（蕙兰）解佩素**
*Cymbidium faberi* 'Jiepeisu'

梅瓣花
4~5cm

**（蕙兰）老极品**
*Cymbidium faberi* 'Laojipin'

梅瓣花
5~6cm

**（蕙兰）蕙蝶**
*Cymbidium faberi* 'Huidie'

素心花
5~6cm

**（蕙兰）元字**
*Cymbidium faberi* 'Yuanzi'

水仙瓣花
5~6cm

**（蕙兰）叠翠**
*Cymbidium faberi* 'Diecui'

蝶瓣花
5~6cm

**（蕙兰）江南新极品**
*Cymbidium faberi* 'Jiangnanxinjipin'

梅瓣花
4~5cm

**（蕙兰）溢翠蝶**
*Cymbidium faberi* 'Yicuidie'

蝶瓣花
4~5cm

**（蕙兰）秦巴风彩云蕙**
*Cymbidium faberi* 'Qinbafengcaiyunhui'

蝶瓣花
5~6cm

**（蕙兰）红蕙兰**
*Cymbidium faberi* 'Honghuilan'

蝶瓣花
5~6cm

**（寒兰）青花飞瓣大舌**
*Cymbidium kanran* 'Qinghuafeibandashe'

彩心花
3~4cm

**（墨兰）黄金塔**
*Cymbidium sinense* 'Huangjinta'

素心花
4~5cm

**（墨兰）闽荷**
*Cymbidium sinense* 'Minhe'

彩心花
4~5cm

**（墨兰）龙蝶**
*Cymbidium sinense* 'Longdie'

彩心花
5~6cm

**（寒兰）金玉满堂**
*Cymbidium kanran* 'Jinyumantang'

彩心花
4~5cm

**（墨兰）绿峰**
*Cymbidium sinense* 'Lüfeng'

彩心花
4~5cm

**（墨兰）新娘**
*Cymbidium sinense* 'Xinniang'

彩心花
4~5cm

**（墨兰）桃姬**
*Cymbidium sinense* 'Taoji'

彩心花
4~5cm

**（寒兰）红花宽瓣**
*Cymbidium kanran* 'Honghuakuanban'

彩心花
4~5cm

**（墨兰）徽州墨**
*Cymbidium sinense* 'Huizhoumo'

彩心花
5~6cm

**（墨兰）牛角墨**
*Cymbidium sinense* 'Niujiaomo'

彩心花
5~6cm

**（墨兰）樱姬**
*Cymbidium sinense* 'Yingji'

彩心花
4~5cm

# 月季
*Rosa hybrida*

☼ ● ❋❋❋

〔别称〕现代月季、月月红、四季花、玫瑰。

〔科属〕蔷薇科蔷薇属。

〔原产地〕中国，现多为栽培品种。

〔适生地〕华北以南地区。

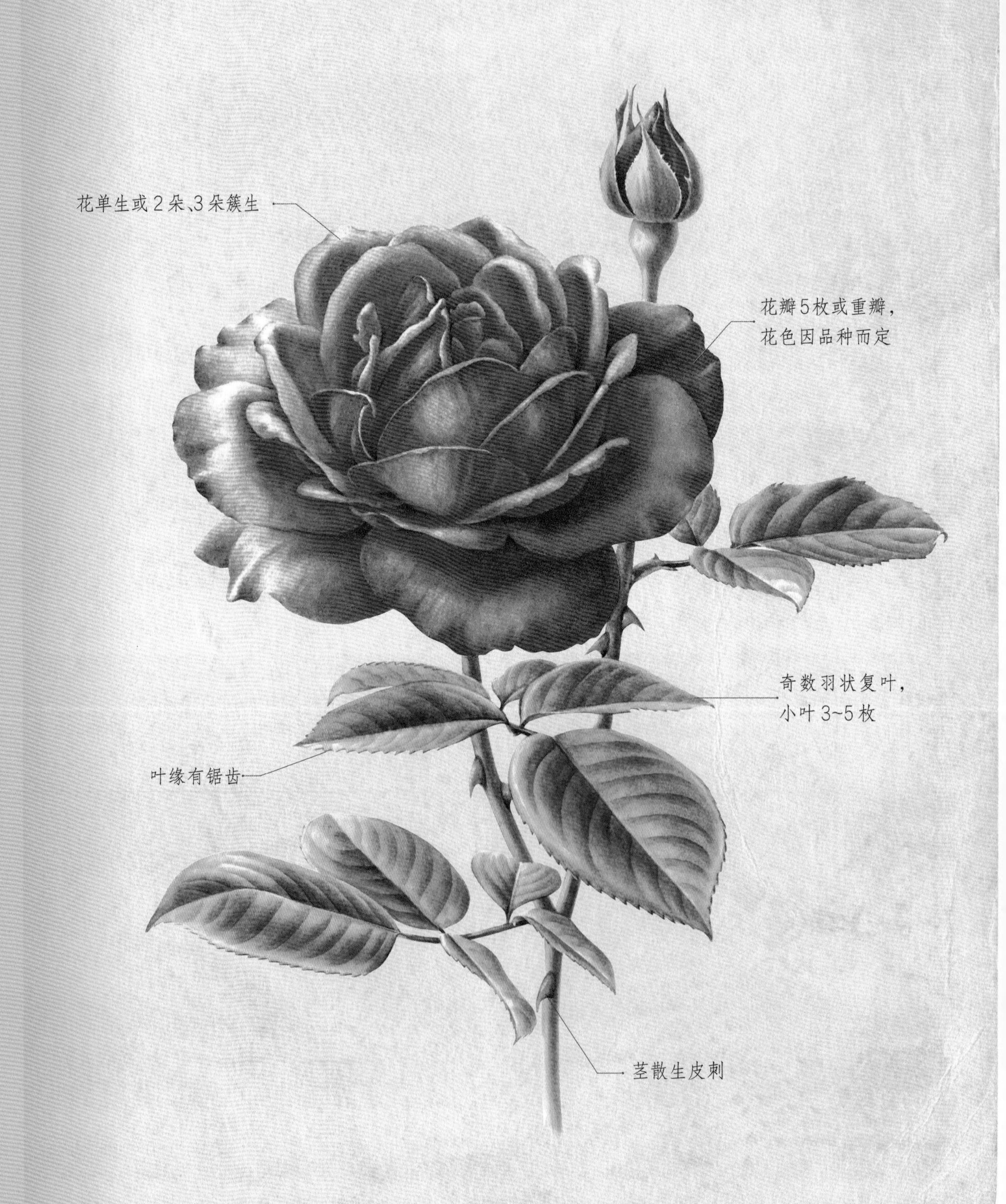

## 花卉百科

**识别**

**形态：**常绿灌木、半常绿灌木、落叶灌木。

**花：**单生或2朵、3朵簇生，伞房花序，有黄、红、粉红、橙红等色，有微香。

**花期：**春季至秋季。

**叶：**互生，奇数羽状复叶，小叶3~5枚，深绿色。

**养护**

**习性：**喜温暖、湿润和阳光充足的环境。

**土壤：**宜肥沃、疏松的微酸性沙质壤土。

**浇水 / 光照：**春季盆土保持湿润，每周浇水1次，开花期可多晒太阳。夏季每周浇水2次或3次，气温超过20℃时，向叶面喷雾。秋季盆土保持湿润，每周浇水1次。冬季盆土保持干燥，摆放在温暖、阳光充足处。

**繁殖：**全年均可扦插，以4~5月、6~7月、9~10月和11月以后为宜，春季至秋季可芽接或枝接，梅雨季节适合高空压条。

**用途**

**食：**以月季花煎汤代茶饮用，也可以用月季花煮成月季花粥。

**药：**花、根、叶等均可入药。用月季花3~6克、冰糖适量，水煎服，可治肺虚咳嗽。

**布置：**宜成片栽植于公园、风景区或居住区。

**赠：**红色月季花宜送给恋人，寓意“永浴爱河”；还适合送给亲朋好友，寓意“热情友好”。黄色月季代表“失恋”“嫉妒”。

## 月季与蔷薇的区别

月季和蔷薇都是蔷薇科蔷薇属植物，是做花墙的理想花卉。由于两者外观相似，很多人分不清楚。其实两者是有以下主要区别的。

**花期不同：**月季的花期比较长，在每年的4~9月都有绽放。蔷薇的花期较短，在每年的春夏交替之时，即5~6月开花，少数品种于春秋两季开花。

**花朵区别：**月季花朵比较大，属于单生花，一般来说一枝花秆上只有一朵或两朵花，而且花瓣较厚。蔷薇花朵比较小，属于丛生花，一枝花秆上会有好几朵花，数量较多，花瓣偏薄。

**叶片区别：**月季花叶片表面比较光滑平顺，数量较少，一般为3~5片。蔷薇花的叶片较小，有5~9片，表面有细细的茸毛。

**枝条区别：**月季枝条比较坚挺直立，不容易弯折，且枝条上有少量的倒钩刺。蔷薇的枝条比较细软，花朵开放会压低枝条，呈垂落状。

月季

蔷薇

**白胜利**
*Rosa hybrida* 'White Success'

高心卷边杯状 · 重瓣
12~14cm

**粉红糖**
*Rosa hybrida* 'Pink Brown Sugar'

高心皱边杯状 · 重瓣
8~10cm

**粉新娘**
*Rosa hybrida* 'Bridal Pink'

高心卷边杯状 · 重瓣
8~10cm

**哈里 · 惠特克罗夫特**
*Rosa hybrida* 'Harry Wheatcroft'

平瓣盘状 · 重瓣
4~5cm

**索菲**
*Rosa hybrida* 'Sofie'

高心卷边杯状 · 重瓣
8~10cm

**冒险**
*Rosa hybrida* 'Adventure'

高心卷边杯状 · 重瓣
8~9cm

**糖果条**
*Rosa hybrida* 'Candy Stripe'

高心翘角杯状 · 重瓣
13~15cm

**金奖章**
*Rosa hybrida* 'Gold Medal'

卷边杯状 · 重瓣
8~10cm

**玫瑰红**
*Rosa hybrida* 'Rosy Mantle'

高心翘角杯状 · 重瓣
9~10cm

**摩纳哥公主**
*Rosa hybrida* 'Princess de Monaco'

卷边杯状 · 重瓣
12~14cm

**卡马尤克斯**
*Rosa hybrida* 'Camaieux'

杯状 · 重瓣
9~10cm

**英国小姐**
*Rosa hybrida* 'Miss English'

平瓣盘状 · 重瓣
8~10cm

**蓝香**
*Rosa hybrida* 'Blue Perfume'

高心卷边杯状 · 重瓣
10~12cm

**迈兰德随想曲**
*Rosa hybrida* 'Caprice de Meilland'

高心翘角杯状 · 重瓣
8~9cm

**"老 K"**
*Rosa hybrida* 'Kronenbourg'

卷边杯状 · 重瓣
14~16cm

**萨里**
*Rosa hybrida* 'Surrey'

芍药状 · 半重瓣
6~8cm

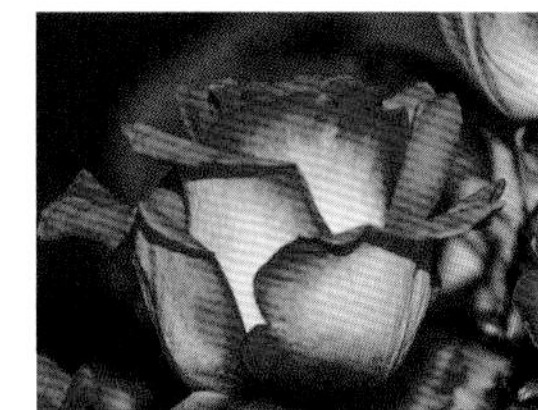

**联盟**
*Rosa hybrida* 'Alliance'

高心卷边杯状 · 重瓣
8~10cm

**吉卜赛雄狮**
*Rosa hybrida* 'Gypsy Leonidas'

高心卷边杯状 · 重瓣
8~9cm

**红玫瑰**
*Rosa hybrida* 'Red Rose'

卷边盘状 · 重瓣
10~12cm

**普里马 · 巴尔里纳**
*Rosa hybrida* 'Prima Ballerina'

高心半翘角杯状 · 重瓣
9~10cm

**汉纳 · 戈登**
*Rosa hybrida* 'Hannah Gordon'

平瓣盘状 · 重瓣
8~9cm

**小步舞曲**
*Rosa hybrida* 'Laminuette'

高心卷边杯状 · 重瓣
5~6cm

**阿尔特西**
*Rosa hybrida* 'Altesse'

高心翘角杯状 · 重瓣
12~13cm

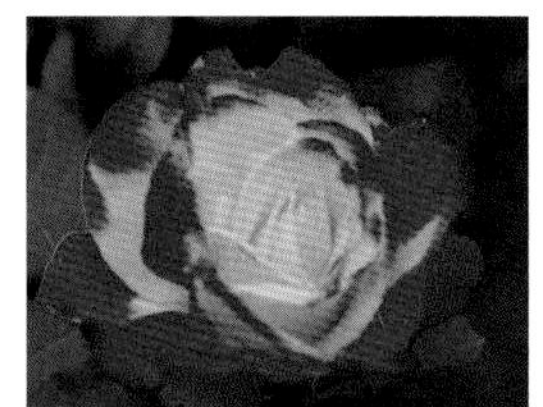

**红双喜**
*Rosa hybrida* 'Double Delight'

高心卷边杯状 · 重瓣
12~14cm

**热巧克力**
*Rosa hybrida* 'Hot Chocolate'

高心卷边杯状 · 重瓣
7~8cm

**黑魔术**
*Rosa hybrida* 'Black Magic'

高心卷边杯状 · 重瓣
8~10cm

**粉艳**
*Rosa hybrida* 'Pink Beauty'

高心卷边杯状 · 重瓣
10~12cm

**新歌舞剧**
*Rosa hybrida* 'New Opera'

卷边 · 重瓣
10~11cm

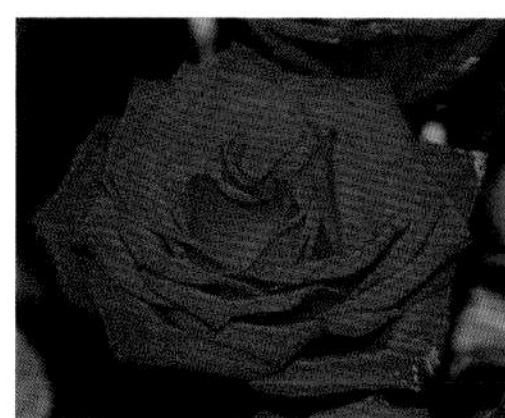

**欢乐时光**
*Rosa hybrida* 'Happy Hour'

高心翘角杯状 · 重瓣
8~10cm

**梅洛迪 · 马克尔**
*Rosa hybrida* 'Melody Maker'

高心平瓣杯状 · 重瓣
9~10cm

**红内奥米**
*Rosa hybrida* 'Red Naomi'

高心卷边杯状 · 重瓣
7~8cm

**冰山**
*Rosa hybrida* 'Iceberg'

平瓣盘状 · 重瓣
7~8cm

**白周末**
*Rosa hybrida* 'White Weekend'

高心平瓣杯状 · 重瓣
10~12cm

**瓦伦西亚**
*Rosa hybrida* 'Valencia'

高心卷边杯状 · 重瓣
9~10cm

**金枝**
*Rosa hybrida* 'Gold Stick'

高心翘角杯状 · 重瓣
6~8cm

**埃莉诺**
*Rosa hybrida* 'Elina'

高心杯状 · 重瓣
14~15cm

**黄色芭比娃娃**
*Rosa hybrida* 'Yellow Bobby'

高心翘角杯状 · 重瓣
10~11cm

**金丝鸟**
*Rosa hybrida* 'Canary'

杯状 · 重瓣
5~6cm

**黄金时代**
*Rosa hybrida* 'Golden Times'

高心翘角杯状 · 重瓣
8~10cm

**阿波罗**
*Rosa hybrida* 'Apollo'

杯状 · 半重瓣
12~14cm

**雅典娜**
*Rosa hybrida* 'Athena'

高心平瓣杯状 · 重瓣
8~9cm

**莱茵黄金**
*Rosa hybrida* 'Pfalzer Gold'

高心卷边杯状 · 重瓣
12~13cm

**和平**
*Rosa hybrida* 'Peace'

高心卷边杯状 · 重瓣
13~16cm

**彩云**
*Rosa hybrida* 'Saium'

卷边 · 半重瓣
8~10cm

**多丽丝 · 泰斯特曼**
*Rosa hybrida* 'Doris Tysterman'

高心卷边杯状 · 重瓣
9~10cm

**高级郡长**
*Rosa hybrida* 'High Sheriff'

高心卷边杯状 · 重瓣
9~10cm

**糖波拉**
*Rosa hybrida* 'Tombola'

高心卷边杯状 · 重瓣
8~9cm

**亚伯拉罕 · 达比**
*Rosa hybrida* 'Abraham Darby'

千杯状 · 重瓣
10~11cm

**阿班斯**
*Rosa hybrida* 'Ambiance'

高心卷边杯状 · 重瓣
12~14cm

**惠斯基 · 麦克**
*Rosa hybrida* 'Whisky Mac'

平瓣盘状 · 重瓣
9~10cm

**安妮 · 哈克尼斯**
*Rosa hybrida* 'Anne Harkness'

高心杯状 · 重瓣
8~9cm

**嘉年华**
*Rosa hybrida* 'Carnival'

高心翘角杯状 · 重瓣
9~10cm

**西蒙娜**
*Rosa hybrida* 'Simone'

高心平瓣杯状 · 重瓣
8~9cm

**百老汇**
*Rosa hybrida* 'Broadway'

高心翘角杯状 · 重瓣
10~12cm

**金色玫瑰**
*Rosa hybrida* 'Golden Rose'

高心翘角杯状 · 重瓣
6~8cm

**绿色星球**
*Rosa hybrida* 'Green Planet'

高心皱边杯状 · 重瓣
8~9cm

# 杜鹃花

*Rhododendron simsii*

☼ ● ❋❋❋

〔别称〕映山红、满山红、红踯躅。

〔科属〕杜鹃花科杜鹃花属。

〔原产地〕中国。

〔适生地〕长江流域以南地区。

## 花卉百科

**识别**

**形态：**落叶灌木、常绿灌木、半常绿灌木。

**花：**杜鹃花在不同的自然环境中，形成不同的形态。伞形总状花序，顶生，有时单生或数朵聚生，通常 5 裂，裂片稍两侧对称或辐射对称，花色丰富多彩。

**花期：**春季。

**叶：**革质，卵状椭圆形，表面绿色，背面淡绿色。

**养护**

**习性：**喜凉爽、湿润和阳光充足的环境。

**土壤：**宜肥沃、疏松和排水良好的酸性壤土。

**浇水 / 光照：**春季每周浇水 2 次，盆土保持湿润。夏季浇水须浇透，傍晚向叶面喷雾。秋季盆栽室内养护，盆土不能过于湿润，以每周浇水 2 次或 3 次为宜，在午后或室温较高时浇水。冬季摆放在温暖、阳光充足处，室温 10℃以上，每周浇水 1 次，盆土保持湿润。

**繁殖：**春季播种或用高空压条法，夏初取半成熟枝扦插或用枝接。常绿杜鹃多播种繁殖。

**用途**

**药：**花、根、叶均可以入药，鲜叶捣烂外敷伤口，具有治疗外伤出血的功效。

**布置：**杜鹃花枝繁叶茂，绮丽多姿，萌发力强，是优良的盆景材料。宜在溪边、池畔及岩石旁成丛成片栽植，也可于疏林下散植，开花时热闹而喧腾。

**赠：**红色的杜鹃花宜赠经商的好友，祝愿他“红运当头”“财源滚滚”。杜鹃花与常春藤、萱草的组合宜赠母亲，谨祝母亲“永葆青春”“吉祥如意”。杜鹃花宜赠海外同胞，寓意“祖国亲人对海外赤子的关心和思念”。

## 杜鹃花的历史

杜鹃花在我国栽培历史悠久。齐梁时，陶弘景在《本草经集注》中记载羊踯躅：“羊误食其叶，踯躅而死，故以为名。”羊踯躅就是现在的黄花杜鹃。到唐代，用于观赏的杜鹃花出现了,《唐诗纪事》记载:“鹤林寺杜鹃花，云贞元中外国僧自天台钵盂中以药养其根，来植于此寺。”这是我国栽培杜鹃花最早的记录。以后的《本草纲目》《徐霞客游记》《花镜》中都提及杜鹃花。其中《花镜》曰：“(杜鹃)性喜阴而恶肥，每早以河水浇，置之树阴之下，则叶青翠可观。”此时，栽培杜鹃花的技术已十分成熟。

(常绿杜鹃)艾拉姆·克里姆
*Rhododendron* 'Ilam Cream'

漏斗状 · 单瓣
3.5~4cm

(常绿杜鹃)斑叶常绿杜鹃
*Rhododendron* 'Variegata'

钟状 · 单瓣
5~6cm

(常绿杜鹃) 薰衣草姑娘
*Rhododendron* 'Lavender Girl'

漏斗状 · 单瓣
3.5~4cm

(常绿杜鹃) 雅致
*Rhododendron* 'Roseum Elegans'

漏斗状 · 单瓣
5~6cm

(常绿杜鹃) 露珠杜鹃
*Rhododendron irroratum*

钟状 · 单瓣
4~5cm

(常绿杜鹃)威尔金的红宝石
*Rhododendron* 'Wilkin's Red Gem'

漏斗状 · 单瓣
4~5cm

(常绿杜鹃)弗尼瓦尔的女儿
*Rhododendron* 'Furnivall's Daughter'

漏斗状 · 单瓣
5~6cm

(常绿杜鹃) 红粉佳人
*Rhododendron* 'Hongfenjiaren'

漏斗状 · 单瓣
5~7cm

(常绿杜鹃) 云锦杜鹃
*Rhododendron fortunei*

漏斗状 · 单瓣
5~7cm

(常绿杜鹃) 水红杜鹃
*Rhododendron* 'Water Red'

漏斗状 · 单瓣
5~6cm

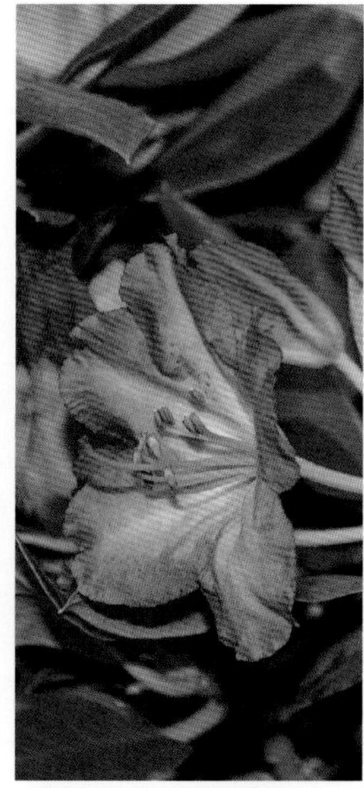

(常绿杜鹃) 粉珍珠
*Rhododendron* 'Pink Pearl'

漏斗状 · 单瓣
5~6cm

（常绿杜鹃）大花卡托巴
*Rhododendron* 'Catawbiense Grandiflorum'

漏斗状 · 单瓣
4~5cm

（常绿杜鹃）马缨杜鹃
*Rhododendron delavayi*

钟状 · 单瓣
5~7cm

（常绿杜鹃）卵叶杜鹃
*Rhododendron callimorphum*

漏斗状 · 单瓣
5~6cm

（常绿杜鹃）罗斯福总统
*Rhododendron* 'President Roosevelt'

漏斗状 · 单瓣
5~6cm

（常绿杜鹃）新星
*Rhododendron* 'New Star'

漏斗状 · 单瓣
3~4cm

（常绿杜鹃）杰曼尼亚
*Rhododendron* 'Germania'

漏斗状 · 单瓣
4~5cm

（常绿杜鹃）诺瓦 · 泽门布拉
*Rhododendron* 'Nova Zembla'

漏斗状 · 单瓣
3.5~4cm

（常绿杜鹃）锦缎
*Rhododendron* 'Jinduan'

漏斗状 · 单瓣
3.5~4cm

（常绿杜鹃）红杰克
*Rhododendron* 'Red Jack'

漏斗状 · 单瓣
5~6cm

（常绿杜鹃）红宝石
*Rhododendron* 'Red Gem'

漏斗状 · 单瓣
3~4cm

（毛鹃）大紫艳
*Rhododendron* 'Daziyan'

漏斗状 · 单瓣
7~10cm

（毛鹃）春香满堂
*Rhododendron* 'Chunxiangmantang'

漏斗状 · 单瓣
7~8cm

（毛鹃）小阳春
*Rhododendron* 'Xiaoyangchun'

漏斗状 · 单瓣
5~6cm

# 山茶花

*Camellia japonica*

〔别称〕曼陀罗、耐冬。
〔科属〕山茶科山茶属。
〔原产地〕中国。
〔适生地〕长江流域以南地区。

## 花卉百科

**识别**

**形态：**常绿灌木或小乔木。

**花：**两性，常单生或2朵、3朵着生于枝梢顶端或叶腋间，花有红、粉红、白等色。

**花期：**冬末至春季。

**叶：**互生，革质，椭圆形，边缘有锯齿，深绿色。

**养护**

**习性：**喜温暖、湿润和半阴的环境。

**土壤：**宜深厚、疏松、排水良好的微酸性沙质壤土。

**浇水／光照：**春季开花期每天浇水1次。夏季每天早晚各浇水1次；盆土表面干燥发白时，浇透水。秋季每周浇水2次或3次。冬季放阳光充足处越冬，室温保持10℃以上，2~3天浇水1次。

**繁殖：**夏末至冬末取叶片完整、叶芽饱满的半成熟枝扦插，冬末嫁接，以及梅雨季节高空压条。

**用途**

**食：**花可泡酒或制作花茶。

**药：**茎、根、叶均可入药。将洗净的山茶花鲜叶捣烂外敷可治痈疽。山茶花研末，用麻油调和，可治开水烫伤、火灼伤。

**布置：**宜配植于庭园中，与花墙、亭台、山石相伴，景色自然宜人。盆栽点缀客厅、书房，呈现出典雅豪华的气派。

**赠：**山茶花宜在开业庆典及乔迁之喜时赠送朋友，寓意对方“有理想，有志气，前程不可限量”；赠长辈，寓意对方“精神健硕”；送父母和亲友，表达“浓浓的亲情”。

## 山茶花与茶梅的区别

山茶花树冠优美，叶色亮绿，花大色艳，花姿丰盈。茶梅树冠低矮，株型丰富、秀美，叶片细密亮丽，花朵鲜艳芬芳。两者同为山茶属植物，主要识别点在树冠、叶子、花朵的大小和开花时间的早晚。

**树冠区别：**山茶花树冠冠幅较大，为4~8米；茶梅树冠冠幅为2~3米。

**叶片区别：**山茶花的叶片为革质叶，形状为椭圆形，长5~10厘米，宽2~5厘米；茶梅的叶片相对前者窄小些，长3~5厘米，宽2~3厘米。

**花朵区别：**山茶花外侧花瓣为近圆形，内侧为倒卵圆形；茶梅的花瓣为阔倒卵形。

**花期区别：**山茶花冬末至春季开花；茶梅秋冬季开花。

山茶花

茶梅

**雪塔**
*Camellia japonica* 'Xueta'

玫瑰型 · 重瓣
8~10cm

**客来邸（日本）**
*Camellia japonica* 'Colletii'

牡丹型 · 半重瓣
8~10cm

**鲤鱼珠**
*Camellia japonica* 'Liyuzhu'

玫瑰型 · 重瓣
8~9cm

**戴氏之歌**
*Camellia japonica* 'Mrs. D.W.Davis Descanso'

牡丹型 · 重瓣
14~15cm

**阿道夫（美国）**
*Camellia japonica* 'Adolphe'

盆型 · 半重瓣
11~13cm

**雪人（美国）**
*Camellia japonica* 'Snow Man'

玫瑰型 · 半重瓣
11~13cm

**狂想曲（美国）**
*Camellia japonica* 'Extravaganza'

牡丹型 · 重瓣
15~16cm

**六角白**
*Camellia japonica* 'Liujiaobai'

放射型 · 重瓣
6~8cm

**花瑙**
*Camellia japonica* 'Huanao'

玫瑰型 · 半重瓣
8~9cm

**明天（美国）**
*Camellia japonica* 'Tomorrow'

牡丹型 · 半重瓣
14~15cm

**白十八学士**
*Camellia japonica* 'Baishibaxueshi'

牡丹型 · 重瓣
6~7cm

**白十样锦**
*Camellia japonica* 'Baishiyangjin'

荷花型 · 半重瓣
5~7cm

**花凤尾**
*Camellia japonica* 'Huafengwei'

牡丹型 · 半重瓣
10~12cm

**节节甜（美国）**
*Camellia japonica* 'Robin's Candy'

玫瑰型 · 重瓣
11~13cm

**重庆红**
*Camellia japonica* 'Chongqinghong'

玫瑰型 · 重瓣
8~9cm

**凯旋门**
*Camellia japonica* 'Arch of Triumph'

芙蓉型 · 半重瓣
9~11cm

**花仙子（美国）**
*Camellia japonica* 'Flowerwood'

玫瑰型 · 重瓣
11~14cm

**大满贯**
*Camellia japonica* 'Grang Slam'

托桂型 · 半重瓣
11~15cm

**皇家天鹅绒**
*Camellia japonica* 'Royal Velvet'

杯状 · 半重瓣
11~13cm

**琼克莱尔（美国）**
*Camellia japonica* 'Jean Clere'

牡丹型 · 半重瓣
9~13cm

**牛西奥雕石（美国）**
*Camellia japonica* 'Nuccio's Cameo'

银莲花型 · 重瓣
9~13cm

**新查理斯顿小姐（美国）**
*Camellia japonica* 'Miss Charleston Variegate'

牡丹型转玫瑰型 · 半重瓣
12~15cm

**毛缘黑玛瑙（美国）**
*Camellia japonica* 'Clark Hubbs Variegated'

牡丹型 · 半重瓣
11~15cm

**七心红**
*Camellia japonica* 'Qixinhong'

绣球型 · 重瓣
8~9cm

**紫花金心**
*Camellia japonica* 'ZihuaJinxin'

杯状 · 单瓣
4~5cm

**贝拉大玫瑰**
*Camellia japonica* 'Bella Rosa'

玫瑰型 · 重瓣
15~16cm

**情人节**
*Camellia japonica* 'Valentine Day'

玫瑰型 · 重瓣
13~15cm

**迪斯（美国）**
*Camellia japonica* 'L.T.Dees'

银莲花型 · 半重瓣
11~13cm

**伊丽莎白织女（美国）**
*Camellia japonica*
'Elizabeth Weaver'
玫瑰型 · 重瓣
13~15cm

**大叶白狮头**
*Camellia japonica*
'Dayebaishitou'
牡丹型 · 半重瓣
9~11cm

**宽彩带（澳大利亚）**
*Camellia japonica*
'Margaret Davis'
牡丹型 · 重瓣
9~12cm

**弁天神乐（日本）**
*Camellia japonica*
'Benten Kagura'
牡丹型 · 重瓣
8~10cm

**银白查理斯（美国）**
*Camellia japonica* 'Silver Chalice'
牡丹型 · 重瓣
11~13cm

**牛西奥珍珠132号（美国）**
*Camellia japonica*
'Nuccio's Pearl NO.132'
玫瑰型 · 重瓣
8~11cm

**大菲丽丝**
*Camellia japonica*
'Francis Eugene Phillis'
皱瓣扇贝型 · 重瓣
13~15cm

**牡丹王**
*Camellia japonica*
'Mudanwang'
牡丹型 · 半重瓣
10~12cm

**黄绣球（澳大利亚）**
*Camellia japonica* 'Brushfield's Yellow'
银莲花型 · 重瓣
8~11cm

**花牡丹**
*Camellia japonica* 'Huamudan'
牡丹型 · 重瓣
10~14cm

**赛金光**
*Camellia japonica*
'Saijinguang'
托桂型 · 半重瓣
6~7cm

**风流**
*Camellia japonica*
'Fashionata'
银莲花型 · 半重瓣
11~13cm

**丝纱罗（美国）**
*Camellia japonica* 'Tiffany'
牡丹型或托桂型 · 半重瓣
14~15cm

**大花脸**
*Camellia japonica*
'Dahualian'
玫瑰型 · 半重瓣
9~12cm

**拉斯卡娇娇（美国）**
*Camellia japonica* 'Lasca Beauty'
银莲花型 · 半重瓣
13~15cm

**花革命旗**
*Camellia japonica* 'Huagemingqi'
玫瑰型 · 半重瓣
7~9cm

**大花金心**
*Camellia japonica* 'Dahuajinxin'
漏斗状 · 单瓣
8~9cm

**超级南天武士（美国）**
*Camellia japonica* 'Dixie Knight Supreme'
牡丹型 · 半重瓣
9~13cm

**花宝比叶**
*Camellia japonica* 'Huabaobiye'
玫瑰型 · 重瓣
12~14cm

**花派道**
*Camellia japonica* 'Huapaidao'
玫瑰型 · 重瓣
9~12cm

**金边山茶**
*Camellia japonica* 'Variegata'
牡丹型 · 半重瓣
9~12cm

**牛西奥先生（美国）**
*Camellia japonica* 'Joe Nuccio'
牡丹型 · 重瓣
8~11cm

**金奖牡丹**
*Camellia japonica* 'Jinjiangmudan'
荷花型 · 重瓣
7~9cm

**海盗之金（美国）**
*Camellia japonica* 'Pirates Gold'
牡丹型 · 半重瓣
11~13cm

**红叶贝拉**
*Camellia japonica* 'Red Leaf Bella'
玫瑰型 · 重瓣
13~15cm

**花露珍**
*Camellia japonica* 'Hualuzhen'
牡丹型 · 重瓣
9~12cm

**南天武士（美国）**
*Camellia japonica* 'Dixie Knight'
牡丹型 · 重瓣
9~13cm

**肯肯（澳大利亚）**
*Camellia japonica* 'Can Can'
牡丹型 · 半重瓣
9~10cm

# 荷花

*Nelumbo nucifera*

☼ ● ✳✳

〔别称〕莲花、水芙蓉。
〔科属〕莲科莲属。
〔原产地〕中国。
〔适生地〕全国各地。

## 花卉百科

**识别**

**形态:** 多年生挺水草本。

**花:** 两性，单生，有粉红、红、白、黄等色。

**花期:** 夏季。

**叶:** 盾状圆形，边缘波状，中绿色。叶柄柔软不能挺立而浮在水面的称“浮叶”；叶柄粗而硬，能挺立出水面生长的称“立叶”。

**养护**

**习性:** 喜温暖、水湿和阳光充足的环境。

**土壤:** 宜富含腐殖质的肥沃黏质壤土。

**浇水 / 光照:** 春季盆栽荷花，水深保持在6~10厘米。夏季随浮叶和立叶的生长，逐渐提高水位，保证充足光照。秋季宜浅水，忌忽然降温和狂风吹袭。冬季保持气温在10℃以上，须充足光照。

**繁殖:** 常用分株和播种繁殖。春季进行分株繁殖，种藕须带完整的顶芽。莲子无休眠期，可随采随播，发芽适温25~28℃。

**用途**

**食:** 莲藕可用于烹饪佳肴。莲瓣治暑热烦渴，常以开水冲泡，代茶饮，称莲花茶。

**药:** 荷花全身是宝，是一味很有价值的中草药。莲子和莲叶可制成药膳食用。莲心能清火安神，煮水喝可治心烦、口渴；去热。

**布置:** 适合城市园林中大面积水景布置。小型种碗栽、缸栽或盆栽，摆放于阳台、窗台或庭园，别具一格。

**赠:** 荷花宜赠亲朋好友，表示“赞扬对方清廉、人品高洁”；向新婚夫妇赠送并蒂莲，寓意“祝愿新人家庭祥和幸福，白头偕老”。

### 荷花与睡莲的区别

荷花和睡莲很多人分不清。荷花属于莲科莲属，而睡莲属于睡莲科睡莲属。除此之外，两者还有几点明显的区别。

**形态不同:** 荷花是多年生挺水草本，睡莲是多年生浮水草本。

**花朵区别:** 荷花的花朵较大，花瓣基部宽广，颜色有白、红、粉红色，集中在清晨开花。睡莲的花形一般比荷花小，花瓣狭长，颜色有白、黄、紫、粉红、红、紫红、蓝色，在清晨或夜晚开花。

**叶片区别:** 荷花的叶片表面有茸毛，且成叶会挺出水面，叶片为盾形，没有缺口。睡莲的叶片表面油油亮亮，贴近水面，呈椭圆形，而且具“V”字形缺口。

**应用区别:** 荷花可以收获莲蓬（含莲子）和莲藕，它们都可以食用。睡莲花朵可以制作成睡莲花茶或香水。

荷花

睡莲

**冰娇**
*Nelumbo nucifera* 'Bingjiao'

碗状 · 重瓣
13~15cm

**舒月**
*Nelumbo nucifera* 'Shuyue'

碗状 · 半重瓣
10~12cm

**英华**
*Nelumbo nucifera* 'Yinghua'

杯状 · 半重瓣
12~14cm

**红边白碗莲**
*Nelumbo nucifera*
'Hongbianbaiwanlian'

碗状 · 单瓣
10~12cm

**皇冠**
*Nelumbo nucifera*
'Huangguan'

叠球状 · 重瓣
12~13cm

**冰心**
*Nelumbo nucifera* 'Bingxin'

碗状 · 半重瓣
11~13cm

**上海一号**
*Nelumbo nucifera*
'Shanghaiyihao'

碗状 · 半重瓣
10~12cm

**大洒锦**
*Nelumbo nucifera* 'Dasajin'

碗状 · 重瓣
20~24cm

**金牡丹**
*Nelumbo nucifera*
'Jinmudan'

碗状 · 半重瓣
12~14cm

**白牡丹**
*Nelumbo nucifera*
'Baimudan'

碗状 · 半重瓣
10~12cm

**领头羊**
*Nelumbo nucifera*
'Lingtouyang'

杯状 · 单瓣
8~10cm

**虞姬粉**
*Nelumbo nucifera* 'Yujifen'

碗状 · 重瓣
10~14cm

**小芍药**
*Nelumbo nucifera* 'Xiaoshaoyao'

杯状 · 单瓣
10~12cm

**华灯初上**
*Nelumbo nucifera* 'Huadengchushang'

碗状 · 半重瓣
12~14cm

**并蒂莲**
*Nelumbo nucifera* 'Bingdilian'

碗状 · 重瓣
10~12cm

**凤凰彩翎**
*Nelumbo nucifera* 'Fenghuangcailing'

叠球状 · 重瓣
13~15cm

**首领**
*Nelumbo nucifera* 'Shouling'

碗状 · 重瓣
8~10cm

**夺目**
*Nelumbo nucifera* 'Duomu'

牡丹状 · 重瓣
15~17cm

**雨花情**
*Nelumbo nucifera* 'Yuhuaqing'

碗状 · 重瓣
12~14cm

**粉黛**
*Nelumbo nucifera* 'Fendai'

杯状 · 重瓣
12~13cm

**名流**
*Nelumbo nucifera* 'Mingliu'

叠球状 · 重瓣
12~14cm

**羊城碗莲**
*Nelumbo nucifera* 'Yangchengwanlian'

叠球状 · 重瓣
10~12cm

**溢彩**
*Nelumbo nucifera* 'Yicai'

碗状 · 半重瓣
12~14cm

**新秀**
*Nelumbo nucifera* 'Xinxiu'

碗状 · 半重瓣
8~10cm

**秦淮月夜**
*Nelumbo nucifera* 'Qinhuaiyueye'

叠球状 · 重瓣
12~14cm

**红艳艳**
*Nelumbo nucifera* 'Hongyanyan'

碗状 · 重瓣
11~13cm

**小边莲**
*Nelumbo nucifera* 'Xiaobianlian'
碗状 · 半重瓣
10~12cm

**黄羚羊**
*Nelumbo nucifera* 'Huanglingyang'
叠球状 · 重瓣
12~14cm

**金丝鸟**
*Nelumbo nucifera* 'Jinsiniao'
杯状 · 半重瓣
11~12cm

**女皇**
*Nelumbo nucifera* 'Nühuang'
杯状 · 单瓣
10~12cm

**金碧辉煌**
*Nelumbo nucifera* 'Jinbihuihuang'
碗状 · 重瓣
13~15cm

**粉蝶**
*Nelumbo nucifera* 'Fendie'
杯状 · 单瓣
12~14cm

**玉碗**
*Nelumbo nucifera* 'Yuwan'
碗状 · 单瓣
9~11cm

**伯里夫人**
*Nelumbo nucifera* 'Bolifuren'
杯状 · 单瓣
12~14cm

**小碧莲**
*Nelumbo nucifera* 'Xiaobilian'
碗状 · 重瓣
14~16cm

**天高云淡**
*Nelumbo nucifera* 'Tiangaoyundan'
碟状 · 重瓣
15~17cm

**金太阳**
*Nelumbo nucifera* 'Jintaiyang'
叠球状 · 重瓣
12~14cm

**美三色**
*Nelumbo nucifera* 'Meisanse'
杯状 · 单瓣
10~11cm

**香雪海**
*Nelumbo nucifera* 'Xiangxuehai'
碗状 · 半重瓣
12~14cm

**贵妃出浴**
*Nelumbo nucifera* 'Guifeichuyu'
碗状 · 重瓣
12~14cm

**舞剑**
*Nelumbo nucifera* 'Wujian'
杯状 · 半重瓣
16~18cm

**杏花粉**
*Nelumbo nucifera* 'Xinghuafen'
碗状 · 重瓣
12~14cm

**霞光染指**
*Nelumbo nucifera* 'Xiaguangranzhi'
碗状 · 半重瓣
12~14cm

**圣火**
*Nelumbo nucifera* 'Shenghuo'
碟状 · 重瓣
20~22cm

**娇容碗莲**
*Nelumbo nucifera* 'Jiaorongwanlian'
碗状 · 单瓣
12~14cm

**露华浓**
*Nelumbo nucifera* 'Luhuanong'
叠球状 · 重瓣
12~16cm

**珠峰翠影**
*Nelumbo nucifera* 'Zhufengcuiying'
碗状 · 重瓣
12~14cm

**艾江南**
*Nelumbo nucifera* 'Aijiangnan'
杯状 · 半重瓣
8~10cm

**卓越**
*Nelumbo nucifera* 'Zhuoyue'
叠球状 · 重瓣
16~18cm

**红太阳**
*Nelumbo nucifera* 'Hongtaiyang'
碗状 · 重瓣
13~15cm

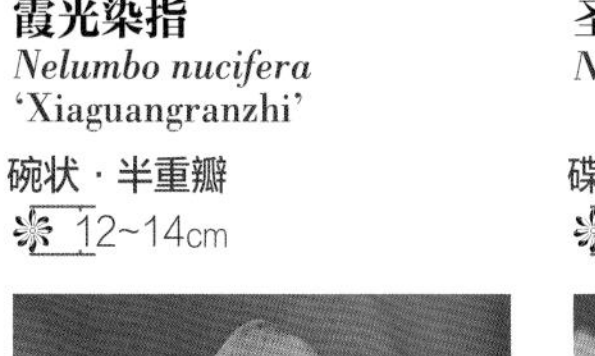

**红唇**
*Nelumbo nucifera* 'Hongchun'
碗状 · 重瓣
9~10cm

**桌上莲**
*Nelumbo nucifera* 'Zhuoshanglian'
碗状 · 重瓣
8~12cm

**红台莲**
*Nelumbo nucifera* 'Hongtailian'
叠球状 · 重瓣
12~14cm

**赛佛座**
*Nelumbo nucifera* 'Saifozuo'
碗状 · 重瓣
14~18cm

**红蜻蜓**
*Nelumbo nucifera* 'Hongqingting'
叠球状 · 重瓣
8~10cm

**案头春**
*Nelumbo nucifera* 'Antouchun'
碗状 · 半重瓣
6~8cm

# 桂花

*Osmanthus fragrans*

☼ ♦ ❄

〔别称〕木樨。

〔科属〕木樨科木樨属。

〔原产地〕中国。

〔适生地〕长江流域以南地区。

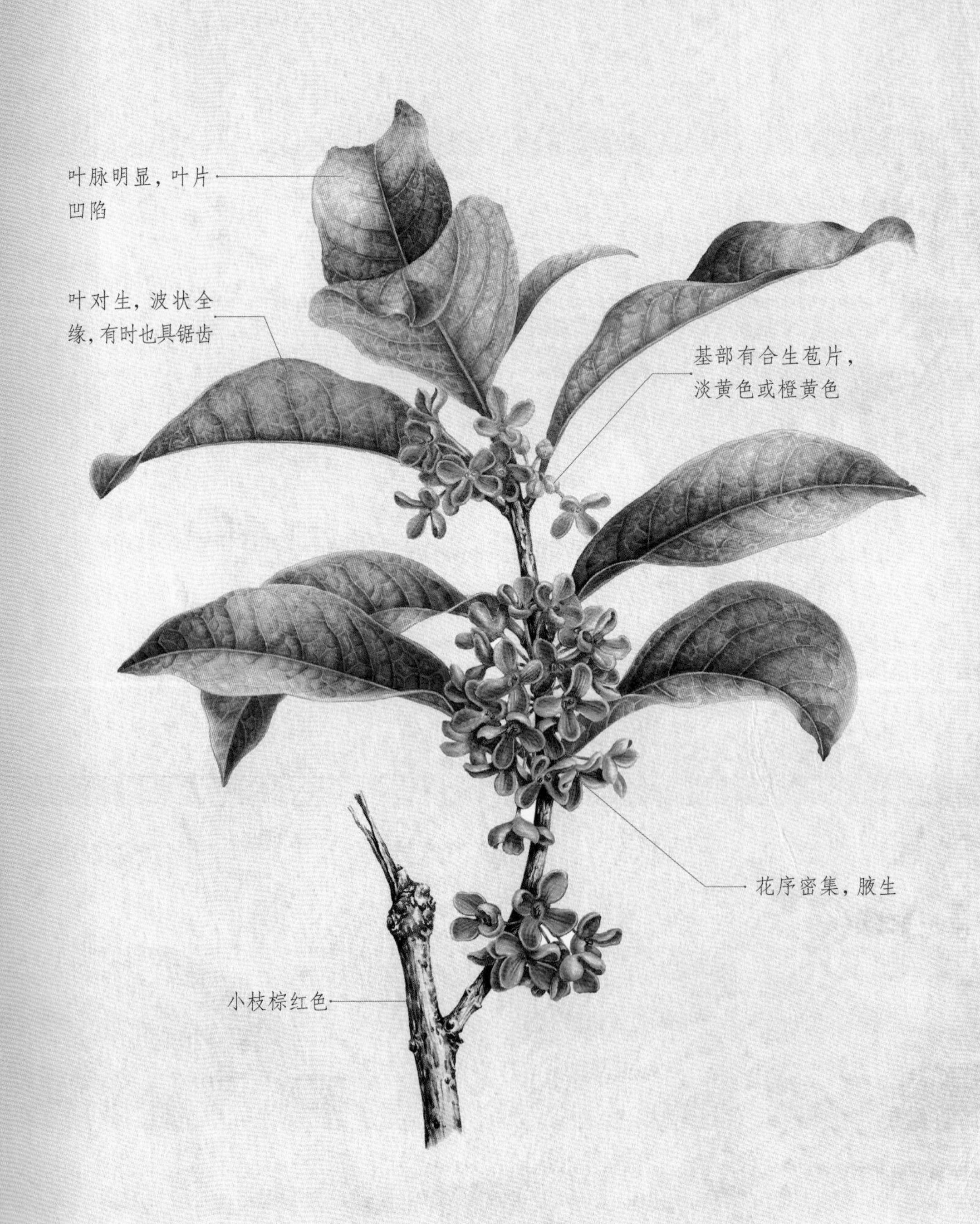

## 花卉百科

**识别**

**形态:** 常绿灌木或小乔木。常见的有金桂、银桂、丹桂、四季桂 4 种。

**花:** 小花簇生于叶腋，聚伞花序，淡黄色或橙黄色，花冠 4 裂，浓香。

**花期:** 秋季。

**叶:** 对生，革质，长圆形或长圆状披针形，有光泽，深绿色。

**养护**

**习性:** 喜温暖、湿润和阳光充足的环境。

**土壤:** 宜土层深厚、肥沃、排水良好的微酸性壤土。

**浇水 / 光照:** 春秋季可以 1~2 天浇 1 次水，炎热的夏季需要早晚各浇水1次。桂花喜光，需保持充足的光照，也能耐阴。

**繁殖:** 全年均可压条，以春季发芽前更适宜。3~4 月用腹接法，适合四季桂的繁殖。种子 5 月成熟，采种即播或种子沙藏至翌年春播。6~8 月取半成熟枝进行扦插繁殖。

**用途**

**食:** 桂花香浓而甜，我国自古以来就有桂花糖、桂花糕及桂花做馅的食品。

**药:** 花、根均可入药。取粳米 40 克，加水煮粥，粥熟时加入桂花 3 克稍煮即可。桂花粥对胃寒疼痛、嗳气饱闷等症有疗效。

**布置:** 宜孤植或丛植于古典园林中，可与亭台楼阁或假山奇石相配，也可作切花插瓶，满室生香。

**赠:** 桂花宜赠恋人，表示“爱情像桂花一样甜蜜美好”。桂花宜送给产妇，表示“吉祥如意，祝福喜得贵子”。

## 桂花的历史

桂花有着 2500 年以上的栽培历史，古人常将桂花当作圣树。最早可追溯到战国时期，屈原的《九歌》中有“援北斗兮酌桂浆”之句，还提到“桂舟”“桂旗”“桂酒”等。这都说明当时人们已发现和利用桂花，以它的木材加工器具，还以桂花酿酒。唐宋时期，诗人墨客对桂花多有赞咏。如杨万里《芗林五十咏·丛桂》诗云:“不是人间种，移从月窟来。广寒香一点，吹得满山开。”把桂花与皓洁清高的明月联系在一起。

民间还有许多关于桂花的神奇传说，尤其是吴刚伐桂的神话故事，有很多版本，其中之一就是吴刚每天伐桂不止，千万年过去了，那棵神奇的树依旧如初，生机勃勃，每临中秋，馨香四溢。吴刚知道人间还没有桂树，于是准备把桂树的种子传到人间。由于传说月中有桂，古代便称月亮为“桂魄”。

**天香台阁**
*Osmanthus fragrans* 'Tianxiangtaige'

小花 · 4 瓣
0.6~0.7cm

**四季桂**
*Osmanthus fragrans* 'Semperflorens'

小花 · 4 瓣
0.8~1cm

**大叶晚金桂**
*Osmanthus fragrans* var. *thunbergii* 'Dayewan'

小花 · 4 瓣
0.8~0.9cm

**晚金桂**
*Osmanthus fragrans* var. *thunbergii* 'Wan'

小花 · 4 瓣
0.8~0.9cm

**银桂**
*Osmanthus fragrans* var. *latifolius*

小花 · 4 瓣
0.8~1cm

**八月桂**
*Osmanthus fragrans* 'Tbubergii'

小花 · 4 瓣
0.8~0.9cm

**金桂**
*Osmanthus fragrans* var. *thunbergii*

小花 · 4 瓣
0.8~1cm

**佛顶珠**
*Osmanthus fragrans* 'Fodingzhu'

小花 · 4 瓣
0.7~0.8cm

**波叶金桂**
*Osmanthus fragrans* var. *thunbergii* 'Boye'

小花 · 4 瓣
0.8~1cm

**桃叶早金桂**
*Osmanthus fragrans* var. *thunbergii* 'Taoyezao'

小花 · 4 瓣
0.8~1cm

**早银桂**
*Osmanthus fragrans* var. *latifolius* 'Zao'

小花 · 4 瓣
0.8~1cm

**齿叶金桂**
*Osmanthus fragrans* var. *thunbergii* 'Chiye'

小花 · 4 瓣
0.8~1cm

**潢川金桂**
*Osmanthus fragrans* var. *thunbergii* 'Huangchuan'

小花 · 4 瓣
0.8~1cm

**大叶籽金桂**
*Osmanthus fragrans* var. *thunbergii* 'Dayezi'

小花 · 4 瓣
0.8~1cm

**墨叶金桂**
*Osmanthus fragrans* var. *thunbergii* 'Moye'

小花 · 4 瓣
0.8~1cm

**丹桂**
*Osmanthus fragrans* var. *aurantiacus*

小花 · 4 瓣
0.8~1cm

# 中国水仙

*Narcissus tazetta* subsp. *chinensis*

〔别称〕凌波仙子。

〔科属〕石蒜科水仙属。

〔原产地〕欧洲地中海沿岸。

〔适生地〕长江流域以南地区。

副花冠浅杯状，黄色，芳香

花瓣多为6片，椭圆形，花瓣基处呈鹅黄色

花序轴由叶丛抽出，绿色，圆筒形，中空

叶4~6枚丛生，中绿色，带状，叶面上有霜粉

## 花卉百科

**识别**

**形态：**多年生草本。有球状鳞茎，由鳞茎盘及肥厚的肉质鳞片组成。

**花：**花葶直立，顶端着花 4~8 朵，花被乳白色，副花冠鹅黄色。单瓣者花瓣 6 裂如盘，浅杯状，故有"金盏银台"之称，香味浓郁。重瓣者花瓣 12 裂，卷皱为一簇，无杯状副花冠，故有"玉玲珑"之称，香味稍差。

**花期：**冬春季。

**叶：**中绿色，扁平带状，质软而厚，表面有霜粉。

**养护**

**习性：**喜温暖、湿润和阳光充足的环境。

**土壤：**宜深厚、疏松、肥沃的微酸性壤土。

**浇水 / 光照：**春季生长期盆土保持湿润，水培须每天换水。摆放在阳光充足处，光照时间不少于 6 小时，注意通风。夏季养护盆栽水仙时，盆土不干不浇水，一旦浇水就要浇透，以早晚为宜。秋季控制浇水量，盆土保持湿润，但不能过湿或积水。冬季保证充足光照，室温不低于 -5℃，否则易发生冻害。忌向花朵上喷水，以免造成花瓣腐烂。

**繁殖：**秋季将子鳞茎剥下可直接栽种，也可采用双鳞茎繁殖。

**用途**

**药用：**以鳞茎入药，具有清热解毒、散结消肿等功效，用于腮腺炎、痈疖疔毒初起红肿热痛等症。注意有小毒。

**布置：**宜配植于庭园草地边缘、堆石假山旁或池塘溪沟边，水养雕刻或摆放于书桌、案头和窗台。

**赠送：**宜与牡丹、杜鹃花组合赠亲友，寓意"愿你永远幸福，吉祥如意"。

### 中国水仙的历史

据《新唐书》记载，水仙是唐朝时由意大利输入我国的，距今已有 1200 多年历史。由于水仙花姿美、香浓，历史上关于水仙的诗歌、民谣、神话很多，有的说它是天仙下界，有的说它是湘江的女神，有的说它是曼舞霓裳的美女，有的说它是玉骨冰肌的绝代佳人。总之，水仙自古以来就为人们所喜爱，我国港澳台同胞和海外侨胞把水仙视为"家乡花"。如今，每当天寒岁末，千家万户把水仙供于居室，为新春佳节增添春色。

**（黄水仙）黎明**
*Narcissus pseudonarcissus* 'Sunrise'

喇叭状 · 单瓣
9~10cm

**（黄水仙）冰之舞**
*Narcissus pseudonarcissus* 'Ice Follies'

大杯状 · 单瓣
8~9cm

**（黄水仙）荷兰感觉**
*Narcissus pseudonarcissus* 'Holland Sensation'

大杯状 · 单瓣
9~10cm

**（黄水仙）拉斯维加斯**
*Narcissus pseudonarcissus* 'Las Vegas'

喇叭状 · 单瓣
10~11cm

**（黄水仙）彻富尔内斯**
*Narcissus pseudonarcissus* 'Cheerfulness'

重瓣
5~6cm

**（黄水仙）贝尔坎托**
*Narcissus pseudonarcissus* 'Belcanto'

裂开状 · 单瓣
8~12cm

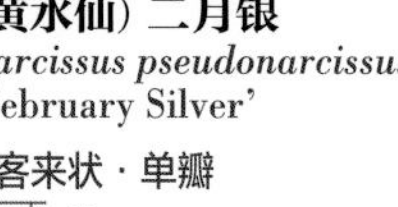

**（黄水仙）二月银**
*Narcissus pseudonarcissus* 'February Silver'

仙客来状 · 单瓣
4~5cm

**（黄水仙）鸽翼**
*Narcissus pseudonarcissus* 'Dove Wings'

仙客来状 · 单瓣
7~8cm

**（黄水仙）花事**
*Narcissus pseudonarcissus* 'Flower Record'

大杯状 · 单瓣
6~7cm

**金盏银台**
*Narcissus tazetta* subsp. *chinensis* 'Jinzhanyintai'

浅杯状 · 单瓣
3~4cm

**玉玲珑**
*Narcissus tazetta* subsp. *chinensis* 'Florepleno'

重瓣
3~4cm

(黄水仙) 巴雷特・白朗宁
*Narcissus pseudonarcissus* 'Barrett Browning'

大杯状・单瓣

9~10cm

(黄水仙) 迪克・怀尔登
*Narcissus pseudonarcissus*
'Dick Wilden'

重瓣

8~10cm

(黄水仙) 卡尔顿
*Narcissus pseudonarcissus*
'Carlton'

喇叭状・单瓣

7~8cm

(黄水仙) 福琼
*Narcissus pseudonarcissus*
'Fortune'

大杯状・单瓣

10~11cm

(黄水仙) 粉红魅力
*Narcissus pseudonarcissus*
'Pink Charm'

喇叭状・单瓣

7~8cm

(黄水仙) 彩虹
*Narcissus pseudonarcissus*
'Rainbow'

大杯状・单瓣

9~10cm

(黄水仙) 金色收获
*Narcissus pseudonarcissus*
'Golden Harvest'

喇叭状・单瓣

8~9cm

(黄水仙) 黄太阳
*Narcissus pseudonarcissus*
'Yellow Sun'

喇叭状・单瓣

9~10cm

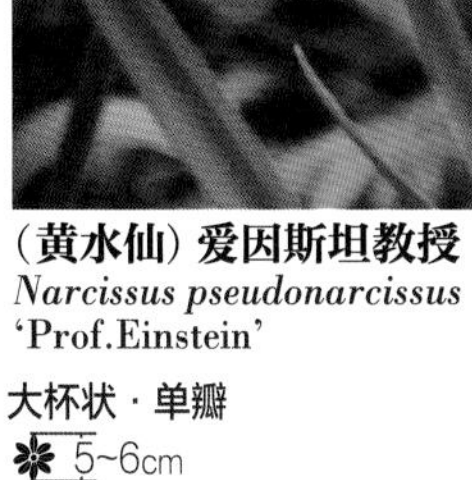
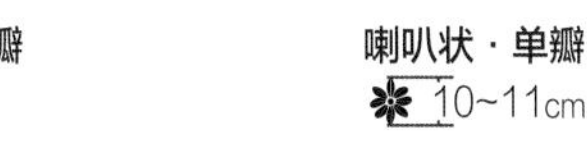

(黄水仙) 爱因斯坦教授
*Narcissus pseudonarcissus*
'Prof.Einstein'

大杯状・单瓣

5~6cm

(黄水仙) 二月金黄
*Narcissus pseudonarcissus*
'February Gold'

仙客来状・单瓣

6~7cm

(黄水仙) 荷兰主人
*Narcissus pseudonarcissus*
'Dutch Master'

喇叭状・单瓣

10~11cm

(黄水仙) 嘹亮
*Narcissus pseudonarcissus*
'Fortissimo'

喇叭状・单瓣

8~9cm

(黄水仙) 塔希提
*Narcissus pseudonarcissus*
'Tahiti'

重瓣

10~11cm

(黄水仙) 花漂
*Narcissus pseudonarcissus*
'Flower Drift'

重瓣

6~7cm

# 第三章

# 世界十种知名花卉

# 花烛

## *Anthurium andraeanum*

☼ ♦ ❄

〔别称〕红鹤芋、红掌。

〔科属〕天南星科花烛属。

〔原产地〕南美热带雨林地区。

〔适生地〕华南地区。

### 识别

**形态:** 多年生草本。

**花:** 佛焰苞,卵圆形至心形,有红、绿、白等色。肉穗花序顶生,圆柱形。

**花期:** 全年。

**叶:** 卵圆形,边缘反卷,深绿色。

### 养护

**习性:** 喜高温、多湿和半阴的环境。

**土壤:** 宜肥沃、疏松和排水良好的壤土。

**浇水 / 光照:** 生长期应多浇水,并经常向叶面和地面喷水,保持较高的空气湿度。开花期适当减少浇水,充分光照。夏季高温时 2~3 天浇水 1 次,中午可向叶面喷水,避免强光暴晒。冬季浇水应在上午 9 时后至下午 4 时前进行,以免冻伤根系。

**繁殖:** 室内盆播,发芽适温 25~28℃。春季选择 3 片叶子以上的子株进行分株繁殖,对直立性有茎的花烛品种可采用扦插繁殖。

### 用途

**布置:** 盆栽摆放在客厅和窗台,显得瑰丽和华贵;点缀橱窗、茶室和大堂,显得格外娇媚动人。也可作插花材料,以花烛为主花,配上紫罗兰、霞草等进行插花造型。

**赠:** 宜赠热情豪放的亲朋好友,祝贺他们事业有成。

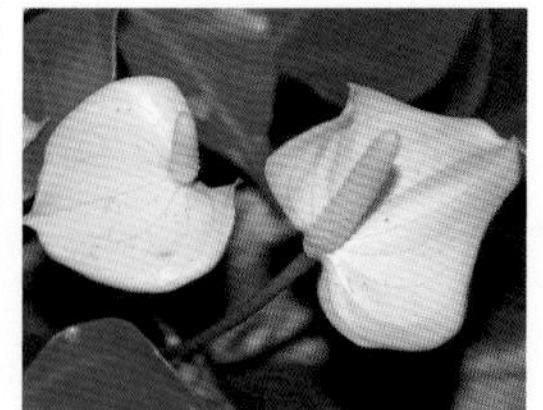

**奥佩拉斯**
*Anthurium andraeanum* 'Opirus'
佛焰苞
12~14cm

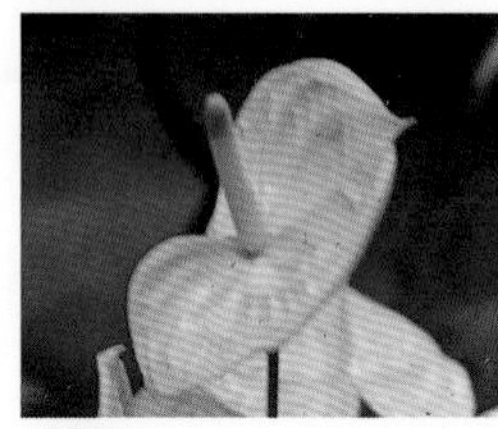

**干杯**
*Anthurium andraeanum* 'Cheers'
佛焰苞
12~15cm

**标志**
*Anthurium andraeanum* 'Symbol'
佛焰苞
13~15cm

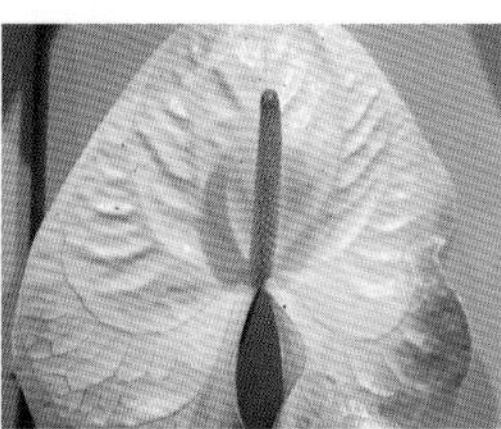

**辛巴**
*Anthurium andraeanum* 'Simba'
佛焰苞
16~19cm

**波拉里斯**
*Anthurium andraeanum* 'Polaris'
佛焰苞
11~13cm

**婉尼拉**
*Anthurium andraeanum* 'Vanilla'
佛焰苞
12~14cm

**粉战士**
*Anthurium andraeanum*
'Pink Champion'
佛焰苞
13~15cm

**三色花烛**
*Anthurium andraeanum*
'Tricdore'
佛焰苞
10~12cm

**森普尔**
*Anthurium andraeanum*
'Sunpul'
佛焰苞
8~10cm

**奥尔蒂莫**
*Anthurium andraeanum* 'Altimo'
佛焰苞
12~14cm

**冠军**
*Anthurium andraeanum*
'Champion'
佛焰苞
16~18cm

**蒂沃利**
*Anthurium andraeanum*
'Tivoli'
佛焰苞
12~14cm

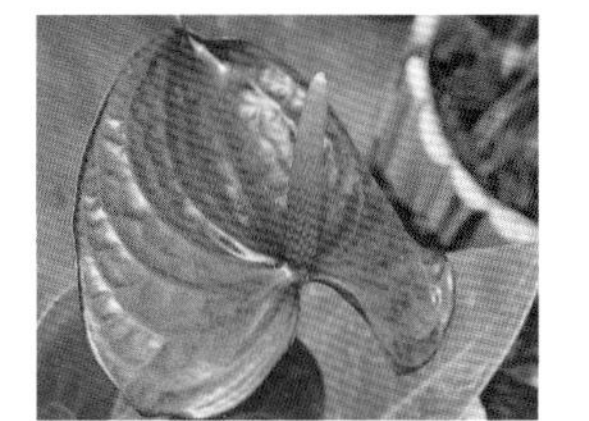

**肯塔克**
*Anthurium andraeanum*
'Kentucky'
佛焰苞
10~13cm

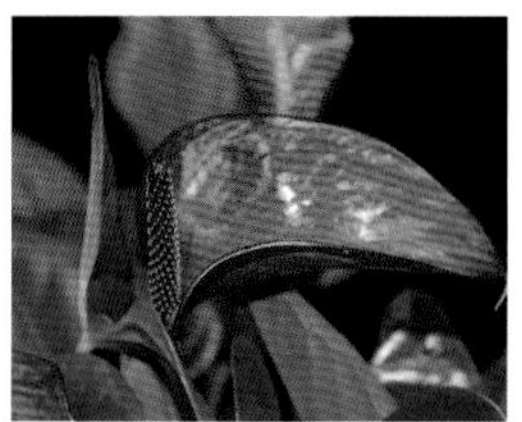

**樱桃冠军**
*Anthurium andraeanum*
'Cherry Champion'
佛焰苞
16~18cm

**普力维亚**
*Anthurium andraeanum* 'Previa'
佛焰苞
11~13cm

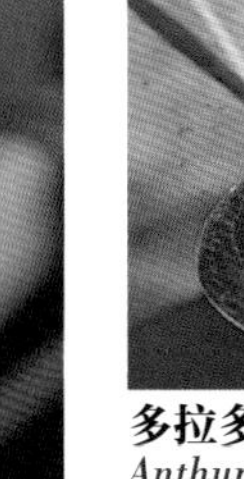

**多拉多**
*Anthurium andraeanum*
'Dorado'
佛焰苞
12~14cm

**阿瓦托**
*Anthurium andraeanum*
'Avento'
佛焰苞
11~13cm

**赛隆**
*Anthurium andraeanum*
'Sirion'
佛焰苞
11~13cm

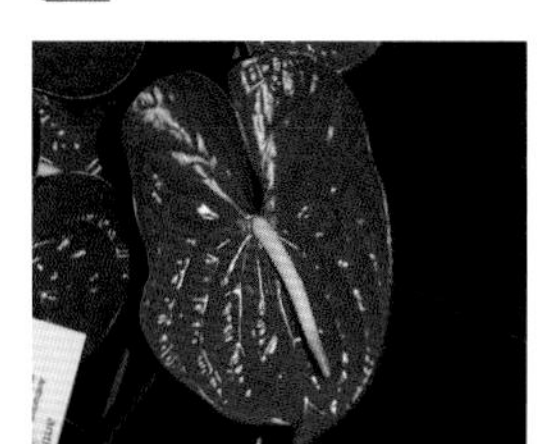

**蒙特罗**
*Anthurium andraeanum*
'Montero'
佛焰苞
13~15cm

**玛丽西亚**
*Anthurium andraeanum* 'Marysia'

佛焰苞
13~15cm

**瓦瑞那**
*Anthurium andraeanum* 'Verino'

佛焰苞
12~14cm

**漫步**
*Anthurium andraeanum* 'Meander'

佛焰苞
14~16cm

**小花花烛**
*Anthurium andraeanum* 'Micra'

佛焰苞
11~12cm

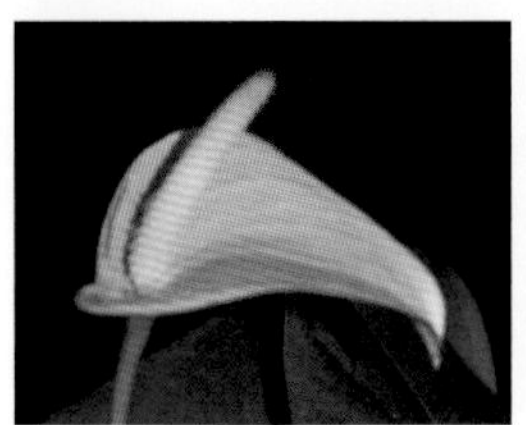

**玛娜卡**
*Anthurium andraeanum* 'Manaka'

佛焰苞
10~12cm

**香水**
*Anthurium andraeanum* 'Essencia'

佛焰苞
17~20cm

**苏丁**
*Anthurium andraeanum* 'Soutine'

佛焰苞
11~13cm

**香妃**
*Anthurium andraeanum* 'Fiorino'

佛焰苞
11~13cm

**马歇尔**
*Anthurium andraeanum* 'Marshall'

佛焰苞
16~22cm

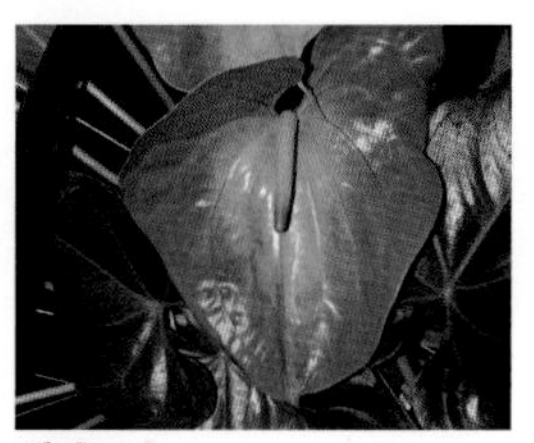

**爵士**
*Anthurium andraeanum* 'Baron'

佛焰苞

18~22cm

**雪公主**
*Anthurium andraeanum* 'Mystral'

佛焰苞
12~14cm

**马克西马**
*Anthurium andraeanum* 'Maxima'

佛焰苞
10~13cm

**利里克**
*Anthurium andraeanum* 'Lyric'

佛焰苞
10~13cm

**茱莉**
*Anthurium andraeanum* 'Joli'

佛焰苞
12~14cm

**努兹亚**
*Anthurium andraeanum* 'Nunzia'

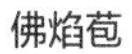
佛焰苞
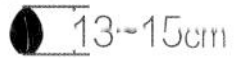
13~15cm

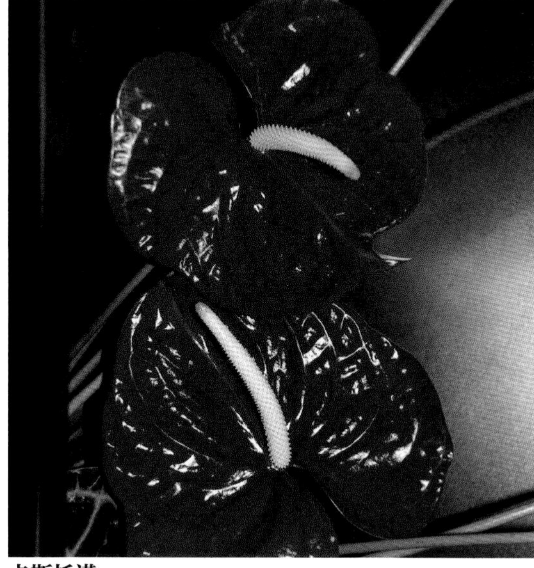

**卡斯托诺**
*Anthurium andraeanum* 'Castano'

佛焰苞
13~15cm

**沙拉德**
*Anthurium andraeanum* 'Sharade'

佛焰苞
13~15cm

**维多**
*Anthurium andraeanum* 'Vito'

佛焰苞
11~13cm

**森萨**
*Anthurium andraeanum* 'Sensa'

佛焰苞
13~15cm

**奥塔佐**
*Anthurium andraeanum* 'Otazu'

佛焰苞
12~14cm

**诺维奥**
*Anthurium andraeanum* 'Noveo'

佛焰苞
13~15cm

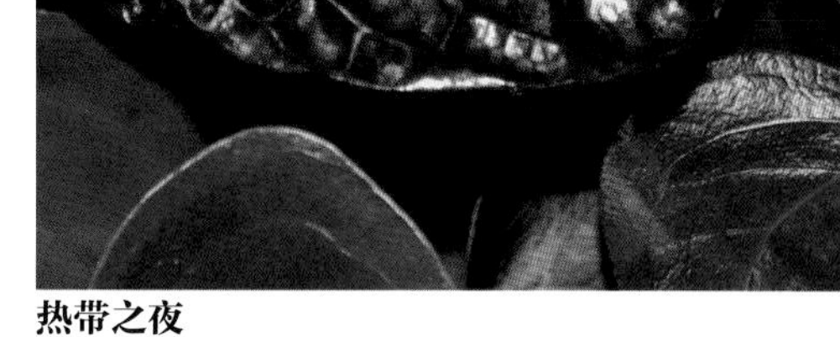

**热带之夜**
*Anthurium andraeanum* 'Tropic Night'

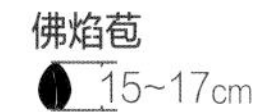
佛焰苞
15~17cm

# 仙客来

*Cyclamen persicum*

〔别称〕兔耳花。

〔科属〕报春花科仙客来属。

〔原产地〕地中海东南部沿岸地区。

〔适生地〕沿海大城市，逐渐推向北方城市。

识别

**形态：**多年生草本。具扁圆形肉质块茎。

**花：**单生花蕾时下垂，开花时花瓣5枚向上翻卷，形似兔耳，有白、红、橙红等色，以及花边、皱边、斑点和重瓣状等。

**花期：**冬春季。

**叶：**心形，叶面绿色，多数有白色斑纹，背面淡紫绿色。

养护

**习性：**喜冬季温暖、夏季凉爽的环境。

**土壤：**宜腐殖质丰富的沙质壤土。

**浇水／光照：**春季每周浇水3次；开花后叶片开始变黄时，应减少浇水，待盆土差不多干透后再浇水。夏季休眠球茎须放阴凉通风处。秋季每周浇水2次或3次，盆土保持湿润。冬季花期消耗水分较多，每周浇水2次，抽出花茎后每周浇水3次，必须待盆土干透再浇。花期浇水不要喷洒花瓣或花苞。

**繁殖：**以9月播种最好，种子较大，采用室内点播，发芽适温10~20℃。优良品种也可用球茎分割法、叶插法、组织培养法进行繁殖。

用途

**布置：**花姿曼妙、极富趣味的仙客来深受人们青睐，冬季可装点客厅、书桌、阳台和窗台。

**赠：**在春节，用盛开的仙客来馈赠亲友，祝贺“事业有成，合家欢乐”。不要送同事和上级领导，因其有“嫉妒”“猜疑”之意。

**迷你冬－白色**
*Cyclamen persicum* 'Mini Winter White'
辐射对称花 · 5瓣
2.5~3cm

**山脊－橙红火焰**
*Cyclamen persicum* 'Sierra Salmon Flame'
辐射对称花 · 5瓣
3~5cm

**哈里奥－皱边海棠白色**
*Cyclamen persicum* 'Halios Frange Fuchsica White'
辐射对称花 · 5瓣
3~5cm

**浪花－白瓣红点**
*Cyclamen persicum* 'Langhua White with Red Spots'
辐射对称花 · 5瓣
3~5cm

**拉蒂尼亚**
*Cyclamen persicum* 'Latinia'
辐射对称花 · 5瓣
4~6cm

**傣女－白色红心红边**
*Cyclamen persicum* 'Dainü White with Red Eyed and Edge'
辐射对称花 · 5瓣
4~5cm

**迷你冬－白色眼**
*Cyclamen persicum* 'Mini Winter White with Eyed'
辐射对称花 · 5瓣
2.5~3cm

**美蒂丝维多利亚－混色**
*Cyclamen persicum* 'Metis Victoria Melange'
辐射对称花 · 5瓣
5~7cm

**哈里奥－红喉浅粉色**
*Cyclamen persicum* 'Halios Light Pink with Red Eyed'
辐射对称花 · 5瓣
3~5cm

**哈里奥－皱边红色**
*Cyclamen persicum* 'Halios Frange Red'
辐射对称花 · 5瓣
3~5cm

**维多利亚**
*Cyclamen persicum* 'Victoria'

辐射对称花 · 5 瓣
3~5cm

**山脊－紫色火焰**
*Cyclamen persicum* 'Sierra Purple Flame'

辐射对称花 · 5 瓣
3~5cm

**天鹅－红色**
*Cyclamen persicum* 'Tiane Red'

辐射对称花 · 5 瓣
4~5cm

**哈里奥－皱边海棠红混色**
*Cyclamen persicum* 'Halios Frange Fuchsia Red Melange'

辐射对称花 · 5 瓣
3~5cm

**傣女－梦幻紫**
*Cyclamen persicum* 'Dainü Fantasia Purple'

辐射对称花 · 5 瓣
4~5cm

**山脊－玫瑰火焰**
*Cyclamen persicum* 'Sierra Rose Flame'

辐射对称花 · 5 瓣
3~5cm

**山脊－酒红火焰**
*Cyclamen persicum* 'Sierra Wine Flame'

辐射对称花 · 5 瓣
3~5cm

**蝴蝶－玫瑰粉色**
*Cyclamen persicum* 'Butterfly Rose'

辐射对称花 · 5 瓣
4~5cm

**水晶宫－浅紫粉**
*Cyclamen persicum* 'Shuijinggong Light Purple'

辐射对称花 · 5 瓣
3~5cm

**迷你冬－浅红粉色**
*Cyclamen persicum* 'Mini Winter Light Salmon Pink'

辐射对称花 · 5 瓣
2.5~3cm

**浪花－淡紫红**
*Cyclamen persicum* 'Langhua Light Fuchsia'

辐射对称花 · 5 瓣
3~5cm

**哈里奥－火焰纹紫色**
*Cyclamen persicum* 'Halios Violet Flame'

辐射对称花 · 5 瓣
3~5cm

**梦幻－皱边海棠红**
*Cyclamen persicum* 'Fantasia Frange Fuchsia Red'

辐射对称花 · 5 瓣
4~5cm

**迷你冬－深紫色**
*Cyclamen persicum* 'Mini Winter Deep Violet'

辐射对称花 · 5 瓣
2.5~3cm

# 芍药

*Paeonia lactiflora*

☼ ● ❋❋❋

〔别称〕将离、殿春。

〔科属〕芍药科芍药属。

〔原产地〕中国、西伯利亚地区。

〔适生地〕华北以南地区。

## 识别

**形态：** 多年生草本。

**花朵：** 多于枝顶簇生，黄色、白色至淡红色，具淡黄色雄蕊。

**花期：** 5月~6月。

**叶片：** 2回3出羽状复叶，小叶椭圆形至披针形，深绿色。

## 养护

**习性：** 喜凉爽、湿润、阳光充足的环境。耐寒，畏风，怕盐碱土。

**土壤：** 宜土层深厚、肥沃、疏松和排水良好的沙质壤土。

**浇水/光照：** 春季盆土保持湿润，不能积水，须充足光照。夏季进入花期，及时遮阴防暑，浇水用细喷壶，防止猛水冲淋，雨后及时排水。秋季盆土保持湿润。冬季植株处于休眠期，培土盖草以防根部芽头外露冻伤。

**繁殖：** 种子成熟即播，发芽适温11~20℃。秋冬季分株，用根扦插。

## 用途

**药：** 根茎炮制成白芍，有镇痛通经的功效。

**布置：** 在园林中常成片种植，是公园或花坛中的主要花卉，也有完全以芍药构成专类花园的芍药园。

**赠：** 适合作为信物送恋人，也可以赠即将分别的友人，以表达“惜别之情”。

**粉池金鱼**
*Paeonia lactiflora* 'Fenchijinyu'
彩瓣台阁型 · 重瓣
13~15cm

**莲台**
*Paeonia lactiflora* 'Liantai'
托桂型 · 重瓣
15~18cm

**草原红光**
*Paeonia lactiflora* 'Caoyuanhongguang'
杯状 · 重瓣
15cm

**杨妃出浴**
*Paeonia lactiflora* 'Yangfeichuyu'
彩瓣台阁型 · 重瓣
15~20cm

**朱砂点玉**
*Paeonia lactiflora* 'Zhushadianyu'
彩瓣台阁型 · 重瓣
17~20cm

**蝴蝶戏金花**
*Paeonia lactiflora* 'Hudiexijinhua'
托桂型 · 重瓣
15~20cm

**粉金莲**
*Paeonia lactiflora* 'Fenjinlian'
杯状 · 单瓣
15~20cm

**粉绒莲**
*Paeonia lactiflora* 'Fenronglian'

杯状 · 单瓣
15~20cm

**桃花争艳**
*Paeonia lactiflora* 'Taohuazhengyan'

皇冠型 · 重瓣
15cm

**种生粉**
*Paeonia lactiflora* 'Zhongshengfen'

分层台阁型 · 重瓣
16~20cm

**粉玉奴**
*Paeonia lactiflora* 'Fenyunu'

杯状 · 单瓣
15~20cm

**蓉花魁**
*Paeonia lactiflora* 'Ronghuakui'

托桂型 · 重瓣
15cm

**苍龙**
*Paeonia lactiflora* 'Canglong'

金环型 · 重瓣
15cm

**大红袍**
*Paeonia lactiflora* 'Dahongpao'

分层台阁型 · 重瓣
15cm

**佛光朱影**
*Paeonia lactiflora* 'Foguangzhuying'

托桂型 · 重瓣
15cm

**大富贵**
*Paeonia lactiflora* 'Dafugui'

彩瓣台阁型 · 重瓣
15~18cm

**火焰**
*Paeonia lactiflora* 'Huoyan'

托桂型 · 重瓣
10~15cm

**赵园红**
*Paeonia lactiflora* 'Zhaoyuanhong'

皇冠型 · 重瓣
15~17cm

**红梅**
*Paeonia lactiflora* 'Hongmei'

托桂型 · 重瓣
15cm

**永生红**
*Paeonia lactiflora* 'Yongshenghong'

菊花型 · 重瓣
15cm

**黑海波涛**
*Paeonia lactiflora* 'Heihaibotao'

分层台阁型 · 重瓣
15cm

# 花毛茛

*Ranunculus asiaticus*

〔别称〕陆莲花、芹叶牡丹。

〔科属〕毛茛科毛茛属。

〔原产地〕亚洲、非洲。

〔适生地〕长江流域。

## 识别

**形态：**多年生草本。块根纺锤形。

**花：**春季抽出花葶，萼片绿色，花有红、粉红、黄、白等色，具紫黑色花心。

**花期：**春末至夏初。

**叶：**宽卵圆形至圆形，3深裂，叶缘齿牙状，浅绿色至深绿色。

## 养护

**习性：**喜凉爽、湿润和阳光充足的环境。

**土壤：**宜肥沃、疏松和排水良好的微酸性沙质壤土。

**浇水/光照：**早春生长期盆土保持湿润，露地苗雨后注意排水。花期保证土壤湿润，开花接近尾声，叶片逐渐老化，逐渐减少浇水。地上部分发黄枯萎时停止浇水。宜摆放在阳光充足的位置，但要避免暴晒。

**繁殖：**5~6月种子成熟，秋季露地播种，发芽适温10~18℃。秋季进行分株繁殖，将贮藏块根地栽或盆栽。

## 用途

**布置：**花毛茛花朵鲜艳夺目，十分雅致，除了在园林中地栽作花坛、花带布置景观外，以盆栽、切花观赏，装饰室内窗台、客厅，温馨高雅。

**赠：**粉红色的花毛茛适合送爱人，鲜红色的适合送做生意的朋友，橙色的适合送年岁较大的长辈。

**花谷－白瓣黑心**
*Ranunculus asiaticus* 'Blooming Dale White with Black Eyed'

杯状 · 半重瓣
9~13cm

**花谷－白色绿心**
*Ranunculus asiaticus* 'Blooming Dale White with Green Eyed'

杯状 · 重瓣
9~13cm

**花谷－淡粉**
*Ranunculus asiaticus* 'Blooming Dale Light Pink'

杯状 · 重瓣
9~13cm

**花谷－白色渐变**
*Ranunculus asiaticus* 'Blooming Dale White Shades'

杯状 · 重瓣
9~13cm

**花谷－白瓣紫边绿心**
*Ranunculus asiaticus* 'Blooming Dale White with Purple Edge Green Eyed'
杯状 · 重瓣
9~13cm

**花谷－黄绿双色**
*Ranunculus asiaticus* 'Blooming Dale Yellow/Green Bicolor'
杯状 · 重瓣
9~13cm

**花谷－扇瓣橙色**
*Ranunculus asiaticus* 'Blooming Dale Fan-petal Orange'
杯状 · 半重瓣
9~13cm

**花谷－橙红花边**
*Ranunculus asiaticus* 'Blooming Dale Orange Picotee'
杯状 · 重瓣
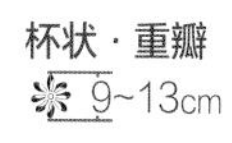
9~13cm

**花谷－白瓣粉花边**
*Ranunculus asiaticus* 'Blooming Dale White with Pink Picotee'
杯状 · 重瓣
9~13cm

**花谷－金黄色**
*Ranunculus asiaticus* 'Blooming Dale Golden'
杯状 · 重瓣
9~13cm

**花谷－黄瓣粉边**
*Ranunculus asiaticus* 'Blooming Dale Yellow with Pink Edge'
杯状 · 重瓣
9~13cm

**花谷－橙红黑心**
*Ranunculus asiaticus* 'Blooming Dale Orange with Black Eyed'
杯状 · 重瓣
9~13cm

**花谷－金色渐变**
*Ranunculus asiaticus* 'Blooming Dale Golden Shades'
杯状 · 重瓣
9~13cm

**花谷－黄色红边**
*Ranunculus asiaticus* 'Blooming Dale Yellow with Red Edge'
杯状 · 重瓣
9~13cm

**花谷－橙色**
*Ranunculus asiaticus* 'Blooming Dale Orange'
杯状 · 重瓣
9~13cm

**花谷－大红**
*Ranunculus asiaticus* 'Blooming Dale Big Red'
杯状 · 重瓣
9~13cm

**花谷－黄瓣绿心**
*Ranunculus asiaticus* 'Blooming Dale Yellow with Green Eyed'
杯状 · 重瓣
9~13cm

**花谷－红绿双色**
*Ranunculus asiaticus* 'Blooming Dale Red/Green Bicolor'
杯状 · 重瓣
9~13cm

**花谷－白瓣紫花边**
*Ranunculus asiaticus* 'Blooming Dale White with Purple Picotee'
杯状 · 重瓣
9~13cm

**花谷－扇瓣粉色**
*Ranunculus asiaticus* 'Blooming Dale Fan-petal Pink'
杯状 · 重瓣
9~13cm

**花谷－紫色**
*Ranunculus asiaticus* 'Blooming Dale Purple'
杯状 · 重瓣
9~13cm

**花谷－红色黑心**
*Ranunculus asiaticus* 'Blooming Dale Red with Black Eyed'
杯状 · 重瓣
9~13cm

**花谷－白色粉边**
*Ranunculus asiaticus* 'Blooming Dale White with Pink Edge'
杯状 · 重瓣
9~13cm

**花谷－淡粉紫边**
*Ranunculus asiaticus* 'Blooming Dale Light Pink with Purple Edge'
杯状 · 重瓣
9~13cm

**花谷－玫红瓣绿心**
*Ranunculus asiaticus* 'Blooming Dale Rose with Green Eyed'
杯状 · 重瓣
9~13cm

**花谷－紫色渐变**
*Ranunculus asiaticus* 'Blooming Dale Purple Shades'
杯状 · 重瓣
9~13cm

**花谷－橙粉绿双色**
*Ranunculus asiaticus* 'Blooming Dale Pink/Green Bicolor'
杯状 · 重瓣
9~13cm

**花谷－白瓣粉色皱边**
*Ranunculus asiaticus* 'Blooming Dale White with Pink'
杯状 · 重瓣
9~13cm

**花谷－深紫色**
*Ranunculus asiaticus* 'Blooming Dale Deep Purple'
杯状 · 重瓣
9~13cm

**花谷－黄瓣渐变**
*Ranunculus asiaticus* 'Blooming Dale Yellow Shades'
杯状 · 重瓣
9~13cm

**花谷－粉红色**
*Ranunculus asiaticus* 'Blooming Dale Pink'
杯状 · 重瓣
9~13cm

# 铁线莲

*Clematis florida*

☼ 💧 ❄❄❄

〔别称〕番莲。

〔科属〕毛茛科铁线莲属。

〔原产地〕中国。

〔适生地〕长江流域以南地区。

## 识别

**形态：**木质藤本。

**花朵：**单生于叶腋，乳白色，花瓣背面中央有淡绿色纵条纹。

**花期：**早春至晚秋。

**叶片：**2回3出复叶，小叶卵状披针形，深绿色。

## 养护

**习性：**喜温暖、湿润和半阴的环境。

**土壤：**宜肥沃、排水良好的碱性壤土。

**浇水 / 光照：**春季生长期盆土保持湿润，"干则浇，浇则透"，切忌盆内过湿或积水。夏季须充足光照，强光时及时遮阴，盆土保持适当湿润。秋季注意通风，不能积水。冬季放室内栽培，摆放在温暖、阳光充足处越冬，减少浇水量。

**繁殖：**原种可以用播种法繁殖，春季用上一年生成熟枝条压条，丛生植株可以分株。杂交铁线莲栽培品种以扦插为主要繁殖方法，7~8月取半成熟枝条扦插。

## 用途

**药用：**根及全草可入药，有利尿通经的功效。

**布置：**铁线莲枝叶扶疏，有的花大色艳，有的风趣独特，是攀缘绿化中不可缺少的良好材料，可搭配墙篱、花架等配植成园林绿化独立景观。

**吉莉安刀片**
*Clematis florida* 'Gillian Blades'
大花 · 单瓣
12~20cm

**爱丁堡公爵夫人**
*Clematis florida* 'Duchess of Edinburgh'
大花 · 重瓣
15~20cm

**白色高压**
*Clematis florida* 'Albina Plena'
大花 · 重瓣
6~8cm

**摇滚乐**
*Clematis florida* 'Roko-Kolla'
大花 · 单瓣
15~20cm

**冰美人**
*Clematis florida* 'Marie Boisselot'
大花 · 单瓣
12~14cm

**如梦**
*Clematis florida* 'Hagley Hybrid'
大花 · 单瓣
10~18cm

**安卓梅达**
*Clematis florida* 'Andromeda'
大花 · 单瓣
12~16cm

**水晶喷泉**
*Clematis florida* 'Crystal Fountain'

大花 · 重瓣
10~12cm

**卡纳比**
*Clematis florida* 'Carnaby'

大花 · 单瓣
15~20cm

**鲁佩尔博士**
*Clematis florida* 'Doctor Ruppel'

大花 · 单瓣
15~20cm

**H. F. 杨**
*Clematis florida* 'H.F.Youny'

大花 · 单瓣
15~22cm

**繁星**
*Clematis florida* 'Nelly Moser'

大花 · 单瓣
12~20cm

**芭芭拉**
*Clematis florida* 'Barbara'

大花 · 单瓣
18~20cm

**红星**
*Clematis florida* 'Red Star'

大花 · 重瓣
15~20cm

**马来亚石榴石**
*Clematis florida* 'Malaya Garnet'

大花 · 单瓣
14~22cm

**贝蒂 · 瑞斯顿**
*Clematis florida* 'Betty Risdon'

大花 · 单瓣
12~22cm

**朱卡**
*Clematis florida* 'Julka'

大花 · 单瓣
12~15cm

**中提琴**
*Clematis florida* 'Viola'

大花 · 单瓣
12~14cm

**蜜蜂之恋**
*Clematis florida* 'Bees Jubilee'

大花 · 单瓣
15~20cm

**紫云**
*Clematis florida* 'Ziyun'

大花 · 单瓣
15~20cm

**蓝色风暴**
*Clematis florida* 'Blue Explosion'

大花 · 半重瓣
12~14cm

**海浪**
*Clematis florida* 'Lasurstern'

大花 · 单瓣
10~13cm

**蓝光**
*Clematis florida* 'Blue Light'

中花 · 重瓣
10~15cm

**皇室**
*Clematis florida* 'Royalty'

大花 · 半重瓣
10~20cm

**薇薇安**
*Clematis florida* 'Vyvyan Pennell'

大花 · 重瓣
18~22cm

**波罗的海**
*Clematis florida* 'Baltyk'

大花 · 单瓣
14~18cm

**劳拉**
*Clematis florida* 'Laura'

大花 · 单瓣
15~18cm

**约兰塔**
*Clematis florida* 'Jolanta'

大花 · 单瓣
15~20cm

# 郁金香

*Tulipa gesneriana*

☼ 💧 ❋❋❋

〔别称〕旱荷花。

〔科属〕百合科郁金香属。

〔原产地〕地中海沿岸地区。

〔适生地〕黄河流域以南地区。

## 识别

**形态：** 多年生草本。鳞茎圆锥形。

**花：** 单生，花有红、橙、黄、白、紫红、黑等色，以及重瓣、复色。

**花期：** 春季。

**叶：** 披针形至卵圆披针形，中绿色。

## 养护

**习性：** 喜冬季温暖湿润和夏季凉爽干燥的环境。

**土壤：** 宜富含腐殖质、排水良好的沙质壤土。

**浇水 / 光照：** 浇水时要保证水量适中，浇透即可。浇水频率一般为每 3 天浇水 1 次。如果温度较高，2 天就要浇 1 次水。冬季或阴雨天气则需要减少浇水次数。需要充足的光照，在上盆半个月内需遮光，之后给予日常光照，避免阳光直射。

**繁殖：** 秋季采用室内盆播，发芽适温 7~9℃，冬季还可结合栽种进行分株繁殖。

## 用途

**药：** 性苦，具有活血止痛、镇静催眠的功效。

**布置：** 宜成丛或成片栽植于建筑物、草坪周围的花坛、花槽。郁金香用优质的艺术盆或玻璃瓶栽种，摆放于窗台、餐厅柜上，显得格外柔美、妩媚。

**赠送：** 郁金香宜在婚礼、乔迁、开业、升学等喜庆时节赠送，以表示“吉祥”。红色和紫色郁金香宜赠恋人，表示“相爱”。

**塔科马山**
*Tulipa gesneriana* 'Mount Tacoma'

碗状 · 重瓣
❋ 11~12cm

**银币**
*Tulipa gesneriana* 'Silver Dollar'

杯状 · 单瓣
❋ 5~6cm

**黄绣球**
*Tulipa gesneriana* 'Yellow Pompennette'

碗状 · 重瓣
❋ 11~12cm

**白色王朝**
*Tulipa gesneriana* 'White Dynasty'

杯状 · 单瓣
❋ 6~7cm

**春之绿**
*Tulipa gesneriana* 'Spring Green'

杯状 · 单瓣
❋ 7~8cm

**普瑞斯玛**
*Tulipa gesneriana* 'Purissima'

碗状 · 单瓣
❋ 10~12cm

**爱人**
*Tulipa gesneriana* 'Sweetheart'

杯状 · 单瓣
❋ 11~12cm

**金检阅**
*Tulipa gesneriana* 'Golden Parade'
卵状 · 单瓣
6~7cm

**横滨**
*Tulipa gesneriana* 'Yokohama'
杯状 · 单瓣
5~6cm

**班雅**
*Tulipa gesneriana* 'Banja Luka'
杯状 · 单瓣
6~7cm

**人见人爱**
*Tulipa gesneriana* 'World's Favourite'
杯状 · 单瓣
6~7cm

**哈密尔顿**
*Tulipa gesneriana* 'Hamilton'
流苏状 · 单瓣
7~8cm

**克斯奈利斯**
*Tulipa gesneriana* 'Kees Nelis'
杯状 · 单瓣
6~7cm

**阿拉丁**
*Tulipa gesneriana* 'Aladdin'
酒杯状 · 单瓣
7~8cm

**红马克**
*Tulipa gesneriana* 'Red Mark'
杯状 · 单瓣
5~6cm

**斑纹美女**
*Tulipa gesneriana* 'Striped Bellona'
杯状 · 单瓣
5~6cm

**橙色皇帝**
*Tulipa gesneriana* 'Orange Emperor'
杯状 · 单瓣
10~11cm

**维兰迪**
*Tulipa gesneriana* 'Verandi'
杯状 · 单瓣
5~6cm

**功夫**
*Tulipa gesneriana* 'Kung Fu'
杯状 · 单瓣
5~6cm

**华盛顿**
*Tulipa gesneriana* 'Washington'
杯状 · 单瓣
5~6cm

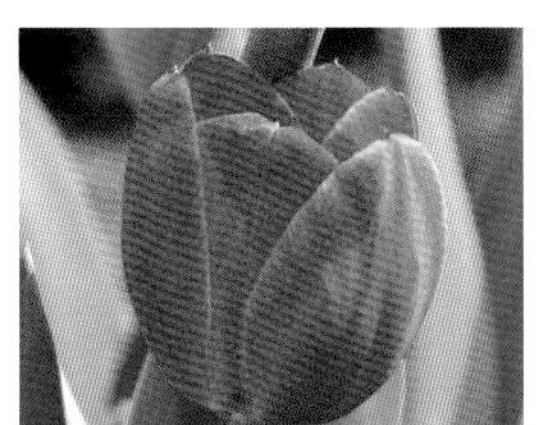

**橙色之光**
*Tulipa gesneriana* 'Iled Orange'
杯状 · 单瓣
5~6cm

**检阅**
*Tulipa gesneriana* 'Parade'
卵状 · 单瓣
6~7cm

**庄严**
*Tulipa gesneriana* 'Largo'
碗状 · 单瓣
11~12cm

**安娜琳达**
*Tulipa gesneriana* 'Annelinde'

碗状 · 重瓣
7~8cm

**绿色田野**
*Tulipa gesneriana* 'Greenland'

杯状 · 单瓣
7~8cm

**幸福一代**
*Tulipa gesneriana* 'Happy Generation'

杯状 · 单瓣
5~6cm

**香奈儿**
*Tulipa gesneriana* 'Chanel'

酒杯状 · 单瓣
7~8cm

**旋转木马**
*Tulipa gesneriana* 'Carrousel'

杯状 · 单瓣
7~8cm

**红鹦鹉**
*Tulipa gesneriana* 'Red Parrot'

鹦鹉状 · 单瓣
9~10cm

**安娜康达**
*Tulipa gesneriana* 'Anna Conda'

杯状 · 单瓣
6~7cm

**天使**
*Tulipa gesneriana* 'Angel'

碗状 · 重瓣
7~8cm

**热情鹦鹉**
*Tulipa gesneriana* 'Flaming Parrot'

鹦鹉状 · 单瓣
9~10cm

**神奇颜色**
*Tulipa gesneriana* 'Colour Spectacle'

杯状 · 单瓣
6~7cm

**火焰普瑞斯玛**
*Tulipa gesneriana* 'Flaming Purissima'

杯状 · 单瓣
11~12cm

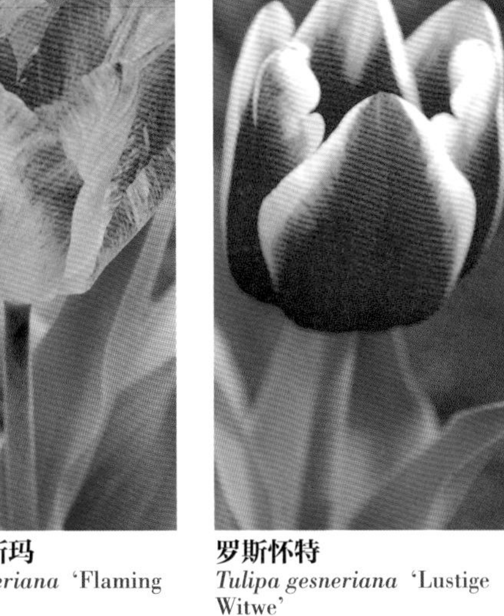

**罗斯怀特**
*Tulipa gesneriana* 'Lustige Witwe'

杯状 · 单瓣
6~7cm

**声望**
*Tulipa gesneriana* 'Renown'

杯状 · 单瓣
6~7cm

**女能人**
*Tulipa gesneriana* 'Mistress'

杯状 · 单瓣
5~6cm

**克劳迪娅**
*Tulipa gesneriana* 'Claudia'

酒杯状 · 单瓣
7~8cm

**紫旗**
*Tulipa gesneriana* 'Purple Flag'

杯状 · 单瓣
6~7cm

**紫衣王子**
*Tulipa gesneriana* 'Purple Prince'

杯状 · 单瓣
5~6cm

**巴塞罗娜**
*Tulipa gesneriana* 'Barcelona'

杯状 · 单瓣
5~6cm

**卡利波拉**
*Tulipa gesneriana* 'Calibra'

流苏状 · 单瓣
7~8cm

**黑英雄**
*Tulipa gesneriana* 'Black Hero'

碗状 · 重瓣
9~10cm

# 彩色马蹄莲

*Zantedeschia hybrida*

〔别称〕彩色海芋。

〔科属〕天南星科马蹄莲属。

〔原产地〕非洲南部。

〔适生地〕华南地区。

## 识别

**形态：**多年生草本。块茎肉质。

**花：**肉穗花序顶生，黄色，圆柱形。佛焰苞依品种不同，有白、粉红、黄、橙、绿等色，漏斗状，生端尖，反卷。

**花期：**春末至盛夏。

**叶：**基生，箭形或戟形，亮绿色。

## 养护

**习性：**喜温暖、湿润和阳光充足的环境。

**土壤：**宜肥沃、保水性能好的黏质壤土。

**浇水 / 光照：**马蹄莲喜水，生长期盆土保持湿润，经常向叶面和地面喷水，保持较高的空气湿度。花后停止浇水，休眠期少浇水，保持干燥，否则块茎容易腐烂。喜阳光充足，稍耐阴，宜摆放在有纱帘的朝东和朝南窗台或阳台。

**繁殖：**室内盆播，种子成熟后即播，发芽适温21~27℃。花后长出新叶或秋季换盆进行分株繁殖。

## 用途

**布置：**适合庭园配植或丛植于水池旁，开花时给人以如临仙境的感觉。矮生种盆栽摆放在卧室窗台、阳台、镜前，充满情调，特别生动可爱。

**赠送：**送马蹄莲时宜送6枝或12枝。6枝赠朋友、同事，意为“六六大顺”。12枝赠长辈祝寿，意为“吉祥如意”。

**阿尔卑斯山**
*Zantedeschia hybrida* 'Alpine'
佛焰苞
7~8cm

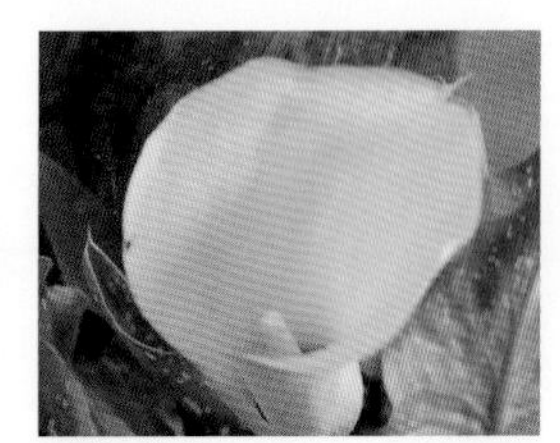

**黑色魔术**
*Zantedeschia hybrida* 'Black Magic'
佛焰苞
9~10cm

**绿色女神**
*Zantedeschia hybrida* 'Green Goddess'
佛焰苞
16~18cm

**南方之光**
*Zantedeschia hybrida* 'Southern Light'
佛焰苞
9~10cm

**绿花**
*Zantedeschia hybrida* 'Green Flower'
佛焰苞
9~10cm

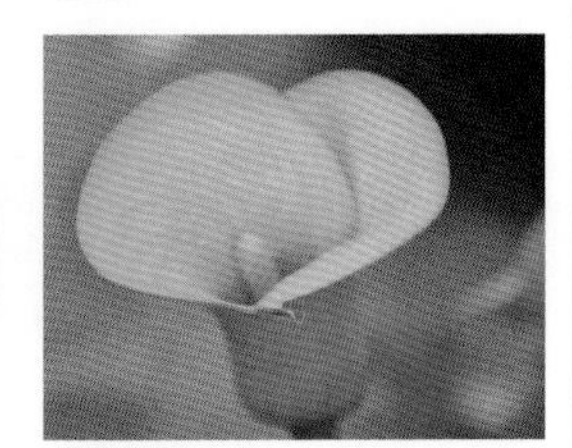

**黄金圣杯**
*Zantedeschia hybrida* 'Golden Chalice'
佛焰苞
9~10cm

**花金**
*Zantedeschia hybrida* 'Flower Gold'
佛焰苞
8~9cm

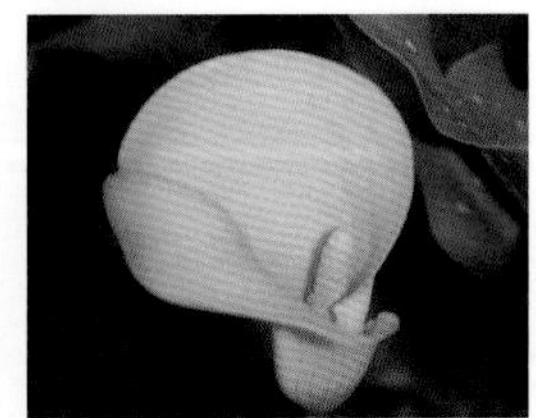

**坦登斯船长**
*Zantedeschia hybrida* 'Tandons Captain'
佛焰苞
9~10cm

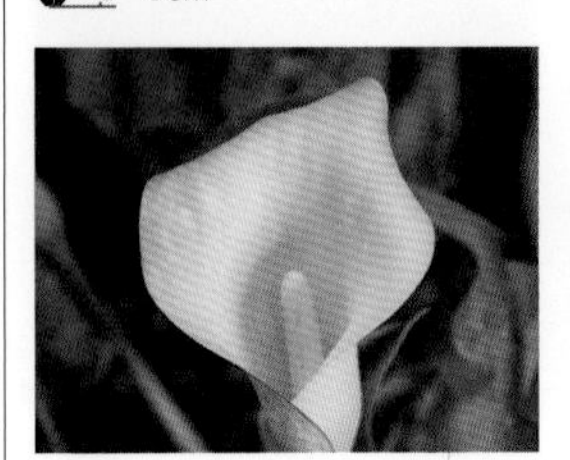

**宝石**
*Zantedeschia hybrida* 'Gem'
佛焰苞
9~10cm

**橙花**
*Zantedeschia hybrida* 'Orange Flower'
佛焰苞
9~10cm

**肖邦**
*Zantedeschia hybrida* 'Chopin'
佛焰苞
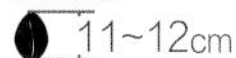
11~12cm

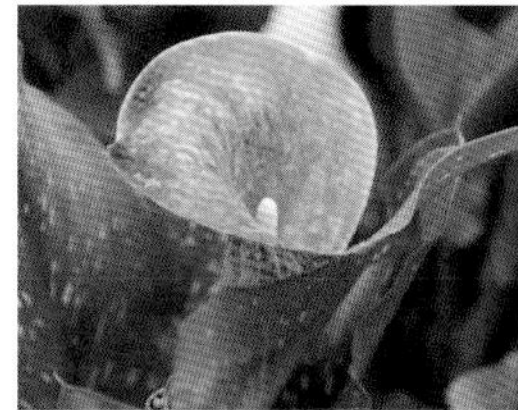

**小苏丝**
*Zantedeschia hybrida* 'Xiaosusi'
佛焰苞
6~7cm

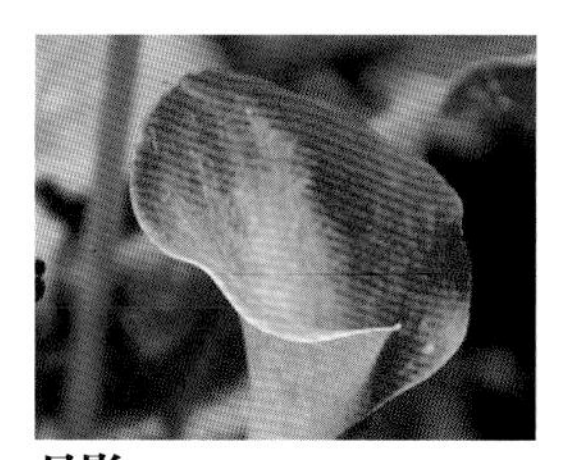

**月影**
*Zantedeschia hybrida* 'Moon Shadow'
佛焰苞
8~9cm

**紫水晶**
*Zantedeschia hybrida* 'Crystal Purple'
佛焰苞
7~8cm

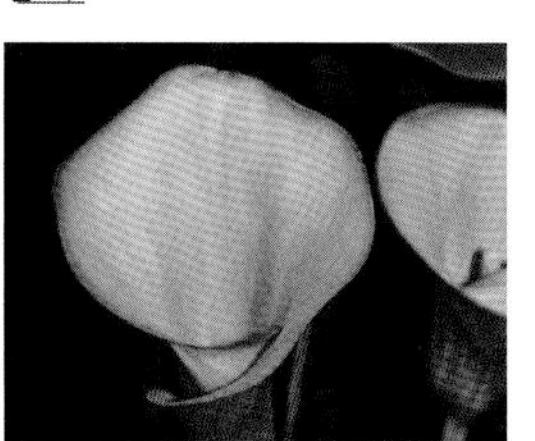

**火舞人**
*Zantedeschia hybrida* 'Fire Dancer'
佛焰苞
9~10cm

**热潮**
*Zantedeschia hybrida* 'Hot Flashes'
佛焰苞
8~9cm

**小梦**
*Zantedeschia hybrida* 'Little Dream'
佛焰苞
6~7cm

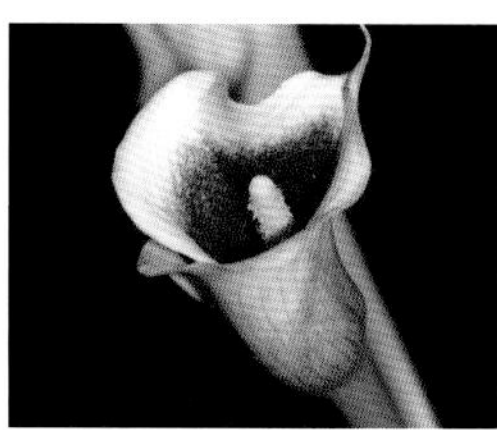

**紫雾**
*Zantedeschia hybrida* 'Purple Mist'
佛焰苞
6~7cm

**财富**
*Zantedeschia hybrida* 'Treasure'
佛焰苞
10~11cm

**玫瑰宝石**
*Zantedeschia hybrida* 'Rose Gem'
佛焰苞
7~8cm

**红玉**
*Zantedeschia hybrida* 'Red Jade'
佛焰苞
7~8cm

**夜宝石**
*Zantedeschia hybrida* 'Jewel of Night'
佛焰苞
5~6cm

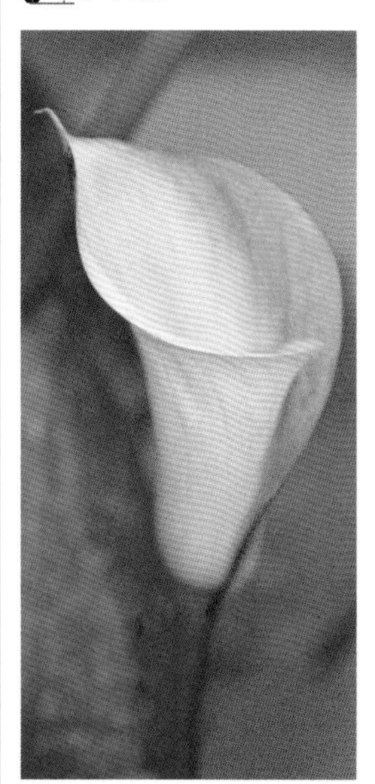

**水晶红**
*Zantedeschia hybrida* 'Crystal Blush'
佛焰苞
7~8cm

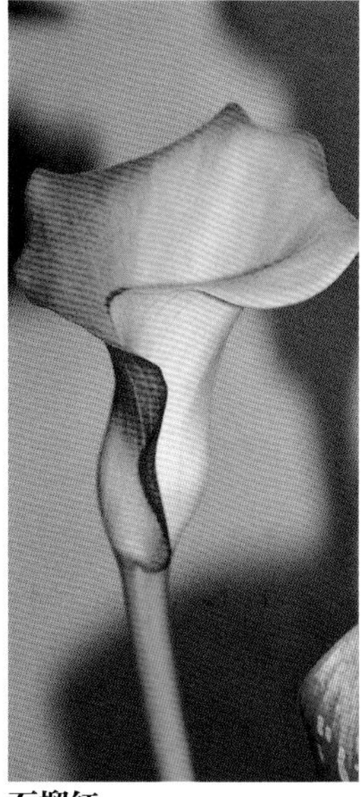

**石榴红**
*Zantedeschia hybrida* 'Garnet Glow'
佛焰苞
9~10cm

**陛红**
*Zantedeschia hybrida* 'Bihong'
佛焰苞
8~9cm

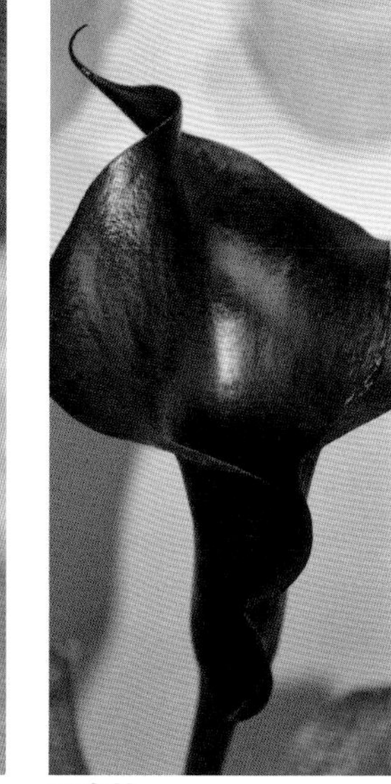

**黑森林**
*Zantedeschia hybrida* 'Black Forest'
佛焰苞
6~7cm

# 睡莲

*Nymphaea tetragona*

☼ ● ❋❋

〔别称〕水百合、水芹花、子午莲。

〔科属〕睡莲科睡莲属。

〔原产地〕耐寒睡莲原产于欧洲东北部、亚洲北部至美洲北部。热带睡莲原产于北非、澳大利亚、东南亚热带地区。

〔适生地〕耐寒睡莲分布于亚热带、温带、寒带地区。国内分布于云南至东北，西至新疆。

## 识别

**形态：**多年生浮水草本。

**花：**单朵顶生，浮于水面或挺出水面，花色丰富，有白、黄、粉红、红、紫、蓝等色，并有深浅之分。

**花期：**夏初至秋初。

**叶：**丛生，卵圆形，全缘，深绿色，有紫斑。

## 养护

**习性：**喜温暖、水湿和阳光充足的环境。

**土壤：**宜富含腐殖质的黏质壤土。

**浇水 / 光照：**幼苗只需浅水，水深以5~15厘米为宜。移栽苗和正常生长植株，水深以20~40厘米为宜，最多不超过80厘米。栽培过程中应保持水质清洁，保证充足光照。

**繁殖：**春季盆播，发芽适温25~30℃。出叶后随着茎叶的生长逐渐增加水的深度，少数品种当年就可开花，多数品种翌年开花。耐寒睡莲块茎繁殖，热带睡莲用种子或休眠球繁殖。

## 用途

**药：**根可以入药。用睡莲根茎15~30克，水煎服，治心烦不眠。

**布置：**常用于庭园池栽、盆栽或组成迷你型水景小品，宜布置于池边，与草坪、山石等接壤，构成别致的自然水景。

**赠送：**赠睡莲、红茶花、红玫瑰和三色堇组合的花束，表达“纯洁而美丽的你，是我心中永远的偶像”。

**得克萨斯**
*Nymphaea tetragona* 'Texas Dawn'

星状 · 重瓣
15~20cm

**佛琴娜莉斯**
*Nymphaea tetragona* 'Virginalis'

星状 · 重瓣
11~14cm

**路易斯**
*Nymphaea tetragona* 'St. Louis'

星状 · 重瓣
20~28cm

**查兰娜**
*Nymphaea tetragona* 'Charlene Strawn'

星状 · 重瓣
15~18cm

**佛州日落－淡黄色**
*Nymphaea tetragona* 'Florida Sunset Light Yellow'

杯状 · 重瓣
14~15cm

**渴望者**
*Nymphaea tetragona* 'Comanche'

杯状 · 重瓣
13~15cm

**佛州日落－橙黄色**
*Nymphaea tetragona* 'Florida Sunset Orange'

杯状 · 重瓣
15~17cm

**科罗拉多**
*Nymphaea tetragona* 'Colorado'
星状 · 重瓣
7~10cm

**粉毽**
*Nymphaea tetragona* 'Pink Shuttecock'
杯状至星状 · 重瓣
14~16cm

**壮丽**
*Nymphaea tetragona* 'Splendida'
杯状至星状 · 重瓣
16~18cm

**日出**
*Nymphaea tetragona* 'Sunrise'
星状 · 重瓣
18~20cm

**红皇后**
*Nymphaea tetragona* 'Red Queen'
牡丹状 · 重瓣
11~14cm

**桃色奶油**
*Nymphaea tetragona* 'Peaches and Cream'
杯状至放射状 · 重瓣
15~20cm

**紫晃星**
*Nymphaea tetragona* 'G.Z.Purple'
星状 · 重瓣
13~15cm

**埃莉斯安娜**
*Nymphaea tetragona* 'Eilisiana'
星状 · 重瓣
8~9cm

**奥毛斯特**
*Nymphaea tetragona* 'Almost Black'
星状 · 重瓣
20~23cm

**火冠**
*Nymphaea tetragona* 'Firecrest'
杯状至星状 · 重瓣
14~15cm

**佩特**
*Nymphaea tetragona* 'Peter Slocum'
碟状至星状 · 重瓣
13~15cm

**小醉仙**
*Nymphaea tetragona* 'Xiaozuixian'
杯状 · 重瓣
8~10cm

**大主教**
*Nymphaea tetragona* 'Archbishop'
碟状至星状 · 重瓣
9~13cm

**贵妃**
*Nymphaea tetragona* 'Guifei'
杯状 · 重瓣
13~15cm

# 三角梅

*Bougainvillea spectabilis*

☼ ● ❋

〔别称〕叶子花、三角花。

〔科属〕紫茉莉科叶子花属。

〔原产地〕巴西。

〔适生地〕全国各地。

## 识别

**形态：**常绿攀缘灌木。

**花：**位于 3 枚大苞片中，细小，3 朵聚生。

**花期：**夏秋季。

**叶：**互生，卵圆形，全缘，中绿色，背面浅绿色。

## 养护

**习性：**喜温暖、湿润和阳光充足的环境。

**土壤：**宜肥沃和排水良好的沙质壤土。

**浇水 / 光照：**生长期盆土快要干时充分浇水，秋季控制浇水量，冬季 4~5 天浇水 1 次。三角梅属喜光性植物，每天要有 4~6 小时充足的光照，光线不足或过于荫蔽，新枝生长细弱，叶片暗淡。在充足阳光下可开花不断，花色鲜艳。

**繁殖：**早春取嫩枝扦插，夏季取半成熟枝扦插，秋季取硬枝扦插。

## 用途

**药：**花可入药，有调和气血的功效。

**布置：**在南方常作坡地、围墙的覆盖或攀缘的材料。盆栽摆放在门庭、走廊或客厅，开花时万紫千红，热情奔放。

**赠送：**在同一株上分别开红白两色花，每片叶上有绿色与黄色斑纹的鸳鸯三角梅，宜赠相濡以沫的夫妻和热恋中的情侣。

**斑叶白花三角梅**
*Bougainvillea spectabilis* 'Jamaica Aurea'

管状 · 单瓣
❋ 5~6cm

**白苞三角梅**
*Bougainvillea spectabilis* 'Jamaica White'

管状 · 单瓣
❋ 5~6cm

**浅粉三角梅**
*Bougainvillea spectabilis* 'May Alba'

管状 · 单瓣
❋ 5~6cm

**粉红三角梅**
*Bougainvillea spectabilis* 'Apple Blossom'

管状 · 单瓣
❋ 5~6cm

**斑叶复色三角梅**
*Bougainvillea spectabilis* 'Variegata'

管状 · 单瓣

 5~6cm

**斑叶红花三角梅**
*Bougainvillea spectabilis* 'Glowing Flame'

管状 · 单瓣

5~6cm

**双色三角梅**
*Bougainvillea spectabilis*
'Bicolor'

管状 · 单瓣

5~6cm

**玫红三角梅**
*Bougainvillea spectabilis*
'Rose Sakura'

管状 · 单瓣

5~6cm

**重瓣红苞三角梅**
*Bougainvillea spectabilis*
'Red Plena'

管状 · 重瓣

5~8cm

**橙红三角梅**
*Bougainvillea spectabilis*
'Lateritia'

管状 · 单瓣

5~6cm

**光叶三角梅**
*Bougainvillea glabra*

管状 · 单瓣

5~6cm

**重瓣紫红三角梅**
*Bougainvillea spectabilis*
'Plum Plena'

管状 · 重瓣

5~8cm

**红苞三角梅**
*Bougainvillea spectabilis*
'Mary Rubra'

管状 · 单瓣

5~6cm

**橙苞三角梅**
*Bougainvillea spectabilis*
'Orange'

管状 · 单瓣

5~6cm

# 绣球花

*Hydrangea macrophylla*

☀ 💧 ❄❄

〔别称〕八仙花。

〔科属〕虎耳草科绣球属。

〔原产地〕中国、日本。

〔适生地〕长江流域。

## 识别

**形态:** 落叶灌木。

**花:** 伞房花序顶生，由许多不孕花组成，花色多变，初时白色，渐转蓝色、粉红色或紫色等。

**花期:** 夏季。

**叶:** 对生，大而稍厚，倒卵形，边缘有粗锯齿，表面鲜绿色，背面黄绿色。

## 养护

**习性:** 喜温暖、湿润和半阴的环境。

**土壤:** 宜疏松、肥沃和排水良好的酸性沙质壤土。

**浇水 / 光照:** 春季生长期保持盆土湿润，充分浇水。夏季每周浇水 2 次，高温干燥时，每天向叶面喷雾，注意通风；盆栽植株开花时，适当遮阴，有助于延长花期。秋季待盆土表面干燥后再浇水，控制浇水量。冬季同秋季，摆放在阳光充足处。

**繁殖:** 早春萌芽前分株，芽萌动时压条，梅雨季节进行扦插繁殖。

## 用途

**药:** 花、叶、根均可入药，具有抗疟、强心的功效。

**布置:** 花大色艳，盆栽摆放在建筑物旁、池畔、林下，十分雅致。

**赠送:** 在婚庆、佳节、家人团聚时摆放绣球花，寓意“团圆欢乐”。赠倾心的男友，借“绣球”表达“爱慕之心”。

**安娜贝拉**
*Hydrangea macrophylla* 'Annabelle'

球形 · 单瓣
✲ 2.5~3cm

**魔幻贵族**
*Hydrangea macrophylla* 'Magical Noblesse'

球形 · 单瓣
✲ 3~4cm

**雷古拉 – 黄绿色**
*Hydrangea macrophylla* 'Regula Pineapple'

球形 · 单瓣
✲ 2~3cm

**无敌安娜贝拉**
*Hydrangea macrophylla* 'Incrediball'

球形 · 单瓣
✲ 2.5~3cm

**马雷夏尔**
*Hydrangea macrophylla* 'Marechal Foch'

球形 · 单瓣
✲ 3~3.5cm

**绿花**
*Hydrangea macrophylla* 'Green Flower'

球形 · 单瓣
✲ 3~3.5cm

**魔幻珊瑚**
*Hydrangea macrophylla* 'Magical Coral'

球形 · 单瓣
✲ 2~3cm

**拉维布兰**
*Hydrangea macrophylla* 'Lav Blaa'

球形 · 单瓣
3~3.5cm

**玫红妈妈**
*Hydrangea macrophylla* 'Maman Rose'

球形 · 单瓣
3~4cm

**蓝鸟齿状**
*Hydrangea serrata* 'Blue Bird'

半球形 · 单瓣
2~3cm

**卡米拉**
*Hydrangea macrophylla* 'Camilla'

球形 · 单瓣
3~3.5cm

**达摩**
*Hydrangea macrophylla* 'Dharma'

球形 · 单瓣
3~3.5cm

**塔贝**
*Hydrangea macrophylla* 'Taube'

球形 · 单瓣
3~3.5cm

**深红**
*Hydrangea macrophylla* 'Deep Red'

球形 · 单瓣
2~3cm

**库纳特**
*Hydrangea macrophylla* 'Kuhnert'

球形 · 单瓣
2.5~3cm

**斯塔福德**
*Hydrangea macrophylla* 'Stafford'

球形 · 单瓣
3~3.5cm

**雷古拉－紫色**
*Hydrangea macrophylla* 'Regula Purple'

球形 · 单瓣
2~3cm

**深蓝**
*Hydrangea macrophylla* 'Deep Blue'

球形 · 单瓣
2~3cm

# 世界各国国花

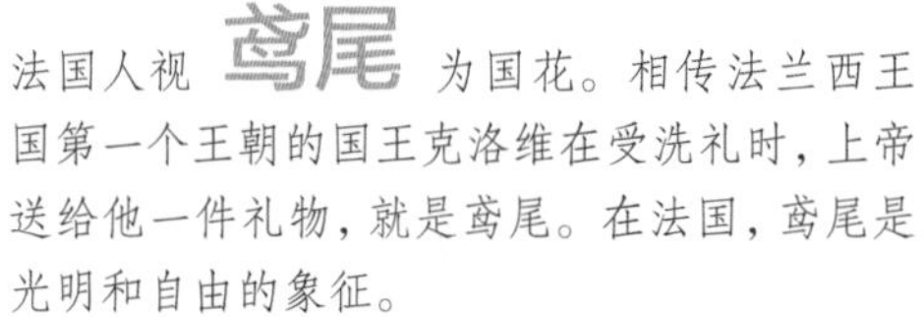

法国人视**鸢尾**为国花。相传法兰西王国第一个王朝的国王克洛维在受洗礼时，上帝送给他一件礼物，就是鸢尾。在法国，鸢尾是光明和自由的象征。

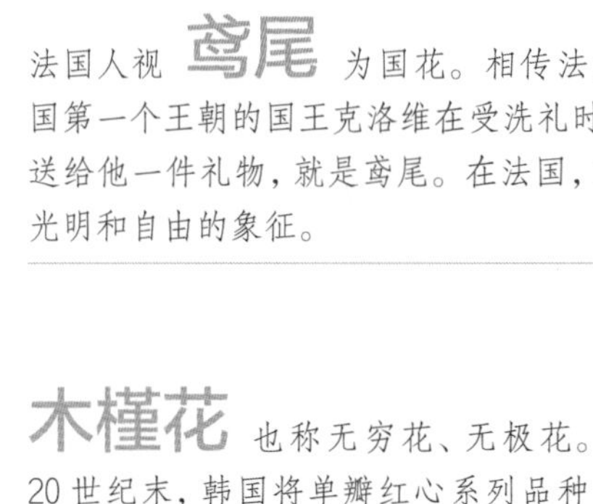

**木槿花**也称无穷花、无极花。20世纪末，韩国将单瓣红心系列品种的木槿花定为国花，它代表着美丽和幸福永存，深受韩国人民喜爱。

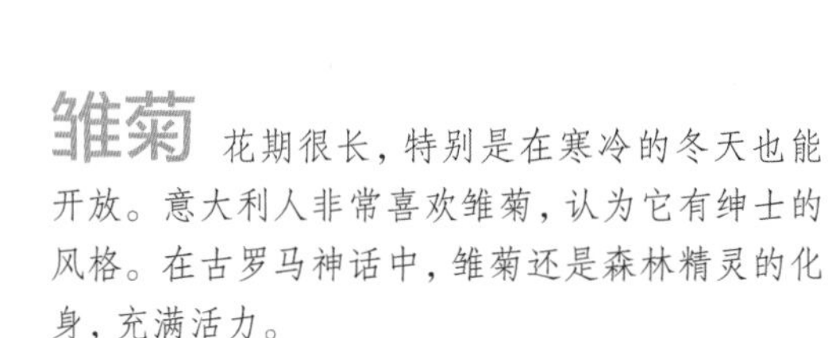

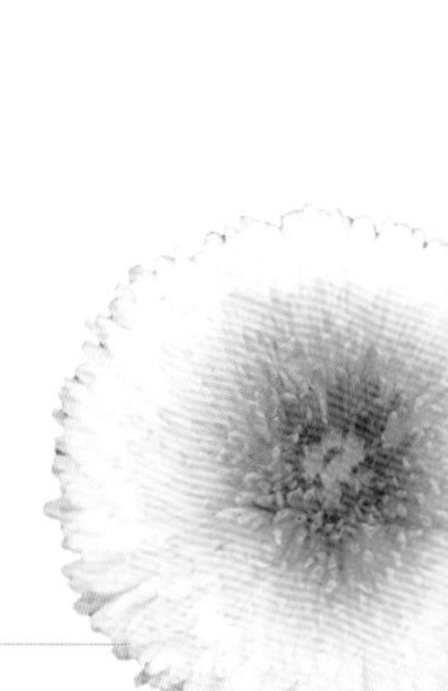

**雏菊**花期很长，特别是在寒冷的冬天也能开放。意大利人非常喜欢雏菊，认为它有绅士的风格。在古罗马神话中，雏菊还是森林精灵的化身，充满活力。

墨西哥的第一国花是仙人掌，而**大丽菊**是第二国花。墨西哥是大丽菊的原产地，因颜色瑰丽多彩，墨西哥人把大丽菊视为大方、富丽的象征，将它尊为国花。

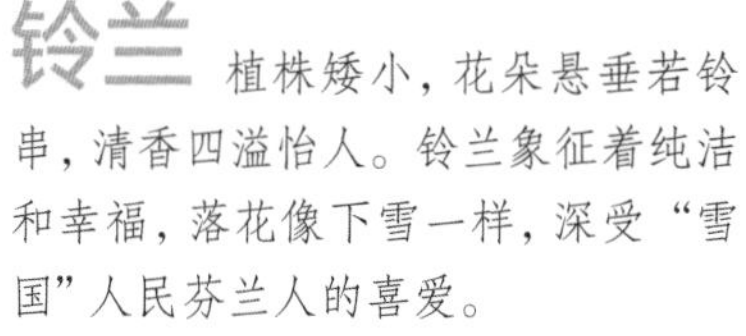

**铃兰**植株矮小，花朵悬垂若铃串，清香四溢怡人。铃兰象征着纯洁和幸福，落花像下雪一样，深受“雪国”人民芬兰人的喜爱。

**郁金香** 是荷兰的国花，象征着美好、庄严、富贵和成功。自从一位名叫克卢修斯的园艺学家将原产亚洲、美丽的郁金香带到荷兰，郁金香很快就遍及荷兰各地，深受欢迎。

**樱花** 是日本全民之花。虽然现行法律没有明确日本国花，但日本民间和国际社会都将樱花视为日本国花。

在德国，田野、水畔、路边等处都有 **蓝色矢车菊** 的踪迹。它以清丽的色彩、芬芳的气息、顽强的生命力博得了德国人民的喜爱和赞美，因此被奉为德国国花。

在菲律宾人眼中，**茉莉花**象征幸福、纯洁和友谊。所以菲律宾将茉莉花定为国花。迎接贵宾时，菲律宾国家领导人会为他们戴上精美的茉莉花串。

**向日葵**

代表信念、光辉，追逐阳光和追求幸福生活。俄罗斯把国花定为向日葵，体现了俄罗斯人民向往光明、和平的美好愿望。

# 第四章

# 草本观花植物

# 石蒜科

## *Amaryllidaceae*

石蒜科植物广泛分布于热带、亚热带及温带地区，在我国主要分布于长江流域以南地区。本节主要介绍石蒜科百子莲属、君子兰属、文殊兰属、石蒜属和葱莲属、水鬼蕉属、朱顶红属、水仙属等的代表植物。

**换锦花** *Lycoris sprengeri*

**属**：石蒜属。**原产地**：中国、日本。**识别** **花**：伞形花序，淡红紫色，尖端带蓝色。**花期**：夏季。**叶**：窄线形，蓝绿色，顶端钝。**用途** **布置**：宜丛植于林间、草地边缘，摆放岩石园内或多年生混合花坛中。**赠**：有“分离”“伤心”之意。

漏斗状 · 单瓣

3~5cm

**文殊兰** *Crinum asiaticum* var. *sinicum*

**属**：文殊兰属。**原产地**：东南亚的热带地区。**识别** **花**：伞形花序顶生，有花10~20朵，白色，有芳香。**花期**：春夏季。**叶**：带状，中绿色。**用途** **布置**：宜丛植于林间、草地边缘，摆放岩石园内或花坛中。

窄瓣状 · 单瓣

3~7cm

**葱莲** *Zephyranthes candida*

**别称**：葱兰。**属**：葱莲属。**原产地**：南美洲。**识别** **花**：单生顶端，似番红花，白色。**花期**：夏季至秋初。**叶**：细长形，深绿色。**用途** **布置**：适用于林下、坡地或半阴处作地被植物。**赠**：有“期待”“洁白的爱”之意。

喇叭状 · 单瓣

3~4cm

**鹿葱** *Lycoris squamigera*

**属**：石蒜属。**原产地**：中国、日本。**识别** **花**：伞形花序，有花5~7朵，淡玫瑰红色，具蓝色或紫色脉纹。**花期**：夏季。**叶**：阔线形，中绿色。**用途** **布置**：宜作稀疏林下的地被植物，丛植于花境或溪涧石旁。

漏斗状 · 单瓣

6~7cm

**韭莲** *Zephyranthes carinata*

**别称**：红花葱兰。**属**：葱莲属。**原产地**：墨西哥。**识别** **花**：单生顶端，花大，漏斗形，亮粉色。**花期**：春夏季。**叶**：扁平状，中绿色。**用途** **布置**：适用于林下、坡地或半阴处作地被植物。**赠**：有“期待”之意。

喇叭状 · 单瓣

5~7cm

**长筒石蒜** *Lycoris longituba*

**属**：石蒜属。**原产地**：中国。**识别** **花**：伞形花序，有花5~11朵，有白、淡黄等色。**花期**：夏季。**叶**：阔线形，中绿色。**用途** **布置**：宜配植于多年生混合花境中。**赠**：有“吉祥”“福气”“优美”之意。

漏斗状 · 单瓣

4~5cm

**霍华德弧殊兰** *Amarcrinum howardii*

**属**：弧殊兰属。**识别** **花**：伞形花序，花茎粗壮，有花10朵以上，漏斗状，玫粉色，芳香。**花期**：夏季。**用途** **布置**：适用于草坪边缘、路边、水岸边栽植观赏。

漏斗状 · 单瓣

6~10cm

**石蒜** *Lycoris radiata*

**别称**：彼岸花。**属**：石蒜属。**原产地**：中国、日本。**识别** **花**：伞形花序，有花4~6朵，鲜红色，花被裂片上部向后反卷，边缘波状皱缩。**花期**：夏末至秋初。**叶**：细带状，深绿色。**用途** **布置**：宜布置花境、林下。**赠**：有“优美纯洁”“悲伤回忆”之意。

漏斗状 · 单瓣

4~5cm

**红蓝石蒜** *Lycoris haywardii*

**别称**：海氏石蒜。**属**：石蒜属。**原产地**：中国。**识别** **花**：伞形花序，有花 5~11 朵，紫红色，具紫色晕。**花期**：夏季。**叶**：阔线形，深绿色。**用途** **食**：有毒勿食。**药**：鳞茎可入药。**布置**：宜布置草地边缘、林下或岩石缝间。

漏斗状 · 单瓣

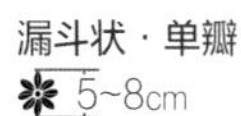

5~8cm

**六出花** *Alstroemeria Hybrida*

**别称**：秘鲁百合。**属**：六出花属。**原产地**：智利、秘鲁。**识别** **花**：伞形花序，有花 3~8 朵，颜色丰富，内轮具深红色条斑。**花期**：夏季。**叶**：长披针形，亮绿色。**用途** **布置**：是很好的盆栽和切花材料。**赠**：有"喜悦""期待相逢"之意。

喇叭状 · 单瓣

7~12cm

**忽地笑** *Lycoris aurea*

**别称**：黄花石蒜。**属**：石蒜属。**原产地**：中国、日本。**识别** **花**：伞形花序顶生，有花 5~6 朵，黄色，边缘波状。**花期**：春夏季。**叶**：细带状，中绿色。**用途** **食**：有毒勿食。**药**：鳞茎可入药。**布置**：是很好的地被植物。

漏斗状 · 单瓣

8~10cm

**（六出花）白雪女皇**
*Alstroemeria Hybrida* 'Snow Queen'

喇叭状 · 单瓣

7~12cm

**（六出花）热恋**
*Alstroemeria Hybrida* 'Lovely'

喇叭状 · 单瓣

7~12cm

**（六出花）紫辉**
*Alstroemeria Hybrida* 'Lilac Glory'

喇叭状 · 单瓣

7~12cm

**（六出花）黄莺**
*Alstroemeria Hybrida* 'Oriole'

喇叭状 · 单瓣

7~12cm

**百子莲** *Agapanthus africanus*

**别称：**非洲百合。**属：**百子莲属。**原产地：**南非。**识别** **花：**伞形花序，有花20~40朵，深蓝色、紫色、白色。**花期：**夏末。**叶：**具米白色边。**用途** **布置：**宜布置花坛、花境，丛植或片植于园林、绿地中美化环境。**赠：**有"爱慕""爱的来临"之意。

漏斗状 · 单瓣

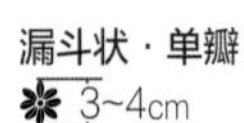

**（百子莲）皇太后**
*Agapanthus africanus* 'Queen Mum'

漏斗状 · 单瓣

3~4cm

**（百子莲）蒂马鲁**
*Agapanthus africanus* 'Timarau'

漏斗状 · 单瓣

3~4cm

**水鬼蕉** *Hymenocallis littoralis*

**别称：**蜘蛛百合、美洲蜘蛛兰。**属：**水鬼蕉属。**原产地：**美洲热带地区。**识别** **特征：**具假鳞茎。**花：**伞形花序，着花3~8朵，基部合生，白色。**花期：**夏秋季。**叶：**宽带形，鲜绿色。**用途** **布置：**用它布置庭园、游园或丛植于风景区的林下，景色清雅幽静。

漏斗状 · 单瓣

**南美水仙** *Eucharis amazonica*

**别称：**亚马孙百合。**属：**水仙属。**原产地：**哥伦比亚。**识别** **花：**有花4~6朵，花筒细长，稍下垂，展开呈星状，白色，芳香。**花期：**夏季。**叶：**线状披针形至宽披针形，深绿色，长30厘米。**用途** **布置：**适合用于合花径、岩石园、花坛和花境布置，清新悦目。

杯状 · 单瓣

6~7cm

**黄花君子兰** *Clivia × hybrida*

**别称：**金花君子兰。**属：**君子兰属。栽培品种。**识别** **花：**伞形花序顶生，有花10~30朵，黄色。**花期：**春夏季。**叶：**扁平状，光亮，带状，深绿色。**用途** **布置：**宜盆栽摆放在窗台或书房，给人豁然开朗之享受。**赠：**有"高雅至尚""长命花"之意。

钟状 · 单瓣

4~5cm

**垂笑君子兰** *Clivia nobilis*

**别称：**美丽君子兰。**属：**君子兰属。栽培品种。**识别** **花：**开花时下垂，橙黄色。**花期：**夏季。**叶：**窄条形，深绿色。**用途** **布置：**是重要的盆栽观赏植物，宜装饰厅堂或摆放在居室。**赠：**有"哀悼""怀念"之意。

狭漏斗状 · 单瓣

2.5~3cm

**大花君子兰** *Clivia miniata*

**别称：**和尚君子兰。**属：**君子兰属。**原产地：**南非。**识别** **花：**伞形花序顶生，有花10~30朵，花有黄、红、橙等色。**花期：**春夏季。**叶：**扁平状，光亮，带状，深绿色。**用途** **布置：**适用摆放在家庭厅室的地柜和茶几上，呈现热烈的气氛。**赠：**有"高雅至尚""长命花"之意。

钟状 · 单瓣

4~5cm

**（朱顶红）花之冠**
*Hippeastrum vittatum* 'Flower Record'

**属**：朱顶红属。**原产地**：巴西、秘鲁。**识别** **特征**：具肥大的球状鳞茎。**花**：伞形花序，漏斗状，有白色具红色条纹，也有深红、粉红、水红、橙红、白等色。**花期**：春季。**叶**：阔带状，亮绿色。**用途** **食**：球茎有毒，不能食用。**布置**：宜盆栽摆放在门厅、窗前等作室内环境装饰，也可用于庭园、沿路或沿墙地栽，开花时非常热闹。还可配植露地庭园形成群落景观，增添春季景色。

漏斗状 · 单瓣
10~13cm

**（朱顶红）氛围**
*Hippeastrum vittatum* 'Amblance'

漏斗状 · 单瓣
14~16cm

**（朱顶红）蝴蝶**
*Hippeastrum vittatum* 'Aphrodite'

漏斗状 · 重瓣
13~15cm

**（朱顶红）诱惑**
*Hippeastrum vittatum* 'Temptation'

漏斗状 · 单瓣
14~16cm

**（朱顶红）弗拉门戈皇后**
*Hippeastrum vittatum* 'Flamenco Queen'

漏斗状 · 单瓣
13~16cm

**（朱顶红）苹果花**
*Hippeastrum vittatum* 'Apple Blossom'

漏斗状 · 单瓣
14~15cm

**（朱顶红）白雪**
*Hippeastrum vittatum* 'Snow White'

漏斗状 · 重瓣
10~15cm

**（朱顶红）花边石竹**
*Hippeastrum vittatum* 'Picotee'

漏斗状 · 单瓣
11~12cm

**（朱顶红）苏红**
*Hippeastrum vittatum* 'Suhong'

漏斗状 · 重瓣
14~16cm

**（朱顶红）黑天鹅**
*Hippeastrum vittatum* 'Royal Velvet'

漏斗状 · 单瓣
11~12cm

# 凤仙花科

## *Balsaminaceae*

凤仙花科植物仅有水角属和凤仙花属两属，全世界约有950种。在我国两属均产，约有220种，分布甚广，但主产地为西南部和西北部山区。本节主要介绍凤仙花属的代表植物。凤仙花又称指甲花，因种子的自播繁衍能力较强，其有“适应”的花语。新几内亚凤仙四季开花，是园林中颇为优美的盆花和花坛植物。丽叶凤仙（日本凤仙）园艺栽培较为容易。非洲凤仙适合群体摆放在花坛、花带、花槽和配植景点中。

**（新几内亚凤仙）光谱－红色**
*Impatiens hawkeri* 'Spectra Red'

**别称：**五彩凤仙花。**属：**凤仙花属。**原产地：**新几内亚。**识别** **花：**花单生叶腋，基部花瓣衍生成矩，花色极为丰富，有洋红色、雪青色、白色、紫色、橙色等。**花期：**夏季。**叶：**多叶轮生，披针形，叶缘具锐锯齿。**用途** **布置：**新几内亚凤仙色彩丰富，既可作观赏盆花，也可用于吊篮造型及花坛布景等。

两侧对称花具距 · 单瓣
5~6cm

**（新几内亚凤仙）探戈－红白双色** *Impatiens hawkeri* 'Tango Red/white Bicolor'
两侧对称花具距 · 单瓣
5~6cm

**（新几内亚凤仙）光谱－红白双色** *Impatiens hawkeri* 'Spectra Red/white Bicolor'
两侧对称花具距 · 单瓣
5~6cm

**（新几内亚凤仙）蜜月－粉色** *Impatiens hawkeri* 'Riviera Pink'
两侧对称花具距 · 单瓣
5cm

**（新几内亚凤仙）探戈－深粉色** *Impatiens hawkeri* 'Tango Deep Pink'
两侧对称花具距 · 单瓣
5~6cm

**（新几内亚凤仙）紫云** *Impatiens hawkeri* 'Purple Cloud'
两侧对称花具距 · 单瓣
4~5cm

**（新几内亚凤仙）熏衣** *Impatiens hawkeri* 'Laveder'
两侧对称花具距 · 单瓣
5cm

**（新几内亚凤仙）光谱－淡玫红色** *Impatiens hawkeri* 'Spectra Light Rose'
两侧对称花具距 · 单瓣
5~6cm

**（新几内亚凤仙）光谱－紫红色** *Impatiens hawkeri* 'Spectra Fuchsia'
两侧对称花具距 · 单瓣
5~6cm

**（新几内亚凤仙）光谱－浅紫色** *Impatiens hawkeri* 'Spectra Light Purple'
两侧对称花具距 · 重瓣
5~6cm

**（新几内亚凤仙）火湖－橙色** *Impatiens hawkeri* 'Firelake Orange'
两侧对称花具距 · 单瓣
5~6cm

**（新几内亚凤仙）光谱－紫色** *Impatiens hawkeri* 'Spectra Purple'
两侧对称花具距 · 单瓣
5~6cm

**（新几内亚凤仙）火湖－橙红色** *Impatiens hawkeri* 'Firelake Salmon'
两侧对称花具距 · 单瓣
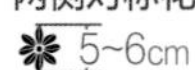
5~6cm

**（新几内亚凤仙）火湖－红色** *Impatiens hawkeri* 'Firelake Red'

两侧对称花具距 · 单瓣

5~6cm

**（新几内亚凤仙）探戈－红色** *Impatiens hawkeri* 'Tango Red'

两侧对称花具距 · 单瓣

5~6cm

**野凤仙花**

*Impatiens textorii*

**别称：**日本凤仙花。**属：**凤仙花属。**原产地：**日本。**识别 花：**花腋生，扁平，粉红至红色。**花期：**夏秋季。**叶：**叶片互生，卵形，边缘有细锯齿，黄色至深绿色。**用途 布置：**盆栽适用于阳台、窗台点缀，群体地栽作为地被植物，铺红展翠，十分耐观。

两侧对称花具距 · 单瓣

3~4cm

**（非洲凤仙）重瓣－玫红白双色**

*Impatiens walleriana* 'Double Rose Bicolor'

**别称：**苏丹凤仙花。**属：**凤仙花属。**原产地：**非洲。**识别 花：**总花梗生于茎，基部具苞片，苞片线状披针形或钻形。花大小及颜色多变化，鲜红、深红、粉红、紫红、淡紫、蓝紫等，或有时白色。**花期：**全年。**叶：**互生或上部螺旋状排列，具柄，叶片宽椭圆形或卵形至长圆状椭圆形。**用途 布置：**适合群体摆放在花坛、花带、花槽和配植景点中。盆栽或吊盆栽植用于阳台、窗台或廊架吊挂观赏。

重瓣

3~4cm

**（非洲凤仙）重瓣－红白双色**

*Impatiens walleriana* 'Double Red Bicolor'

两侧对称花具距 · 单瓣

3~4cm

**（非洲凤仙）音调－深粉色**

*Impatiens walleriana* 'Accent Deep Pink'

两侧对称花具距 · 单瓣

6cm

**（凤仙花）白色** *Impatiens balsamina* 'white'

**别称：**指甲花。**属：**凤仙花属。**原产地：**南非。**识别 花：**花单生，也有2~3朵簇生于叶腋，盔状或杯状，无总花梗，白色、粉红色或紫色，单瓣或重瓣。**花期：**夏秋季。**叶：**互生，最下部叶有时对生；叶片披针形、狭椭圆形或倒披针形。**用途 药：**花、茎入药，可活血消胀，治跌打损伤；种子入药，有软坚、消积之效。**布置：**适于庭园广泛栽培，为常见的观赏花卉。

盔状 · 单瓣

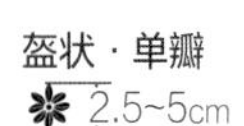

2.5~5cm

**（凤仙花）红色**

*Impatiens balsamina* 'Red'

盔状 · 单瓣

2.5~5cm

**（凤仙花）深紫色**

*Impatiens balsamina* 'Deep Purple'

盔状 · 单瓣

2.5~5cm

# 秋海棠科
## *Begoniaceae*

秋海棠科植物约有5属1000种，广泛分布于热带和亚热带地区。秋海棠科植物在我国仅有秋海棠属，多为庭园观赏植物，主要分布于长江流域以南地区。本节主要介绍秋海棠属的代表植物。四季秋海棠四季开放，稍带清香，是夏季花境的优选花卉。丽格秋海棠花色鲜美，盆栽装饰窗台显得典雅得体。球根秋海棠兼具山茶花、牡丹、月季、香石竹等花的特点，在美国、日本、荷兰、比利时栽培较为普遍。

**（玻利维亚秋海棠）黄色** *Begonia boliviensis* 'Yellow'

**属：**秋海棠属。**原产地：**玻利维亚。**识别** 块茎呈扁球形，茎分枝性比较强，下垂，为绿褐色。**花：**有白、黄、橙红等色。**花期：**夏季。**叶：**较长，卵状披针形。**用途** **布置：**大多作为室内盆栽花卉观赏。

酒杯状 · 单瓣
15~20cm

**（玻利维亚秋海棠）白色**
*Begonia boliviensis* 'White'

酒杯状 · 单瓣
3~4cm

**（玻利维亚秋海棠）红色**
*Begonia boliviensis* 'Red'

酒杯状 · 单瓣
3~4cm

**（球根秋海棠）永恒－白花**
*Begonia × tuberhybrida* 'Nonstop White'

**别称：**茶花海棠。**属：**秋海棠属。**原产地：**秘鲁和巴西。**识别** **花：**腋生聚伞花序，雌雄同株异花，色彩丰富，有大红、朱红、粉红、白、橙黄、金黄、紫色和红白杂色。**花期：**春秋季。**叶：**呈不规则心形，先端锐尖，基部偏斜，边缘齿状。**用途** **布置：**可布置在花坛、花境，显得分外妖娆。制作吊篮悬挂于厅堂、阳台和走廊，格外鲜明艳丽。

辐射对称花 · 5瓣
9~20cm

**（球根秋海棠）坎·坎**
*Begonia × tuberhybrida* 'Can Can'

辐射对称花 · 5瓣
15~18cm

**（球根秋海棠）幻景绯红**
*Begonia × tuberhybrida* 'Panorama Scarlet'

辐射对称花 · 5瓣
6~8cm

**（球根秋海棠）杏喜**
*Begonia × tuberhybrida* 'Apricot Delight'

辐射对称花 · 5瓣
15~20cm

**（球根秋海棠）永恒－红花**
*Begonia × tuberhybrida* 'Nonstop Red'

辐射对称花 · 5瓣
9~10cm

**（球根秋海棠）常丽金橙**
*Begonia × tuberhybrida* 'Changlijincheng'

辐射对称花 · 5瓣
15~20cm

**（球根秋海棠）永恒－重瓣黄花**
*Begonia × tuberhybrida* 'Nonstop Double Yellow'

辐射对称花 · 5瓣
8~10cm

**（丽格秋海棠）白富塔** *Begonia* × *hiemalis* 'White Futta'

**别称：**玫瑰海棠、丽佳秋海棠。**属：**秋海棠属。**原产地：**德国。**识别** **花：**聚伞花序侧生于叶腋，花朵硕大，花型变化多，花色有红、白、黄、橙、粉红等色，形态有单瓣或重瓣种。**花期：**秋冬季。**叶：**单叶互生，叶卵圆形、歪心形，叶端锐尖。**用途** **布置：**丽格秋海棠花色鲜美，盆栽装饰窗台显得典雅得体。

辐射对称花 · 5 瓣

4~6cm

**（丽格秋海棠）安妮公主**
*Begonia* × *hiemalis* 'Annika Dark'

辐射对称花 · 5 瓣

4~6cm

**（丽格秋海棠）白凝彩**
*Begonia* × *hiemalis* 'White Julie'

辐射对称花 · 5 瓣

4~6cm

**（丽格秋海棠）凝彩**
*Begonia* × *hiemalis* 'Julie'

辐射对称花 · 5 瓣

4~6cm

**（丽格秋海棠）粉娇**
*Begonia* × *hiemalis* 'Netja Dark'

辐射对称花 · 5 瓣

4~5cm

**（丽格秋海棠）福临门**
*Begonia* × *hiemalis* 'Tess'

辐射对称花 · 5 瓣

4~6cm

**（丽格秋海棠）神奇魅力－粉红色** *Begonia* × *hiemalis* 'Charisma Pink'

辐射对称花 · 5 瓣

4~5cm

**（四季秋海棠）超级奥林匹克－粉花**
*Begonia cucullata* 'Super Olympia Pink'

**别称：**瓜子海棠。**属：**秋海棠属。**原产地：**巴西。**识别** **花：**聚伞花序腋生，具数花，花红色、淡红色或白色。**花期：**全年。**叶：**单叶互生，有光泽，卵圆形或广卵圆形，边缘有小齿和缘毛。**用途** **布置：**是园林绿化中花坛、吊盆、栽植槽和室内布置的理想花材，深受园林绿化工作者及普通民众的喜爱。

辐射对称花 · 5 瓣

3.5~8cm

**（四季秋海棠）大使－双色**
*Begonia cucullata* 'Ambassador Bicolor'

辐射对称花 · 5 瓣

3.5~4cm

**（四季秋海棠）鸡尾酒－红叶红花** *Begonia cucullata* 'Cocktail Red'

辐射对称花 · 5 瓣

3~4cm

**（四季秋海棠）超级海棠－绿叶红花** *Begonia cucullata* 'Big Red with Green Leaf'

辐射对称花 · 5 瓣

5~8cm

**（四季秋海棠）华美－红花**
*Begonia cucullata* 'Pizzazz Red'

辐射对称花 · 5 瓣

3~4cm

**（四季秋海棠）超级海棠－红叶红花** *Begonia cucullata* 'Big Red with Bronze Leaf'

辐射对称花 · 5 瓣

5~8cm

**（四季秋海棠）奥林匹亚－红花** *Begonia cucullata* 'Olympia Red'

辐射对称花 · 5 瓣

3.5~4cm

# 桔梗科

## *Campanulaceae*

桔梗科植物广泛分布于全球，约有 70 属 2000 种，中国有 17 属约 170 种，主产于西南地区。花卉大多美丽，广泛用于园艺栽培、家居花饰、花坛布置。除供观赏外，有些可供药用，半边莲、山梗菜、桔梗、羊乳等著名药材就出于本科。本节主要介绍半边莲属、桔梗属、党参属、风铃草属和同瓣草属的代表植物。其中，半边莲属以山梗菜和半边莲较为流行，风铃草属以风铃草较为著名。

**（山梗菜）溪流 – 白色** *Lobelia erinus* 'Riviera White'

**别称：**花半边莲、六倍利。**属：**半边莲属。**原产地：**南非。**识别** **花：**总状花序，花管状 2 唇，有蓝、淡蓝、白、粉红和紫等色。**花期：**夏秋季。**叶：**叶片小，卵圆形至线形，锯齿状，中绿色至深绿色或青铜色。**用途** **布置：**适用于花坛、花境、林缘和坡地丛栽布置。矮生和重瓣品种，盆栽摆放于窗台、阳台或台阶，雅致耐观。高秆品种可作切花。

扇形 · 单瓣

1.2~1.5cm

**（宿根半边莲）梵 – 蓝色** *Lobelia speciosa* 'Fan Blue'

**别称：**宿根六倍利。**属：**半边莲属。**原产地：**美国、加拿大东部。**识别** **花：**总状花序，花管状，深红色至紫色，具淡紫红色苞片。**花期：**夏秋季。**叶：**卵圆形至长圆披针形，具锯齿，亮绿色。**用途** **布置：**适用于水景边缘装饰、混合花境布置、花坛镶边和配植窗台花槽。矮生品种盆栽用于家居装饰，高秆品种可作切花。

管状 · 单瓣

2~3cm

**（宿根半边莲）梵 – 粉色**
*Lobelia speciosa* 'Fan Pink'

管状 · 单瓣

2~3cm

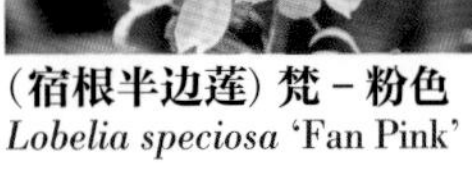

**（宿根半边莲）梵 – 红色**
*Lobelia speciosa* 'Fan Red'

管状 · 单瓣

2~3cm

**（山梗菜）溪流 – 浅紫色**
*Lobelia erinus* 'Riviera Light Purple'

扇形 · 单瓣

1.2~1.5cm

**（山梗菜）赛船 – 天蓝色**
*Lobelia erinus* 'Regatta Sky Blue'

扇形 · 单瓣

1.2~1.4cm

**（山梗菜）溪流 – 淡紫红色**
*Lobelia erinus* ' Riviera Light Fuchsia'

扇形 · 单瓣

1.2~1.5cm

**（山梗菜）赛船 – 蓝晕**
*Lobelia erinus* 'Regatta Blue Blush'

扇形 · 单瓣

1.2~1.4cm

**（山梗菜）溪流 – 红花白心**
*Lobelia erinus* 'Riviera Red with White Eyed'

扇形 · 单瓣

1.2~1.5cm

**（山梗菜）赛船 – 海蓝色**
*Lobelia erinus* 'Regatta Marine Blue'

扇形 · 单瓣

1.2~1.4cm

**（风铃草）冠军－浅蓝色**
*Campanula medium* 'Champion Light Blue'

**别称**：互筒花、钟花。**属**：风铃草属。**原产地**：欧洲南部。**识别 特征**：茎直立，多分枝。**花**：总状花序，小花1~3朵共生，花钟状，有浅蓝、粉红、白等色。**叶**：根生叶倒披针形，茎生叶椭圆状披针形，长12~15厘米。**花期**：春夏季。**用途 布置**：植株纤细，花朵似风铃，活泼可爱。花色秀丽素雅，适用于公园景点布置和庭园盆栽观赏。

钟状·单瓣
3-4cm

**半边莲** *Lobelia chinensis*

**属**：半边莲属。**原产地**：中国。**识别 特征**：茎部平卧，节上生根。**花**：花单生叶腋，白色或粉红色。**花期**：春季。**叶**：长圆状披针形，顶端尖，边缘有波状小齿。**用途 布置**：适用于路边、山坡、水边，盆栽放室内阳台。

两侧对称花·5瓣
2-3cm

**羊乳** *Codonopsis lanceolata*

**别称**：四叶参、牛奶参。**属**：党参属。**原产地**：中国。**识别 特征**：茎部紫色。**花**：乳白色，内面深紫色。**花期**：秋季。**叶**：长圆状披针形至椭圆形，全缘或疏生波状齿。**用途 布置**：常用于庭园、游园花架或棚架布置。

钟状·单瓣
2-4cm

**（风铃草）冠军－白色**
*Campanula medium*
'Champion White'

钟状·单瓣
3~4cm

**（风铃草）冠军－粉红色**
*Campanula medium*
'Champion Pink'

钟状·单瓣
3~3.5cm

**（桃叶风铃草）塔凯恩－蓝色**
*Campanula persicifolia*
'Takion Blue'

**属**：风铃草属。**原产地**：欧洲。**识别 花**：顶生总状花序，成串排列在长而直的总花梗上、下垂，白色至浅紫蓝色。**花期**：夏季。**叶**：披针形或窄卵形，多数生在基部，长10~15厘米，呈莲座状，散生的茎生叶窄，亮绿色。**用途 布置**：盆栽点缀窗台和阳台，亮绿色的叶片令人赏心悦目。

钟状·单瓣
3~5cm

**彩星花** *Lithotoma axillaris*

**别称**：腋花同瓣草。**属**：同瓣草属。**原产地**：澳大利亚。**识别 特征**：基部木质化，茎部分枝状。**花**：花单生、顶生或腋生，浅蓝色至深蓝色。**花期**：春夏季。**叶**：对生或轮生，卵圆形，边缘具不规则深裂或浅裂，绿色，长3~12厘米。**用途 布置**：适用于大型吊篮，摆放大型商场、机场候机厅等处，十分引人注目。

星状·单瓣
4cm

**桔梗** *Platycodon grandiflorus*

**别称**：铃铛花、六角荷。**属**：桔梗属。**原产地**：中国、日本。**识别 特征**：茎直立，不分枝，茎叶有乳汁。**花**：花单朵或数朵顶生，以蓝色为主，有白色、粉色等。**花期**：夏季。**叶**：卵形，3枚轮生，背面被白粉。**用途 布置**：盆栽点缀窗台和阳台，碧绿的叶片，清雅的花朵，令人感到舒适。

钟状·单瓣
3~5cm

# 石竹科
## *Caryophyllaceae*

石竹科植物在我国各地均有分布，以北部和西部为主要分布区。本节主要介绍石竹属、蝇子草属的代表植物。石竹花朵繁密似丝绒，是盆花、切花的重要材料。香石竹又称康乃馨，是世界著名的切花植物之一。丝石竹有一个浪漫的名字“满天星”，现已成为插花中的重要配角。剪秋罗春末夏初开于花卉淡季。矮雪轮开花时似粉红色地毯，颇具田园之美。

**（石竹）魅力－白色** *Dianthus chinensis* ‘Charms White’

**别称：** 中国石竹、洛阳石竹。**属：** 石竹属。**原产地：** 中国。**识别** **特征：** 茎直立，有节，上部分枝。**花：** 花单生茎顶，形成聚伞花序，花色有红、白、粉红、紫和双色等。**花期：** 夏季。**叶：** 对生，条形，中绿色。**用途** **布置：** 适用于布置花坛、花境和岩石园。大面积成片栽植时，形成地毯式景观，异常壮丽。若用于盆栽或切花，也十分高雅耐观。

辐射对称花 · 5 瓣

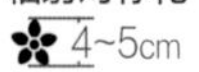

4~5cm

**（石竹）卫星－白花粉心**
*Dianthus chinensis* ‘Telstar White with Pink Eyed’

辐射对称花 · 5 瓣

3.5~4cm

**（石竹）冻糕－红色白边**
*Dianthus chinensis* ‘Parfait Red White with Edge’

辐射对称花 · 5 瓣

4~5cm

**（石竹）理想－白色黑心**
*Dianthus chinensis* ‘Ideal White with Black Eyed’

辐射对称花 · 5 瓣

3~4cm

**（石竹）冻糕－草莓色**
*Dianthus chinensis* ‘Parfait Strawberry’

辐射对称花 · 5 瓣

4~5cm

**（石竹）花边－珍珠粉色** *Dianthus chinensis* ‘Floral Lace’

辐射对称花 · 5 瓣

3~4cm

**（石竹）卫星－白花粉点**
*Dianthus chinensis* ‘Telstar White with Pink Spots’

辐射对称花 · 5 瓣

3.5~4cm

**（石竹）公主－粉红色**
*Dianthus chinensis* ‘Princess Pink’

辐射对称花 · 5 瓣

2.5~3.5cm

**（石竹）地毯－东方红**
*Dianthus chinensis* 'Carpet Oriental Red'
辐射对称花 · 5 瓣
3.5~4cm

**（石竹）钻石－绯红色花边**
*Dianthus chinensis* 'Diamond Crimson Picotee'
辐射对称花 · 5 瓣
3~4cm

**（石竹）理想－红色**
*Dianthus chinensis* 'Ideal Red'
辐射对称花 · 5 瓣
3~4cm

**（石竹）卫星－绯红色**
*Dianthus chinensis* 'Telstar Scarlet'
辐射对称花 · 5 瓣
3.5~4cm

**（石竹）理想－淡紫色**
*Dianthus chinensis* 'Ideal Light Purple'
辐射对称花 · 5 瓣
3~4cm

**（石竹）理想－紫红色**
*Dianthus chinensis* 'Ideal Fuchsia'
辐射对称花 · 5 瓣
3~4cm

**（石竹）卫星－红色**
*Dianthus chinensis* 'Telstar Red'
辐射对称花 · 5 瓣
3~4cm

**（石竹）地毯－深红色**
*Dianthus chinensis* 'Carpet Crimson'
辐射对称花 · 5 瓣
3~4cm

**（石竹）卫星－紫色白边**
*Dianthus chinensis* 'Telstar Purple with White Edge'
辐射对称花 · 5 瓣
3.5~4cm

**（石竹）伦敦锦缎** *Dianthus chinensis* 'London Brocade'
辐射对称花 · 重瓣
3~4cm

**（石竹）理想－粉红色**
*Dianthus chinensis* 'Ideal Pink'
辐射对称花 · 5 瓣
3~4cm

**（石竹）礼花－粉红色**
*Dianthus chinensis* 'Lihua Pink'
辐射对称花 · 5 瓣
5~6cm

**（石竹）千叶－深红色白边**
*Dianthus chinensis* 'Chiba Deep Red with White Edge'
辐射对称花 · 5 瓣
2.5~3cm

**（石竹）地毯－火红色**
*Dianthus chinensis* 'Carpet Fire'
辐射对称花 · 5 瓣
3~4cm

**（香石竹）童谣－白色** *Dianthus caryophyllus* 'Tongyao White'

**别称：**康乃馨、麝香石竹。**属：**石竹属。**原产地：**欧洲南部，地中海北岸的法国至希腊一带。**识别** **特征：**茎部直立，多分枝，整株被有白粉，茎秆硬而脆。**花：**单生或两三朵簇生，花瓣扇形，花朵内瓣多呈皱缩状，花色有红、白、黄、橙、条纹等，有半重瓣、重瓣和波状等形态。**花期：**夏季。**叶：**对生，线形或广披针形，灰绿色。**用途** **布置：**常用于插花、花束、花篮和花环，近年来已发展成为盆栽花卉。

花瓣多数扇形 · 重瓣
4~5cm

**（香石竹）烛光－粉底玫红**
*Dianthus caryophyllus* 'Zhuguang Rose with Pink Back'

花瓣多数扇形 · 重瓣
4.5~5cm

**（香石竹）童谣－粉底玫红**
*Dianthus caryophyllus* 'Tongyao Rose with Pink Back'

花瓣多数扇形 · 重瓣
4~5cm

**（香石竹）西施－粉色**
*Dianthus caryophyllus* 'Famosa Pink'

花瓣多数扇形 · 重瓣
9~11cm

**（香石竹）马诺农**
*Dianthus caryophyllus* 'Manon'

花瓣多数扇形 · 重瓣
4~5cm

**（香石竹）奥列娜**
*Dianthus caryophyllus* 'Ariane'

花瓣多数扇形 · 重瓣
8~10cm

**（香石竹）马吉克**
*Dianthus caryophyllus* 'Magic'

花瓣多数扇形 · 重瓣
8~10cm

**（香石竹）粉佳人－粉色**
*Dianthus caryophyllus* 'Bacio Pink'

花瓣多数扇形 · 重瓣
9~11cm

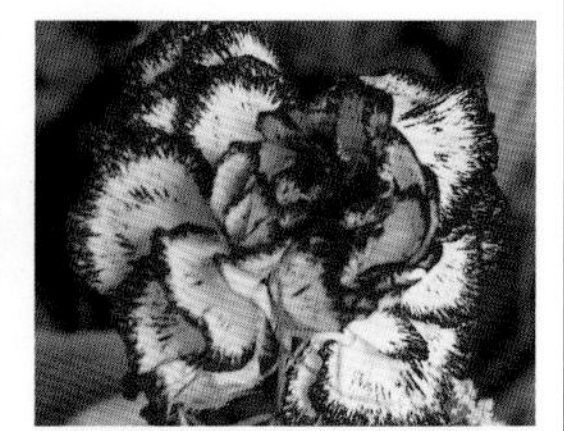

**（香石竹）林珍－白底紫红边**
*Dianthus caryophyllus* 'Linzhen White with Fuchsiaa Edge'

花瓣多数扇形 · 重瓣
8~10cm

**（香石竹）白色糖果**
*Dianthus caryophyllus* 'White Candy'

花瓣多数扇形 · 重瓣
8~10cm

**（香石竹）塔斯曼**
*Dianthus caryophyllus* 'Tasman'

花瓣多数扇形 · 重瓣
8~10cm

**（香石竹）颂歌－浅黄色**
*Dianthus caryophyllus* 'Songge Light Yellow'

花瓣多数扇形 · 重瓣
4.5~5cm

**（香石竹）速度－浅黄色红边**
*Dianthus caryophyllus* 'Tempo Light Yellow with Red Edge'

花瓣多数扇形 · 重瓣
9~11cm

**（香石竹）林珍－白底红边**
*Dianthus caryophyllus* 'Linzhen White with Red Edge'

花瓣多数扇形 · 重瓣
8~10cm

**（香石竹）颂歌－粉底玫红**
*Dianthus caryophyllus* 'Songge Rose with Pink Back'

花瓣多数扇形 · 重瓣
4.5~5cm

**（香石竹）莫纳奇**
*Dianthus caryophyllus* 'Monage'

花瓣多数扇形 · 重瓣
8~10cm

**（香石竹）德西欧**
*Dianthus caryophyllus* 'Desio'

花瓣多数扇形 · 重瓣
8~10cm

**（香石竹）小儿郎－红色**
*Dianthus caryophyllus* 'Xiaoerlang Red'

花瓣多数扇形 · 重瓣
3~4cm

**须苞石竹**
*Dianthus barbatus*

**别称：**美国石竹、十样锦。**属：**石竹属。**原产地：**欧洲、亚洲。**识别 特征：**茎部直立，有棱。**花：**花多，花瓣有长爪，瓣片卵形，红紫色，有白点斑纹，顶端齿裂，喉部具髯毛。**花期：**春末至秋季。**叶：**披针形，顶端急尖，基部渐狭，合生成鞘，全缘。**用途 布置：**适用花坛、花境、花带的配植，也可栽植于庭园路旁、墙边和草坪边缘。

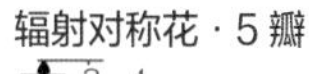
辐射对称花 · 5 瓣
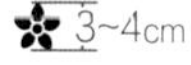
3~4cm

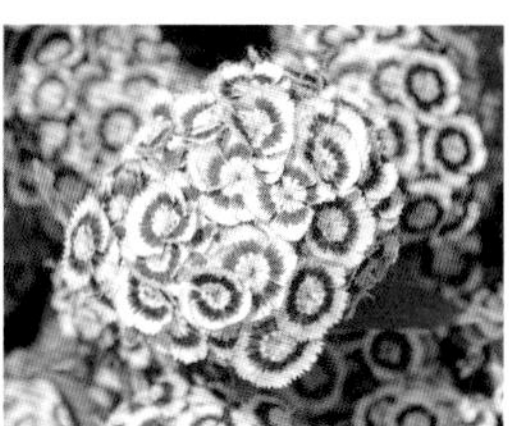

**（须苞石竹）天赋－玫瑰红白边**
*Dianthus barbatus* 'Heritage Rose Eye'

辐射对称花 · 5 瓣
3~4cm

**（须苞石竹）亚马孙－玫瑰红**
*Dianthus barbatus* 'Amazon Rose'

辐射对称花 · 5 瓣
3~4cm

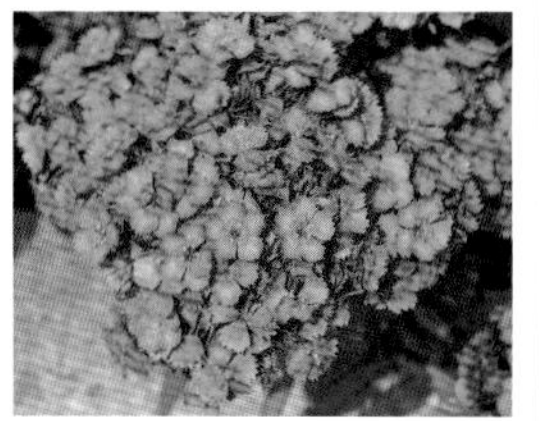

**（须苞石竹）天赋－粉红色**
*Dianthus barbatus* 'Heritage Pink'

辐射对称花 · 5 瓣
3~4cm

**常夏石竹**
*Dianthus plumarius*

**别称：**五彩石竹。**属：**石竹属。**原产地：**欧洲。**识别 特征：**茎部直立。**花：**聚伞花序顶生，多花密集成头状，花色有红紫、绯红、白等色。**花期：**夏季。**叶：**披针形至狭长椭圆形，先端渐尖，基部渐窄围抱茎节上。**用途 布置：**常用于城市花坛、花境、花带布置。盆栽摆放于庭园、草坪边缘、阳台观赏。

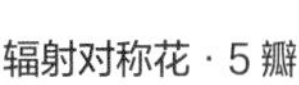
辐射对称花 · 5 瓣
2~3cm

**丝石竹**
*Gypsophila paniculata*

**别称：**满天星、霞草。**属：**石头花属。**原产地：**俄罗斯、土耳其。**识别 花：**圆锥花序，白色或粉红色，花瓣有时具粉红色或紫色脉纹。**花期：**夏季。**叶：**长圆状披针形，灰绿色，顶端渐尖，中脉明显。**用途 布置：**适宜布植于花坛、花境或配植于岩石园，也是制作花束、花篮的极佳花材。**赠：**宜赠清雅之士，素蕴含"清纯、致远、浪漫"之意。

星状 · 5 瓣
0.5~1cm

**矮雪轮** *Silene pendula*

**别称：**小町草。**属：**蝇子草属。**原产地：**地中海地区。**识别 花：**松散总状花序，花小而多，萼筒膨大，粉红色，有单瓣和重瓣。**花期：**夏季。**叶：**卵圆形至披针形，中绿色。**用途 布置：**可用于布置花坛、花境或林下，花时似粉红色地毯一样，具田园之美。若散植于水池旁或岩石园中，景色同样清新悦目。

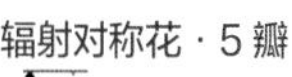
辐射对称花 · 5 瓣
1.2~1.5cm

**剪秋罗** *Silene fulgens*

**属：**蝇子草属。**原产地：**中国。**识别 特征：**茎直立，不分枝或上部分枝。**花：**聚伞花序，花瓣橙红色，花萼筒状棒形，爪不露出花萼，狭披针形，具缘毛。**花期：**春季。**叶：**卵状长圆形或卵状披针形，基部圆形，顶端渐尖。**用途 布置：**花朵鲜艳而优雅，多用于园林花坛、花境配植。

辐射对称花 · 5 瓣
2~3cm

# 菊科

## *Asteraceae*

菊科植物种类非常丰富，有1300余属，除南极大陆外，广泛分布于世界各地。在我国约有220属3000种，全国各地均有分布。本节主要介绍雏菊属、金盏菊属、翠菊属、菊属、大丽花属、勋章菊属、非洲菊属、向日葵属、蜡菊属、蓝眼菊属、瓜叶菊属、万寿菊属、百日菊属等的代表植物。

**养护** **习性:** 喜凉爽、湿润和阳光充足的环境。**土壤:** 宜富含腐殖质、肥沃、疏松和排水良好的沙质壤土。**繁殖:** 早春或秋季播种，发芽适温10~13℃，花后或早春分株。

**用途** **食用:** 雏菊泡茶饮用，有消除疲劳的功效。**布置:** 高矮整齐，色彩素净，可做盆栽美化庭园阳台，也可作为早春地被花卉，还是切花的好材料。

代表品种：雏菊

### 雏菊属 Bellis

### 金盏菊属 Calendula

代表品种：金盏菊

**养护** **习性:** 喜温暖、湿润和阳光充足的环境。**土壤:** 宜肥沃、疏松和排水良好的微酸性沙质壤土。**繁殖:** 早春或秋季室内盆播，发芽适温18~22℃。

**用途** **食用:** 金盏菊泡茶饮用，有凉血、止血的功效。**布置:** 广泛用于家庭小花园和盆栽观赏，配植于城市街旁的栽植槽和墙角花坛中。

### 翠菊属 Callistephus

**养护** **习性:** 喜温暖、湿润和阳光充足的环境。**土壤:** 宜肥沃、排水良好的沙质壤土。**繁殖:** 早春播种，发芽适温18~21℃。

**用途** **药用:** 花、叶均可入药，有清热凉血的功效。**布置:** 是国内外园艺界很重视的观赏植物，矮生种用于盆栽、花坛观赏，高秆种用作切花观赏。

代表品种：翠菊

**养护** **习性：**喜温暖、湿润和阳光充足的环境。**土壤：**宜肥沃、疏松和排水良好的微酸性壤土。**繁殖：**秋季播种，发芽适温 16~18℃。春秋季分株。

**用途** **布置：**在公园、风景区成片种植或布置花坛、花境、广场，气氛活跃，给人以亲切的感受。

**养护** **习性：**喜温暖、湿润和阳光充足的环境。**土壤：**宜肥沃、疏松和排水良好的微酸性壤土。**繁殖：**秋季或早春播种，发芽适温 13~18℃。早春分株，夏季取根芽扦插。

**用途** **药用：**非洲菊全草均可入药，有清热止泻的功效。**布置：**非洲菊作为宿根花卉，应用于庭园丛植、布置花境、装饰草坪边缘等均有较好的效果。

## 菊属 Chrysanthemum

## 大丽花属 Dahlia

## 勋章菊属 Gazania

## 非洲菊属 Gerbera

**养护** **习性：**喜温暖、湿润和阳光充足的环境。**土壤：**宜肥沃、排水良好的沙质壤土。**繁殖：**早春室内盆播，发芽适温 20~22℃。春季分株，夏季扦插。

**用途** **布置：**用于庭园中的花坛或栽植槽布置，呈现出浓郁的田园风情。

**养护** **习性：**喜温暖、湿润和阳光充足的环境。**土壤：**宜肥沃、疏松和排水良好的沙质壤土。**繁殖：**冬末或早春播种，发芽适温 18~20℃。幼苗越冬需保护。春季分株，夏末或秋初取带茎节的芽扦插。

**用途** **布置：**宜配植于花坛、草坪边缘迎着太阳开放，和谐自然，盆栽摆放在庭园或装饰窗台，富有野趣。

## 向日葵属 Helianthus

**养护** **习性:** 喜温暖、稍干燥和阳光充足的环境。**土壤:** 宜肥沃、疏松的沙质壤土。**繁殖:** 春季播种，发芽适温 16~21℃。

**用途** **食用:** 葵花籽油做食物油，有降低胆固醇的功效。**布置:** 盆栽点缀家庭宅院、儿童房窗台，呈现出欣欣向荣的气氛。

代表品种：观赏向日葵

## 蜡菊属 Xerochrysum

**养护** **习性:** 喜温暖、干燥和阳光充足的环境。**土壤:** 宜肥沃、疏松和排水良好的沙质壤土。**繁殖:** 春末室内盆播，发芽适温 18~21℃。

**用途** **布置:** 适用于多年生草本的混合花坛、花境和盆栽观赏。加工成干花，制作花束、花环、花篮和工艺画，广泛应用于居室和公共场所装饰。

代表品种：蜡菊

## 蓝眼菊属 Osteospermum

**养护** **习性:** 喜温暖、干燥和阳光充足的环境。**土壤:** 宜肥沃、疏松和排水良好的沙质壤土。**繁殖:** 秋季或早春播种，发芽适温 18~21℃，春季剪取嫩枝扦插，夏末用半成熟枝扦插。

**用途** **布置:** 既可作为盆花摆放阳台、案头观赏，又可作为早春及初夏的园林露地花卉，群植于花坛、花境。

代表品种：蓝眼菊

**养护** **习性：**喜温暖、湿润和阳光充足的环境。**土壤：**宜疏松、排水良好的壤土。**繁殖：**秋季播种，发芽适温21~24℃。9月初播种，翌年2月中旬开花；10月中旬播种，翌年3月开花。

**用途** **布置：**可作花坛栽植或盆栽布置于庭廊过道，给人清新宜人的感觉。

代表品种：瓜叶菊

**养护** **习性：**喜温暖、干燥和阳光充足的环境。**土壤：**宜肥沃、疏松和排水良好的沙质壤土。**繁殖：**早春播种，发芽适温21~25℃，夏季取充实侧枝扦插。

**用途** **布置：**株型美观，可按高矮分别用于花坛、花境、花带，也常用于盆栽，装饰窗台、阳台，一片盎然生机。

代表品种：百日菊

## 瓜叶菊属
Pericallis

## 万寿菊属
Tagetes

## 百日菊属
Zinnia

代表品种：万寿菊

**养护** **习性：**喜温暖、湿润和阳光充足的环境。**土壤：**宜肥沃、疏松和排水良好的沙质壤土。**繁殖：**早春室内盆播，发芽适温19~21℃，夏初取嫩枝扦插。

**用途** **药用：**万寿菊可以入药，有平肝清热、祛风化痰的功效。**布置：**宜配植于花槽、花坛、花墙，布置花丛、花境。矮生种用于盆栽观赏，高秆种栽培成带状花篱。

**（雏菊）塔苏－白色** ***Bellis perennis*** **'Tasso White'**

**别称：**延命菊、太阳菊。**属：**雏菊属。**原产地：**欧洲、土耳其。**识别** **花：**头状花序，单生，花有白、粉红、深红、紫等色，管状花黄色，还有呈球状的重瓣品种。**花期：**冬末至夏末。**叶：**披针形至倒卵形或匙形，亮绿色。**用途** **布置：**常用于装饰花坛、花带、花境的边缘，层次特别清晰。若用它点缀岩石园或庭园，更觉精致小巧，让人喜爱。

菊花型

3~4cm

**（雏菊）塔苏－霜红**

*Bellis perennis* 'Tasso Strawberries&Cream'

菊花型

4~6cm

**（雏菊）塔苏－红色**

*Bellis perennis* 'Tasso Red'

菊花型

4~6cm

**（雏菊）塔苏－粉色**

*Bellis perennis* 'Tasso Pink'

菊花型

4~6cm

**（雏菊）嘉罗斯－红色**

*Bellis perennis* 'Galaxy Red'

菊花型

3~4cm

**（翠菊）阳台小姐－蓝色**

***Callistephus chinensis*** **'Pot'N Patio Blue'**

**别称：**八月菊、蓝菊。**属：**翠菊属。**原产地：**中国。**识别** **花：**头状花序，单生枝顶，舌状花有紫、红、玫瑰红、白、黄、蓝等色，有单瓣、半重瓣和重瓣。**花期：**夏秋季。**叶：**互生，卵圆形或长椭圆形，粗锯齿，中绿色。**用途** **布置：**适宜盆栽摆放于窗台、阳台和花架，显得古朴高雅。若群体配植于城市广场、花坛，富有时代气息。

菊花型

7~12cm

**（翠菊）阳台小姐－粉红色**

*Callistephus chinensis* 'Pot'N Patio Pink'

菊花型

7~12cm

**（翠菊）红绸带**

*Callistephus chinensis* 'Hongchoudai'

菊花型

7~10cm

**（翠菊）阳台小姐－红色**

*Callistephus chinensis* 'Pot'N Patio Red'

菊花型

7~12cm

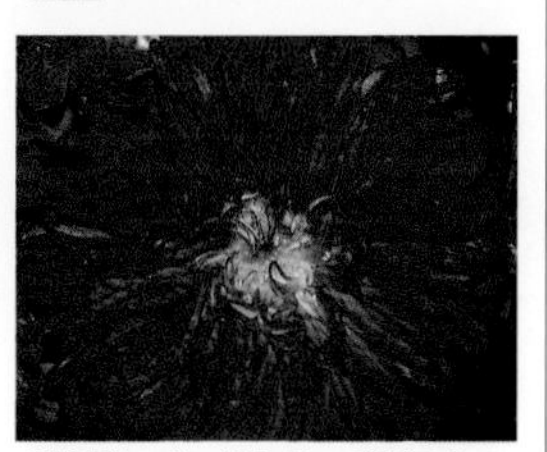

**（翠菊）千万神奇－紫红色**

*Callistephus chinensis* 'Qianwanshenqi Fuchsia'

菊花型

6~8cm

（小菊）玉扣 *Chrysanthemum morifolium* 'Yu Kou'

**别称:** 小花菊、洋菊花。**属:** 菊属。**识别** **花:** 头状花亭，花有单瓣、半重瓣和重瓣形态，花色极其丰富，常见白、黄、粉红、红、紫等色和双色品种。**花期:** 夏秋季。**叶:** 卵形，边缘浅裂，鲜绿色。**用途** **布置:** 用于庭园中的花坛、台阶或栽植槽布置，呈现出浓厚的田园风情。盆栽摆放窗台或阳台，显得格外清丽典雅，十分悦目。

绒球型 · 重瓣

6~7cm

**（小菊）香槟紫**
*Chrysanthemum morifolium*
'Biarritz Purple'

匙瓣型 · 单瓣

6~7cm

**（小菊）钟山霞桂**
*Chrysanthemum morifolium*
'Zhongshanxiagui'

桂瓣型 · 单瓣

5~6cm

**（小菊）赛莉球**
*Chrysanthemum morifolium*
'Sally Ball'

桂瓣型 · 单瓣

5~6cm

**（小菊）南农红袄**
*Chrysanthemum morifolium*
'Nannonghongao'

平瓣型 · 单瓣

6~7cm

**（小菊）粉翠**
*Chrysanthemum morifolium*
'Fencui'

桂瓣型 · 单瓣

6~7cm

**（小菊）紫盏**
*Chrysanthemum morifolium* 'Zizhan'

平瓣型 · 单瓣

5~6cm

**（小菊）白瓣绿心** *Chrysanthemum morifolium* 'Baibanlüxin'

平瓣型 · 重瓣

6~7cm

**（小菊）橙瓣托桂**
*Chrysanthemum morifolium*
'Chengbantuogui'

桂瓣型 · 单瓣

5~6cm

**（小菊）南农爽桂**
*Chrysanthemum morifolium*
'Nannongshuanggui'

桂瓣型 · 单瓣

5~6cm

**（小菊）南农尘风车**
*Chrysanthemum morifolium*
'Nannongchenfengche'

管瓣型 · 单瓣

5~6cm

**（小菊）南农火炬**
*Chrysanthemum morifolium*
'Nannonghuoju'

平瓣型 · 单瓣

6~7cm

**（小菊）红匙瓣黄心**
*Chrysanthemum morifolium*
'Hongchibanhuangxin'

匙瓣型 · 单瓣

5~6cm

**（小菊）密心紫**
*Chrysanthemum morifolium*
'Semifilled Purple'

平瓣型 · 重瓣

5~6cm

**（矮大丽花）象征－白色** *Dahlia* var. *abilis* 'Figaro White'

**别称：**小理花、小丽菊。**属：**大丽花属。**原产地：**墨西哥、哥伦比亚、危地马拉。**识别** **花：**头状花序，舌状花有白、粉红、深红、黄、橙、紫红等色，管状花黄色，还有双色和重瓣品种。**花期：**夏秋季。**叶：**对生，1~2 回羽状分裂，裂片卵形，边缘具锯齿，中绿色至深绿色。**用途** **布置：**盆栽点缀居室、前庭、台阶。若成片摆放于花坛、花境、广场，奔放热闹，气氛活跃。

菊花型
5~7cm

**（矮大丽花）象征－粉色渐变**
*Dahlia* var. *abilis* 'Figaro Pink Shade'

菊花型
5~7cm

**（矮大丽花）象征－橙色**
*Dahlia* var. *abilis* 'Figaro Orange'

菊花型
5~7cm

**（矮大丽花）象征－浅黄色**
*Dahlia* var. *abilis* 'Figaro Light Yellow'

菊花型
5~7cm

**（矮大丽花）象征－淡粉色**
*Dahlia* var. *abilis* 'Figaro Light Pink'

菊花型
5~7cm

**（矮大丽花）象征－红色**
*Dahlia* var. *abilis* 'Figaro Red'

菊花型
5~7cm

**（矮大丽花）象征－黄色** *Dahlia* var. *abilis* 'Figaro Yellow'

菊花型
5~7cm

**（矮大丽花）象征－玫红色**
*Dahlia* var. *abilis* 'Figaro Rose'

菊花型
5~7cm

**（矮大丽花）象征－墨红色**
*Dahlia* var. *abilis* 'Figaro Deep Red'

菊花型
5~7cm

**（大丽花）黄鹂** *Dahlia pinnata* 'Huang Li'

**别称：**大丽菊、地瓜花。**属：**大丽花属。**原产地：**墨西哥、哥伦比亚、危地马拉。**识别** **花：**头状花序顶生，花重瓣，舌状花有白、黄、橙、粉红、红、紫等色，管状花黄色。如今花型多样，色彩更加丰富。**花期：**夏秋季。**叶：**1~3回羽状深裂，裂片卵形，中绿色至深绿色。**用途** **布置：**盆栽点缀居室、前庭或台阶，营造出亲和的气氛，使居室充满温馨和活力，让来访者感到亲切和欢愉。

菊花型

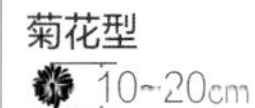

10~20cm

**（大丽花）金背红**
*Dahlia pinnata* 'Jinbeihong'

菊花型
10~15cm

**（大丽花）花叶雪青－红色**
*Dahlia pinnata*
'Huayexueqing Red'

菊花型
10~15cm

**（大丽花）花叶雪青－粉色**
*Dahlia pinnata*
'Huayexueqing Pink'

菊花型
10~15cm

**（大丽花）紫风霜**
*Dahlia pinnata*
'Zifengshuang'

菊花型
15~20cm

**（大丽花）黄睡莲**
*Dahlia pinnata*
'Huangshuilian'

菊花型

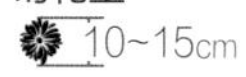

10~15cm

**（大丽花）瑞格莱特－橙色**
*Dahlia pinnata* 'Rigoletto Orange'

菊花型
10~15cm

**（大丽花）紫鹦鹉－紫白双色** *Dahlia pinnata* 'Ziyingwu Purpl/White Bicolor'

菊花型
15~18cm

**（大丽花）红鹦鹉**
*Dahlia pinnata* 'Hongyingwu'

菊花型
15~20cm

**（大丽花）金兔戏荷** *Dahlia pinnata* 'Jintuxihe'

菊花型
10~15cm

**（大丽花）平顶红** *Dahlia pinnata* 'Pingdinghong'

菊花型

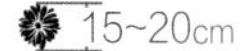

15~20cm

**（金盏菊）祥瑞** *Calendula officinalis* 'Xiangrui'

**别称：**金盏花、黄金盏。**属：**金盏菊属。**原产地：**欧洲南部及地中海沿岸。**识别** **花：**头状花序，单生，花色有黄、橙、橙红、白等，也有重瓣、卷瓣、绿心、深紫色花心。**花期：**夏秋季。**叶：**披针形或匙形，亮绿色。**用途** **布置：**盆栽摆放于公园、风景区、广场、车站等公共场所，在阳光的映照下，呈现出一派富丽堂皇的景观。在幼儿园、小学的校园内栽植一片，使园内环境更加明亮、舒适。

菊花型
8~10cm

**（金盏菊）艺术色**
*Calendula officinalis* 'Art'

菊花型
7~8cm

**（金盏菊）悠远－金黄色**
*Calendula officinalis* 'Zen Golden'

菊花型
7~8cm

**（金盏菊）黑眼－黄色** *Calendula officinalis* 'Calypso Yellow'

菊花型
8~10cm

**（金盏菊）棒棒－黄色**
*Calendula officinalis* 'Bon Bon Yellow'

菊花型
6~8cm

**（金盏菊）红顶**
*Calendula officinalis* 'Touch of Red'

菊花型
5~6cm

**（金盏菊）黑眼－橙色**
*Calendula officinalis* 'Calypso Orange'

菊花型
8~10cm

**（金盏菊）钻石－橙色**
*Calendula officinalis* 'Diamond Orange'

菊花型
8~10cm

**（金盏菊）棒棒－橙红色**
*Calendula officinalis* 'Bon Bon Orange'

菊花型
6~8cm

**（勋章菊）泰银－橙色**
*Gazania splendens* 'Taiyin Orange'

**别称：**勋章花。**属：**勋章菊属。**原产地：**热带非洲。**识别** **花：**头状花序，单生，舌状花有白、黄、橙红等色或双色，具不同环状色彩。**花期：**夏季。**叶：**披针形，深绿色，背面密生白绵毛。**用途** **布置：**是配植于花坛、草坪边缘、岩石旁侧的夏季花卉。盆栽点缀庭园或装饰窗台，张张花脸，可爱有趣。

菊花型
7~8cm

**（勋章菊）鸽子舞－白色**
*Gazania splendens* 'Gazoo White'

菊花型
7~8cm

**（勋章菊）天才－白色带紫斑** *Gazania splendens* 'Talent White with Purple Stripe'

菊花型
8~9cm

**（勋章菊）亲吻－白色火焰纹** *Gazania splendens* 'Kiss White Flame'

菊花型
10~11cm

**（勋章菊）阳光－浅黄色**
*Gazania splendens* 'Sunglow Light Yellow'

菊花型

9~10cm

**（勋章菊）迷你星－橘红色**
*Gazania splendens* 'Ministar Orange'

菊花型
7~8cm

**（勋章菊）天才－粉红带红斑条** *Gazania splendens* 'Talent Pink with Red Stripe'

菊花型
8~9cm

**（勋章菊）钱索尼特－黄色**
*Gazania splendens* 'Chansonette Yellow'

菊花型
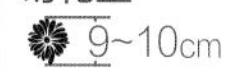
9~10cm

**（勋章菊）阳光－黄色**
*Gazania splendens* 'Sunglow Yellow'

菊花型
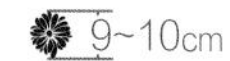
9~10cm

**（勋章菊）黎明－橘红色**
*Gazania splendens* 'Daybreak Orange'

菊花型
7~8cm

**（勋章菊）泰银－玫红色**
*Gazania splendens* 'Taiyin Rose'

菊花型
7~8cm

**（勋章菊）亲吻－黄色火焰**
*Gazania splendens* 'Kiss Yellow Flame'

菊花型

10~11cm

**（勋章菊）钱索尼特－橙红色**
*Gazania splendens* 'Chansonette Salmon'

菊花型
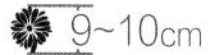
9~10cm

**（勋章菊）阳光－玫红色**
*Gazania splendens* 'Sunglow Rose'

菊花型
9~10cm

**（勋章菊）钱索尼特－红色**
*Gazania splendens* 'Chansonette Red'

菊花型
9~10cm

**（非洲菊）比安卡** *Gerbera jamesonii* 'Bianca'

**别称:** 扶郎花。**属:** 非洲菊属。**原产地:** 南非、斯威士兰。**识别** **特征:** 全株被细毛。**花:** 头状花序，单生，舌状花 1 轮或 2 轮，从而形成单瓣或重瓣形态，有黄、橙、红、粉红、乳白、紫等色。**花期:** 春夏季。**叶:** 披针形，羽状浅裂或深裂，深绿色。**用途** **布置:** 散植室外，丛植庭园、花境或草坪边缘，幽雅悦目。盆栽摆放于窗台、茶室，具有轻快柔和的亲切感。插花点缀案头、橱窗、客室，呈现出温馨美好的氛围。

菊花型

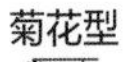

10~14cm

**（非洲菊）卡西**
*Gerbera jamesonii* 'Cathy'

菊花型
10~12cm

**（非洲菊）布里坦尼**
*Gerbera jamesonii* 'Brittani'

菊花型
11~13cm

**（非洲菊）马默拉**
*Gerbera jamesonii* 'Marmara'

菊花型
10~12cm

**（非洲菊）达利查**
*Gerbera jamesonii* 'Darlicia'

菊花型
11~13cm

**（非洲菊）太阳黑子**
*Gerbera jamesonii* 'Indian Summer'

菊花型
10~12cm

**（非洲菊）阳光海岸**
*Gerbera jamesonii* 'Sunight Shore'

菊花型
12~14cm

**（非洲菊）威诺纳**
*Gerbera jamesonii* 'Winona'

菊花型
10~12cm

**（非洲菊）红牛**
*Gerbera jamesonii* 'Red Ox'

菊花型
12~14cm

**（非洲菊）希尔德加德** *Gerbera jamesonii* 'Hildegard'

菊花型

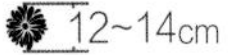

12~14cm

**（非洲菊）玲珑**
*Gerbera jamesonii* 'Exquisite'

菊花型
12~14cm

**（非洲菊）埃斯安德烈**
*Gerbera jamesonii* 'Essandre'

菊花型
12~14cm

**（非洲菊）水粉**
*Gerbera jamesonii* 'Gouache'

菊花型
12~14cm

**（非洲菊）雪橘**
*Gerbera jamesonii* 'Snow Orange'

菊花型
12~14cm

**（观赏向日葵）意大利白**
*Helianthus annuus* 'Italian White'

**别称：**美丽向日葵。**属：**向日葵属。**原产地：**美国至中美洲。**识别** **花：**头状花序，舌状花有黄、橙、乳白、红褐等色，管状花有黄、褐、橙、绿、黑等色，有单瓣和重瓣。**花期：**夏季。**叶：**阔卵形至心形具锯齿，中绿色至深绿色。**用途** **布置：**成片摆放在公共场所和配植景点，展现喜气洋洋的景象。盆栽点缀家庭，呈现欣欣向荣的气氛。

菊花型
9~10cm

**（观赏向日葵）大笑－金黄色**
*Helianthus annuus* 'Big Smile Golden'

菊花型
12~14cm

**（观赏向日葵）双耀**
*Helianthus annuus* 'Double Shine'

菊花型
8~10cm

**蓬蒿菊**
*Argyranthemum frutescens*

**别称：**木春菊、玛格丽特。**属：**木茼蒿属。**原产地：**澳大利亚。**识别** **花：**头状花序顶生，有单瓣和重瓣，色有白、黄、粉红和桃红等。**花期：**冬春季。**叶：**互生，羽状细裂，灰绿色。**用途** **布置：**盆栽摆放在窗台或阳台，使居室环境格外清新亮丽。花槽栽培或整片栽植于庭园、小游园或公园，其花海般的美景，令人难忘。

菊花型・单瓣
4~5cm

**（观赏向日葵）太阳斑**
*Helianthus annuus* 'Sunspot'

菊花型
20~25cm

**（观赏向日葵）火星**
*Helianthus annuus* 'Ring of Fire'

菊花型
12~14cm

**（观赏向日葵）心愿－浅黄色**
*Helianthus annuus* 'Xinyuan Light Yellow'

菊花型
12~15cm

**（观赏向日葵）音乐盒－黄色**
*Helianthus annuus* 'Music Box Yellow'

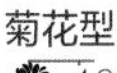

菊花型
10~12cm

**（观赏向日葵）大笑－橘红色**
*Helianthus annuus* 'Big Smile Orange'

菊花型
10~12cm

**（蓬蒿菊）重瓣粉**
*Argyranthemum fruescens* 'Double Pink'

菊花型・重瓣
4~5cm

**（观赏向日葵）心愿－黄色**
*Helianthus annuus* 'Xinyuan Yellow'

菊花型
12~15cm

**（观赏向日葵）派克斯**
*Helianthus annuus* 'Parks'

菊花型
10~15cm

**（蓬蒿菊）柠檬**
*Argyranthemum fruescens* 'Lemon'

菊花型・重瓣
4~5cm

**(蓝眼菊)激情-白色**
*Osteospermum ecklonis* 'Passion White'

**别称:** 蓝眼雏菊、南非万寿菊。**属:** 蓝眼菊属。**原产地:** 南非。**识别** **花:** 头状花序,舌状花白色至深紫红色,具白色条纹,花心蓝紫色。其栽培品种舌状花有白、乳白、黄、粉红、紫等色,有时两面出现不同的颜色。**花期:** 春末至秋季。**叶:** 倒卵形,亮绿色。**用途** **布置:** 常用于花坛、花境和庭园布置,盆栽摆放在窗台和阳台,显得清丽典雅。

菊花型

5~6cm

**(蓝眼菊)天堂-纯黄色**
*Osteospermum ecklonis* 'Zion Pure Yellow'

菊花型
5~6cm

**杂种蓝眼菊**
*Osteospermum hybrida*

**别称:** 杂交蓝眼菊、杂种紫轮菊。**属:** 蓝眼菊属。栽培品种。**识别** **特征:** 分枝多。**花:** 头状花序,舌状花,有白、银白、黄、柠檬黄、粉红、紫、淡紫等色,花心有深蓝、紫、浅紫、淡黄、黄、蓝等色,多数为双色品种。**花期:** 春秋季。**叶:** 稍宽,长卵形或匙形,中绿色。**用途** **布置:** 适用于风景区、公园、城市绿地的花坛,自然式花境和庭园布置。盆栽可点缀阳台、门厅、台阶。

菊花型
5~6cm

**(蓝眼菊)激情-淡紫色**
*Osteospermum ecklonis* 'Passion Light Purple'

菊花型
5~6cm

**(蓝眼菊)激情-紫红色**
*Osteospermum ecklonis* 'Passion Fuchsia'

菊花型
5~6cm

**(蓝眼菊)艾美佳-红色**
*Osteospermum ecklonis* 'Akila Red'

菊花型
5~6cm

**(蓝眼菊)黑玛撒**
*Osteospermum ecklonis* 'Black Marsa'

菊花型
5~6cm

**(蓝眼菊)信风-深紫红色**
*Osteospermum ecklonis* 'Tradewinds Deep Purple'

菊花型
5~6cm

**(蓝眼菊)激情-深紫红色**
*Osteospermum ecklonis* 'Passion Deep Purple'

菊花型
5~6cm

**(蓝眼菊)激情-红色**
*Osteospermum ecklonis* 'Passion Red'

菊花型
5~6cm

**(蓝眼菊)激情-深蓝色**
*Osteospermum ecklonis* 'Passion Deep Blue'

菊花型
5~6cm

**(杂种蓝眼菊)重瓣紫色**
*Osteospermum hybrida* 'Double Purple'

菊花型
5~6cm

**（瓜叶菊）温馨－白色** *Pericallis × hybrida* 'Wenxin White'

**别称：**富贵菊。**属：**瓜叶菊属。**原产地：**加那利群岛。**识别花：**头状花序，舌状花，有白、红、蓝、粉、铜等色或双色。**花期：**冬春季。**叶：**卵圆形或心形，中绿色至深绿色。**用途布置：**盆栽成片摆放在公共场所，使冬季室内景观更加明亮，充满春意。若点缀家庭窗台或客室，顿时满室生辉。

菊花型

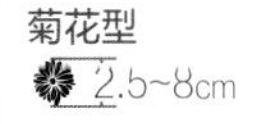

2.5~8cm

**（瓜叶菊）喜洋洋－堇紫色**
*Pericallis × hybrida* 'Xiyangyang Viola'

菊花型
4~5cm

**（瓜叶菊）娇娃－紫色**
*Pericallis × hybrida* 'Jiaowa Purple'

菊花型
3~3.5cm

**（瓜叶菊）花旦－蓝白双色**
*Pericallis × hybrida* 'Huadan Blue Bicolor'

菊花型
3.5~4cm

**（瓜叶菊）小丑－蓝白双色**
*Pericallis × hybrida* 'Jester Blue Bicolor'

菊花型
3~3.5cm

**（瓜叶菊）浓情－白色**
*Pericallis × hybrida* 'Nongqing White'

菊花型
6~7cm

**（瓜叶菊）娇娃－粉红色**
*Pericallis × hybrida* 'Jiaowa Pink'

菊花型
3~3.5cm

**（瓜叶菊）浓情－紫白双色**
*Pericallis × hybrida* 'Nongqing Purple Bicolor'

菊花型
6~8cm

**（瓜叶菊）浓情－浅蓝色**
*Pericallis × hybrida* 'Nongqing Blue'

菊花型
6~7cm

**（瓜叶菊）童话－紫白双色**
*Pericallis × hybrida* 'Tonghua Purple Bicolor'

菊花型
3.5~4cm

**（瓜叶菊）春汛－粉红色**
*Pericallis × hybrida* 'Chunxun Pink'

菊花型
6~7cm

**（瓜叶菊）喜洋洋－紫色**
*Pericallis × hybrida* 'Xiyangyang Purple'

菊花型
4~5cm

**（瓜叶菊）雅致－蓝色**
*Pericallis × hybrida* 'Yazhi Blue'

菊花型
4~6cm

**（瓜叶菊）小丑－纯白色**
*Pericallis × hybrida* 'Jester Pure White'

菊花型

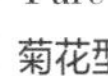

3~3.5cm

**（瓜叶菊）童话－玫红色**
*Pericallis × hybrida* 'Tonghua Rose'

菊花型
3.5~4cm

**（瓜叶菊）浓情－紫红色**
*Pericallis × hybrida* 'Nongqing Fuchsia'

菊花型
6~7cm

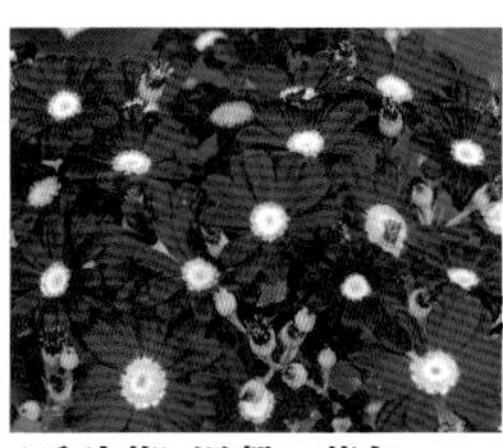

**（瓜叶菊）温馨－蓝色**
*Pericallis × hybrida* 'Wenxin Blue'

菊花型
4.5~5cm

**（万寿菊）发现－橙色** *Tagetes erecta* 'Discovery Orange'

**别称：**臭芙蓉、蜂窝菊。**属：**万寿菊属。**原产地：**墨西哥。**识别特征：**茎粗壮。**花：**头状花序单生，黄色或橘黄色，舌状花有长爪，边缘皱曲。**花期：**春末至秋季。**叶：**对生或互生，羽状全裂，裂片披针形，有锯齿，叶缘，背面具油腺点，有强臭味。**用途 布置：**适用于盆栽，点缀花槽、花坛、广场，还可布置花丛、花境，鲜黄夺目。

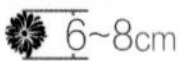

菊花型
6~8cm

**（万寿菊）发现－黄色**
*Tagetes erecta* 'Discovery Yellow'

菊花型
6~8cm

**（万寿菊）南瓜－黄色**
*Tagetes erecta* 'Pumpkin Yellow'

菊花型
8~10cm

**（万寿菊）金币－黄色**
*Tagetes erecta* 'Gold Coins Yellow'

菊花型
8~10cm

**（万寿菊）大奖章－橙色**
*Tagetes erecta* 'Medallion Orange'

菊花型
6~7cm

**（万寿菊）丰富－橙色**
*Tagetes erecta* 'Galore Orange'

菊花型
10~12cm

**（万寿菊）安提瓜－橙色**
*Tagetes erecta* 'Antigua Orange'

菊花型
7~7.5cm

**（孔雀草）远征－黄色** *Tagetes patula* 'Safari Yellow'

**别称：**小万寿菊、红黄草。**属：**万寿菊属。**原产地：**墨西哥。**识别特征：**茎丛生状，多分枝，茎紫色。**花：**头状花序单生，舌状花黄色，基部或边缘红褐色。**花期：**夏季。**叶：**对生或互生，羽状全裂，裂片7~13，线状披针形。**用途 药：**全草可入药，主治风热感冒。**布置：**适用于布置花坛、花境、花槽和花丛，烘托出田园特色。

菊花型
6~8cm

**（孔雀草）曙光－黄色**
*Tagetes patula* 'Aurora Yellow'

菊花型
5~6cm

**（孔雀草）曙光－橙色**
*Tagetes patula* 'Aurora Orange'

菊花型
5~6cm

**（孔雀草）远征－橙色**
*Tagetes patula* 'Safari Orange'

菊花型
6~8cm

**（孔雀草）畔亭－红花黄心**
*Tagetes patula* 'Bounty Red with Yellow Eyed'

菊花型
4~5cm

**（孔雀草）红运－红花黄心**
*Tagetes patula* 'Good Luck Red with Yellow Eyed'

菊花型
6~8cm

**（百日菊）陀螺 – 红白双色**
*Zinnia elegans* 'Whirligig Red Bicolor'

**别称**：百日草、对叶菊、步步高。**属**：百日菊属。**原产地**：墨西哥。**识别** **花**：头状花序单生顶端，舌状花扁平，反卷或扭曲，多重瓣，有白、绿、黄、粉红、红、橙等色或双色。**花期**：夏秋季。**叶**：对生，卵圆形至披针形，中绿色。**用途** **布置**：盆栽摆放于窗台、阳台或庭园，展现出生机蓬勃的景象。如成批布置花坛、花境和景点，显得更加鲜艳夺目，热闹非凡。

菊花型
4~12cm

**（百日菊）梦境 – 玫红色**
*Zinnia elegans* 'Dreamland Rose'

菊花型
9~10cm

**（百日菊）梦境 – 紫红色**
*Zinnia elegans* 'Dreamland Fuchsia'

菊花型
9~10cm

**（小百日菊）丰盛 – 白色**
*Zinnia haageana* 'Profusion White'

**别称**：百日草。**属**：百日菊属。**原产地**：墨西哥、美国东南部。**识别** **花**：头状花序，舌状花，有白、深红、玫瑰等色。**花期**：夏秋季。**叶**：叶对生，长圆形至线状披针形，全缘，深绿色。**用途** **布置**：常盆栽或配植于花坛、窗前栽植槽，小巧玲珑，特别可爱。

菊花型
3~4cm

**（百日菊）陀螺 – 黄红双色**
*Zinnia elegans* 'Whirligig Yellow/Red Bicolor'

菊花型
4~10cm

**（百日菊）梦境 – 黄色**
*Zinnia elegans* 'Dreamland Yellow'

菊花型
4~10cm

**（百日菊）广岛 – 玫红色**
*Zinnia elegans* 'Hiroshima Rose'

菊花型
8~10cm

**（百日菊）热情 – 橙色**
*Zinnia elegans* 'Warm Orange'

菊花型
8~9cm

**（小百日菊）丰盛 – 紫红白双色** *Zinnia haageana* 'Profusion Fuchsia/White Bicolor'

菊花型
3~4cm

**（小百日菊）丰盛 – 紫红色**
*Zinnia haageana* 'Profusion Fuchsia'

菊花型
3~4cm

**（百日菊）陀螺 – 黄色**
*Zinnia elegans* 'Whirligig Yellow'

菊花型
4~10cm

**（百日菊）巨仙人掌 – 橘黄色** *Zinnia elegans* 'Giant Cactus Orange'

菊花型
10~12cm

**（百日菊）矮材 – 红色**
*Zinnia elegans* 'Short Stuff Red'

菊花型
7~8cm

**（小百日菊）丰盛 – 火红色**
*Zinnia haageana* 'Profusion Fire'

菊花型
3~4cm

**（蜡菊）闪亮比基尼－黄色**
*Xerochrysum bracteatum* 'Bikini Yellow'

**别称：**麦秆菊、稻草花。**属：**蜡菊属。**原产地：**澳大利亚。**识别** **花：**头状花序单生枝顶，花的总苞片如花瓣状，色彩绚丽光亮，有黄、金黄、橙、红、粉红、褐、玫瑰红、白等色，干燥后花型、花色经久不变。**花期：**春末至秋季。**叶：**互生，宽披针形，灰绿色，长 12 厘米。**用途** **布置：**常用于花坛、混合花境，矮生品种用于道旁或窗台观赏。

菊花型
3~8cm

**大花滨菊** *Leucanthemum maximum*

**别称：**西洋滨菊。**属：**滨菊属。栽培品种。**识别** **花：**头状花序，单生，舌状花白色，管状花黄色。**花期：**夏初至秋初。**叶：**披针形，具锯齿，深绿色。**用途** **布置：**花型美观，花色清丽淡雅，具有很好的绿化观赏价值，被广泛用于园林绿化中，尤其适用于多年生混合花境布置和深色建筑物前点缀。**赠：**有"深藏的爱"之意。

菊花型
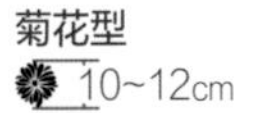
10~12cm

**（蜡菊）闪亮比基尼－白色**
*Xerochrysum bracteatum*
'Bikini White'

菊花型
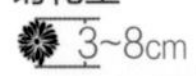
3~8cm

**（蜡菊）闪亮比基尼－玫红色**
*Xerochrysum bracteatum*
'Bikini Rose'

菊花型
3~8cm

**（蜡菊）奇特－橙色**
*Xerochrysum bracteatum*
'Chico Orange'

菊花型
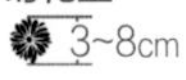
3~8cm

**（蜡菊）闪亮比基尼－红色**
*Xerochrysum bracteatum*
'Bikini Red'

菊花型
3~8cm

**红花** *Carthamus tinctorius*

**别称：**菊红花、红花草。**属：**红花属。**原产地：**亚洲和非洲部分地区。**识别** **特征：**茎直立，上部分枝。**花：**头状花序顶生，小花管状，黄色至橘红色。**花期：**夏季。**叶：**互生，卵状披针形，深绿色。**用途** **布置：**常用于花境、墙角作背景布置，也是切花和干花的理想花材。

菊花型
4~5cm

**金球亚菊** *Ajania pacifica*

**别称：**金球菊。**属：**亚菊属。**原产地：**亚洲中部和东部。**识别** **花：**头状花序顶生，球形，金黄色。**花期：**秋季。**叶：**倒卵圆形至长椭圆形，先端钝，叶缘有灰白色钝锯齿，叶面银绿色。**用途** **布置：**宜摆放在窗台或阳台，也适合丛植于向阳的花坛或岩石园。

菊花型
1.5~2cm

**蟛蜞菊** *Sphagneticola Calendulacea*

**别称：**美洲蟛蜞菊。**属：**蟛蜞菊属。**原产地：**美国、西印度群岛、中美和南美热带地区。**识别** **花：**头状花序，单生，舌状花黄色。**花期：**春末至秋季。**叶：**对生，阔披针形或倒披针形，先端浅3裂。**用途** **布置：**适合布置庭园中少荫蔽的林下或山石，也可盆栽观赏。

菊花型

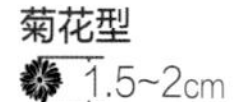 1.5~2cm 

**阿魏叶鬼针草** *Bidens ferulifolia*

**别称：**金二牙。**属：**鬼针草属。**原产地：**美国南部、墨西哥。**识别** **花：**头状花序，星形，金黄色，有1个深黄色的花盘。**花期：**夏秋季。**叶：**1~3回羽状复叶，鲜绿色，小叶披针形。**用途** **布置：**宜配植于居室或公共场所，布置自然式庭园或岩石园。

菊花型

 1.5~2cm 

**硫华菊** *Cosmos sulphureus*

**别称：**黄波斯菊。**属：**秋英属。**原产地：**墨西哥。**识别** **花：**头状花序，单生，开放式碗形，舌状花橙色或淡红黄色，花心黄色。**花期：**夏季。**叶：**2~3回羽状裂，淡绿色。**用途** **布置：**宜花境、草地边缘、空旷地布置，也可成束瓶插点缀窗台。

菊花型

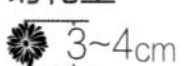 3~4cm 

**黄金菊** *Euryops pectinatus*

**属：**黄蓉菊属。**原产地：**美国、墨西哥。**识别** **花：**头状花序顶生，金黄色。**花期：**夏季至秋季。**叶：**羽状复叶，小叶线状披针形，具灰色茸毛。**用途** **布置：**是欧美常见的阳台盆栽花卉，装饰居室的门厅、走廊或客厅几架，给居室带来田野般的气息。

菊花型

 4~5cm

**波叶异果菊** *Dimorphotheca sinuata*

**属：**异果菊属。**原产地：**南非。**识别** **花：**头状花序顶生，舌状花有白、黄、橙、粉红等色，有时基部紫色，盘心管状花蓝紫色。**花期：**夏季。**叶：**互生，长圆形至披针形，叶缘有深波状齿，中绿色。**用途** **布置：**宜作春季花坛材料或布置花境和岩石园。

菊花型

 3.5~4cm 

**大花金鸡菊** *Coreopsis grandiflora*

**别称：**大花波斯菊。**属：**金鸡菊属。**原产地：**美国中部和东南部。**识别** **花：**头状花序，舌状花金黄色，管状花黄色。**花期：**春秋季。**叶：**对生，黄绿色。基部叶有长柄，披针形或匙形；下部叶羽状全裂，裂片长圆形；中部及上部叶3~5深裂。**用途** **布置：**作为观赏美化花卉，常用于花境、坡地、庭园、街心花园的美化设计中，开花时一片金黄，在绿叶的衬托下，犹如金鸡独立，绚丽夺目。**赠：**有“竞争心”之意。

菊花型

 5~6cm

**千叶蓍草** *Achillea millefolium*

**别称：**西洋蓍草。**属：**蓍属。**原产地：**欧洲、西亚。**识别** **花：**头状花序，呈伞房状，舌状花有白、深红、粉红、淡紫、橙红等色，管状花黄色。**花期：**夏季。**叶：**1~3 回羽状裂，线状披针形，中绿色，无柄。**用途** **布置：**宜配植于花坛、花境或窗前栽植槽。

菊花型

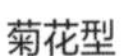 7~10cm

**藿香蓟** *Ageratum houstonianum*

**别称：**胜红蓟、熊耳草。**属：**藿香蓟属。**原产地：**墨西哥、秘鲁。**识别** **花：**圆锥花序，小的头状花，有蓝、淡紫、白、粉红、深蓝等色和蓝白双色。**花期：**夏季至初冬。**叶：**卵形，基部心形，具茸毛，中绿色。**用途** **布置：**宜配植于花坛、花带、草坪边缘和地被。

菊花型

1~2cm

**荷兰菊** *Symphyotrichum novi-belgii*

**别称：**纽约紫菀。**属：**联毛紫菀属。**原产地：**北美东部。**识别** **花：**头状花序，单生，成伞房状排列，有蓝紫、淡蓝、粉红、白等色。**花期：**夏末至秋初。**叶：**互生，椭圆形，深绿色。**用途** **布置：**宜布置于花境、花坛和草坪边缘，也可用于制作花篮、花环、花束或瓶插。

菊花型

4~6cm 

**松果菊** *Echinacea purpurea*

**别称：**紫松果菊。**属：**松果菊属。**原产地：**美国。**识别** **花：**头状花序，单生，舌状花玫瑰红色，瓣宽下垂，管状花橙黄色，突出呈球形。**花期：**盛夏至秋初。**叶：**基生，卵圆形，茎生叶卵圆状披针形，绿色。**用途** **布置：**适用于自然式丛栽，也可盆栽或切花观赏。

菊花型

10~12cm

**蛇鞭菊** *Liatris spicata*

**别称：**舌根菊。**属：**蛇鞭菊属。**原产地：**美国。**识别** **花：**头状花序，排列呈密穗状，花有紫红、粉红和白色。**花期：**夏末至秋初。**叶：**线形或线状披针形，中绿色。**用途** **布置：**宜配植于富有自然气息的花境。**赠：**有"努力""警惕"之意。

菊花型

0.8~1cm

**波斯菊** *Cosmos bipinnatus*

**别称：**大波斯菊。**属：**秋英属。**原产地：**墨西哥。**识别** **花：**头状花序单生，碗状或碟状，舌状花有白、粉红、深红等色，花心黄色。**花期：**夏季。**叶：**对生，2 回羽状深裂，中绿色。**用途** **布置：**宜群体散播于树丛周围。**赠：**有"少女的心"之意。

菊花型

7~8cm

**水飞蓟** *Silybum marianum*

**属：**水飞蓟属。**原产地：**南欧、北非、中亚。**识别** **花：**有"蓟"状的头状花序，花玫瑰紫色。**花期：**春末至夏初。**叶：**倒卵形，光滑，深绿色，叶脉间有灰白色大块斑点。**用途** **布置：**适合布置花境，配植于树林边、山石旁。

菊花型

4~5cm

**鹅河菊** *Brachyscome iberidifolia*

**属：**鹅河菊属。**原产地：**美国西北部、加拿大。**识别** **花：**头状花序，伞房状簇生，舌状花蓝紫、玫瑰粉或白色等，管状花黄色。**花期：**夏秋季。**叶：**具茸毛，基生叶匙状，茎生叶披针形。**用途** **布置：**适合盆栽、花坛、岩石园和切花等应用，也可盆栽点缀窗台或阳台。

菊花型

4~6cm

**矢车菊** *Centaurea cyanus*

**别称：**蓝芙蓉。**属：**矢车菊属。**原产地：**欧洲。**识别 花：**头状花序顶生，小花星裂，深蓝色。**花期：**春末至盛夏。**叶：**基生，披针形，灰绿色。**用途 布置：**矮生种用于盆栽或花坛布置，高秆种宜配植于花境。**赠：**有"热爱与忠诚"之意。

菊花型

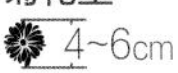 4~6cm 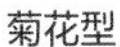 

**金光菊** *Rudbeckia laciniata*

**别称：**球花菊。**属：**金光菊属。**原产地：**北美。**识别 花：**头状花序，单生，舌状花金黄色，管状花深褐紫色。**花期：**夏秋季。**叶：**基生叶羽状5~7裂，茎上叶3~5裂。**用途 布置：**宜片植于风景区，也可瓶插摆放在窗台或镜台。

菊花型

 7~15cm 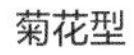

**桂圆菊** *Spilanthes oleracea*

**别称：**金纽扣。**属：**金纽扣属。**原产地：**热带美洲。**识别 花：**头状花序，呈圆柱状，外围黄褐色，中心褐红色。**花期：**夏秋季。**叶：**对生，广卵形，边缘有锯齿，灰绿色。**用途 布置：**宜配植于庭园中的花坛、花境、道旁或装饰花器。

菊花型

 1.5~2cm 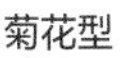

**费利菊** *Felicia amelloides*

**别称：**蓝雏菊。**属：**蓝菊属。**原产地：**南非。**识别 花：**头状花序，单生，舌状花浅蓝色至深蓝色，花心黄色。**花期：**夏秋季。**叶：**披针形，被软毛，深绿色。**用途 布置：**适合配植于庭园的花坛、花境或岩石园中，也可盆栽点缀窗台、阳台。

菊花型

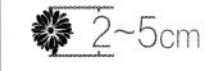 2~5cm 

**宿根天人菊** *Gaillardia aristata*

**属：**天人菊属。栽培品种。**识别 花：**头状花序顶生，舌状花黄色，管状花先端呈芒状，有黄色、红黄双色等。**花期：**夏秋季。**叶：**互生，匙形至披针形，中绿色。**用途 布置：**宜丛植或片植于庭园、花坛，也可盆栽摆放窗台、栏杆花箱。

菊花型

 8cm 

**天人菊** *Gaillardia pulchella*

**别称：**虎皮菊。**属：**天人菊属。**原产地：**美国中部和南部、墨西哥。**识别 花：**头状花序顶生，舌状花黄色，管状花有黄、红等色以及双色，基部紫红色。**花期：**夏秋季。**叶：**匙形至披针形，灰绿色。**用途 布置：**宜配植于花境、花坛，散植或丛植于草坪。

菊花型

 5~8cm 

# 十字花科
## *Brassicaceae*

十字花科植物广泛分布于世界各地，特别是地中海沿岸地区。本节主要介绍芸薹属、诸葛菜属、香雪球属、糖芥属的代表植物。该科植物以羽衣甘蓝最受欢迎，是冬季花坛的重要花材。诸葛菜因农历二月前后开始开花，故称“二月蓝”。香雪球开花时散发阵阵清香，是布置岩石园的优良花卉。糖芥的英文可翻译成“墙花”，意为贴墙而生的花卉。桂竹香为春季庭园中栽培较为普遍的花卉之一。桂竹香属与糖芥属有紧密的亲缘关系。

**（羽衣甘蓝）名古屋－白色**
*Brassica oleracea* var. *acephala* ‘Kale Nagoya White’

**别称：**花苞菜、叶牡丹。**属：**芸薹属。**原产地：**地中海至北海沿岸。**识别** **花：**总状花序，花十字形，乳黄色，长 2~3 厘米。**花期：**春季。**叶：**叶片宽大、匙形、光滑，被有白粉。以叶形可分皱叶、不皱叶和深裂叶；以叶色可分边缘叶有翠绿、深绿、灰绿和黄绿等色，中心叶有纯白、淡黄、黄、玫瑰红、紫红等色。**用途** **布置：**广泛用于城市花坛布置，能为冬季增色添彩。盆栽在商厦、车站、宾馆的厅堂摆放，装饰效果极佳。数盆装点更显生机勃勃，春意盎然。

辐射对称花 · 4 瓣
2~2.5cm

**香雪球** *Lobularia maritima*

**属：**香雪球属。**原产地：**地中海沿岸。**识别** **花：**花序伞房状，花瓣淡紫色或白色，长圆形，顶端钝圆，基部突然变窄成爪。**花期：**春夏季。**叶：**条形或披针形，两端渐窄，全缘。**用途** **布置：**匍匐生长，幽香宜人，宜岩石园墙缘栽种，也可盆栽和作地被等。

小花 · 4 瓣
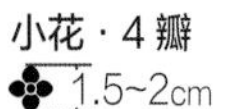
1.5~2cm

**紫罗兰** *Matthiola incana*

**别称：**草桂花。**属：**紫罗兰属。**原产地：**欧洲南部和地中海沿岸地区。**识别** **花：**总状花序顶生，有紫红、粉红、白、淡黄等色。**花期：**春末至夏季。**叶：**披针形至线状披针形，灰绿色，具白毛。**用途** **布置：**盆栽或插花摆放在窗台、客厅地柜或书房茶几上，增添居室的亲近感和自然气息。

重瓣
2.5~3cm

**（羽衣甘蓝）孔雀－绿色**
*Brassica oleracea* var. *acephala* ‘Kale Peacook Green’

辐射对称花 · 4 瓣
2~2.5cm

**（羽衣甘蓝）白斑鸫**
*Brassica oleracea* var. *acephala* ‘Song Bird White’

辐射对称花 · 4 瓣
2~2.5cm

**（羽衣甘蓝）大阪－白心**
*Brassica oleracea* var. *acephala* ‘Osaka White Eyed’

辐射对称花 · 4 瓣
2~2.5cm

**（羽衣甘蓝）白寿**
*Brassica oleracea* var. *acephala* ‘Hakuju’

辐射对称花 · 4 瓣
2~2.5cm

**（羽衣甘蓝）东京－白色绿心**
*Brassica oleracea* var. *acephala* ‘Tokyo White with Green Eyed’

辐射对称花 · 4 瓣
2~2.5cm

**（羽衣甘蓝）鸽－维多利亚**
*Brassica oleracea* var. *acephala* ‘Pigeon Victoria’

辐射对称花 · 4 瓣
1.5~2cm

**（羽衣甘蓝）华美**
*Brassica oleracea* var. *acephala* 'Hanabi'

辐射对称花 · 4 瓣
2~2.5cm

**（羽衣甘蓝）红寿 2 号**
*Brassica oleracea* var. *acephala* 'Koju No.2'

辐射对称花 · 4 瓣
2~2.5cm

**（羽衣甘蓝）名古屋－红色**
*Brassica oleracea* var. *acephala* 'Kale Nagoya Red'

辐射对称花 · 4 瓣
2~2.5cm

**（羽衣甘蓝）孔雀－红色**
*Brassica oleracea* var. *acephala* 'Kale Peacook Red'

辐射对称花 · 4 瓣
2~2.5cm

**（羽衣甘蓝）东京－红心**
*Brassica oleracea* var. *acephala* 'Tokyo Red Eyed'

辐射对称花 · 4 瓣
2~2.5cm

**（诸葛菜）深紫色** *Orychophragmus violaceus* 'Deep Purple'

**别称：**二月蓝、翠紫花。**属：**诸葛菜属。**原产地：**中国。**识别** **花：**总状花序，顶生或腋生，花十字形，有淡紫、白、淡紫红等色，有微香。**花期：**春季。**叶：**互生，叶形变化大，基生叶和下部茎生叶呈头状羽裂，全缘或边缘具齿状缺刻，浅绿色。**用途** **布置：**特别适用于林下坡地覆盖、池边山石空隙处点缀，或者在房前屋后空隙地遮掩。

辐射对称花 · 4 瓣
1.5~2cm

**（诸葛菜）淡紫色**
*Orychophragmus violaceus* 'Light Purple'

辐射对称花 · 4 瓣
1.5~2cm

**（诸葛菜）垂瓣**
*Orychophragmus violaceus* 'Vertical Petal'

辐射对称花 · 4 瓣
1.5~2cm

**（诸葛菜）淡蓝紫纹**
*Orychophragmus violaceus* 'Light Blue/Purple Vein'

辐射对称花 · 4 瓣
1.5~2cm

**（诸葛菜）淡紫白双色**
*Orychophragmus violaceus* 'Light Purple/White Bicolor'

辐射对称花 · 4 瓣
1.5~2cm

**桂竹香** *Erysimum × cheiri*

**别称：**香紫罗兰、黄紫罗兰。**属：**糖芥属。**原产地：**欧洲南部。**识别** **花：**总状花序顶生，花浅黄色或橙黄色，有香气。**花期：**春季。**叶：**叶互生，叶片披针形，深绿色。**用途** **布置：**花朵丰满美丽，常用于布置花坛和花境，又可作盆栽和切花观赏。

辐射对称花 · 4 瓣
3~4cm

**糖芥** *Erysimum amurense*

**别称：**墙花、紫罗兰。**属：**糖芥属。**原产地：**欧洲南部。**识别** **花：**总状花序顶生，花橙黄色或黄褐色，有细纹脉。**花期：**春季。**叶：**披针形至倒卵状披针形，深绿色。**用途** **药：**煎汤服用可健脾和胃。**布置：**是庭园墙际、高台花坛、岩石园的理想花材。盆栽可以用来点缀阳台、窗台和网格，充满温馨、浪漫的氛围。

辐射对称花 · 4 瓣
3~4cm

# 牻牛儿苗科

## *Geraniaceae*

牻牛儿苗科植物广泛分布于温带和亚热带地区，在我国各地均有分布。本节主要介绍天竺葵属的代表植物。此类植物栽培十分普遍，春秋两季都显得鲜艳夺目。

**（天竺葵）迷途－粉红色**
*Pelargonium hortorum* 'Maverick Pink'
辐射对称花 · 5 瓣
3~4cm

**（天竺葵）珊瑚－鲑肉色**
*Pelargonium hortorum* 'Coral Salmon'
辐射对称花 · 5 瓣
3~4cm

**（天竺葵）地平线－白色**
*Pelargonium hortorum* 'Horizon White'

**别称：**石蜡红、洋绣球。**属：**天竺葵属。**原产地：**南非。
**识别 特征：**全株被细柔毛。茎部粗壮，多汁。**花：**伞形花序顶生，总梗长。花有单瓣、半重瓣和重瓣，花色有红、橙红、粉红、白等色，双色、间色等。**花期：**春秋季。**叶：**叶大，互生，圆形，基部心形，边缘有波状钝锯齿，绿色，常具暗红色环纹。
**用途 布置：**盆栽点缀家庭窗台、书桌，散植花境，群植花坛，装饰岩石园。

辐射对称花 · 5 瓣
3~4.5cm

**（天竺葵）埃克利普西－玫红飞溅**
*Pelargonium hortorum* 'Eclipse Rose Splash'
辐射对称花 · 5 瓣
4~4.5cm

**（天竺葵）地平线－玫红色**
*Pelargonium hortorum* 'Horizon Rose'
辐射对称花 · 5 瓣
3~4cm

**（天竺葵）山莓波纹**
*Pelargonium hortorum* 'Shanmeibowen'
辐射对称花 · 5 瓣
4~4.5cm

**（天竺葵）艾伯塔**
*Pelargonium hortorum* 'Alberta'
辐射对称花 · 5 瓣
4~4.5cm

**（天竺葵）维纳斯－粉色**
*Pelargonium hortorum* 'Venus Pink'
辐射对称花 · 5 瓣
3~4cm

**（天竺葵）地平线－鲑肉色**
*Pelargonium hortorum* 'Horizon Salmon'
辐射对称花 · 5 瓣
3~4cm

**（天竺葵）地平线－苹果花色** *Pelargonium hortorum* 'Horizon Appleblossom'

辐射对称花 · 5 瓣

3~4cm

**（天竺葵）精英－鲑肉色**
*Pelargonium hortorum* 'Elite Salmon'

辐射对称花 · 5 瓣

2.5~3cm

**（天竺葵）地平线－紫红色**
*Pelargonium hortorum* 'Horizon Fuchsia'

辐射对称花 · 5 瓣

3~4cm

**（天竺葵）地平线－红色**
*Pelargonium hortorum* 'Horizon Red'

辐射对称花 · 5 瓣

3~4cm

**（大花天竺葵）佐纳尔斯**
*Pelargonium domesticum* 'Zonals'

**别称：**洋蝴蝶、蝴蝶天竺葵。**属：**天竺葵属。**原产地：**南非。**识别** **特征：**全株具毛。**花：**花形大，花瓣皱褶，花色丰富，有红、紫、白、粉红、橙等色，还具有斑纹或线条，花心常有"眼"斑。**花期：**春秋季。**叶：**叶面微皱，边缘有不整齐锯齿。**用途** **布置：**盆栽点缀居室窗台、阳台、书房，优雅动人，用于室外可布置花坛、花境或景点。

辐射对称花 · 5 瓣

7~9cm  

**（大花天竺葵）卡里斯布鲁克** *Pelargonium domesticum* 'Carisbrooke'

辐射对称花 · 5 瓣

9~10cm

**（大花天竺葵）紫觉**
*Pelargonium domesticum* 'Lavender Sensation'

辐射对称花 · 5 瓣

7~9cm

**（大花天竺葵）唐・昆托**
*Pelargonium domesticum* 'Don Quinto'

辐射对称花 · 5 瓣

7~8cm

**（大花天竺葵）复活节问候**
*Pelargonium domesticum* 'Easter Greeting'

辐射对称花 · 5 瓣

9~14cm

**（大花天竺葵）大满贯**
*Pelargonium domesticum* 'Damanguan'

辐射对称花 · 5 瓣

7~9cm

**（大花天竺葵）塞夫顿**
*Pelargonium domesticum* 'Sefton'

辐射对称花 · 5 瓣

7~9cm

**（大花天竺葵）莱斯利・贾得** *Pelargonium domesticum* 'Leslie Judd'

辐射对称花 · 5 瓣

8~9cm

**（大花天竺葵）唐・蒂莫**
*Pelargonium domesticum* 'Don Timo'

辐射对称花 · 5 瓣

7~8cm

**香叶天竺葵**
*Pelargonium graveolens*

**别称：**香草、玫瑰天竺葵。**属：**天竺葵属。**原产地：**非洲南部好望角。**识别** **特征：**全株有长毛，有香气。**花：**伞形花序，花梗长，花小，淡紫红色或粉红色。**花期：**春季。**叶：**叶对生，宽心形，掌状5~7深裂，中绿色。**用途** **布置：**盆栽宜放置几案或悬吊在室内，开花时像众多蝴蝶在空中飞舞，轻盈活泼，还有几分新奇感。

辐射对称花 · 5 瓣

2.5~3cm

**蔓性天竺葵**
*Pelargonium peltatum*

**别称：**藤本石蜡红、盾叶天竺葵。**属：**天竺葵属。**原产地：**非洲南部。**识别** **花：**伞形花序，花蝶形，单瓣，有长花柄，花色有深红、粉红、白等。**花期：**春季。**叶：**互生，厚革质，盾形，全缘，深绿色。**用途** **布置：**在南方，配植于墙际、篱栅，可攀缘而上，开花时非常热闹醒目。居家装饰可摆放或悬挂在窗台、阳台或走廊。

辐射对称花 · 5 瓣

7~9cm

# 豆科

## *Fabaceae*

豆科植物广泛分布于世界各地，在我国各地均有分布。豆科有花生这类的经济植物，也有决明这类的药用植物。本节主要介绍落花生属、决明属、羽扇豆属、含羞草属、野决明属、赝靛属、车轴草属等的代表植物。

**野决明** *Thermopsis lupinoides*

**别称：**小叶野决明。**属：**野决明属。**原产地：**西伯利亚、日本。**识别** **花：**总状花序顶生，花黄色。**花期：**春季。**叶：**3出复叶，小叶倒卵形。**用途** **药：**种子、叶、根均可入药，具有解毒消肿之功效。**布置：**宜空旷地片植作背景材料。

蝶状 · 单瓣

1.5~2cm

**含羞草** *Mimosa pudica*

**属：**含羞草属。**原产地：**美洲热带。**识别** **花：**头状花序，腋生，花小，淡红色。**花期：**夏季至秋初。**叶：**2回羽状复叶，小叶14~48枚，长圆形，触之叶片即闭合而下垂。**用途** **药：**全草可入药，具宁心安神、清热解毒之功效。**布置：**宜配植庭园或盆栽摆放在窗台。

球状 · 单瓣

1~2cm

**香豌豆** *Lathyrus odoratus*

**别称：**麝香豌豆。**属：**山黧豆属。**原产地：**意大利。**识别** **花：**总状花序，有花2~4朵，有香气。**花期：**春季至翌年冬季。**叶：**小叶1对，卵圆形至椭圆形，中绿色至深绿色。**用途** **布置：**适合吊盆悬挂于窗台、阳台或阳光充足的居室。**赠：**有“微妙的乐趣”之意。

蝶状 · 单瓣

2~3cm

**蔓花生** *Arachis duranensis*

**别称：**长喙花生。**属：**落花生属。**原产地：**亚洲热带、南美洲。**识别** **花：**腋生，花黄色。**花期：**春季至秋季。**叶：**互生，小叶2对，夜晚闭合，倒卵形，全缘，绿色。**用途** **布置：**宜悬挂于窗台、阳台或阳光充足的居室，在南方是理想的地被植物。

蝶状 · 单瓣

2~3cm

**澳洲蓝豆** *Baptisia australis*

**别称：**蓝花赝靛。**属：**赝靛属。**原产地：**澳大利亚。**识别** **花：**总状花序生于茎顶，花冠蝶形，花色淡蓝至深紫。**花期：**春季。**叶：**羽状复叶。**用途** **布置：**适合布置花境、庭园和房屋的前沿，可以和其他不同高度多年生宿根花卉搭配，种植在矮灌木附近，色彩丰富。

蝶状 · 单瓣

4cm

**红花三叶草** *Trifolium pratense*

**别称：**红车轴草。**属：**车轴草属。**原产地：**欧洲中部。**识别** **花：**花小，淡紫红色。**花期：**夏季。**叶：**掌状3出复叶，椭圆状卵形。**用途** **食：**全草是夏季蜜蜂的花蜜来源。**布置：**宜配植于林下、城市广场作地被植物。

球状或卵状 · 单瓣

1.5~4cm

**决明** *Senna tora*

**别称：**羊角。**属：**决明属。**原产地：**中国、日本。**识别** **花：**腋生，花瓣5枚，花黄色，倒卵形。**花期：**夏季。**叶：**羽状复叶，小叶6枚，倒卵形。**用途** **药：**种子决明子可药用，有清肝明目之功效。**布置：**宜在园林中成片栽植。**赠：**有“明察秋毫”“心明眼亮”之意。

蝶状 · 单瓣

1.2~1.5cm

**羽扇豆** *Lupinus micranthus*

**别称：**鲁冰花。**属：**羽扇豆属。**原产地：**北美。**识别** **花：**总状花序顶生，花序轴挺立，花有蓝、红、黄、白等色。**花期：**春末至夏初。**叶：**基生，掌状复叶，排列有序，绿色。**用途** **布置：**高秆品种适合庭园和切花，矮生品种是装饰室内环境的盆栽佳材。

两侧对称花 · 蝶形

1.5~1.8cm

# 苦苣苔科

## *Gesneriaceae*

苦苣苔科植物主要分布于亚洲东部及南部、南非、欧洲南部、大洋洲和墨西哥的热带地区。本节主要介绍非洲堇属、大岩桐属、海角苣苔属、袋鼠花属、芒毛苣苔属、小岩桐属、金岩桐属等的代表植物。

**非洲堇** *Saintpaulia ionantha*

**别称：**非洲紫罗兰。**属：**非洲堇属。**原产地：**坦桑尼亚。**识别** **花：**聚伞花序，有单瓣、半重瓣、重瓣，花淡蓝色至深蓝色，还有紫红、白、粉红等色。**花期：**全年。**叶：**卵圆形至长圆状卵圆形，中绿色。**用途** **布置：**属小型盆栽观赏植物，特别适合中老年人栽培。

钟状 · 单瓣

2~2.5cm

**大岩桐** *Sinningia speciosa*

**别称：**落雪泥。**属：**大岩桐属。**原产地：**巴西。**识别** **花：**花有红、蓝紫或白色。**花期：**夏季。**叶：**卵圆形至长圆形，深绿色，被茸毛，背面具红晕。**用途** **布置：**花朵硕大、颜色明艳，是节日点缀和装饰室内及窗台的理想盆花。**赠：**有“一见钟情”之意。

钟状 · 重瓣

3~5cm

**旋果苣** *Streptocarpus rexii*

**别称：**扭果花。**属：**海角苣苔属。**原产地：**非洲南部。**识别** **花：**有花1朵或2朵，花有白、蓝、粉红等色，深色条纹直达喉部。**花期：**春季至秋季。**叶：**卵状长圆形，有圆齿，叶面起皱，两面多毛。**用途** **布置：**花朵娇媚可爱，开花不断，是窗台栽培的重要盆花之一。

筒状 · 单瓣

3.5~4.5cm

**金鱼花** *Nematanthus gregarius*

**别称：**亲嘴花、袋鼠花。**属：**袋鼠花属。**原产地：**巴西。**识别** **花：**单生于腋，花亮橙色。**花期：**夏季。**叶：**椭圆形至倒卵形，光滑，深绿色。**用途** **布置：**宜盆栽或吊盆点缀窗台或客厅，迷人可爱的小花给人亲近的感觉。

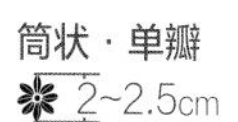

筒状 · 单瓣

2~2.5cm

**口红花** *Aeschynanthus radicans*

**别称：**毛子草。**属：**芒毛苣苔属。**原产地：**印尼、马来西亚。**识别** **花：**花冠筒状鲜红色，从花萼中伸出。**花期：**秋末至翌年夏初。**叶：**卵形对生，稍带肉质，叶面浓绿色，叶背浅绿色。**用途** **布置：**适合吊盆悬挂于窗台、阳台或阳光充足的居室。

钟状 · 重瓣

3~5cm

**小岩桐** *Gloxinia sylvatica*

**别称：**红岩桐。**属：**小岩桐属。**原产地：**南美。**识别** **花：**花冠橙红色圆筒状，外唇短反卷。**花期：**秋末至翌年早春。**叶：**对生，披针形或卵状披针形，翠绿色。**用途** **布置：**是节日点缀和装饰室内及窗台的理想盆花。

钟状 · 重瓣

2~3cm

**金红花** *Chrysothemis pulchella*

**别称：**美丽金红花。**属：**金红岩桐属。**原产地：**巴拿马、巴西、西印度群岛。**识别** **花：**伞形花序，有花10~30朵，花萼鲜红色，花黄色，内侧有几条红色条纹。**花期：**秋冬季。**叶：**对生，长椭圆状披针形，深棕绿色。**用途** **布置：**宜布置花坛、花境和庭园栽植。

筒状 · 单瓣

3~4cm

# 鸢尾科
## *Iridaceae*

鸢尾科植物多为美丽的花卉，广泛分布于热带、亚热带及温带地区，以花大色艳和花形奇异著称，如番红花、小苍兰、唐菖蒲都是著名花卉。本节主要介绍射干属、雄黄兰属、番红花属、香雪兰属、唐菖蒲属、鸢尾属等的代表植物。

**西伯利亚鸢尾** *Iris sibirica*

**属：** 鸢尾属。**原产地：** 欧洲。**识别** **花：** 蓝紫色，外花被裂片倒卵形，内花被裂片狭椭圆形或倒披针形。**花期：** 春季。**叶：** 灰绿色，条形，顶端渐尖，无明显的中脉。**用途** **布置：** 可丛植于水池、假山一隅，又可片植于湿地、林下。

辐射对称花

7~13cm

**黄花射干**
*Belamcanda chinensis* var. *flava*

**属：** 射干属。**原产地：** 印度、中国、日本。**识别** **花：** 伞房花序顶生，叉状分枝，每分枝上着生数朵花，黄色。**花期：** 夏季。**叶：** 互生，剑形，扁平，中绿色至深绿色。**用途** **布置：** 宜布置花境或点缀草坪边缘，花枝可用于插花欣赏。

辐射对称花 · 6 瓣

4~5cm

**蝴蝶花** *Iris japonica*

**属：** 鸢尾属。**原产地：** 中国中部、日本。**识别** **花：** 总状聚伞花序顶生，有花 2~4 朵，淡蓝紫色。**花期：** 春末至夏初。**叶：** 基生，剑形，深绿色，有光泽。**用途** **布置：** 适用于庭园中成片、成丛栽植，花开时给人清新的感觉。

辐射对称花 · 6 瓣

4~5cm

**路易斯安那鸢尾**
*Iris hybrids* 'Louisiana'

**别称：** 常绿水生鸢尾。**属：** 鸢尾属。**原产地：** 路易斯安那州。**识别** **花：** 花单生，为蝎尾状，聚伞花序，着花 4~6 朵，有蓝、白、红、黄等色。**花期：** 春季。**用途** **布置：** 是沼泽地绿化和美化环境的优良材料。

蝶形

7~20cm

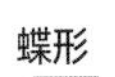

**黄火星花**
*Crocosmia × crocosmiiflora* 'Aurea'

**别称：** 黄水仙菖蒲。**属：** 雄黄兰属。**原产地：** 南非。**识别** **花：** 花漏斗形，黄色。**花期：** 夏季。**叶：** 线状剑形，基部有叶鞘抱茎而生。**用途** **布置：** 宜成片栽植于街道绿岛、建筑物前、草坪上、湖畔等。

辐射对称花 · 6 瓣

3~5cm

**马蝶花** *Neomarica gracilis*

**别称：**巴西鸢尾。**属：**巴西鸢尾属。**原产地：**巴西。**识别 花：**从花茎顶端鞘状苞片内开出，花瓣6枚。**花期：**春季至初夏。**叶：**叶从基部根茎处抽出，呈扇形排列，带状剑形，革质，深绿色。**用途 布置：**造型别致，开花时像蝴蝶翩翩起舞，宜成片栽植形成群落景观。

辐射对称花 · 6瓣

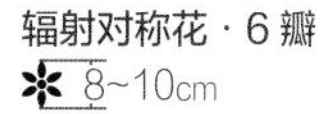

8~10cm

**溪荪** *Iris sanguinea*

**别称：**东方鸢尾。**属：**鸢尾属。**原产地：**亚洲北部、东部。**识别 花：**2~3朵，外花被片倒卵形，内花被裂片狭倒卵形。**花期：**春季。**叶：**叶条形，中脉不明显。**用途 布置：**可丛植、片植，既可以应用在公园、广场、街道、坡地，也可在石间路旁、岩石园点缀种植。

辐射对称花 · 6瓣

8~10cm

**德国鸢尾** *Iris germanica*

**属：**鸢尾属。**原产地：**德国。**识别 花：**花葶直立，花顶生，1~2朵，蓝紫色、白色等。**花期：**春季。**叶：**线状披针形，粉绿色。**用途 布置：**为切花珍品，也可点缀早春花坛、花境和岩石园。

辐射对称花 · 6瓣

10~12cm

**番红花** *Crocus sativus*

**别称：**藏红花。**属：**番红花属。**原产地：**欧洲中部和西部。**识别 花：**1~5朵顶生，淡紫红色，具深紫色脉纹，柱头橙红色。**花期：**秋季。**叶：**基生，线形，灰绿色。**用途 药：**柱头为主要药用部分，能活血化瘀。**布置：**宜配植于花坛、草坪边缘或林下作地被植物。

辐射对称花 · 6瓣

5~6cm

**鸢尾** *Iris tectorum*

**属：**鸢尾属。**原产地：**中国。**识别 花：**每个分枝茎顶端着花2~3朵，蓝紫色，冠状突起上具有深色脉纹。**花期：**夏初。**叶：**基生，剑状线形，光滑，深绿色。**用途 布置：**宜成片栽植形成群落景观，用数支插花展现出独特的韵味。

辐射对称花 · 6瓣

5~6cm

**西班牙鸢尾** *Iris xiphium*

**属：**鸢尾属。**原产地：**西班牙。**识别 花：**花葶直立，花顶生，1~2朵，蓝紫色、白色等。**花期：**春季。**叶：**线状披针形，粉绿色。**用途 布置：**花姿奇异，为切花珍品，也可点缀早春花坛、花境和岩石园。

辐射对称花 · 6瓣

7~13cm

**小苍兰** *Freesia refracta*

**属**：香雪兰属。**原产地**：南非。**识别** **花**：穗状花序顶生，着花5~10朵，花窄漏斗状，有黄、白、紫、红、粉红等色，有芳香。**花期**：冬末至翌年早春。**叶**：线形，绿色。**用途** **布置**：宜盆栽摆放客厅、会议室，冬春季用切花插瓶。

辐射对称花 · 6瓣

4~5cm

**（小苍兰）粉红之光**
*Freesia refracta* 'Pink Glow'
辐射对称花 · 6瓣
4~5cm

**（小苍兰）帕拉斯**
*Freesia refracta* 'Pallas'
辐射对称花 · 6瓣
4~5cm

**（小苍兰）奥伯龙**
*Freesia refracta* 'Oberon'
辐射对称花 · 6瓣
4~5cm

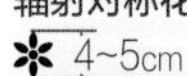

**（小苍兰）康蒂基**
*Freesia refracta* 'Kontiki'
辐射对称花 · 6瓣
4~5cm

**射干** *Belamcanda chinensis*

**别称**：扁竹。**属**：射干属。**原产地**：印度、中国、日本。**识别** **花**：伞房花序顶生，橙色，具深红色斑点。**花期**：夏季。**叶**：互生，广剑形，扁平，中绿色至深绿色。**用途** **布置**：宜布置花境或点缀草坪边缘，花枝可用于插花欣赏。

辐射对称花 · 6瓣

4~5cm

**唐菖蒲** *Gladiolus gandavensis*

**别称**：菖兰、剑兰。**属**：唐菖蒲属。**原产地**：南非、地中海地区。**识别** **花**：穗状花序顶生，有花8~20朵，有白、粉红、橙、黄、红、紫等色及复色、条纹、斑点。**花期**：夏末。**叶**：基生叶，剑形，深绿色。**用途** **布置**：宜配植于花境或水边，是很好的切花材料。

辐射对称花 · 6瓣

5~6cm

**火星花** *Crocosmia × crocosmiiflora*

**别称**：射干菖蒲。**属**：雄黄兰属。**原产地**：南非。**识别** **花**：穗状花序，拱形，花橙色或黄色。**花期**：夏季。**叶**：线状，剑形，淡绿色。**用途** **布置**：宜配植花境、花坛或岩石园，大面积片植于林下、空隙地和向阳坡地。

辐射对称花 · 6瓣

4~5cm

# 锦葵科
## *Malvaceae*

锦葵科植物广泛分布于热带至温带地区，在我国各地均有种植。本节主要介绍蜀葵属、秋葵属、锦葵属、木槿属的代表植物。蜀葵形似玫瑰，花色丰富，是极好的园林背景材料。秋葵朝开暮落，鲜艳清秀，是很好的观赏花卉。锦葵花色清新，适用于配植花坛、花境。玫瑰茄、野西瓜苗、芙蓉葵和红秋葵为木槿属的草本植物。玫瑰茄又称洛神花，花冠与花萼美丽别致。野西瓜苗又称小秋葵，是常见的田间野花。芙蓉葵花色美艳，花语有“早熟”之意。红秋葵花大色艳，可作花境背景材料。

**（蜀葵）春庆－白色** *Alcea rosea* ‘Spring Celebrities’

**别称：**熟季花、端午锦。**属：**蜀葵属。**原产地：**中国。**识别特征：**茎直立，不分枝。**花：**总状花序，花单生叶腋，花大，小苞片基部合生，花萼钟形。单瓣或重瓣，有紫、粉、白或黄等色。**花期：**夏季。**叶：**圆形或心形，常5~7浅裂，中绿色。**用途** **药：**根、种子、花、叶均可入药，对利尿消肿、缓解烫伤有好处。**布置：**园艺品种较多，是庭园、花境的理想花卉。宜种植在建筑物旁、假山旁或点缀花坛、草坪，成片栽植是很好的园林背景材料。

辐射对称花 · 6 瓣
5~10cm

**（蜀葵）夏季狂欢－白色**
*Alcea rosea* ‘Summer Carnival White’

辐射对称花 · 6 瓣
8~9cm

**（蜀葵）单瓣白色** *Alcea rosea* ‘Single White’

辐射对称花 · 6 瓣
6~8cm

**（蜀葵）光环－白色**
*Alcea rosea* ‘Halo White’

辐射对称花 · 6 瓣
8~10cm

**（蜀葵）春庆－柠檬色**
*Alcea rosea* ‘Spring Celebrities Lemon’

辐射对称花 · 6 瓣
5~10cm

**（蜀葵）光环－红晕** *Alcea rosea* ‘Halo Red Blush’

辐射对称花 · 6 瓣
8~10cm

**（蜀葵）重瓣深粉色** *Alcea rosea* ‘Double Deep Pink’

辐射对称花 · 6 瓣
6~8cm

**（蜀葵）奶油黑**
*Alcea rosea* ‘Creme de Cassis’

辐射对称花 · 6 瓣
8~10cm

**（蜀葵）春庆－紫红色**
*Alcea rosea* ‘Spring Celebrities Purple’

辐射对称花 · 6 瓣
5~10cm

**（蜀葵）单瓣红色**
*Alcea rosea* ‘Single Red’

辐射对称花 · 6 瓣
6~8cm

**（蜀葵）春庆－深红色**
*Alcea rosea* ‘Spring Celebrities Crimson’

辐射对称花 · 6 瓣
5~10cm

**（蜀葵）夏季狂欢－粉红色**
*Alcea rosea* ‘Summer Carnival Pink’

辐射对称花 · 6 瓣
8~9cm

**（蜀葵）光环－粉色**
*Alcea rosea* ‘Halo Pink’

辐射对称花 · 6 瓣
8~10cm

**（蜀葵）春庆－深红玫瑰色**
*Alcea rosea* ‘Spring Celebrities Carmine Rose’

辐射对称花 · 6 瓣
5~10cm

**（蜀葵）夏季狂欢－红色**
*Alcea rosea* ‘Summer Carnival Red’

辐射对称花 · 6 瓣
8~9cm

**芙蓉葵** *Hibiscus moscheutos*

**别称:** 大花秋葵。**属:** 木槿属。产地: 美国。**识别** **花:** 花大, 宽漏斗状, 有白、粉红、红等色, 花瓣基部深红色。**花期:** 夏秋季。**叶:** 卵形或卵状披针形, 先端渐尖, 背面有白毛, 中绿色。**用途** **布置:** 成片丛植于坡地、路边或草地边缘, 若用大型盆栽, 适合阳台、台阶、池畔摆放。

漏斗状 · 单瓣

15~20cm

**秋葵** *Abelmoschus esculentus*

**别称:** 黄秋葵。**属:** 秋葵属。**原产地:** 中国、印度。**识别** **花:** 花单生叶腋或枝端, 淡黄色, 中心紫红色。**花期:** 夏秋季。**叶:** 掌状深裂, 边缘有齿牙, 中绿色。**用途** **食:** 素有"蔬菜王"之称, 可凉拌、做汤食用。**布置:** 适用于篱边、墙角点缀, 也可作林缘、建筑物旁和零星空隙地的背景材料。

漏斗状 · 单瓣

7~10cm

**锦葵** *Malva cathayensis*

**别称:** 小熟季、棋盘花。**属:** 锦葵属。**原产地:** 中国。**识别** **特征:** 茎直立, 多分枝。**花:** 花簇生于叶腋, 漏斗状, 淡紫红色, 有深紫色脉纹。**花期:** 春末至中秋。**叶:** 阔心形至圆形, 叶缘 3~7 波状浅裂, 深绿色。**用途** **布置:** 适用于庭园角隅栽植, 矮生植株盆栽摆放花坛或花境, 栩栩如生, 十分动人。

漏斗状 · 单瓣

3~4cm

**玫瑰茄** *Hibiscus sabdariffa*

**别称:** 洛神花、山茄子。**属:** 木槿属。**原产地:** 亚洲、非洲。**识别** **花:** 花单生, 杯状, 花萼紫红色, 花瓣深黄色。**花期:** 秋冬季。**叶:** 矩圆形 3 裂, 先端渐尖, 绿色。**用途** **布置:** 在南方, 配植于池畔、亭前、道旁和墙边, 十分和谐自然。盆栽点缀阳台或庭园, 全年开花不断, 异常热闹。

杯状 · 单瓣

6~8cm

**野西瓜苗** *Hibiscus trionum*

**别称:** 香铃草、小秋葵。**属:** 木槿属。**原产地:** 中国。**识别** **花:** 花单生, 杯状, 淡黄色, 花心深巧克力色。**花期:** 夏秋季。**叶:** 矩圆形 3~5 裂, 绿色。**用途** **药:** 全草入药, 具有祛风除湿、止咳、利尿等功效。**布置:** 适用于池畔、亭前、道旁和墙边栽植, 可爱有趣、和谐自然。

喇叭状 · 单瓣

2~3cm

**红秋葵** *Hibiscus coccineus*

**属:** 秋葵属。**识别** **花:** 花大, 在枝顶端腋生, 花瓣黄色, 中心深红色。**花期:** 夏季。**叶:** 近心形, 掌状 3~5 裂, 裂片卵形, 边缘有锯齿。**果:** 蒴果长角状长圆形, 长 10~20 厘米, 果皮红色。**用途** **布置:** 适合丛植草坪四周、路边、林缘、山石、花坛、花境的背景材料。

漏斗状 · 单瓣

5~7cm

**箭叶秋葵** *Abelmoschus sagittifolius*

**别称:** 红花马宁。**属:** 秋葵属。**原产地:** 亚洲热带地区。**识别** **花:** 花单生于叶腋, 粉红色或红色, 中心白色。**花期:** 夏秋季。**叶:** 掌状深裂, 中绿色。**用途** **布置:** 适合花坛、花境、景点布置, 种植道旁、草地边缘、水池堤旁, 与山石相伴, 使景观丰富而自然。盆栽绿饰阳台、窗台、台阶, 也十分妩媚动人。

漏斗状 · 单瓣

4~5cm

# 百合科

## *Liliaceae*

百合科植物约有 230 属 4 000 种，广泛分布于世界各地，以温带和亚热带地区最为丰富，在我国约有 60 属 600 种，遍布全国。本节主要介绍风信子属、萱草属的代表植物，以及百合科其他属草本代表植物。风信子为春季花展和室内盆栽的理想花卉，花开时具有浓厚的春天气息。大花萱草为国际上重要的切花材料之一，花开不断，花开时五彩纷呈，带有几分天然野趣，可惜花期短，每朵花只开一天。

**（风信子）卡耐基** *Hyacinthus orientalis* 'Carnegie'

**别称：** 西洋水仙、五色水仙。**属：** 风信子属。**原产地：** 欧洲南部。**识别** **特征：** 鳞茎卵形，茎肉质，略高于叶丛。**花：** 总状花序顶生，花 15~20 朵，横向，漏斗状，基部筒状，上部 4 裂，反卷，花有紫、白、红、黄、粉红、蓝等色。**花期：** 早春。**叶：** 4~8 枚，狭披针形，有凹沟。**用途** **布置：** 可布置花坛、花境和花槽，也可盆栽、水养或作切花。

管状 · 单瓣

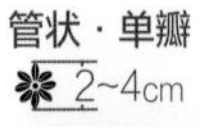

2~4cm

**（风信子）中国粉**
*Hyacinthus orientalis* 'Pink of China'
管状 · 单瓣
2.5~3.5cm

**（风信子）吉卜赛女王**
*Hyacinthus orientalis* 'Gipsy Queen'
管状 · 单瓣
2~4cm

**（风信子）安娜 · 玛丽**
*Hyacinthus orientalis* 'Anna Marie'
管状 · 单瓣
2~3cm

**（风信子）荷兰蓝**
*Hyacinthus orientalis* 'Delft Blue'
管状 · 单瓣
2~3cm

**（风信子）阿姆斯特丹**
*Hyacinthus orientalis* 'Amsterdam'
管状 · 单瓣
2~3.5cm

**（风信子）蓝裳**
*Hyacinthus orientalis* 'Blue Jacket'
管状 · 单瓣
2~3cm

**（风信子）简 · 博斯**
*Hyacinthus orientalis* 'Jan Bas'
管状 · 单瓣
2~4cm

**（风信子）蓝珍珠**
*Hyacinthus orientalis pleno* 'Blue Pearl'
管状 · 单瓣
2~3cm

**（风信子）紫色感动**
*Hyacinthus orientalis* 'Purple Sensation'
管状 · 单瓣
2~3cm

**（风信子）科妮莉亚**
*Hyacinthus orientalis* 'Splendid Cornelia'
管状 · 单瓣
2~3.5cm

**（风信子）俾斯麦**
*Hyacinthus orientalis pleno* 'Bismarck'
管状 · 单瓣
2~4cm

**（大花萱草）新星** *Hemerocallis hybridus* 'New star'

**别称:** 日中百合、杂种萱草。**属:** 萱草属。**识别** **特征:** 根肉质，下部有纺锤状膨大。**花:** 花葶稍长于叶，花梗短，花大，有星状、三角状、圆状、重瓣状，花色丰富。**花期:** 夏季。**叶:** 基生，2 列，带状。**用途** **布置:** 用于花坛、花境、林间草地和坡地丛植，开花时万紫千红，使环境显得格外迷人。同时它也是极佳的切花材料。

星状 · 单瓣

14~17cm

**（大花萱草）困境**
*Hemerocallis hybridus*
'Daring Dilemma'

三角状 · 单瓣
8~10cm

**（大花萱草）红鹦鹉**
*Hemerocallis hybridus*
'Red Poll'

星状 · 单瓣
15~16cm

**（大花萱草）俏皮莎莎**
*Hemerocallis hybridus*
'Frisky Cissy'

三角状 · 单瓣
8~10cm

**（大花萱草）阳光之歌**
*Hemerocallis hybridus*
'Sunshine Song'

星状 · 单瓣
12~14cm

**（大花萱草）草雾**
*Hemerocallis hybridus*
'Meadow Mist'

星状 · 单瓣
12~13cm

**（大花萱草）秋红**
*Hemerocallis hybridus*
'Autumn Red'

三角状 · 单瓣
10~12cm

**（大花萱草）超级紫星**
*Hemerocallis hybridus*
'Super Purple Star'

三角状 · 单瓣
14~15cm

**（大花萱草）橙雾**
*Hemerocallis hybridus*
'Orange Mist'

星状 · 单瓣
12~14cm

**（大花萱草）爱角**
*Hemerocallis hybridus*
'Love Nook'

星状 · 单瓣
12~14cm

**（大花萱草）夏日葡萄酒**
*Hemerocallis hybridus*
'Summer Wine'

三角状 · 单瓣
10~12cm

**（大花萱草）黑色丝绒**
*Hemerocallis hybridus*
'Velvet Thunder'

三角状 · 单瓣
12~14cm

**（大花萱草）热浪**
*Hemerocallis hybridus*
'Tropical Heat Wave'

三角状 · 单瓣
12~14cm

**（大花萱草）芝加哥阿帕切**
*Hemerocallis hybridus*
'Chicago Apache'

星状 · 单瓣
10~12cm

**（大花萱草）乔丹**
*Hemerocallis hybridus*
'Jordan'

喇叭状 · 单瓣
12~14cm

**（大花萱草）回复**
*Hemerocallis hybridus*
'Parden Me'

三角状 · 单瓣
12~14cm

**石刁柏** *Asparagus officinalis*

**别称：**芦笋、龙须菜。**属：**天门冬属。**原产地：**地中海沿岸。**识别** **花：**花小，黄绿色，萼片及花瓣各6枚。**花期：**春末至夏初。**叶：**叶退化，叶状枝近披针状，簇生。**用途** **食：**嫩苗可熟食。**布置：**宜配植于草坪边缘或林下。

钟状 · 单瓣

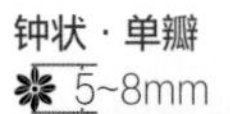
5~8mm

**玉簪** *Hosta plantaginea*

**别称：**白萼。**属：**玉簪属。**原产地：**中国、日本、朝鲜。**识别** **花：**总状花序顶生，有花9~15朵，花白色，有芳香，平展或稍下倾。**花期：**夏末至秋初。**叶：**基生，卵圆至心状，亮绿色。**用途** **药：**花可治疗咽喉肿痛，根有消肿和解毒的功效。**布置：**适合盆栽布置门厅、客厅、走廊。

喇叭状 · 单瓣

10cm

**老鸦瓣** *Amana edulis*

**别称：**光慈姑。**属：**老鸦瓣属。**原产地：**中国、日本、朝鲜。**识别** **花：**单生，白色，背面具褐红色条纹。**花期：**冬末至早春。**叶：**基生，线状，中绿色。**用途** **药：**鳞茎可入药，有清热解毒的功效。**布置：**宜作林下、灌丛等地被植物，也可作花境布置。

星状 · 单瓣

5~6cm

**叶上花** *Ruscus hypoglossum*

**别称：**舌苞假叶树。**属：**假叶树属。**原产地：**欧洲南部。**识别** **花：**花小，黄色。**花期：**春季。**叶：**叶为变态的嫩枝，宽卵圆形，光滑，中绿色。**用途** **布置：**适合盆栽观赏陈设于几架、窗台，青翠宜人，或配植于林下，作耐阴地被植物。

星状 · 单瓣

5~6mm

**玉竹** *Polygonatum odoratum*

**别称：**萎蕤。**属：**黄精属。**原产地：**中国、日本、俄罗斯。**识别** **花：**花序腋生、白色。**花期：**春末至夏初。**叶：**互生，椭圆形，背面有白粉。**用途** **药：**根茎可入药，对口咽干燥、心烦心悸有好处。**布置：**是优良的园林地被植物，盆栽摆放在门厅、走廊或墙角。

管状 · 单瓣

2.5~3cm

**宝铎草** *Disporum sessile*

**别称：**淡竹花。**属：**万寿竹属。**原产地：**北美。**识别** **花：**单生或排成伞形花序，花黄色至白色。**花期：**春季。**叶：**薄纸质至纸质，矩圆形、卵形、椭圆形至披针形。**用途** **药：**根、茎均可入药，有清热化痰的功效。**布置：**宜配植庭园、风景区林下。

筒状 · 单瓣

1.5~2cm

**虎眼万年青** *Ornithogalum caudatum*

**别称：**海葱。**属：**春慵花属。**原产地：**非洲南部。**识别** **花：**密集总状花序，白色。**花期：**春季至夏初。**叶：**基生，革质，线状至窄披针形，中绿色。**用途** **布置：**是布置自然式园林和阴面阳台的优良植物。

杯状 · 单瓣

1.5~2cm

**哨兵花** *Albuca humilis*

**属：**哨兵花属。**原产地：**南非。**识别** **花：**总状花序，小花白色，花内瓣顶端黄色，外瓣有绿色条纹。**花期：**春末至夏初。**叶：**1~3窄线状叶，黄绿色。**用途** **布置：**适合小盆栽种，点缀窗台、几案等场所。

钟状 · 单瓣

2~3cm

**火炬花** *Kniphofia uvaria*

**别称**：火把莲。**属**：火把莲属。**原产地**：南非。**识别** **花**：密集的总状花序顶生，花小，圆筒形，顶部花深红色，下部花黄色。**花期**：春末至夏初。**叶**：丛生，宽线形，灰绿色。**用途** **布置**：宜配植于花境、岩石园或庭园，花枝可作切花。

管状 · 单瓣

3~4cm

**葡萄风信子** *Muscari botryoides*

**别称**：葡萄麝香兰。**属**：蓝壶花属。**原产地**：地中海沿岸地区。**识别** **花**：总状花序，簇生顶端，下垂，蓝紫色，有白粉。**花期**：春季。**叶**：窄匙状，中绿色。**用途** **布置**：多作地被花卉，或于花境、草地边缘等处丛植。

圆球状 · 单瓣

2~5cm

**银纹沿阶草** *Ophiopogon intermedius* 'Argenteomarg inatus'

**别称**：假银丝马尾。**属**：沿阶草属。栽培品种。**识别** **花**：总状花序，紫色。**花期**：夏末。**叶**：簇生，线形，深绿色，叶缘有纵长条白边，叶中央有细白纵条纹。**用途** **布置**：宜成片布置城市广场、宾馆、车站等公共场所。

短钟状 · 单瓣

12~15cm

**紫萼** *Hosta ventricosa*

**别称**：紫玉簪。**属**：玉簪属。**原产地**：中国、日本、朝鲜。**识别** **花**：总状花序顶生，有花 9~15 朵，花紫色或淡紫色。**花期**：夏末。**叶**：基生，较小，卵形或宽卵形，深绿色。**用途** **布置**：适合盆栽布置门厅、客厅、走廊等。

钟状 · 单瓣

10cm

**大花葱** *Allium giganteum*

**别称**：砚葱。**属**：葱属。**原产地**：亚洲中部。**识别** **花**：伞形花序，小花，密集，紫粉色。**花期**：春末至夏季。**叶**：圆筒形，浅绿色。**用途** **布置**：宜配植于花境、岩石园、草坪边缘或坡地，适合盆栽和切花观赏。

星状 · 单瓣

1cm

**地中海蓝钟花** *Scilla peruviana*

**别称**：秘鲁绵枣儿。**属**：蓝瑰花属。**原产地**：地中海地区。**识别** **花**：总状花序，小花星状，蓝紫色或白色。**花期**：春季。**叶**：披针形，平卧地面呈莲座状，绿色。**用途** **布置**：适合庭园草坪及步道、墙角、池边种植。

星状 · 单瓣

1.5~2.5cm

**秋水仙** *Colchicum autumnale*

**别称**：草地番红花。**属**：秋水仙属。**原产地**：欧洲。**识别** **花**：花筒细长，花瓣紫粉色。**花期**：秋季。**叶**：线状披针形至宽披针形，绿色。**用途** **布置**：可广泛栽植于庭园草地。**赠**：有"遗忘"之意。

漏斗状 · 单瓣

4~6cm

**嘉兰** *Gloriosa superba*

**别称**：蔓生百合。**属**：嘉兰属。**原产地**：亚洲和非洲热带。**识别** **花**：单生于枝顶叶腋间，下垂，花有红色和黄色。**花期**：夏秋季。**叶**：卵圆披针形至长圆形，有光泽，亮绿色。**用途** **布置**：盆栽摆放在窗台、橱窗、客厅，红黄相间的花朵，好似在翩翩起舞。

飞舞状 · 单瓣

5~10cm

**药百合** ***Lilium speciosum***

**别称：**鹿子百合、美丽百合。**属：**百合属。**原产地：**日本。**识别** **花：**总状花序，花大下垂，花瓣强度反卷，边缘波状，花心深粉色，具红色斑点。**花期：**夏末至秋初。**叶：**宽披针形至卵圆形，绿色。**用途** **布置：**是现代多种著名百合栽培品种的重要亲本。

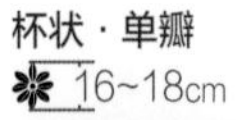

**杯状 · 单瓣**

16~18cm

**麝香百合** ***Lilium longiflorum***

**别称：**铁炮百合、复活节百合。**属：**百合属。**原产地：**中国、日本。**识别** **花：**总状花序，黄色或白色。**花期：**盛夏。**叶：**披针形至长圆披针形，深绿色。**用途** **布置：**宜成片栽植草地边缘或疏林下，摆放在居室、庭园。

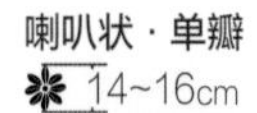

**喇叭状 · 单瓣**

14~16cm

**皇冠贝母** ***Fritillaria imperialis***

**别称：**花贝母、璎珞百合。**属：**贝母属。**原产地：**伊朗、土耳其、阿富汗、巴基斯坦和喜马拉雅山区。**识别** **花：**花大，8 朵悬垂聚生在花茎顶端，花色有红、黄、橙等色。**花期：**夏季。**叶：**互生，波状披针形。**用途** **布置：**适合庭园栽培，盆栽点缀客室、窗台或书房，显得格外典雅豪华。

**圆球状 · 蝶形**

5~8m

**东方百合** ***Lilium* 'Oriental Hybrid'**

**别称：**杂种百合。**属：**百合属。种间杂种。**识别** **花：**总状花序，花大，裂片外翻，花有白、红、粉红等色，具红色或黄色条纹及红色斑点，有浓郁的香气。**花期：**夏季。**叶：**互生，披针形，深绿色。**用途** **布置：**盆栽和插花观赏，摆放在居室、窗台或阳台。

**喇叭状 · 单瓣**

12~16cm

**菠萝花** ***Eucomis comosa***

**别称：**凤梨百合。**属：**凤梨百合属。**原产地：**南非。**识别** **花：**总状花序，花白色，裂片边缘紫色。**花期：**夏末。**叶：**披针形，边缘皱波状，淡绿色。**用途** **布置：**宜配植于花坛、花境和林下。**赠：**有“完美”之意。

**星状 · 单瓣**

1.5~2.5cm

**南京百合** ***Lilium lancifolium***

**别称：**卷丹。**属：**百合属。**原产地：**中国、日本。**识别** **花：**总状花序，花下垂，花瓣平展或向外翻卷，橙红色，具深紫色斑点和小突起。**花期：**夏末至秋初。**叶：**宽披针形，叶腋有淡紫黑色珠芽。**用途** **药：**鳞茎可供入药，有清心安神的功效。**布置：**宜盆栽摆放在公共场所大堂、厅室。

**杯状 · 单瓣**

11~12cm

**亚洲百合** *Lilium* 'Asiatica Hybrida'

**别称**：杂种百合。**属**：百合属。种间杂种。**识别** **花**：总状花序，朝上开放，有黄、红、橙等色，有的品种花瓣上有深色斑点。**花期**：夏季。**叶**：互生，窄卵圆形或椭圆形，深绿色。**用途** **布置**：盆栽摆放在居室、窗台或阳台。**赠**：有"百年好合"之意。

喇叭状 · 单瓣

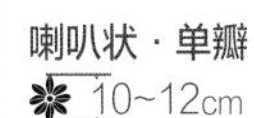 10~12cm 

**青岛百合** *Lilium tsingtauense*

**别称**：崂山百合。**属**：百合属。**原产地**：中国、朝鲜。**识别** **花**：伞形花序顶生，直立，花橙色或橙红色。**花期**：盛夏。**叶**：轮生，披针形，绿色。**用途** **布置**：宜片植或丛植于稀疏林下、空隙地、岩石旁和草地边缘。

喇叭状 · 单瓣

5~8cm

**宫灯百合** *Sandersonia aurantiaca*

**别称**：圣诞百合、灯笼百合。**属**：提灯花属。**原产地**：南非。**识别** **花**：腋生，似灯笼，亮橙色，下垂，花柄长。**花期**：夏季。**叶**：轮状，互生，披针形，中绿色。**用途** **布置**：在南方，栽植于棚架、篱架或窗前。**赠**：有"可爱""灵气"之意。

壶状 · 单瓣

2~2.5cm

**（立金花）罗莫德**
*Lachenalia aloides* 'Romaud'

**别称**：非洲香莲、杰纳百合。**属**：立金花属。**原产地**：南非。**识别** **花**：总状花序，有花 10 余朵，黄褐色或金黄色，横生或下垂，边缘紫红色或绿色。**花期**：冬季或春夏季。**叶**：带状，绿色，有紫红色细斑点。**用途** **布置**：常用于庭园和室内装饰。

钟状 · 单瓣

1.5~1.8cm

**（立金花）罗尼娜**
*Lachenalia aloides* 'Ronina'

钟状 · 单瓣

1.5~2cm

**（立金花）罗梅利亚**
*Lachenalia aloides* 'Romelia'

钟状 · 单瓣

1.5~2cm

**（立金花）纳马克瓦**
*Lachenalia aloides* 'Namakwa'

钟状 · 单瓣

1.5~2cm

**（立金花）罗莎贝思**
*Lachenalia aloides* 'Rosabeth'

钟状 · 单瓣

2~3cm

# 兰科

## *Orchidaceae*

兰科植物是一个庞大的家族，第二章介绍的兰花为兰科兰属的重要花卉。据统计，兰科有 800 属 30000~35000 种，目前作为观赏栽培的约有 300 属 2000 种。第二章介绍的兰花都是国兰，本章主要介绍卡特兰属、兰属、石斛属、树兰属、文心兰属、兜兰属、蝴蝶兰属、万代兰属等洋兰的代表植物。

### 卡特兰属 Cattleya

**养护** **习性:** 喜温暖、湿润和半阴的环境。**土壤:** 宜排水良好的腐叶土、树皮块和苔藓。**繁殖:** 分株用于家庭栽培，播种用于新品种选育，组织培养用于规模性的产业化生产。

**用途** **布置:** 是高档的盆花和切花，适用于现代居室装饰。

代表品种：（卡特兰）泰洛

### 石斛属 Dendrobium

代表品种：（石斛兰）幻想

**养护** **习性:** 喜冬季凉爽干燥、夏季高温多湿的环境。**土壤:** 宜排水良好的腐叶土、树皮块和木炭块。**繁殖:** 家庭栽培常用分株和扦插进行繁殖。

**用途** **布置:** 具有很高的观赏价值，是插花和襟花的较佳选材。

### 兰属 Cymbidium

**养护** **习性:** 喜冬季温暖和夏季凉爽的环境。**土壤:** 宜树皮块、沸石、木炭块或水苔、蕨根的混合壤土。**繁殖:** 常用分株、播种和组织培养进行繁殖。

**用途** **布置:** 除盆栽观赏外，点缀居室和厅堂，更显格调高雅豪华。

代表品种：（大花蕙兰）黑湖

### 树兰属 Epidendrum

**养护** **习性:** 喜冬季凉爽稍干燥、夏季温暖湿润的环境。**土壤:** 宜用排水良好的腐叶土、树皮块、树蕨块。**繁殖:** 有健壮的气生根即可分株。

**用途** **布置:** 宜吊盆摆放居室客厅、门厅、走廊、壁挂或书架。

代表品种：（树兰）沙漠天堂

**养护** **习性:** 喜温暖、湿润和半阴环境。**土壤:** 宜用排水良好的腐叶土、水苔和中小颗粒树皮等组成混合壤土。**繁殖:** 家庭栽培以分株繁殖为主。

**用途** **布置:** 广泛适用于盆花和切花，盆栽摆放居室、窗台，观赏起来妙趣横生。

代表品种：（文心兰）红舞

**养护** **习性:** 喜高温、多湿和半阴的环境。**土壤:** 宜用疏松和排水良好的树皮块、苔藓、树蕨等组成的混合壤土。**繁殖:** 育种者常用无菌法播种，也可在花朵完全凋萎后进行分株繁殖。

**用途** **布置:** 宜摆放窗台、客厅地柜或镜前，也可切花和用于组合盆栽观赏。

代表品种：（蝴蝶兰）冬雪

## 文心兰属 Oncidium

## 兜兰属 Paphiopedilum

## 蝴蝶兰属 Phalaenopsis

## 万代兰属 Vanda

**养护** **习性:** 喜温暖、湿润和半阴的环境。**土壤:** 宜肥沃、疏松的腐叶土、泥炭土和树皮块。**繁殖:** 我国主要用分株繁殖，也可靠野生采挖。

**用途** **布置:** 非常适合现代居室的室内装饰，也可用于插花欣赏。

代表品种：（兜兰）杏黄兜兰

**养护** **习性:** 喜高温、多湿和阳光充足的环境。**土壤:** 宜肥沃和排水良好的树皮块、蕨根。**繁殖:** 家庭栽培用分株繁殖，规模生产时主要用组织培养和扦插繁殖。

**用途** **布置:** 是艺术插花中理想的花材。

代表品种：（万代兰）可爱

**（卡特兰）粉色天空** *Lc.* 'Pink Sky'

**属:** 卡特兰属。属间杂种。**识别** **特征:** 属紫色花系。**花:** 花大型,1 梗 1 花,花淡紫色,花瓣边缘皱褶,唇瓣紫红色,有粉色镶边,基部黄色。**花期:** 春季。**用途** **布置:** 宜布置宾馆、空港、车站的大厅服务台或镜前,显得高雅、亲切。

兰花型

12~14cm

**（卡特兰）真美** *Lc.* 'True Beauty'

**属:** 卡特兰属。属间杂种。**识别** **特征:** 属紫花系。**花:** 花中型,每 1 花梗着生 1~2 朵花,花瓣和萼片淡紫色,唇瓣浅黄色,顶端有 1 个深紫色点。**花期:** 春季至夏季。**用途** **布置:** 被广泛用于新娘捧花、餐桌摆花、宴会插花和装饰婚车等。

兰花型

10~12cm

**（卡特兰）蒙哥** *Blc.* 'Mongkol'

**属:** 卡特兰属。属间杂种。**识别** **特征:** 属红花系。**花:** 花大型,单朵,花瓣和萼片紫红色,唇瓣近基部有 2 个小的黄色斑块。**花期:** 夏季。**用途** **布置:** 摆放卧室、窗台,碧叶红花,洋溢出一派喜庆氛围。

兰花型

11~13cm

**（卡特兰）雪莉・康普顿**
***Lc.* 'Shellie Compton'**

**属:** 卡特兰属。属间杂种。**识别** **特征:** 属白花红唇系。**花:** 花大型,单朵,花瓣和萼片淡粉色,唇瓣紫红色,边缘皱褶状,有白色镶边。**花期:** 秋季。**用途** **布置:** 宜布置宾馆、空港、车站的大厅服务台或镜前,显得高雅、亲切。

兰花型

9~11cm

**（卡特兰）比萨** *Blc.* 'Pizzaz'

**属:** 卡特兰属。属间杂种。**识别** **特征:** 属黄花系。**花:** 花中型,每 1 花梗着生 1~2 朵花,花瓣和萼片黄色,近顶端红色,唇瓣深红色,蕊柱白色。**花期:** 秋季。**用途** **布置:** 宜布置宾馆、空港、车站的大厅服务台或镜前,显得高雅、亲切。

兰花型

10~12cm

**（卡特兰）春天红日** *Slc.* 'Spring Sunset'

**属:** 卡特兰属。属间杂种。**识别** **特征:** 属红色花系。**花:** 花大型,每个花序有 1~3 朵花,花瓣和萼片深红色,唇瓣及侧瓣边缘呈波状皱褶,基部黄色。**花期:** 秋季。**用途** **布置:** 摆放卧室、窗台,碧叶红花,洋溢出一派喜庆氛围。

兰花型

12~14cm

**（卡特兰）春潮** *Lc.* 'Spring Splash'

**属:** 卡特兰属。属间杂种。**识别** **特征:** 属白花红唇系。**花:** 花大型,单朵,花瓣和萼片白色,唇瓣紫红色,有白色镶边,基部浅黄色。**花期:** 夏季。**用途** **布置:** 用白瓣红唇的卡特兰点缀室内家居,淡雅明秀。

兰花型

12~14cm

**（卡特兰）黄眼** *Blc.* 'Yellow Eye'

**属:** 卡特兰属。属间杂种。**识别** **特征:** 属紫色花系。**花:** 花大型,每个花序 1~2 朵花,花紫红色,唇瓣基部有 2 块黄色圆斑。**花期:** 夏秋季。**用途** **布置:** 姹紫嫣红的卡特兰被广泛用于新娘捧花、餐桌摆花、宴会插花和装饰婚车等。

兰花型

10~13cm

**（卡特兰）泰洛** *Pot.* 'Taylor'

**属:** 卡特兰属。属间杂种。**识别** **特征:** 属红色花系。**花:** 花中型,每 1 花梗着生 1~2 朵花,花瓣和萼片深红色,唇瓣基部有 1 个黄色斑块,蕊柱白色。**花期:** 秋季。**用途** **布置:** 摆放卧室、窗台,碧叶红花,洋溢出一派喜庆氛围。

兰花型

8~10cm

**(大花蕙兰)弦月** *Cymbidium* 'Lunette'

**属:** 兰属。栽培品种。**识别** **特征:** 属粉色花系。**花:** 花大型,花茎着花10余朵,花瓣淡粉红色,中肋有粉红色宽脉纹,唇瓣淡粉色,裂片先端有红色宽斑和小斑点,喉部有黄色斑。**花期:** 冬春季。**用途** **布置:** 宜喜庆或节日时赠送,也常用于新娘捧花。

兰花型

6~8cm 

**(大花蕙兰)巴塞罗那**
*Cymbidium* 'Barcelona'

**属:** 兰属。栽培品种。**识别** **特征:** 属绿色花系。**花:** 花中型,花茎着花10~16朵,花瓣和萼片深绿色,唇瓣尖端有红色"V"字形宽瓣,喉部有一黄斑。**花期:** 秋冬季。**用途** **布置:** 除盆栽观赏外,还广泛用于插花观赏。

兰花型

8~10cm 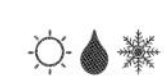

**(大花蕙兰)哈里小精灵**
*Cymbidium* 'Harry's Elf'

**属:** 兰属。栽培品种。**识别** **特征:** 属白色花系。**花:** 花瓣和萼片白色,有浅粉色晕,花瓣背面中肋粉红色,唇瓣白色,前端散生红色小斑点,喉部黄色,蕊柱白色。**花期:** 春季。**用途** **赠:** 双鱼座和属狗之人的幸运之花。

兰花型

6~8cm 

**(大花蕙兰)尼内** *Cymbidium* 'Niene'

**属:** 兰属。栽培品种。**识别** **特征:** 属红色花系。**花:** 花中型,每个花茎着花6~10朵,花瓣和萼片浅粉色,边缘稍深,唇瓣白色,瓣缘有红色小斑点,组成"V"字形,喉部白色。**花期:** 春季。**用途** **赠:** 双鱼座和属狗之人的幸运之花。

兰花型

6~8cm 

**(大花蕙兰)小宝石**
*Cymbidium* 'Little Jewel'

**属:** 兰属。栽培品种。**识别** **特征:** 属绿色花系。**花:** 花中型,每个花茎有花10余朵,花瓣和萼片绿色,唇瓣白色,喉部黄色,蕊柱白色。**花期:** 秋冬季。**用途** **布置:** 除盆栽观赏外,还广泛用于插花欣赏。

兰花型

6~8cm 

**(大花蕙兰)红天使**
*Cymbidium* 'Red Angel'

**属:** 兰属。栽培品种。**识别** **特征:** 属红色花系。**花:** 花大型,每个花茎着花8~10朵,花萼和花瓣红色,边缘白色,唇瓣白色,瓣端有1个红色"V"字形斑块,喉部红色。**花期:** 秋冬季。**用途** **布置:** 广泛用于插花观赏。

兰花型

8~10cm 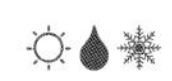

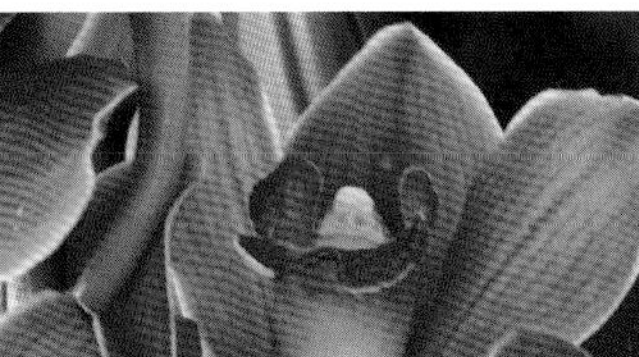

**(大花蕙兰)红爷**
*Cymbidium* 'Robuko Jimkoi'

**属:** 兰属。栽培品种。**识别** **特征:** 属红色花系。**花:** 花大型,每个花茎着花10余朵,花瓣和萼片深红色,唇瓣白色,瓣端有1个深红色"U"字形斑块,喉部红色,蕊柱白色。**花期:** 春季。**用途** **赠:** 双鱼座和属狗之人的幸运之花。

兰花型

8~10cm 

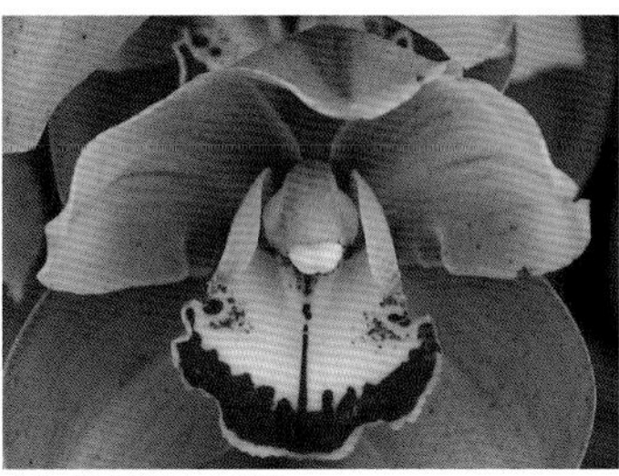

**(大花蕙兰)黑湖**
*Cymbidium* 'Black Lake'

**属:** 兰属。栽培品种。**识别** **特征:** 属黄色花系。**花:** 花大型,每个花茎有花8~10朵,花瓣和萼片褐黄色,有暗脉纹,唇瓣白色,前端有"U"字形红斑,蕊柱白色。**花期:** 春季。**用途** **布置:** 除盆栽观赏外,还广泛用于插花欣赏。

兰花型

8~10cm 

**（石斛）维邦 1 号**
***Dendrobium* 'Vibon No.1'**

**属：**石斛属。栽培品种。**识别 特征：**属秋石斛系蝴蝶石斛类。**花：**花中型，总状花序，有花 10 余朵，花萼白色，花瓣红色，中心部分有白色脉纹，唇瓣紫红色。**花期：**秋季。**用途 赠：**许多国家将它视为“父亲节之花”。

兰花型
4~5cm

**（石斛）幻想 *Dendrobium* 'Fantasia'**

**属：**石斛属。栽培品种。**识别 特征：**属春石斛系。**花：**花大型，花 1~3 朵着生于叶腋间，花紫红色，唇瓣多毛，中央有一大块深紫红色斑，中部黄色，边缘有一紫红色宽环带。**花期：**春夏季。**用途 布置：**宜摆放门庭、走廊或客厅。

兰花型
4~6cm

**（石斛）托坦科 *Dendrobium* 'Totenko'**

**属：**石斛属。栽培品种。**识别 特征：**属春石斛系。**花：**花中型，每个花序有花 8~10 朵，花萼和花瓣白色，边缘玫红色，唇瓣基部有 1 个褐红色斑，蕊柱红色。**花期：**春夏季。**用途 布置：**宜吊盆摆放居室客厅、门厅、走廊或书架。

兰花型
5~6cm

**（石斛）熊猫 2 号**
***Dendrobium* 'Panda No.2'**

**属：**石斛属。栽培品种。**识别 特征：**属秋石斛系。**花：**花中型，每个花序有花 6~10 朵，花萼和花瓣白色，花瓣上半部紫红色，唇瓣直伸，白色，前半部紫红色，花基部有浅绿色晕。**花期：**全年。**用途 布置：**宜摆放门庭、走廊或客厅。

兰花型
4~5cm

**（石斛）玛丽·特罗西**
***Dendrobium* 'Marie Terrothe'**

**属：**石斛属。栽培品种。**识别 特征：**属秋石斛系。**花：**花中型，每个花序有花 6~8 朵，花萼和花瓣白色，具深红色脉纹，瓣端呈红色，唇瓣白色。**花期：**秋季。**用途 赠：**石斛兰的花语为“欢迎您，亲爱的”。

兰花型
4~6cm

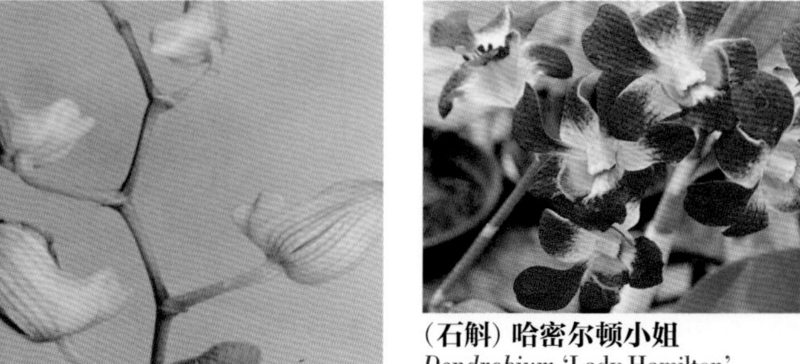

**（石斛）哈密尔顿小姐**
***Dendrobium* 'Lady Hamilton'**

**属：**石斛属。栽培品种。**识别 特征：**属春石斛系。**花：**花中型，花密生于节间，每个花序有花 5~8 朵，花萼和花瓣深紫红色，中心部分黄色。**花期：**春夏季。**用途 布置：**宜摆放门庭、走廊或客厅。

兰花型
4~6cm

**（石斛）瓦加利 *Dendrobium* 'Vacharee'**

**属：**石斛属。栽培品种。**识别 特征：**属秋石斛系。**花：**花中型，每个花序有花 8~10 朵，花萼和花瓣深紫红色，唇瓣紫红色，仅花的中心部分白色。**花期：**全年。**用途 布置：**宜吊盆摆放居室客厅、门厅、走廊或书架。

兰花型
4~5cm

**（石斛）蓬巴杜**
***Dendrobium* 'Pombadoaur'**

**属：**石斛属。栽培品种。**识别** **特征：**属秋石斛系。**花：**花中型，每个花序有花6~8朵，花萼和花瓣紫红色，背面白色或浅粉色，唇瓣紫红色，蕊柱白色。**花期：**秋季。**用途** **布置：**宜摆放门庭、走廊或客厅。

兰花型

4~6cm

**（树兰）红花树兰 *Epidendrum radicans***

**别称：**血红树兰。**属：**树兰属。**原产地：**中美洲。**识别** **特征：**植株丛生。**花：**花茎直立，每个花序有花10余朵，萼片和花瓣形状相似，红色，唇瓣3裂，边缘齿状，橙红色。**花期：**冬春季。**叶：**互生，长椭圆形，革质。**用途** **布置：**宜吊盆摆放居室客厅、门厅、走廊或书架。

兰花型

3~4cm

**（树兰）紫花树兰**
***Epidendrum* 'Porphyreum'**

**属：**树兰属。栽培品种。**识别** **特征：**植株丛生。**花：**每个花序有花10朵以上，花萼和花瓣形状相近，紫红色，唇瓣半圆形，瓣端3裂，白色，有流苏边。**花期：**冬春季。**叶：**叶互生，长椭圆形，革质。**用途** **布置：**宜吊盆摆放居室客厅、门厅、走廊或书架。

兰花型

3~4cm

**（石斛）诺曼 *Dendrobium* 'Norman'**

**属：**石斛属。栽培品种。**识别** **特征：**属秋石斛系羚羊角扭瓣类。**花：**花中型，花序长，着生茎顶部，有花10余朵，绿白色，花瓣强烈扭曲，侧花瓣带状，呈羚羊角状向上扭曲。**花期：**秋冬季。**用途** **布置：**宜摆放门庭、走廊或客厅。

兰花型

4~5cm

**（树兰）沙漠天堂 *Epidendrum* 'Desert Sky'**

**属：**树兰属。栽培品种。**识别** **特征：**植株丛生。**花：**每个花序有花10朵以上，花小，金黄色，唇瓣黄色有流苏边。**花期：**夏秋季。**叶：**互生，长椭圆形，革质。**用途** **布置：**宜吊盆摆放居室客厅、门厅、走廊或书架。

兰花型

3~4cm

**（文心兰）宽唇文心兰**
***Oncidium ampliatum***

**属：**文心兰属。**原产地：**危地马拉、哥斯达黎加。**识别** **花：**花茎直立，长约1米，花小，金黄色，基部具红褐色斑点，唇瓣宽，金黄色。**花期：**冬春季。**用途** **布置：**盆栽摆放在居室、窗台、阳台，如一群舞女舒展长袖在绿丛中翩翩起舞。

兰花型

3~4cm

**（文心兰）罗斯** ***Oncidium* 'Romsey'**

**属：**文心兰属。栽培品种。**识别** **花：**花序长30~50厘米，花小密集，花瓣小，金黄色，基部有褐色条斑，唇瓣大，金黄色。**花期：**全年。**用途** **赠：**用文心兰花束赠送女友，赞美她婀娜多姿、美丽活泼。

兰花型
2~2.5cm

**（文心兰）蝶花文心兰** ***Oncidium papilio***

**别称：**飞蝶兰。**属：**文心兰属。**原产地：**热带美洲。**识别** **花：**花大，似蛾蝶状，萼片线状，棕红色，花瓣黄色，有紫红色条斑，唇瓣大，黄色，周边紫红色。**花期：**全年。**用途** **布置：**宜摆放在客厅、窗台。

兰花型
10~15cm

**（文心兰）艾尔芬** ***Oncidium* 'Elfin'**

**属：**文心兰属。栽培品种。**识别** **花：**花序长，花小密集，花萼和花瓣小，红褐色，边缘具深黄色，唇瓣大，金黄色，基部褐红色。**花期：**夏秋季。**用途** **布置：**为热销栽培品种，宜摆放在客厅、窗台。

兰花型
2~3cm

**（文心兰）永久1005**
***Oncidium* 'EL1005'**

**属：**文心兰属。栽培品种。**识别** **花：**花序长50~60厘米，花小密集，花萼和花瓣褐红色，唇瓣白色，基部具红色斑块，中心有一红色斑。**花期：**夏秋季。**用途** **布置：**为近年来推出的新品种，宜摆放在客厅、窗台。

兰花型
3~4cm

**（文心兰）红舞** ***Oncidium* 'Red Dance'**

**属：**文心兰属。栽培品种。**识别** **花：**花序长40~50厘米，花大密集，花瓣和花萼深红色，唇瓣大，深红色，花的下半部镶嵌白色花纹。**花期：**夏秋季。**用途** **赠：**用文心兰为主花的花束赠送舞蹈家最为合适。

兰花型
3~5cm

**（兜兰）同色兜兰** *Paphiopedilum concolor*

**别称：**黄花兜兰、斑点兜兰。**属：**兜兰属。**原产地：**中国西南地区以及缅甸、泰国、越南、柬埔寨、老挝等。**识别 特征：**属斑叶种。**花：**有花1~3朵，几乎同时开放，浅黄色，外侧面密布紫红色小斑点。**花期：**4~6月。**用途 赠：**作为幸运之花互赠，给对方带来好运。

兰花型
5~7cm

**（兜兰）大斑点兜兰**
*Paphiopedilum bellatulum*

**别称：**小唇兜兰。**属：**兜兰属。**原产地：**缅甸、泰国、印度和中国云南，生长于热带岩石上。**识别 特征：**属斑叶种。**花：**花茎非常短，花大，呈贝壳状，米白色，布满紫红色斑点。**花期：**4~9月。**用途 布置：**宜摆放窗台、书桌或儿童房。

兰花型
5~8cm

**（兜兰）杏黄兜兰**
*Paphiopedilum armeniacum*

**别称：**金兜、金拖鞋、金童。**属：**兜兰属。**原产地：**中国云南碧江地区。**识别 特征：**属斑叶种。**花：**花单朵，有时开双朵，杏黄色，兜唇大，呈椭圆卵形，蕊柱有红斑。**花期：**春季。**用途 赠：**有"袋袋饱满"之意。

兰花型
6~10cm

**（兜兰）费氏兜兰**
*Paphiopedilum fairrieanum*

**属：**兜兰属。**原产地：**印度、不丹和锡金。**识别 特征：**属绿叶种。**花：**花单朵，白色，具紫色条纹，背萼大，白色，有多条紫色条脉，兜唇浅褐黄色，有数条紫色条纹。**花期：**冬春季。**用途 布置：**主要用于盆栽观赏，点缀阳台、窗台和居室。

兰花型
6~8cm

**（兜兰）报春兜兰**
*Paphiopedilum primulinum*

**属：**兜兰属。**原产地：**印度尼西亚。**识别 特征：**属绿叶种。**花：**有花1~3朵，花黄绿色，翼瓣扭曲，边缘密生细毛，兜唇淡黄白色。**花期：**夏季至秋季。**用途 布置：**花枝可用于插花欣赏，装饰室内。

兰花型
5~6cm

**（兜兰）彩云兜兰** *Paphiopedilum wardii*

**属：**兜兰属。**原产地：**中国云南和缅甸。**识别 特征：**属斑叶种。**花：**花茎粗壮，花单朵，花瓣布满紫褐色斑点和条纹，背萼白色，有绿色条纹，兜唇布满褐色斑点。**花期：**夏季。**用途 布置：**宜摆放窗台、书桌或儿童房。

兰花型
8~10cm

**（蝴蝶兰）冬雪**
***Phalaenopsis* 'Winter Snow'**

**属：**蝴蝶兰属。栽培品种。**识别 特征：**属白色花系。**花：**每个花序有花10朵以上，花萼和花瓣白色，唇瓣白色，喉部黄色，并有红色斑点。**花期：**春季。**用途 布置：**宜摆放窗台、客厅地柜或镜前。

兰花型
8~10cm

**（蝴蝶兰）苏拉特** ***Phalaenopsis* 'Seurat'**

**属：**蝴蝶兰属。栽培品种。**识别 特征：**属斑点花系。**花：**每个花序有花6~8朵，花萼和花瓣白色有浅粉色晕，布满红色细点，唇瓣三角状，粉红色，蕊柱白色。**花期：**秋季。**用途 布置：**宜摆放窗台、客厅地柜或镜前，也可用于组合盆栽观赏。

兰花型
8~10cm

**（蝴蝶兰）红天使**
***Phalaenopsis* 'Red Angel'**

**属：**蝴蝶兰属。栽培品种。**识别 特征：**属红色花系。**花：**每个花序有花6~8朵，花萼和花瓣紫红色，边缘白色，唇瓣紫红色，喉部黄色。**花期：**秋冬季。**用途 布置：**婚礼中作佩饰。**赠：**宜情人节赠予女友、儿童节送给小朋友。

兰花型
6~8cm

**（蝴蝶兰）新谷川**
***Phalaenopsis* 'Tanigawa'**

**属：**蝴蝶兰属。栽培品种。**识别 特征：**属白色花系。**花：**每个花序有花10朵以上，花萼和花瓣白色，唇瓣白色，喉部黄色，有红色条纹。**花期：**秋季。**用途 布置：**婚礼中作佩饰。**赠：**宜情人节赠予女友、儿童节送给小朋友。

兰花型
7~8cm

**（蝴蝶兰）三益小精灵**
***Phalaenopsis* 'Jetgreen Pixie'**

**属：**蝴蝶兰属。栽培品种。**识别 特征：**属迷你花系。**花：**有花10余朵，花萼和花瓣白色，中肋有较对称的大小不等的红褐色斑点，唇瓣三角状，白色，喉部黄色，有红褐色条纹，蕊柱白色。**花期：**春季。**用途 布置：**宜摆放窗台、客厅地柜或镜前。

兰花型
6~7cm

**（蝴蝶兰）情人节** ***Phalaenopsis* 'Qingrenjie'**

**属：**蝴蝶兰属。栽培品种。**识别 特征：**属白色花系。**花：**每个花序有花7~9朵，花大，花萼和花瓣白色，花萼和花瓣基部有浅紫红色晕，唇瓣深红色，喉部长有1对黄白色小花瓣和红色条纹。**花期：**冬季。**用途 布置：**宜摆放窗台、客厅地柜或镜前。

兰花型
6~7cm

**（蝴蝶兰）槟榔小姐**
*Phalaenopsis* 'Pinlong Lady'

**属：**蝴蝶兰属。栽培品种。**识别** **特征：**属红色花系。**花：**每个花序有花 10 朵以上，花萼和花瓣深紫红色，边缘色较浅，唇瓣紫红色，喉部黄色，有紫红色条纹。**花期：**秋冬季。**用途** **布置：**婚礼中作佩饰。**赠：**宜情人节赠予女友、儿童节送给小朋友。

兰花型
8~10cm 

**（蝴蝶兰）珊瑚岛**
*Phalaenopsis* 'Coral Isles'

**属：**蝴蝶兰属。栽培品种。**识别** **特征：**属红色花系。**花：**每个花序有花 2~3 朵，花萼和花瓣质厚，深红色，唇瓣三角状，深红色。**花期：**夏季。**用途** **布置：**婚礼中作佩饰。**赠：**宜情人节赠予女友、儿童节送给小朋友。

兰花型
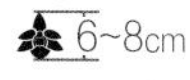6~8cm 

**（蝴蝶兰）希安雪皇后** *Phalaenopsis* 'Chianxen Queen'

**属：**蝴蝶兰属。栽培品种。**识别** **特征：**属黄色花系。**花：**每个花序有花 9~11 朵，花萼和花瓣黄色，基部有红晕和深色隐条纹，唇瓣深红色，喉部黄色有红条纹，蕊柱白色。**花期：**春季。**用途** **布置：**婚礼中作佩饰。**赠：**宜情人节赠予女友、儿童节送给小朋友。

兰花型
5.5~6cm

**（蝴蝶兰）小玛莉**
*Phalaenopsis* 'Little Mary'

**属：**蝴蝶兰属。栽培品种。**识别** **特征：**属粉色花系。**花：**花茎分枝，有花 10 朵以上，花小而多，花萼和花瓣紫红色，唇瓣深紫红色，喉部黄色有紫红斑点。**花期：**秋冬季。**用途** **布置：**宜摆放窗台、客厅地柜或镜前。

兰花型
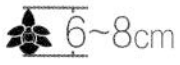6~8cm

**（蝴蝶兰）烟火** *Phalaenopsis* 'Yanhuo'

**属：**蝴蝶兰属。栽培品种。**识别** **特征：**属条纹花系。**花：**每个花序有花 5~8 朵，花萼和花瓣浅黄色，有红色脉纹，唇瓣三角状，深红色，喉部白色。**花期：**春季。**用途** **布置：**婚礼中作佩饰。**赠：**宜情人节赠予女友、儿童节送给小朋友。

兰花型
6~8cm

**（蝴蝶兰）金安曼**
*Phalaenopsis* 'Golden Amboin'

**属：**蝴蝶兰属。栽培品种。**识别** **特征：**属黄色花系。**花：**每个花序有花 5~8 朵，花萼和花瓣黄色，有红色斑点，基部白色，唇瓣橙红色，边缘白色。**花期：**夏季。**用途** **布置：**宜摆放窗台、客厅地柜或镜前。

兰花型
5~7cm

**（万代兰）白花罗斯·戴维斯**
*Vanda* 'Rose Davis Alba'

**属:** 万带兰属。栽培品种。**识别** **花:** 每个花序有花 10 朵左右，花大，花萼和花瓣白色，唇瓣小，白色。**花期:** 秋季。**用途** **布置:** 宜盆栽或吊盆摆放客厅、窗台或门庭。

兰花型
5~6cm

**（万代兰）甜蜜三色万代兰**
*Vanda tricolor* var. *suaris*

**属:** 万代兰属。**原产地:** 爪哇。**识别** **花:** 花萼和花瓣白色，具紫红色斑点。**花期:** 7 月。**用途** **赠:** 万代兰花朵大，形美色艳，尤以蓝色花朵更为突出，为洋兰中的精品，适合赠送长辈。

兰花型
5~7cm

**（万代兰）罗伯特** *Vanda* 'Robert'

**属:** 万代兰属。栽培品种。**识别** **花:** 每个花序有花 5~6 朵，花上半部淡紫色，下半部深褐红色，有网纹和斑点，唇瓣小，淡紫色。**花期:** 春季。**用途** **布置:** 宜盆栽或吊盆摆放客厅、窗台或门庭。

兰花型
7~8cm

**（万代兰）多尘** *Vanda* 'Mood Indigo Many Motes'

**属:** 万代兰属。栽培品种。**识别** **花:** 每个花序有花 10 朵以上，花萼和花瓣白色，密生红色斑点，唇瓣深红色，喉部白色。**花期:** 秋季。**用途** **布置:** 宜摆放客厅、书房或悬挂窗台、阳台，清新素雅。

兰花型
4~5cm

**（万代兰）蓝色梦幻**
*Vanda* 'Blue Dream'

**属:** 万代兰属。栽培品种。**识别** **花:** 每个花序有花 5~7 朵，花萼和花瓣蓝紫色，唇瓣小，紫色。**花期:** 秋季。**用途** **布置:** 宜盆栽或吊盆观赏，具有东方风韵。

兰花型
4~5cm

**（万代兰）亨利** *Vanda* 'Henry'

**属**：万代兰属。栽培品种。**识别** **花**：每个花序有花5~6朵，花大，萼片和花瓣的形状和颜色接近，紫色满披深褐红色网纹和斑点，唇瓣小，淡紫色，瓣端紫黑色。**花期**：秋季。**用途** **布置**：宜盆栽或吊盆摆放客厅、窗台或门庭。

兰花型

7~8cm

**（万代兰）可爱** *Vanda* 'Fuchs Delight'

**别称**：富克斯之喜。**属**：万代兰属。栽培品种。**识别** **花**：每个花序有花5~10朵，花萼和花瓣蓝紫色，网纹颜色较深，唇瓣小，深蓝色，蕊柱白色。**花期**：冬春季。**用途** **布置**：宜盆栽或吊盆观赏，具有东方风韵。

兰花型

7~8cm

**（万代兰）费迪南德** *Vanda* 'Ferdinand'

**属**：万代兰属。栽培品种。**识别** **花**：每个花序有花5~10朵，花萼和花瓣黄色，基部有褐红色斑点，侧萼大，密布褐红色斑点和网纹，唇瓣小，黄色，基部有褐红色斑，蕊柱黄白色。**花期**：夏秋季。**用途** **布置**：宜摆放客厅、书房或悬挂窗台、阳台，清新素雅。

兰花型

6~7cm

**（万代兰）艾格尼斯·乔昆小姐**
*Vanda* 'Miss Agnes Joaquim'

**属**：万代兰属。栽培品种。**识别** **花**：每个花序有花5~8朵，花大，花萼白色，具玫瑰红色晕，花瓣较大，紫红色，唇瓣宽，紫色，喉部黄色，具红色斑点。**花期**：全年。**用途** **布置**：宜盆栽或吊盆观赏，具有东方风韵。

兰花型

8cm

**（万代兰）蓝网万代兰** *Vanda coerulea*

**别称**：蓝花万代兰、大花万代兰。**属**：万代兰属。**原产地**：印度北部、喜马拉雅地区、缅甸。**识别** **花**：花萼和花瓣淡蓝色，有天蓝色格式网纹，唇瓣小，蓝色。**花期**：7月至翌年1月。**用途** **赠**：万代兰花朵大，尤以蓝色花朵更为突出，为洋兰中的精品，适合赠送长辈。

兰花型

5~10cm

**（万代兰）费氏金**
*Vanda* 'Phetchaburi Gold'

**属**：万代兰属。栽培品种。**识别** **花**：每个花序有花5~8朵，花萼和花瓣黄绿色，唇瓣小，瓣端有浅红色晕。**花期**：春季。**用途** **布置**：宜摆放客厅、书房或悬挂窗台、阳台，清新素雅。

兰花型

7~8cm

**象牙白凤兰** *Angraecum eburneum*

**别称：**大彗星兰。**属：**彗星兰属。**原产地：**马达加斯加。**识别** **花：**花序长达1米，花星状，花萼和花瓣绿色，唇瓣宽，生有长距，似象牙白色。**花期：**冬春季。**叶：**舌状，覆瓦状排列，呈扇状，革质，中绿色至深绿色。**用途** **布置：**宜盆栽、装点居室窗前、走廊或花架。

兰花型

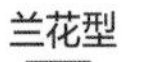
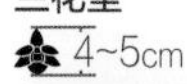
4~5cm

**长萼兰** *Brassia maculata*

**别称：**蜘蛛兰、超长萼兰。**属：**长萼兰属。**原产地：**哥斯达黎加、巴拿马、哥伦比亚、厄瓜多尔、秘鲁。**识别** **花：**总状花序，有花10余朵，花黄绿色，有褐色斑点，花瓣长披针形，唇瓣三角状。**花期：**春季。**叶：**顶生1叶，椭圆形，绿色。**用途** **布置：**宜盆栽或吊盆摆放窗前、隔断或壁挂。

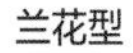
兰花型

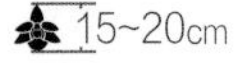
15~20cm

**白花瓢唇兰** *Catasetum russellianum*

**属：**龙须兰属。**原产地：**中美洲热带地区。**识别** **花：**花茎倾斜，有花8~10朵，萼片、花瓣和唇瓣均为白色。**花期：**春季。**叶：**顶生叶4~6枚，长舌披针形，深绿色。**用途** **布置：**宜盆栽摆放在书桌、炉台或茶几上。

兰花型

3~4cm

**血叶兰** *Ludisia discolor*

**别称：**石蚕。**属：**血叶兰属。**原产地：**中国南部、越南、泰国、马来西亚。**识别** **花：**总状花序顶生，有花7~10朵，花白色。**花期：**秋季。**叶：**卵形，叶面紫红色，呈天鹅绒状，有金黄色脉纹，背面淡红色。**用途** **布置：**宜摆放书桌或茶几。

兰花型

1~1.2cm

**钻喙兰** *Rhynchostylis retusa*

**别称：**喙蕊兰。**属：**钻喙兰属。**原产地：**印度、缅甸、马来西亚、菲律宾、泰国、老挝和中国云南。**识别** **花：**花序下垂，有花10朵以上，排列紧密，形似狐尾，花萼和花瓣白色，有红色斑点，唇瓣红色。**花期：**夏秋季。**叶：**宽带状、肉质。**用途** **布置：**宜摆放阳台、窗台或门庭。

兰花型

2~3cm

**美丽蕾丽兰** *Laelia speciosa*

**属：**蕾丽兰属。**原产地：**墨西哥、危地马拉。**识别** **特征：**假鳞茎小。**花：**花序细长，有花3~4朵，花萼和花瓣白色，有淡紫色晕，唇瓣白色，中心有黄色晕。**叶：**狭椭圆形。**花期：**春季。**用途** **布置：**摆放花架、阳台、窗台更显典雅豪华，有较高品位和韵味。

兰花型

8~10cm

**白及** *Bletilla striata*

**别称**：双肾草、羊角七。**属**：白及属。**原产地**：中国。**识别** **花**：总状花序顶生，有花 4~7 朵，紫红色。**花期**：春季至夏初。**叶**：长圆状披针形，平行脉突起亮绿色。**用途** **布置**：宜在花境、山石旁丛植或做稀疏林下的地被植物。

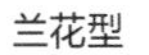

兰花型

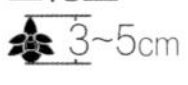

3~5cm

**库莉娜薄叶兰** *Lycaste* 'Koolena'

**属**：薄叶兰属。栽培品种。**识别** **花**：花茎直立，着花 1 朵，萼片呈三角形分布，紫粉色，花瓣短而宽，紫粉色，唇瓣端稍尖，白色，喉部红色。**花期**：春季。**叶**：薄革质、中绿色。**用途** **布置**：宜摆放阳台、窗台或门庭。

兰花型

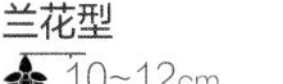

10~12cm

**红花爪唇兰** *Gongora coccinea*

**属**：爪唇兰属。**原产地**：中美和南美北部。**识别** **花**：总状花序下垂，有花 10 余朵，小花褐红色，有长柄。**花期**：夏季。**叶**：顶生 2 叶，卵圆形，革质，边缘波状，绿色。**用途** **布置**：宜摆放阳台、窗台或门庭。

兰花型

5~7cm

**变色腭唇兰** *Maxillaria* var. *abilis*

**属**：腭唇兰属。**原产地**：墨西哥、巴拿马。**识别** **花**：花茎粗壮，着生 1 朵花，花萼和花瓣深红色，唇瓣血红色，蕊柱黄色。**花期**：冬春季。**叶**：叶小、线形，革质。**用途** **布置**：宜盆栽摆放在书桌或茶几上。

兰花型

3~4cm

**球茎毛兰** *Eria globifera*

**属**：毛兰属。**原产地**：越南、泰国和中国云南。**识别** **花**：总状花序基生，密生白色柔毛，花茎倾斜，有花 8~10 朵，萼片黄绿色，背面密生白色柔毛，花瓣小，合抱，黄色，唇瓣黄色。**花期**：春季。**叶**：3~5 枚，长舌形，肉质。**用途** **布置**：宜盆栽摆放在书桌、炉台或茶几上。

兰花型

0.8~1cm

**螺形围柱兰** *Encyclia cochleatum*

**属**：围柱兰属。**原产地**：美国、墨西哥、巴西。**识别** **花**：每个花序有花 4~5 朵，花萼、花瓣狭长，浅绿色，唇瓣围绕蕊柱，中裂片较大，呈心形，黄绿色，有蓝色斑，蕊柱白色。**花期**：春季。**叶**：近顶生，肉质。**用途** **布置**：宜盆栽摆放在阳台、窗台上或门庭。

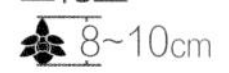

兰花型

8~10cm

**美丽足柱兰** *Dendrochilum speciosum*

**属**：足柱兰属。**原产地**：菲律宾和中国云南。**识别** **花**：每个花序有花 30 朵以上，花小，花萼和花瓣绿色。**花期**：春季。**叶**：叶阔披针形，革质，深绿色。**用途** **布置**：宜盆栽摆放在书桌、炉台或茶几上。

兰花型

0.5~0.6cm

**萼脊兰** *Phalaenopsis japonica*

**属：**蝴蝶兰属。**原产地：**中国云南。**识别** **花：**总状花序，花茎粗壮，嫩绿色，有花 10 朵以上，萼片和花瓣相似，白色，唇瓣匙形，白色，有紫色斑点。**花期：**春季。**叶：**叶 4~5 枚，扁平。**用途** **布置：**宜盆栽摆放在书桌或茶几上，清新典雅。

兰花型

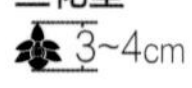 3~4cm 

**鹤顶兰** *Phaius tancarvilleae*

**属：**鹤顶兰属。**原产地：**亚洲和大洋洲热带和亚热带地区。**识别** **花：**每个花序有花 9~13 朵，花萼和花瓣褐色，背面白色，唇瓣长，褐红色，背面基部白色。**花期：**春季。**叶：**叶 3~5 枚，深绿色，叶基部收窄为长柄。**用途** **布置：**宜摆放阳台、窗台或门庭。

兰花型

 7~8cm 

**独蒜兰** *Pleione bulbocodioides*

**别称：**一叶兰。**属：**独蒜兰属。**原产地：**中国西南、华南地区。**识别** **花：**顶生 1~2 朵花，花淡紫色或粉红色，唇瓣大，有深红色斑点，裂片边缘具短须。**花期：**春季。**叶：**披针形至椭圆形，浅绿色。**用途** **布置：**宜摆放窗台、案头或茶几。

兰花型

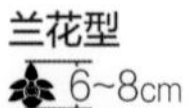 6~8cm

**阿丁莱堇色兰** *Miltonia candida*

**属：**丽堇兰属。**原产地：**巴西。**识别** **花：**花茎直立或弓形，有花 3~7 朵，有芳香，花萼和花瓣栗褐色，顶端有黄色斑点，唇瓣椭圆形白色，裂片边缘波状，呈漏斗状，基部玫瑰红色。**叶：**顶生 2 叶。**花期：**春季。**用途** **布置：**宜摆放阳台、窗台或门庭。

兰花型

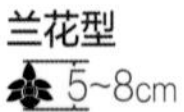 5~8cm 

**大齿瓣兰** *Odontoglossum grande*

**别称：**虎兰。**属：**齿舌兰属。**原产地：**危地马拉、墨西哥。**识别** **花：**花茎直立，有花 4~8 朵，花大，花萼黄色有褐色斑块，花瓣一半为淡褐红色，顶部黄色，唇瓣米白色具褐色斑点，喉部橙红色。**花期：**夏季。**用途** **布置：**宜盆栽摆放在书桌或茶几上。

兰花型

 12~15cm 

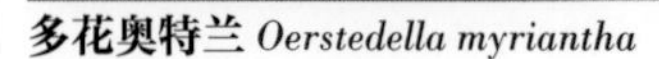

**多花奥特兰** *Oerstedella myriantha*

**属：**奥特兰属。**原产地：**危地马拉、墨西哥、洪都拉斯。**识别** **花：**花序着生于茎顶端，有花 3~5 朵，萼片和花瓣形状大小相似，淡紫色，唇瓣大，“人”字状，淡紫色。**花期：**春季。**叶：**竹叶状，翠绿色。**用途** **布置：**宜摆放窗台或门庭。

兰花型

6~7cm

**（千代兰）贵妃** *Ascocenda* 'Guifei'

**属：**千代兰属。栽培品种。**识别 花：**每个花序有花30朵以上，花萼和花瓣金黄色至橙红色，唇瓣小，深红色，喉部黄色。**花期：**夏秋季。**叶：**舌状，呈两列互生，中绿色。**用途 赠：**千代兰的花语为“幸福”。

兰花型

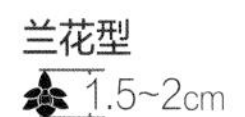1.5~2cm 

**泰国火焰兰** *Renanthera matutina*

**属：**火焰兰属。**原产地：**中国、缅甸、印度。**识别 花：**背萼狭匙形，红色，有橘黄色斑点，花瓣和侧萼片较短小，红色矩圆形，唇瓣小，黄白色，具鲜红色条纹。**花期：**春季。**用途 布置：**宜摆放阳台、窗台或门庭。

兰花型

4~6cm

**香荚兰** *Vanilla siamensis*

**属：**香荚兰属。**原产地：**墨西哥。**识别 花：**花萼和花瓣淡黄绿色，唇瓣边缘白色，喉部深黄色，果长荚形。**花期：**冬春季。**叶：**茎节长3~6米，圆柱状，淡绿色，叶绿色，叶腋间有气生根。**用途 布置：**宜盆栽摆放在书桌或茶几上。

兰花型

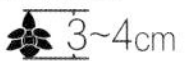3~4cm 

**（轭瓣兰）韦特** *Zygopetalum* 'White'

**属：**轭瓣兰属。栽培品种。**识别 花：**每花序有花5~10朵，花大，花萼和花瓣褐色，有黄色条纹，唇瓣白色，布满红色条纹和斑点。**花期：**秋季。**用途 布置：**宜盆栽摆放阳台、窗台或门庭。

兰花型

4~5cm  

**蝴蝶堇兰** *Miltoniopsis phalaenopsis*

**别称：**蝴蝶三色堇兰。**属：**美堇兰属。属间杂种。**识别 花：**总状花序，有花6~10朵，花白色，萼片、花瓣和唇瓣均为紫红色，仅先端露出白色。**花期：**夏季。**叶：**线状，淡绿色。**用途 布置：**宜盆栽摆放书桌或茶几。

兰花型

7~8cm 

# 罂粟科
## *Papaveraceae*

罂粟科全世界约有38属700种，主产北温带，尤以地中海地区、西亚、中亚至东亚为多。我国南北均有分布，以西南部最为集中。本节主要介绍高山罂粟属、罂粟属、花菱草属、荷包牡丹属等的代表植物。该科植物有较好的观赏价值，虞美人及其重瓣品种常见于各地公园、庭园栽培，荷包牡丹花姿优美奇特、形似荷包，都是极好的观赏花卉植物。该科多种植物有毒性，主要存在于罂粟属、博落回属中。该科植物有些种类也可入药，如紫堇属中的延胡索为著名的中药材。

**（冰岛虞美人）舞趣－白色**
*Oreomecon nudicaulis* 'Partyfun White '

碗型 · 单瓣
8~11cm

**（冰岛虞美人）仙境－黄色**
*Oreomecon nudicaulis* 'Wonderland Yellow'

碗型 · 单瓣
9~10cm

**（冰岛虞美人）仙境－双色**
*Oreomecon nudicaulis* 'Wonderland Bicolor'

碗型 · 单瓣
9~10cm

**（冰岛虞美人）仙境－白色**
*Oreomecon nudicaulis* 'Wonderland White'

**别称：**北极虞美人、冰岛罂粟。**属：**高山罂粟属。**原产地：**亚北极地区。**识别** **花：**花单生，单瓣或重瓣，有黄、白、橙和浅红等色，丰富艳丽。**花期：**夏季。**叶：**广椭圆形，基生，长3~8厘米，羽状浅裂、深裂或全裂，裂片2~4对，密生细毛，蓝绿色。**用途** **布置：**撒植在道路两侧或草坪边缘，花时像群蝶飞舞，有强烈的动感。

碗型 · 单瓣
9~10cm

**（冰岛虞美人）香槟气泡－白色**
*Oreomecon nudicaulis* 'Champagne Bubbles White'

碗型 · 单瓣
10~12cm

**（冰岛虞美人）仙境－浅黄色** *Oreomecon nudicaulis* 'Wonderland Light Yellow'

碗型 · 单瓣
9~10cm

**（冰岛虞美人）仙境－浅粉色** *Oreomecon nudicaulis* 'Wonderland Light Pink'

碗型 · 单瓣
9~10cm

**（冰岛虞美人）仙境－浅紫色** *Oreomecon nudicaulis* 'Wonderland Light Purple'

碗型 · 单瓣

9~10cm

**（冰岛虞美人）仙境－珊瑚色** *Oreomecon nudicaulis* 'Wonderland Coral'

碗型 · 单瓣

9~10cm

**（冰岛虞美人）仙境－粉色**
*Oreomecon nudicaulis* 'Wonderland Pink'

碗型 · 单瓣

9~10cm

**（冰岛虞美人）仙境－红色**
*Oreomecon nudicaulis* 'Wonderland Red'

碗型 · 单瓣

9~10cm

**（冰岛虞美人）仙境－重瓣**
*Oreomecon nudicaulis* 'Wonderland Double'

碗型 · 重瓣

9~10cm

**（冰岛虞美人）仙境－半重瓣**
*Oreomecon nudicaulis* 'Wonderland'

碗型 · 重瓣

9~10cm

**（冰岛虞美人）仙境－猩红色**
*Oreomecon nudicaulis* 'Wonderland Scarlet'

碗型 · 单瓣

9~10cm

**（冰岛虞美人）仙境－深粉色** *Oreomecon nudicaulis* 'Wonderland Deep Pink'

碗型 · 单瓣

9~10cm

**（冰岛虞美人）仙境－橙红色** *Oreomecon nudicaulis* 'Wonderland Salmon'

碗型 · 半重瓣

9~10cm

**（冰岛虞美人）舞趣－橙红色** *Oreomecon nudicaulis* 'Partyfun Salmon'

碗型 · 单瓣

8~11cm

**（冰岛虞美人）香槟气泡－红色** *Oreomecon nudicaulis* 'Champagne Bubbles Red'

碗型 · 重瓣

10~12cm

**（虞美人）珍珠母 – 白色黑心**
*Papaver rhoeas* 'Mother of Peal White with Black Eyed'

**别称：**丽春花。**属：**罂粟属。**原产地：**欧亚地区和非洲北部。**识别** **花：**花单生，碗形，有单瓣、半重瓣和重瓣，花有红、粉红、白、橙、橙红和紫等色。**花期：**夏季。**叶：**长圆形，细分裂，淡绿色。**用途** **布置：**宜遍植向阳坡地或疏林边缘，开花时像群蝶追逐飞舞，有强烈的动感。也可插瓶观赏。

碗状 · 单瓣
14~16cm

**（虞美人）雪莉 – 粉红色**
*Papaver rhoeas* 'Shirley Pink'

碗状 · 单瓣
11~12cm

**（虞美人）珍珠母 – 白色**
*Papaver rhoeas* 'Mother of Peal White'

碗状 · 单瓣
8~10cm

**（虞美人）波浪 – 单瓣粉红色**
*Papaver rhoeas* 'Wave Pink'

碗状 · 单瓣
7~8cm

**（虞美人）波浪 – 单瓣红色**
*Papaver rhoeas* 'Wave Red'

碗状 · 单瓣
7~8cm

**（虞美人）波浪－重瓣红色**
*Papaver rhoeas* 'Wave Double Red'

碗状 · 重瓣
7~8cm

**（东方虞美人）珊瑚色**
*Papaver orientale* 'Coral'

**别称：**满园春、赛牡丹。**属：**罂粟属。**原产地：**高加索地区、土耳其、伊朗。**识别** **花：**单生，杯状，橙红色。**花期：**春夏季。**叶：**基生叶卵形至披针形，2回羽状深裂，羽片披针形或长圆形，具疏齿，中绿色。**用途** **布置：**适用于城市绿地中丛植或片植，形成花丛景观。

杯状 · 半重瓣
10~15cm

**（东方虞美人）愉快－红色**
*Papaver orientale* 'Allegro Red'

杯状 · 单瓣
10~15cm

**（虞美人）天使合唱－双色**
*Papaver rhoeas* 'Angels Choir Bicolor'

碗状 · 单瓣
10~12cm

**（东方虞美人）白粉双色**
*Papaver orientale* 'White Bicolor'

杯状 · 单瓣
10~15cm

**花菱草** *Eschscholzia californica*

**别称：**人参花、金英花。**属：**花菱草属。**原产地：**美国西南部。**识别** **花：**单花顶生，具长梗，单瓣，橙色，也有红、白、黄等色。**花期：**夏秋季。**叶：**叶基生，多回3出羽状深裂，裂片线形，灰绿色。**用途** **布置：**适用于花坛、花境和花带布置，特别适合建筑物前片植。

杯状 · 单瓣
6~7cm

**（虞美人）雪莉－红色**
*Papaver rhoeas* 'Shirley Red'

碗状 · 重瓣
11~12cm

**（东方虞美人）红色**
*Papaver orientale* 'Red'

杯状 · 半重瓣
10~15cm

**荷包牡丹** *Lamprocapnos spectabilis*

**别称：**里拉花、血心花。**属：**荷包牡丹属。**原产地：**俄罗斯西伯利亚地区、中国、朝鲜。**识别** **花：**总状花序弯垂，花形似荷包，外瓣玫红色，内瓣白色。**花期：**春夏季。**叶：**对生，2回羽状复叶，似牡丹叶片，淡绿色。**用途** **布置：**布置庭园花境、山石旁或草坪边缘，秀丽的花色充满强烈的生机和活力。

心型 · 单瓣
2.5~3cm

# 花荵科
## Polemoniaceae

花荵科植物主产北美洲西部地区，我国引入栽培的共有3属6种。本节主要介绍福禄考属的代表植物，它被认为是高雅的花园植物，是春末至夏季花境中的主力。福禄考在我国又称福禄寿，适用于城市广场、花坛、花境作大面积景观布置。地被福禄考、宿根福禄考适合庭园作花坛、花境、林下布置，营造出绿意浓浓的美丽空间。星花福禄考、圆花福禄考的花序分别为星状、圆状，用于装饰家庭居室，更添亮丽和新意。高秆种姿态典雅，用于切花观赏。

**（圆花福禄考）帕洛纳－圆瓣白色**
*Phlox paniculata* var.*rotundata* 'White'

**属：**福禄考属。**原产地：**美国。**识别** **花：**圆锥状聚伞形花序，花冠高脚碟状，裂片大而阔，呈圆状，花色有红、白、粉红、蓝、紫色和双色等。**花期：**春夏秋季。**叶：**窄披针形，无叶柄，中绿色。**用途** **布置：**可盆栽供室内装饰，用于装饰家庭居室，更添亮丽和新意。

辐射对称花 · 5瓣
2~2.5cm

**（圆花福禄考）帕洛纳－圆瓣紫色** *Phlox drummondii* var. *rotundata* 'Purple'

辐射对称花 · 5瓣
2~2.5cm

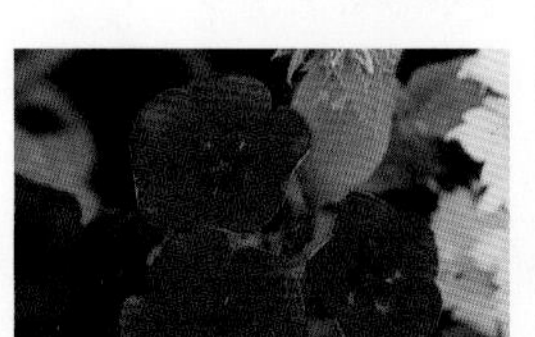

**（圆花福禄考）帕洛纳－圆瓣红色** *Phlox drummondii* var. *rotundata* 'Red'

辐射对称花 · 5瓣
2~2.5cm

**（地被福禄考）淡紫色**
*Phlox subulata* 'Light Purple'

**属：**福禄考属。**原产地：**美国。**识别** **花：**伞形花序，高脚碟状或星形，花色有紫或红，也有白、粉红、淡紫色和双色等。**花期：**春夏季。**叶：**叶片线形或椭圆形，亮绿色，长0.6~2厘米。**用途** **布置：**适用于城市广场、花坛、花境作大面积地被景观布置，营造出绿意浓郁的美丽空间。

辐射对称花 · 5瓣
1.5~2.5cm

**（地被福禄考）淡紫白双色**
*Phlox subulata* 'Light Purple Bicolor'

辐射对称花 · 5瓣
1.5~2.5cm

**（地被福禄考）威尔逊**
*Phlox subulata* 'G.F.Wilson'

辐射对称花 · 5瓣
1.5~2.5cm

**（地被福禄考）马乔里**
*Phlox subulata* 'Marjorie'

辐射对称花 · 5瓣
1.5~3cm

**（宿根福禄考）矮美－白色**
*Phlox paniculata* 'Dwarf Beauty White'

**别称：**锥花福禄考、夏福禄考。**属：**福禄考属。**原产地：**加拿大、美国东部。**识别** **花：**塔形圆锥花序顶生，花冠粉紫色，呈高脚碟状，先端5裂。**花期：**夏秋季。**叶：**叶呈"十"字状对生，长椭圆状披针形。**用途** **布置：**是布置花境、点缀草坪、庭园栽植的草本花材，也可盆栽和切花观赏。

辐射对称花 · 5瓣
1.5~2.5cm

**（宿根福禄考）矮美－浅粉色** *Phlox paniculata* 'Dwarf Beauty Light Pink'

辐射对称花 · 5瓣
1.5~2.5cm

**（宿根福禄考）矮美－粉红色** *Phlox paniculata* 'Dwarf Beauty Pink'

辐射对称花 · 5瓣
1.5~2.5cm

**（宿根福禄考）矮美－深粉色** *Phlox paniculata* 'Dwarf Beauty Deep Pink'

辐射对称花 · 5 瓣

1.5~2.5cm

**（星花福禄考）闪耀－白色紫斑**

*Phlox drummondii* var. *stellaris* 'Twinkle White with Purple'

**别称：**星花蓝绣球、针状福禄考。**属：**福禄考属。**原产地：**美国。**识别 花：**伞形花序顶生，花星状，裂片边缘有3齿裂，中齿长于两侧齿，花色有玫瑰红、洋红、粉红、白色和双色等。**花期：**春末。**叶：**狭披针形，深绿色。**用途 布置：**适用于城市广场、花坛、花境作大面积景观布置。矮生品种用于盆栽，装饰家庭居室，更添亮丽和新意；高秆种姿态典雅，用于切花观赏。

辐射对称花 · 5 瓣

1.8~2cm

**（福禄考）闪耀－玫红色**

*Phlox drummondii* var. 'Twinkle Rose'

**别称：**草夹竹桃、洋梅花。**属：**福禄考属。**原产地：**加拿大、美国东部。**识别 特征：**茎直立多分枝，有腺毛。**花：**聚伞花序顶生，花冠高脚碟状，裂片5枚，平展，圆形或星状。**花期：**春夏季。**叶：**基生叶对生，上部叶片有时互生，叶宽卵形。**用途 布置：**是园林中常见的草本花卉，适用于城市花坛、花境和花槽的配植。

辐射对称花 · 5 瓣

1.8~2cm

**（宿根福禄考）矮美－粉色红心** *Phlox paniculata* 'Dwarf Beauty Pink with Red Eyed'

辐射对称花 · 5 瓣

1.5~2.5cm

**（星花福禄考）闪耀－粉色红心** *Phlox drummondii* var. *stellaris* 'Twinkle Pink with Red Eyed'

辐射对称花 · 5 瓣

1.8~2cm

**（星花福禄考）闪耀－红白双色** *Phlox drummondii* var. *stellaris* 'Twinkle Red Bicolor'

辐射对称花 · 5 瓣

1.8~2cm

**（福禄考）闪耀－深粉色**

*Phlox drummondii* 'Twinkle Deep Fink'

辐射对称花 · 5 瓣

1.8~2cm

**（宿根福禄考）矮美－红色白心** *Phlox paniculata* 'Dwarf Beauty Red with White Eyed'

辐射对称花 · 5 瓣

1.5~2.5cm

**（星花福禄考）闪耀－玫红色粉心** *Phlox drummondii* var. *stellaris* 'Twinkle Rose with Pink Eyed'

辐射对称花 · 5 瓣

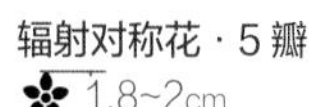

1.8~2cm

**（星花福禄考）闪耀－红色白心** *Phlox drummondii* var. *stellaris* 'Twinkle Red with White Eyed'

辐射对称花 · 5 瓣

1.8~2cm

# 马齿苋科
## *Portulacaceae*

马齿苋科植物原产于温带和热带地区，除高寒地区外，全球各地均有分布。中国幅员辽阔，横跨温带、亚热带及热带，自然生态条件复杂多样，生长着多种马齿苋科植物。马齿苋科植物约有19属580种。本节主要介绍马齿苋属、露薇花属的代表植物。半支莲是优秀的庭园花卉，开花时五彩缤纷。它还是著名的药用植物。大花马齿苋是极佳的地被植物，非常适合配植景点。露薇花为近年来新兴的观花草本植物，国内有少量引种。

**（半支莲）太阳神－白色**
*Portulaca grandiflora* 'Sundial White'

**别称：**太阳花、朝九晚五花。**属：**马齿苋属。**原产地：**巴西、阿根廷、乌拉圭。**识别 花：**花朵顶生，有单瓣、重瓣，杯状，花色有白、黄、粉红、红和玫瑰红等，也有杂色条纹状。**花期：**夏季。**叶：**圆筒形，肉质，亮绿色。**用途 药：**一味清热药。**布置：**适用于草坪边缘、城市广场和道路两侧成片栽培，也适合盆栽、花槽和岩石园布置，也是很好的庭园花卉。

杯状 · 重瓣
4~5cm

**（半支莲）太阳神－奶油色**
*Portulaca grandiflora*
'Sundial Cream'
蔷薇状 · 重瓣
4~5cm

**（半支莲）太阳神－黄色红心** *Portulaca grandiflora*
'Sundial Yellow with Red Eyed'
蔷薇状 · 重瓣
4~5cm

**（半支莲）太阳神－白淡紫双色** *Portulaca grandiflora*
'Sundial White Bicolor'
杯状 · 单瓣
4~5cm

**（半支莲）太阳神－紫红色** *Portulaca grandiflora*
'Sundial Sugar'
蔷薇状 · 重瓣
4~5cm

**（半支莲）欢乐时光－薄荷粉色** *Portulaca grandiflora*
'Happy Hour Peppermint Pink'
蔷薇状 · 重瓣
4~5cm

**（半支莲）太阳神－橙色**
*Portulaca grandiflora*
'Sundial Orange'
蔷薇状 · 重瓣
4~5cm

**（半支莲）太阳神－鲑粉色**
*Portulaca grandiflora*
'Sundial Chiffon'
蔷薇状 · 重瓣
4~5cm

**（半支莲）太阳神－橙红色**
*Portulaca grandiflora*
'Sundial Salmon'
蔷薇状 · 重瓣
4~5cm

**（半支莲）太阳神－薄荷粉色带斑** *Portulaca grandiflora*
'Sundial Peppermint Pink'
杯状 · 单瓣
4~5cm

**（半支莲）太阳神－绯红色** *Portulaca grandiflora*
'Sundial Scarlet'
蔷薇状 · 重瓣
4~5cm

**（半支莲）太阳神－桃粉色**
*Portulaca grandiflora*
'Sundial Fuchsia'
蔷薇状 · 重瓣
4~5cm

**（半支莲）太阳神－红色**
*Portulaca grandiflora*
'Sundial Red'
蔷薇状 · 重瓣
4~5cm

**（大花马齿苋）巨嘴鸟 – 白色**
*Portulaca oleracea* var. *gigantes* 'Toucan White'

**别称：**大花松叶牡丹。**属：**马齿苋属。**原产地：**南美洲。**识别** **花：**花杯状，有红、粉红、黄、淡紫、白、橙等色。**花期：**夏秋季。**叶：**叶片互生，肉质，匙形或卵形，亮绿色。**用途** **布置：**成片摆放广场、街旁或配植景点，繁花似锦，效果突出。作地被或草坪镶边，其景另具一格。盆栽和篮式栽培，点缀窗台、阳台、台阶、窗前和悬挂走廊，开花时五彩缤纷，十分耀眼。

杯状 · 单瓣
2~3cm

**（露薇花）奇特 – 白色** *Lewisia cotyledon* 'Special White'

**别称：**繁瓣花、琉维草。**属：**露薇花属。**原产地：**美国。**识别** **花：**圆锥花序，花展开的漏斗状，有粉红色、洋红色、橙色、黄色、白色等色花瓣具深色纵纹。**花期：**春夏季。**叶：**叶丛莲座状，叶片倒卵状匙形，先端圆钝，基部渐狭，全缘，深绿色。**用途** **布置：**适用于花坛、花境、花台和景点布置，是花、叶共赏的好材料。在南方地区用于观花盆栽也非常合适。

漏斗状 · 单瓣
2~4cm

**（大花马齿苋）巨嘴鸟 – 黄色**
*Portulaca oleracea* var. *gigantes* 'Toucan Yellow'

杯状 · 单瓣
2~3cm

**（大花马齿苋）巨嘴鸟 – 淡紫色** *Portulaca oleracea* var. *gigantes* 'Toucan Light Purple'

杯状 · 单瓣
2~3cm

**（大花马齿苋）巨嘴鸟 – 紫红色** *Portulaca oleracea* var. *gigantes* 'Toucan Fuchsia'

杯状 · 单瓣
2~3cm

**（大花马齿苋）巨嘴鸟 – 橙色渐变** *Portulaca oleracea* var. *gigantes* 'Toucan Orange Shades'

杯状 · 单瓣
2~3cm

**（大花马齿苋）巨嘴鸟 – 橙红色** *Portulaca oleracea* var. *gigantes* 'Toucan Orange'

杯状 · 单瓣
2~3cm

**（露薇花）奇特 – 浅黄色**
*Lewisia cotyledon* 'Special Light Yellow'

漏斗状 · 单瓣
2~4cm

**（露薇花）奇特 – 玫红色**
*Lewisia cotyledon* 'Special Rose'

漏斗状 · 单瓣
2~4cm

**（露薇花）小雅 – 浅粉色**
*Lewisia cotyledon* 'Light Pink'

漏斗状 · 单瓣
2~4cm

**（露薇花）罗西 – 橙红色**
*Lewisia cotyledon* 'Rossi Saumon'

漏斗状 · 单瓣
2~4cm

**（露薇花）紫蝶 – 浅粉**
*Lewisia cotyledon* 'Blush Pink'

漏斗状 · 单瓣
2~4cm

**（露薇花）喜洋洋 – 深洋红色** *Lewisia cotyledon* 'Deep Carmine'

漏斗状 · 单瓣
2~4cm

# 报春花科
## Primulaceae

报春花科植物广布于全世界，在我国各地均有分布，以西部高原和山区种类特别丰富。本节主要介绍报春花属的代表植物，多为美丽的庭园和盆栽花卉。报春花在我国有“青春”“万象更新”的寓意，在法国还有“初恋”“神秘的心情”等有趣花语。多花报春花大色艳，形姿优美，是圣诞节和新年的必备之物。四季报春花色富丽，形姿高雅，加上耐寒、花期长等特点，深受人们喜爱。欧洲报春花色艳丽，盆栽摆放在商场、车站、宾馆等公共场所，呈现出浓厚的春意。

**（欧洲报春）达诺瓦－黄色** *Primula vulgaris* 'Danova Yellow'

**别称：**德国报春。**属：**报春花属。**原产地：**欧洲和土耳其西部。**识别** **花：**伞形花序，着花3~25朵，高脚碟状，喉部黄色。**花期：**春季。**叶：**披针形至倒卵形，具齿和贝壳状脉纹，鲜绿色，背面有软毛。**用途** **布置：**冬春季的室内盆栽花卉，点缀客厅、书房、餐室、窗台和阳台，开花时呈现浓厚的节日气氛。

高脚碟状 · 单瓣

4~5cm

**（欧洲报春）脚尖旋转－粉色** *Primula vulgaris* 'Pirouette Pink'

高脚碟状 · 单瓣

4~5cm

**（欧洲报春）光荣－红色** *Primula vulgaris* 'Glory Red'

高脚碟状 · 单瓣

4~5cm

**（四季报春）春蕾－白色** *Primula obconica* 'Touch Me White'

**别称：**四季樱草、鄂报春。**属：**报春花属。**原产地：**中国。**识别** **特征：**茎短，褐色。**花：**伞形花序，花葶高约30厘米，顶生1轮，高脚碟状，有玫红、深红、白、碧蓝、紫红、粉红等色，还有重瓣、大花皱瓣。**花期：**冬春季。**叶：**基生，椭圆形至心形，具锯齿，中绿色。**用途** **布置：**适用盆栽点缀客厅、茶室，增添春意，成片摆放公共场所，让人更觉春光明媚。

高脚碟状 · 单瓣

2.5~4cm

**（四季报春）春蕾－红白双色** *Primulca obconia* 'Touch Me Red White'

高脚碟状 · 单瓣

2.5~4cm

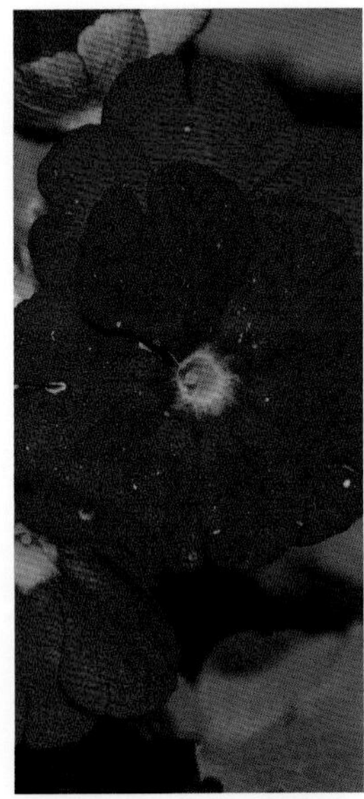

**（四季报春）春蕾－紫红色** *Primula obconica* 'Touch Me Sugar'

高脚碟状 · 单瓣

2.5~4cm

**（四季报春）春蕾－橙红色** *Primula obconica* 'Touch Me Salmon'

高脚碟状 · 单瓣

2.5~4cm

**（四季报春）春蕾－深蓝** *Primula obconica* 'Touch Me Deep Blue'

高脚碟状 · 单瓣

2.5~4cm

**（多花报春）太平洋巨人 – 白色**
*Primula × polyantha* 'Pacific Giant White'

**别称：**西洋报春。**属：**报春花属。**原产地：**中国。**识别** **花：**伞形花序，花茎高 8~15 厘米，花大，高脚碟状，花色有黄、白、橙、红、蓝、紫等，花冠喉部深黄色。**花期：**冬末至早春。**叶：**叶片倒卵形，深绿色。**用途** **布置：**是冬季十分诱人的盆栽花卉。盆栽点缀客厅、书房或餐室，开花时五彩纷呈。

高脚碟状 · 单瓣

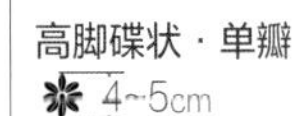
4~5cm

**（多花报春）玫瑰 – 淡紫色**
*Primula × polyantha* 'Rose Light Purple'

高脚碟状 · 单瓣
4~5cm

**（多花报春）奇妙 – 混色**
*Primula × polyantha* 'Marven Mixed'

高脚碟状 · 单瓣
4~5cm

**（多花报春）罗莎娜 – 粉色渐变** *Primula × polyantha* 'Rosanna Pink Shades'

高脚碟状 · 重瓣
4~5cm

**（多花报春）妃纯 – 白色**
*Primula × polyantha* 'Pageant White'

高脚碟状 · 单瓣
4~5cm

**（多花报春）胜利 – 金橙色**
*Primula × polyantha* 'Victory Orange'

高脚碟状 · 单瓣
4~5cm

**（多花报春）玫瑰 – 重瓣玫红色**
*Primula × polyantha* 'Rose Double Rose'

高脚碟状 · 重瓣
4~5cm

**（多花报春）玫瑰 – 黄色**
*Primula × polyantha* 'Rose Yellow'

高脚碟状 · 重瓣
4~5cm

**（多花报春）玫瑰 – 杏黄色**
*Primula × polyantha* 'Rose Apricot'

高脚碟状 · 单瓣
4~5cm

**（多花报春）巨轮 – 黄色**
*Primula × polyantha* 'Large Tyre Yellow'

高脚碟状 · 单瓣
5~6cm

**（多花报春）节日 – 双色红火焰** *Primula × polyantha* 'Festival Bicolor Red Flame'

高脚碟状 · 单瓣
4~5cm

**（多花报春）太平洋巨人 – 玫红色** *Primula × polyantha* 'Pacific Giant Rose'

高脚碟状 · 单瓣
5~6cm

**（多花报春）巨轮 – 蓝色**
*Primula × polyantha* 'Large Tyre Blue'

高脚碟状 · 单瓣

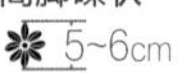
5~6cm

# 毛茛科

## *Ranunculaceae*

毛茛科植物主产北温带地区，在我国各地均有分布。本节主要介绍银莲花属、翠雀属、耧斗菜属、黑种草属、金莲花属、铁筷子属的代表植物，这类植物大多适合在庭园中引种栽培。欧洲银莲花茎叶优雅，花大色艳，是欧洲著名的春季草本花卉。穗花翠雀花序硕大成串，形似飞鸟，故有“翠雀”之称。秋牡丹常开放于少花的秋季。耧斗菜花色多样，形似蕨类植物，是美丽的宿根花卉。黑种草枝叶秀丽，花色淡雅，有“梦幻爱情”的花语。金莲花如夏夜繁星，金黄色花在草原与森林中闪耀。

**（欧洲银莲花）德·凯恩－白色**
*Anemone coronaria* 'De Caen White'

**别称**：罂粟秋牡丹、法国白头翁。**属**：银莲花属。**原产地**：地中海沿岸地区。**识别** **特征**：具褐色圆柱形根状茎。**花**：花单生，直立，无花瓣，花萼花瓣状，有单瓣、半重瓣和重瓣，花色有白、红、紫、蓝色和双色等。**花期**：春季。**叶**：根出叶3回羽裂，中绿色。**用途** **布置**：适用庭园中丛植于草地边缘，栽植花槽和台阶。开花时，繁花似锦，给人们带去喜悦的感受。若盆栽装饰窗台、阳台、客室，格调高雅，温馨美艳。

杯状 · 单瓣
10~12cm

**（欧洲银莲花）皇后－粉红双色** *Anemone coronaria* 'Queen Pink Bicolor'

杯状 · 单瓣
10~12cm

**（欧洲银莲花）德·凯恩－淡紫色** *Anemone coronaria* 'De Caen Lavender'

杯状 · 单瓣
10~12cm

**（欧洲银莲花）德·凯恩－白瓣红圈** *Anemone coronaria* 'De Caen White Petal Red Circle'

杯状 · 单瓣
10~12cm

**（欧洲银莲花）重瓣潘多拉－粉红色** *Anemone coronaria* 'Double Pandora Pink'

杯状 · 重瓣
8~10cm

**（欧洲银莲花）莫纳·利萨－玫红色**
*Anemone coronaria* 'Mona Lisa Rose'

杯状 · 单瓣
10~12cm

**（欧洲银莲花）莫纳·利萨－粉红色** *Anemone coronaria* 'Mona Lisa Pink'

杯状 · 单瓣
10~12cm

**（欧洲银莲花）重瓣潘多拉－蓝色** *Anemone coronaria* 'Double Pandora Blue'

杯状 · 重瓣
8~10cm

（欧洲银莲花）德・凯恩－淡蓝色 *Anemone coronaria* ‘De Caen Light Blue’

杯状・单瓣

10~12cm

（欧洲银莲花）莫纳・利萨－紫色 *Anemone coronaria* ‘Mona Lisa Purple’

杯状・单瓣

10~12cm

（欧洲银莲花）斯蒂・布里吉德－红色 *Anemone coronaria* ‘St.Brigid Red’

杯状・单瓣

10~12cm

**（穗花翠雀）魔泉－白色** *Delphinium elatum* ‘Magic Fountains White’

**别称：**大花翠雀、大花飞燕草。**属：**翠雀属。**原产地：**欧洲高加索、西伯利亚地区和中国西北部。**识别** **花：**总状花序，萼片花瓣状，还有半重瓣、重瓣等形态。**花期：**夏季。**叶：**掌状分裂，5~7裂，绿色。**用途** **布置：**植株直立、粗壮，丛栽时景观十分壮丽。布置花境、配植景点，显得格外引人入胜，摆放庭前、路旁或草坪边缘，十分协调。

浅碟状・半重瓣

5~6cm

（欧洲银莲花）德・凯恩－鲜红色 *Anemone coronaria* ‘De Caen Rouge Ecarlata’

杯状・单瓣

10~12cm

（穗花翠雀）魔泉－樱桃色 *Delphinium elatum* ‘Magic Fountains Cerise’

浅碟状・半重瓣

5~6cm

（穗花翠雀）太平洋巨人－浅蓝色 *Delphinium elatum* ‘Pacific Giants Light Blue’

浅碟状・半重瓣

5~7cm

（穗花翠雀）太平洋巨人－深蓝色 *Delphinium elatum* ‘Pacific Giants Deep Blue’

浅碟状・半重瓣

5~7cm

**耧斗菜** *Aquilegia viridiflora*

**别称：**西洋耧斗菜、耧斗花。**属：**耧斗菜属。**原产地：**欧洲。**识别** **花：**下垂，卵形，有蓝、紫、白、粉红、黄等色。还有花萼、花瓣具不同色的双色品种。**花期：**春夏季。**叶：**2回3出复叶，蓝绿色。**用途** **布置：**用它布置花坛、花境或点缀林缘隙地，十分活泼高雅，具有浓厚的欧式风格。

钩距型 · 单瓣
6~9cm

**（铁筷子）翡翠** *Helleborus thibetanus* 'Jadeite'

**别称：**嚏根草、圣诞玫瑰。**属：**铁筷子属。**原产地：**希腊东北部、土耳其北部和高加索地区。**识别** **花：**下垂，浅碟状，白色或淡绿色，后转为浅粉色。**花期：**冬末至春季。**叶：**基生叶，深绿色，长40厘米，掌状裂成7~9枚，小叶长椭圆形或披针形，边缘有锐齿。**用途** **布置：**盆栽摆放窗台、阳台、客室观赏。

浅碟状 · 重瓣
5~7cm

**（金莲花）阿拉斯加－双色** *Trollius Chinensis* 'Alaska Light Yellow Bicolor'

**别称：**旱金莲、金丝荷花。**属：**金莲花属。**原产地：**玻利维亚至哥伦比亚。**识别** **花：**单生叶腋，具长距，有单瓣、半重瓣和重瓣，还有斑叶种。**花期：**夏秋季。**叶：**互生，盾状圆形，莲叶，淡绿色。**用途** **布置：**盆栽装饰窗台、阳台和门庭，叶绿花红，异常好看。成片摆放花坛、花槽，也十分相宜。

杯状 · 单瓣
2~5cm

**（耧斗菜）紫色**
*Aquilegia viridiflora* 'Purple'

钟状 · 单瓣
5~6cm

**（铁筷子）薄荷公主**
*Helleborus thibetanus* 'Princess Mint'

浅碟状 · 重瓣
5~6cm

**（金莲花）阿拉斯加－红色**
*Trollius Chinensis* 'Alaska Red'

杯状 · 单瓣
2~5cm

**（耧斗菜）重瓣红色**
*Aquilegia viridiflora* 'Double Red'

绒球型 · 重瓣
3~4cm

**（黑种草）波斯宝石－粉红色**
*Nigella damascena* 'Persian Jewel Pink'

**别称：**黑子草。**属：**黑种草属。**原产地：**南欧及北非。**识别** **花：**单生，浅碟状，淡蓝色。**花期：**夏季。**叶：**叶互生，卵圆形，具2~3回羽状深裂，亮绿色，长12厘米。**用途** **布置：**适用于公园、风景区的花坛、花境布置。盆栽摆放公共场所、建筑物周围，轻快柔和，富有质感。

浅碟状 · 重瓣
4~4.5cm

**秋牡丹** *Anemone hupehensis*

**别称：**打破碗花花。**属：**银莲花属。**原产地：**中国中部和西部。**识别** **花：**顶生聚伞花序，花圆形，有白、粉红等色和重瓣。**花期：**夏季。**叶：**叶基生，通常3裂，边缘有锯齿。**用途** **布置：**在园林中适宜布置岩石园、林缘、草坪及多年生花境，也适合盆栽和切花观赏。

浅杯状 · 单瓣
5~6cm

# 玄参科

## *Scrophulariaceae*

玄参科植物在我国主要分布于西南部山地。本节主要介绍沟酸浆属、蝴蝶草属、蒲包花属、钓钟柳属以及玄参科其他属的代表植物。沟酸浆又称猴面花，其独特的花容和花姿，可营造妩媚动人的视觉效果，吊盆布置于阳台壁挂和室内花架，带来轻松自然的感觉。蝴蝶草因外形与堇菜科植物极为相似，盛花期在夏季，得名“夏堇”，如成片配植庭园，有一种柔美温馨的感觉。蒲包花奇异的花形惹人喜爱，为重要的元宵节花卉，有“财源滚滚”“富贵美好”等美好花语。

**（沟酸浆）极大象牙－白色**
*Mimulus hybridus* ‘Maximum Ivory’

**别称**：猴面花、龙头花。**属**：沟酸浆属。**原产地**：美国。**识别花**：花单生，筒状，外翻呈唇状，部分品种的花瓣有深红色斑点，整朵花宛如猴子的脸。**花期**：夏季。**叶**：对生，卵形至椭圆形，中绿色至深绿色。**用途** **布置**：吊篮栽培适合居室的窗前、阳台的壁挂、门庭、走廊、台阶摆放和商厦的橱窗、展厅的入口等处装饰。

两侧对称花 · 筒状
5~6cm

**（沟酸浆）卡里普索－淡黄带斑色** *Mimulus hybridus* ‘Calypso Light Yellow with Blotch’

两侧对称花 · 筒状
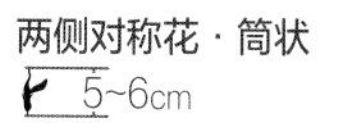
5~6cm

**（沟酸浆）慷慨－黄色**
*Mimulus hybridus* ‘Bounty Yellow’

两侧对称花 · 筒状
4~5cm

**（沟酸浆）魔术－白带斑色**
*Mimulus hybridus* ‘Magic White with Blotch’

两侧对称花 · 筒状
5~6cm

**（沟酸浆）神秘者－玫红色**
*Mimulus hybridus* ‘Mystic Rose’

两侧对称花 · 筒状
5~6cm

**（沟酸浆）春天－玫红色**
*Mimulus hybridus* ‘Spring Rose’

两侧对称花 · 筒状
5~6cm

**（沟酸浆）欢呼－黄带斑色**
*Mimulus hybridus* ‘Viva Yellow with Blotch’

两侧对称花 · 筒状
6~8cm

**（蒲包花）全天候 - 黄色**
*Calceolaria × herbeohybrida* 'Anytime Yellow'

**别称**：荷包花。**属**：蒲包花属。**原产地**：墨西哥、秘鲁、智利。**识别 花**：聚伞花序，花有2片唇，下唇发达形似荷包，常具紫色、红色等斑点。**花期**：春夏季。**叶**：叶片对生，卵形，有皱纹，中绿色，长8~12厘米。**用途 布置**：盆栽摆放窗台、阳台或客厅，绚丽夺目，给人带来好心情。

两侧对称花 · 唇形

3~4cm

**（蒲包花）仙丽 - 黄色**
*Calceolaria × herbeohybrida* 'Xianli Yellow'

两侧对称花 · 唇形
3~4cm

**（蒲包花）全天候 - 红黄双色**
*Calceolaria × herbeohybrida* 'Anytime Red&Yellow'

两侧对称花 · 唇形
3~4cm

**（蒲包花）绚丽 - 粉色**
*Calceolaria × herbeohybrida* 'Xuanli Pink'

两侧对称花 · 唇形
3~4cm

**（蒲包花）绚丽 - 红色**
*Calceolaria × herbeohybrida* 'Xuanli Red'

两侧对称花 · 唇形
3~4cm

**（蒲包花）腰鼓 - 红黄双色**
*Calceolaria × herbeohybrida* 'Yaogu Red&Yellow'

两侧对称花 · 唇形
5~6cm

**（蒲包花）大团圆 - 深红色**
*Calceolaria × herbeohybrida* 'Datuanyuan Deep Red'

两侧对称花 · 唇形
5~6cm

**（蒲包花）全天候 - 深红色**
*Calceolaria × herbeohybrida* 'Anytime Deep Red'

两侧对称花 · 唇形
3~4cm

**（蒲包花）变异品种**
*Calceolaria × herbeohybrida* 'Variation'

两侧对称花 · 唇形
2~3cm

**（蝴蝶草）小丑 - 红色**
*Torenia fournieri* 'Clown Red'

**别称**：蓝猪草、夏堇。**属**：蝴蝶草属。**原产地**：亚洲热带地区。**识别 花**：头状花序，顶生，萼筒椭圆形，下唇深紫色，喉部具黄斑。**花期**：夏季。**叶**：卵圆形或窄卵圆形，具锯齿，浅绿色。**用途 布置**：盆栽点缀居室阳台、窗台和案头，小巧玲珑，清新秀丽。如成片配植庭园，密集如云的花朵，给人一种柔美温馨的感觉。

两侧对称花 · 唇形
2~2.5cm

**（蝴蝶草）小丑 - 紫红色**
*Torenia fournieri* 'Clown Fuchsia'

两侧对称花 · 唇形
2~2.5cm

**（蝴蝶草）小丑 - 蓝白双色**
*Torenia fournieri* 'Clown Blue/White Bicolor'

两侧对称花 · 唇形
2~2.5cm

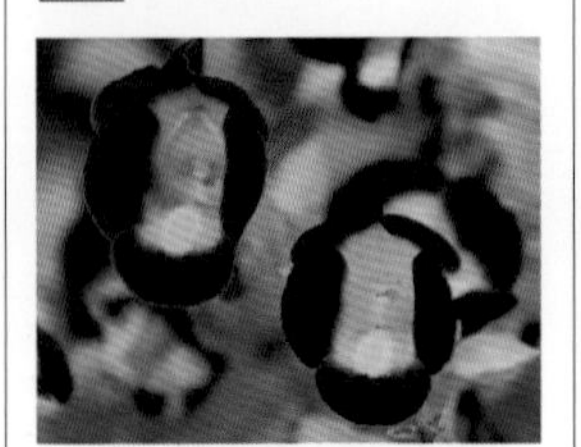

**（蝴蝶草）小丑 - 深蓝色**
*Torenia fournieri* 'Clown Deep Blue'

两侧对称花 · 唇形
2~2.5cm

**（钓钟柳）管钟 - 玫红色**
*Penstemon campanulatus* 'Tubular Bells Rose'

**别称**：象牙红。**属**：钓钟柳属。**原产地**：墨西哥、危地马拉。**识别 花**：花单生或3~4朵着生于叶腋总梗之上，有白、淡紫、紫红及玫瑰红等色。**花期**：夏初。**叶**：单叶交互对生，线状披针形至披针形。**用途 布置**：适合盆栽观赏，与其他多年生花卉配植成花境。

铜铃型 · 单瓣
2~3cm

**（钓钟柳）毛地黄钓钟柳**
*Penstemon digitalis*

铜铃型 · 单瓣
2~3cm

**（钓钟柳）管钟**
*Penstemon campanulatus hartwegii*

铜铃型 · 单瓣
2~3cm

**天使花** *Angelonia angustifolia*

**别称**：香彩雀。**属**：香彩雀属。**原产地**：美洲南部、中部的热带和亚热带地区。**识别** **花**：总状花序，腋生，花有红、白、紫等色。**花期**：春夏季。**叶**：细长，对生。**用途** **布置**：盆栽点缀窗台、阳台，充满田野气息。

两侧对称花 · 唇形

1.5~2cm

**金鱼草** *Antirrhinum majus*

**别称**：龙头花。**属**：金鱼草属。**原产地**：欧洲西南、地中海沿岸地区。**识别** **花**：总状花序，有红、白、黄、紫、粉红和双色。**花期**：夏秋季。**叶**：披针形，有光泽，深绿色。**用途** **布置**：矮生种摆放在窗台，中秆和高秆种布置花境。

两侧对称花 · 唇形

3~4.5cm

**假马齿苋** *Bacopa monnieri*

**属**：假马齿苋属。**原产地**：南非。**识别** **花**：总状花序，单生于叶腋，浅蓝色，喉部白色。**花期**：夏秋季。**叶**：椭圆形，有深的圆齿状，中绿色。**用途** **药**：可入药，有消肿之效。**布置**：适用于夏季花坛布置。

辐射对称花 · 5 瓣

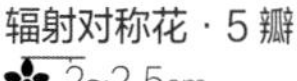

2~2.5cm

**毛地黄** *Digitalis purpurea*

**别称**：洋地黄。**属**：毛地黄属。**原产地**：欧洲。**识别** **花**：总状花序顶生，通常偏生一侧而下垂，外层有白、紫、粉红等色，内层白色，有的具深红色斑点。**花期**：夏初。**叶**：披针形，边缘具锯齿，多毛，深绿色。**用途** **布置**：宜配植于花境，有独特韵味。

两侧对称花 · 唇形

2~2.5cm

**姬金鱼草** *Linaria maroccana*

**别称**：柳穿鱼。**属**：柳穿鱼属。**原产地**：摩洛哥。**识别** **花**：总状花序顶生，具2唇，下唇具橙黄色斑点，有青紫、粉红、白等色。**花期**：春夏季。**叶**：窄线形，中绿色。**用途** **布置**：可用于制作花篮和盆栽观赏。

两侧对称花 · 唇形

1.2~1.5cm

**龙面花** *Nemesia strumosa*

**别称**：耐美西亚。**属**：龙面花属。**原产地**：南非。**识别** **花**：总状花序顶生，花有红、黄、粉红、蓝、紫、白等色。**花期**：夏季。**叶**：披针形，有锯齿，深绿色。**用途** **布置**：适合布置花坛、花境或城市广场的景点。

两侧对称花 · 唇形

2~2.5cm

**毛蕊花** *Verbascum thapsus*

**别称**：毛蕊草。**属**：毛蕊花属。**原产地**：北半球。**识别** **花**：似穗状的总状花序顶生，黄色。**花期**：夏季。**叶**：长椭圆形，边缘有钝齿或近全缘，中绿色，被浅灰黄色毛。**用途** **药**：全草可入药，有清热解毒的功效。**布置**：宜作花境、花坛材料，也可用于林园隙地群植。

浅碟状 · 单瓣

2~3cm

**虎尾花** *Pseudolysimachion spicatum*

**别称**：穗花婆婆纳。**属**：兔尾苗属。**原产地**：欧洲、亚洲东部和中部。**识别** **花**：总状花序，形如虎尾，小花星状，有蓝、粉红、白等色。**花期**：夏季。**叶**：对生，长椭圆披针形至线性，中绿色。**用途** **布置**：宜配植于庭园的角隅、池畔或道旁，给人以清爽舒适的感受。

两侧对称花 · 唇形

0.5~0.8cm

# 茄科
## *Solanaceae*

茄科植物约有80属3000种，广泛分布于温带及热带地区，以美洲热带种类最为丰富。我国约有25属115种，各省均有分布。茄科有多种重要的经济植物和观赏植物，有些是农区常见的杂草，注意野生植物多有毒，勿误食。本节主要介绍曼陀罗属、烟草属、蛾蝶花属、舞春花属、美人襟属、矮牵牛属的代表植物。

**（百万小铃）浅蓝** *Calibrachoa hybrids* 'Light Blue'

**别称：**魔幻钟花、舞春花。**属：**舞春花属。**原产地：**巴西。**识别** **特征：**茎细弱，呈匍匐状。**花：**单生，花朵密集，花色丰富。**花期：**春秋季。**叶：**对生，宽披针形，披细毛，绿色。**用途** **布置：**是一种新颖的花坛、盆栽和吊篮花卉。可用来装饰灯柱、走廊、台阶，呈现出全新的感觉。

漏斗状 · 单瓣

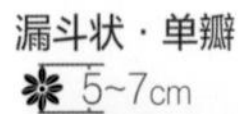
5~7cm

**（百万小铃）黄色**
*Calibrachoa hybrids* 'Yellow'

漏斗状 · 单瓣
5~7cm

**（百万小铃）橙色红眼**
*Calibrachoa hybrids* 'Orange Red Eye'

漏斗状 · 单瓣
5~7cm

**（智利喇叭花）深黄色**
*Salpiglossis sinuata* 'Deep Yellow'

**别称：**秘鲁喇叭花、美人襟。**属：**美人襟属。**原产地：**秘鲁、阿根廷。**识别** **特征：**基部分枝多。**花：**花瓣星形，花瓣上具细线毛和深色脉纹。**花期：**春夏季。**叶：**披针形，边缘波浪状，中绿色。**用途** **布置：**适用于风景区、公园以及城市绿地的花坛、花境、景点布置，也可盆栽摆放庭园、台阶、阳台观赏。

漏斗状 · 单瓣
4~5cm

**（智利喇叭花）红色**
*Salpiglossis sinuata* 'Red'

漏斗状 · 单瓣
4~5cm

**（智利喇叭花）橙红色**
*Salpiglossis sinuata* 'Orange'

漏斗状 · 单瓣
4~5cm

**（智利喇叭花）深红色**
*Salpiglossis sinuata* 'Deep Red'

漏斗状 · 单瓣
4~5cm

**（蛾蝶花）信使－白色**
*Schizanthus pinnatus* 'Xinshi White'

**别称：**荠菜花、蝴蝶草。**属：**蛾蝶花属。**原产地：**智利。**识别** **花：**顶生聚伞花序，2个唇瓣，喉部黄色，有时具有紫红色斑点。**花期：**春夏季。**叶：**蕨叶状，披针形至倒披针形，羽状全裂至3回羽状全裂，淡绿色。**用途** **布置：**盆栽或切花装点庭园，或居室走廊、阳台或窗台，丰富多彩，充满异国情调。

蝶形 · 单瓣
4~5cm

**（蛾蝶花）信使－粉色**
*Schizanthus pinnatus* 'Xinshi Pink'

蝶形 · 单瓣
4~5cm

**（蛾蝶花）佳音－红白双色**
*Schizanthus pinnatus* 'Jiayin Red/White Bicolor'

蝶形 · 单瓣
4~5cm

**（蛾蝶花）王室小丑－紫色**
*Schizanthus pinnatus* 'Royal Pierrot Purple'

蝶形 · 单瓣
4~5cm

**白花曼陀罗** *Datura metel*

**别称：**洋金花、闹羊花。**属：**曼陀罗属。**原产地：**美洲及亚洲热带地区。**识别 特征：**分枝多，茎秆粗壮。**花：**花单生，白色，花萼淡黄绿色。**花期：**春夏季。**叶：**广卵形，顶端渐尖，边缘有不规则波状浅裂或波状齿。**用途 布置：**适用于风景区、公园绿地、草坪边缘或山石旁种植观赏。

漏斗状 · 单瓣

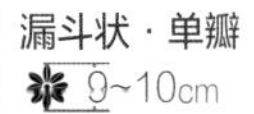

9~10cm

**（矮牵牛）小瀑布－白色** *Petunia × hybrida* 'Cascade White'

**别称：**碧冬茄。**属：**矮牵牛属。**原产地：**南美。**识别 花：**单生叶腋，有大花型和多花型，花瓣边缘多变，有平瓣、波状瓣、锯齿状瓣。**花期：**夏秋季。**叶：**卵形，全缘，中绿色。**用途 布置：**矮牵牛为长势旺盛的装饰性花卉，被广泛用于庭园布置。宜配植于庭园台阶前的栽植槽中、建筑物的前沿或草地边缘，盆栽摆放在儿童房窗台、桌台或装饰于落地窗前。

喇叭状 · 单瓣

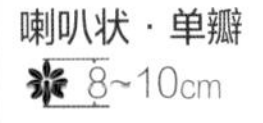

8~10cm

**（矮牵牛）康特·唐**
*Petunia × hybrida* 'Count Down'

喇叭状 · 单瓣

7~8cm

**（矮牵牛）典雅组合－暗玫红色** *Petunia × hybrida* 'Debonair Collection Dark Rose'

喇叭状 · 单瓣

8~9cm

**（花烟草）阿瓦隆－白色**
*Nicotiana alata* 'Avalon White'

**别称：**烟仔花、烟草花。**属：**烟草属。**原产地：**巴西、阿根廷。**识别 花：**总状花序或圆锥花序，有白、玫瑰红、粉红或紫等色。**花期：**夏秋季。**叶：**基生叶，匙形或长圆披针形，中绿色。**用途 布置：**散植于草坪或树丛边缘，花朵傍晚或夜间开放，散发出阵阵清香，具有很好的观赏性和趣味性。盆栽适合阳台、窗台或庭园摆放。

高脚碟状 · 单瓣

4~5cm

**（矮牵牛）波浪－粉红脉纹**
*Petunia × hybrida* 'Wave Pink Vein'

阔喇叭状 · 单瓣

5~8cm

**（矮牵牛）水中花－玫红白边**
*Petunia × hybrida* 'Sonja Rose with White Edge'

浅碟状 · 单瓣

7~8cm

**（矮牵牛）百褶裙－玫红色**
*Petunia × hybrida* 'Hulahoop Rose'

喇叭状 · 单瓣

9~10cm

**（矮牵牛）凝霜－红色白边**
*Petunia × hybrida* 'Frost White'

喇叭状 · 单瓣

7~7.5cm

**（矮牵牛）水中花－玫红脉纹**
*Petunia × hybrida* 'Sonja Rose Ice'

浅碟状 · 单瓣

7~8cm

**（花烟草）香水－亮玫色**
*Nicotiana alata* 'Perfume Bright Rose'

高脚碟状 · 单瓣

4~5cm

**（矮牵牛）盲蛛－紫红色**
*Petunia × hybrida* 'Daddy Fuchsia'

喇叭状 · 单瓣

9~10cm

**（矮牵牛）奏鸣曲－白色**
*Petunia* × *hybrida* 'Sonata White'

重瓣
8~10cm

**（矮牵牛）旋转－紫色** *Petunia* × *hybrida* 'Pirouette Purple'

重瓣
9~10cm

**（矮牵牛）旋转－玫红色**
*Petunia* × *hybrida* 'Pirouette Rose'

重瓣
9~10cm

**（矮牵牛）二重唱－红白双色**
*Petunia* × *hybrida* 'Duo Red/White Bicolor'

重瓣
5~5.5cm

**（矮牵牛）水中花－蓝色脉纹**
*Petunia* × *hybrida* 'Sonja Blue Ice'

喇叭状 · 单瓣
7~8cm

**（矮牵牛）波浪－粉红色**
*Petunia* × *hybrida* 'Wave Pink'

喇叭状 · 单瓣
4~5cm

**（矮牵牛）波浪－紫红色**
*Petunia* × *hybrida* 'Wave Purple'

阔喇叭状·单瓣
5~8cm

**（矮牵牛）丝绒花边**
*Petunia* × *hybrida* 'Picotee Velvet'

浅碟状·单瓣
7~8cm

**（矮牵牛）盲蛛－蓝色**
*Petunia* × *hybrida* 'Daddy Blue'

喇叭状·单瓣
8~9cm

**（矮牵牛）二重唱－酒红色**
*Petunia* × *hybrida* 'Duo Burgundy'

重瓣
10~13cm

**（矮牵牛）梦幻－红色葡萄酒**
*Petunia* × *hybrida* 'Dreams Burgundy'

喇叭状·单瓣
9~10cm

**（矮牵牛）轻波－酒红星**
*Petunia* × *hybrida* 'Easy Wave Wine Burgundy Star'

喇叭状·单瓣
8~9cm

**（矮牵牛）盲蛛－兰花紫色**
*Petunia* × *hybrida* 'Daddy Orchid Purple'

喇叭状·单瓣
8~9cm

**（矮牵牛）水中花－红星黄**
*Petunia* × *hybrida* 'Sonja Red Star Yellow'

喇叭状·单瓣
8~9cm

**（矮牵牛）凝霜－蓝色白边**
*Petunia* × *hybrida* 'Frost Blue'

喇叭状·单瓣
7~7.5cm

# 堇菜科

## *Violaceae*

堇菜科植物广布于世界各地，温带、亚热带及热带地区均有分布。本节主要介绍堇菜属的代表植物，如三色堇和角堇。三色堇别称猫儿脸，名称充满浪漫的情调，因品种繁多、色彩鲜艳、花期长，故成为著名的早春花卉。意大利人视其为“思慕”“想念”之物，尤其少女倍加喜爱，花店还常用“姑娘之花”来招揽生意；波兰人更是将三色堇评为国花。角堇株矮花小，素有“小三色堇”之称，盆栽或吊盆点缀窗台，充满浪漫的情调，用于装点庭园的花槽或台阶，显得自然活泼。

**（三色堇）阿特拉斯－紫色笑脸** *Viola × williamsii* 'Atlas Purple Happy Face'

辐射对称花 · 5 瓣

6~10cm

**（三色堇）阿特拉斯－淡黄带花斑** *Viola × williamsii* 'Atlas Light Yellow with Blotch'

辐射对称花 · 5 瓣

6~10cm

**（三色堇）魔力蝴蝶** *Viola × williamsii* 'Ultime Morpho'

**别称：**蝴蝶花、鬼脸花。**属：**堇菜属。**原产地：**欧洲。**识别特征：**分枝较多。**花：**单生于叶腋，花梗长，花瓣 5 枚，近圆形。**花期：**春夏季。**叶：**叶互生，基生叶有长柄，卵形，茎生叶矩圆形。**用途 布置：**适合盆栽，用于摆放花坛、花境、配植景点，覆盖地面，均能形成独特的景观。盆栽也可点缀窗台、阳台和台阶。

辐射对称花 · 5 瓣

5~6cm

**（三色堇）想象力－蓝色笑脸** *Viola × williamsii* 'Inspire Blue Happy Face'

辐射对称花 · 5 瓣

6~8cm

**（三色堇）和弦－黄色带花斑** *Viola × williamsii* 'Accord Yellow with Blotch'

辐射对称花 · 5 瓣

6~7cm

**（三色堇）杰玛－红黄渐变** *Viola × williamsii* 'Jeme Red&Yellow shades'

辐射对称花 · 5 瓣

7~8cm

**（三色堇）革命者－淡蓝色** *Viola × williamsii* 'Dynamite Light Blue'

辐射对称花 · 5 瓣

7~8cm

**（三色堇）和谐－蓝色** *Viola × williamsii* 'Harmony Blue'

辐射对称花 · 5 瓣

8~9cm

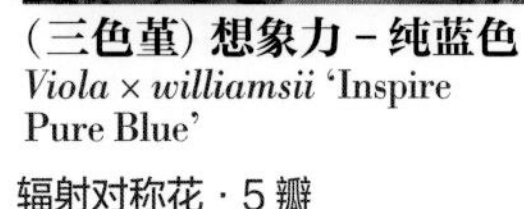

**（三色堇）想象力－纯蓝色** *Viola × williamsii* 'Inspire Pure Blue'

辐射对称花 · 5 瓣

6~8cm

**（三色堇）想象力－浓橙红色** *Viola × williamsii* 'Inspire Deep Orange'

辐射对称花 · 5 瓣

6~8cm

**（三色堇）和谐－淡紫渐变**
*Viola × williamsii* 'Harmony Lavender Shades'

辐射对称花 · 5 瓣
8~9cm

**（三色堇）猫味－紫白双色**
*Viola × williamsii* 'Cats Purple/White Bicolor'

辐射对称花 · 5 瓣
6~7cm

**（三色堇）猫味－红金双色**
*Viola × williamsii* 'Cats Red/Gold Bicolor'

辐射对称花 · 5 瓣
6~7cm

**（三色堇）笑脸－红色黑斑**
*Viola × williamsii* 'Happy Face Red&Black Blotch'

辐射对称花 · 5 瓣
7~9cm

**（三色堇）三角洲－橘红色**
*Viola × williamsii* 'Delta Salmon'

辐射对称花 · 5 瓣
8~9cm

**（角堇）索贝特－红黄双色**
*Viola cornuta* 'Sobet Red/Yellow Bicolor'

辐射对称花 · 5 瓣
3~3.5cm

**（三色堇）超级宾哥－红色带花斑** *Viola × williamsii* 'Matrix Red with Blotch'

辐射对称花 · 5 瓣
6~10cm

**（角堇）横梁** *Viola cornuta* 'Sunbeam'

**别称：**小花三色堇、香堇菜。**属：**堇菜属。**原产地：**欧洲、非洲北部、亚洲西部。**识别 特征：**茎具 4 棱，多分枝。**花：**总状花序，花单生于叶腋，管状，2 个唇瓣，花口张开。**花期：**春夏季。**叶：**对生，卵圆形至心形，具锯齿，淡绿色。**用途 布置：**常用垂吊盆栽或盆栽点缀窗台、阳台、茶几和儿童房，轻快柔和，充满浪漫的情调。装点庭园、花槽或台阶，显得自然活泼。

辐射对称花 · 5 瓣
3 3.5cm

**（角堇）春时**
*Viola cornuta* 'Spring Time'

辐射对称花 · 5 瓣
7~8cm

**（角堇）珍品－浅蓝色**
*Viola cornuta* 'Gem Light Blue'

辐射对称花 · 5 瓣
3~3.5cm

**（角堇）黑杰克**
*Viola cornuta* 'Black Jack'

辐射对称花 · 5 瓣
2~2.5cm

**（角堇）自然－红黄双色**
*Viola cornuta* 'Nature Red/Yellow Bicolor'

辐射对称花 · 5 瓣
4cm

**（角堇）维纳斯－黑色**
*Viola cornuta* 'Venus Black'

辐射对称花 · 5 瓣
3~3.5cm

# 姜科

## *Zingiberaceae*

姜科植物广泛分布于热带和亚热带地区，在我国东南部至西南部均有分布。本节主要介绍山姜属、姜黄属、姜花属的代表植物。其中高良姜、姜花、山姜、郁金等都是非常重要的药用植物和调味料。

**姜花** *Hedychium coronarium*

**别称：**圆瓣姜花、蝴蝶花。**属：**姜花属。**原产地：**印度、越南。**识别 花：**总状花序顶生，白色，有芳香。**花期：**夏季。**叶：**无叶柄，矩圆状披针形或披针形，中绿色，背面披短茸毛。**用途 药：**根茎可入药，有除风散寒的功效。**布置：**适合丛植布置公园林下或庭园。

**蝴蝶状 · 单瓣**

2~3cm

**高良姜** *Alpinia officinarum*

**属：**山姜属。**原产地：**亚洲热带地区。**识别 花：**圆锥花序，密生多花，白色，唇瓣匙形，具红色纵条纹。**花期：**春末至夏季。**叶：**长圆形或披针形，绿色，无柄。**用途 药：**根茎可入药，有温胃散寒的功效。**布置：**宜配植于公园、庭园中。

**钟状 · 单瓣**

0.8~1cm

**艳山姜** *Alpinia zerumbet*

**别称：**熊竹兰。**属：**山姜属。**原产地：**亚洲东部。**识别 花：**总状花序，下垂，花白色，唇瓣黄色，具红色或褐色条纹。**花期：**夏季。**叶：**长矩圆形至披针形，表面深绿色，背面淡绿色。**用途 布置：**在南方多种植于庭园周围。

**钟状 · 单瓣**

3~4cm

**花叶艳山姜** *Alpinia zerumbet* 'Variegata'

**别称：**斑纹月桃。**属：**山姜属。栽培品种。**识别 花：**总状花序，下垂，花白色，唇瓣黄色，具红褐色条纹。**花期：**夏季。**叶：**长圆披针形，深绿色，镶嵌浅黄色条纹。**用途 布置：**在南方多种植于庭园池畔或墙角处。

**钟状 · 单瓣**

3~4cm

**白丝姜花** *Hedychium gardnerianum* 'White'

**别称：**白姜花。**属：**姜花属。栽培品种。**识别 花：**总状花序，有香气。**花期：**夏末至秋初。**叶：**矩圆披针形，灰绿色。**用途 药：**根茎可入药，有散寒止痛的作用。**布置：**适合丛植布置公园林下或庭园。

**蝴蝶状 · 单瓣**

4~5cm

**郁金** *Curcuma aromatica*

**别称:** 姜黄。**属:** 姜黄属。**原产地:** 东南亚的热带地区。**识别** **花:** 穗状花序，小花数朵生于苞片内，花萼白色筒状，花冠漏斗状，顶端粉红色。**花期:** 春末至夏初。**叶:** 基生，长圆形，中绿色。**用途** **药:** 根茎可入药，有行气解郁的功效。**布置:** 是优质的插花材料。

**筒状 · 单瓣**

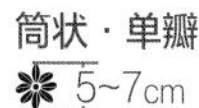

5~7cm

**瓷玫瑰** *Etlingera elatior*

**别称:** 菲律宾蜡花。**属:** 茴香砂仁属。**原产地:** 印度尼西亚。**识别** **花:** 头状花序，苞片深粉色至深红色，边缘白色或黄色。**花期:** 夏季。**叶:** 线状披针形，深绿色，背面淡紫绿色。**用途** **布置:** 宜配植于多年生混合花境，摆放在庭园、水池边或山石旁。

**球果状 · 单瓣**

15~20cm

**红山姜** *Alpinia purpurata*

**别称:** 红花月桃。**属:** 山姜属。**原产地:** 太平洋群岛。**识别** **花:** 总状花序，花小，白色，苞片红色。**花期:** 夏季。**叶:** 披针形，中绿色。**用途** **布置:** 宜配植于多年生混合花境，摆放在庭园、水池边或山石旁，切花可装点窗台或镜前。

**钟状 · 单瓣**

2~2.5cm

**姜荷花** *Curcuma alismatifolia*

**别称:** 热带郁金香。**属:** 姜黄属。**原产地:** 泰国清迈。**识别** **花:** 3瓣，绿色、白色或粉红色。**花期:** 夏初至秋初。**叶:** 基生，革质亮绿色，中脉紫红色。**用途** **布置:** 常用作敬神礼佛的花卉，在日本和中国台湾省备受喜爱。

**管状 · 单瓣**

7~8cm

**红丝姜花** *Hedychium gardnerianum*

**别称:** 金姜花。**属:** 姜花属。**原产地:** 印度。**识别** **花:** 总状花序，有香气，柠檬黄色，具亮红色雄蕊。**花期:** 夏末至秋初。**叶:** 矩圆状披针形至披针形，淡灰绿色。**用途** **药:** 根茎可入药，有散寒止痛的功效。**布置:** 宜群植或与其他花卉配植于林下或庭园。

**蝴蝶状 · 单瓣**

4~5cm

# 马鞭草科
## *Verbenaceae*

马鞭草科植物全世界约有80属3000种，分布于热带和亚热带地区，我国约有21属175种，各地均有分布，主要分布在长江以南各地，许多植物可供药用或观赏，少数作为木材使用。本节主要介绍美女樱属、马缨丹属的代表植物。美女樱有较强的抗空气污染的特性，适宜靠近工业区和矿业区的家庭栽培。龙吐珠花型奇特，可做各种图案、造型，为景区游客增添雅兴。马缨丹为叶花两用观赏植物。

**(美女樱) 紫嵌**
*Glandularia × hybrida* 'Purple Mosaic'
高脚碟状 · 单瓣
1.2~1.5cm

**(美女樱) 淡紫星**
*Glandularia × hybrida* 'Light Purple Star'
高脚碟状 · 单瓣
1.2~1.5cm

**(美女樱) 浪漫－粉红色**
*Glandularia × hybrida* 'Romance Pink'
高脚碟状 · 单瓣
1.2~1.5cm

**(美女樱)石英－白色** *Glandularia × hybrida* 'Quart White'

**别称：**美人樱、草五色梅。**属：**美女樱属。**原产地：**巴西、秘鲁和乌拉圭。**识别** **花：**穗状花序顶生，有蓝、白、粉红、红、黄、紫等色，具白"眼"。**花期：**春季至秋季。**叶：**卵圆形至长圆形，具锯齿，中绿色至深绿色。**用途** **布置：**宜配植于窗前栽植槽、悬挂在明亮居室，也可吊盆装饰向阳的窗台、阳台和走廊。多色混种可显其五彩缤纷。**赠：**宜送给爱人、家人，寓意"相守""家庭和睦"。

高脚碟状 · 单瓣
1.2~1.5cm

**(美女樱) 瀑布－淡紫色**
*Glandularia × hybrida* 'Cascade Light Purple'

高脚碟状 · 单瓣
1.2~1.5cm

**(美女樱) 石英－蓝色**
*Glandularia × hybrida* 'Quartz Blue'
高脚碟状 · 单瓣
1.2~1.5cm

**(美女樱) 石英－玫瑰红**
*Glandularia × hybrida* 'Quartz Rose'
高脚碟状 · 单瓣
1.2~1.5cm

**（美女樱）石英－鲜红色**
*Glandularia × hybrida* 'Quartz Rouge Ecarlate'

高脚碟状 · 单瓣
1.2~1.5cm

**（美女樱）兰艾－桃红色**
*Glandularia × hybrida* 'Lanai Peach'

高脚碟状 · 单瓣
1.2~1.5cm

**（美女樱）石英－绯红色**
*Glandularia × hybrida* 'Quartz Scarlet'

高脚碟状 · 单瓣
1.2~1.5cm

**（美女樱）石英－紫红色**
*Glandularia × hybrida* 'Quartz Sugar'

高脚碟状 · 单瓣
1.2~1.5cm

**（美女樱）红葡萄酒－洋红色**
*Glandularia × hybrida* 'Burgundy Carmine'

高脚碟状 · 单瓣
1.2~1.5cm

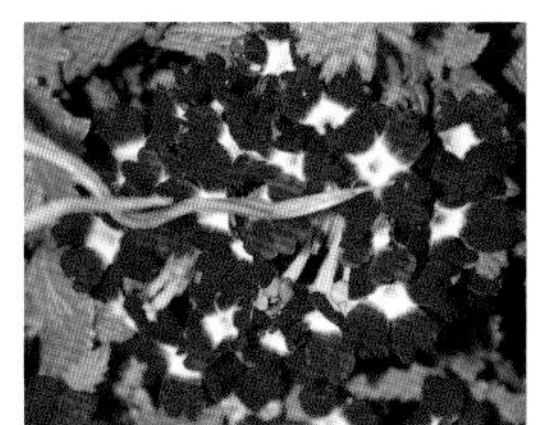

**（美女樱）石英－深紫色**
*Glandularia × hybrida* 'Quartz Deep Purple'

高脚碟状 · 单瓣
1.2~1.5cm

**马缨丹** *Lantana camara*

**别称：**五色梅。**科属：**马缨丹属。**原产地：**南美洲热带地区。**识别** **花：**稠密的头状花序，花色多变化，由白色至黄色，或由橙粉色至红色、紫色。**花期：**春末至秋末。**叶：**对生，卵形至卵状长圆形，边缘有小锯齿，深绿色，有臭味儿。**用途** **药：**根、叶、花可作药用，具有清热解毒、散结止痛等功效。**布置：**既可集中成片在街道、花园、庭园、花坛等处和菜地、果园周围种植用作绿篱，也可单独种植成盆栽花，用于布置装饰和美化厅堂、会场、房室等。

高脚碟状 · 单瓣
8~10mm

# 睡莲科

## *Nymphaeaceae*

睡莲科植物约有9属100种，广泛分布于温带与热带地区。我国约有5属15种，全国各地均有分布。本节主要介绍睡莲属、王莲属、芡属、萍蓬草属的代表植物。其中，睡莲属为本科分布最广的属，花大而美，皆浮于水面。另外，还介绍了其他水生草本花卉。

**亚马孙王莲** *Victoria amazonica*

**属：**王莲属。**原产地：**南美洲热带地区。**识别** **花：**初开为白色，第2天变淡红色至深红色，第3天闭合。**花期：**夏季。**叶：**浮水叶上面光滑，中绿色，叶背淡紫红色，具大的皮刺，叶缘纵向上卷，形成特有的圆盘叶。**用途** **布置：**宜应用于庭园中，形成独特的热带水景。

杯状 · 重瓣

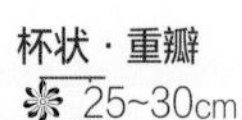

25~30cm

**香睡莲** *Nymphaea odorata*

**属：**睡莲属。**原产地：**美国。**识别** **花：**白色，有芳香，雄蕊黄色。**花期：**夏季。**叶：**卵圆形至圆形，叶面光滑，中绿色或青铜色至紫红色。**用途** **布置：**在江南园林中，可池栽做水景，也可配植于水槽、小水池。

杯状至星状 · 重瓣

10~22cm

**白睡莲** *Nymphaea alba*

**属：**睡莲属。**原产地：**欧亚、非洲北部。**识别** **花：**花瓣白色，花萼绿色，尖端白色，花药淡黄色，雄蕊黄色，有芳香，白天开花。**花期：**夏季。**叶：**纸质，圆形至卵圆形，叶面深绿色，叶背红绿色，叶缘具红色条纹，直径10~25厘米。**用途** **食：**根茎富含淀粉，可食用或酿酒。**布置：**宜配植于水槽、小水池，营造园林水景。

杯状至星状 · 重瓣

18~20cm

**小花睡莲** *Nymphaea micrantha*

**属：**睡莲属。**原产地：**非洲。**识别** **花：**白色至淡蓝色，雄蕊白色。**花期：**夏季。**叶：**圆形，绿色，背面红色具紫黑色小斑点，基部深裂。**用途** **布置：**宜布置于水池周围，构成清新的自然水景。花枝可用于切花观赏。

杯状至星状 · 重瓣

2.5~10cm

**墨西哥黄睡莲** *Nymphaea mexicana*

**属：**睡莲属。**原产地：**墨西哥、美国南部。**识别** **花：**黄色。**花期：**夏初至秋初。**叶：**卵形至圆形，叶面绿色，叶背红铜色，具紫红色小斑点。**用途** **布置：**适合庭园池栽、缸栽或组成小型水景小品。

杯状至星状 · 重瓣

13~15cm

**萍蓬草** *Nuphar pumila*

**属：** 萍蓬草属。**原产地：** 欧洲、西伯利亚西部和日本。**识别** **花：** 单生花梗顶部，黄色，浮于水面。**花期：** 春末至夏季。**叶：** 卵形或宽卵形，基部心形，表面绿色，光亮，背面紫红色，有细长叶柄。**用途** **布置：** 是家庭栽培的好材料，宜盆栽观赏或用玻璃缸栽培。

碗状 · 单瓣

6cm

**南非睡莲** *Nymphaea capensis*

**属：** 睡莲属。**原产地：** 非洲东部、马达加斯加、南非。**识别** **花：** 单生在花梗顶端，淡蓝色，雄蕊深黄色，芳香。**花期：** 夏季。**叶：** 圆形，锯齿状，边缘波状，中绿色。**用途** **布置：** 在江南园林中布置水池周围，也可配植于水槽、小水池中。

杯状至星状 · 重瓣

21~25cm

**澳洲睡莲** *Nymphaea gigantea*

**属：** 睡莲属。**原产地：** 新几内亚岛、澳大利亚热带地区。**识别** **花：** 天蓝色至淡蓝紫色，雄蕊黄色。**花期：** 夏季。**叶：** 圆形，锯齿状，边缘波状，脉纹明显，叶面中绿色，背面粉红色至紫色，基部深裂呈“V”字形。**用途** **布置：** 宜布置家庭园落中的水池或小型水景。

星状 · 重瓣

25~30cm

**具色睡莲** *Nymphaea colorata*

**属：** 睡莲属。**原产地：** 非洲坦桑尼亚等热带地区。**识别** **花：** 花朵中心色稍深，雄蕊淡紫红色，基部黄色。**花期：** 夏季。**叶：** 圆形，深绿色。**用途** **布置：** 宜布置于水池周围，构成清新的自然水景。花枝可用于切花观赏。

星状 · 重瓣

10~20cm

**红白睡莲** *Nymphaea alba* var. *rubra*

**属：** 睡莲属。**原产地：** 瑞典。**识别** **花：** 花初开淡红色，渐变深玫瑰红色、紫红色。**花期：** 夏季。**叶：** 圆形，叶面绿色，背面红色。**用途** **布置：** 在江南园林中布置水池周围，也可配植于水槽、小水池中。

杯状至星状 · 重瓣

14~20cm

**芡实** *Euryale ferox*

**属：** 芡属。**原产地：** 印度北部、中国、日本、孟加拉国。**识别** **花：** 单生，红色、紫色或淡紫色，白天开放，当晚闭合。**花期：** 夏季。**叶：** 圆形，叶面绿色，皱缩，背面紫红色，网状叶脉隆起，形似蜂窝。**用途** **布置：** 宜配植于庭园水池中，一年栽植即可多年欣赏。

杯状 · 重瓣

6cm

**齿叶睡莲** *Nymphaea lotus* var. *dentata*

**别称：** 粉红睡莲。**属：** 睡莲属。**原产地：** 东南亚热带地区。**识别** **花：** 花有白、红、粉红等色。**花期：** 夏季。**叶：** 圆形，叶面绿色，叶背红色，叶缘有三角状锯齿。**用途** **布置：** 宜布置于水池中心，与其他挺水植物，如梭鱼草、千屈菜等构成别致的自然水景。

星状 · 重瓣

15~25cm

**天生睡莲** *Nymphaea spontanea*

**属：** 睡莲属。**原产地：** 东南亚。**识别** **花：** 鲜红色，雄蕊红色。**花期：** 夏季。**叶：** 圆形，叶面橄榄绿色，叶背绛紫色。**用途** **布置：** 宜布置于池边周围，与草坪、山石等一起构成别致的自然水景，也可盆栽或组成水景小品。

杯状至星状 · 重瓣

18~22cm

**埃及蓝睡莲** *Nymphaea nouchali* var. *caerulea*

**属：** 睡莲属。**原产地：** 非洲北部和热带地区。**识别** **花：** 淡蓝色，内瓣稍淡，雄蕊黄色。**花期：** 夏季。**叶：** 卵圆形，中绿色，背面有紫色斑，基部裂片突起。**用途** **布置：** 宜布置于水池周围，构成清新的自然水景。花枝可用于切花观赏。

星状 · 半重瓣

13~15cm

**蕺菜** *Houttuynia cordata*

**别称:** 鱼腥草。**科属:** 三白草科蕺菜属。**原产地:** 中国、日本。**识别** **花:** 穗状花序,在枝顶端,两性,总苞片白色。**花期:** 春末至夏初。**叶:** 卵圆形至心形,淡蓝色或淡灰绿色,背面淡绿色或带紫红色。**用途** **药:** 全株可入药,有清热解毒之效。**布置:** 宜成片种植庭园的池边或湿地。

辐射对称花 · 4 瓣

6~10mm

**泽泻** *Alisma Plantago-aquatica*

**科属:** 泽泻科泽泻属。**原产地:** 亚洲东部、美洲北部和欧洲北部。**识别** **花:** 圆锥状复伞形花序,有 3~5 轮生分枝,花瓣倒卵形,白色。**花期:** 夏季。**叶:** 基生,沉水叶条形,挺水叶椭圆形或卵形,淡灰绿色。**用途** **布置:** 宜盆栽摆放阳台、庭园、台阶或配植于水池旁。

辐射对称花 · 3 瓣

6~8mm

**水罂粟** *Hydrocleys nymphoides*

**别称:** 黄花水罂粟。**科属:** 泽泻科水金英属。**原产地:** 南美热带地区。**识别** **花:** 单生,似罂粟,黄色,花心紫色。**花期:** 夏季。**叶:** 宽卵圆形至圆形,具长柄,浮于水面,基部心形,叶面亮绿色,全缘。**用途** **布置:** 宜配植于水景花园和庭园池塘中。

辐射对称花 · 3 瓣

5~8cm

**灯芯草** *Juncus effusus*

**别称:** 水灯草。**科属:** 灯芯草科灯芯草属。**原产地:** 亚洲、欧洲西部和美洲北部。**识别** **花:** 花序假侧生,多花,密集或疏散。**花期:** 春末。**叶:** 叶鞘红褐色或淡黄色,叶片退化为芒刺状。**用途** **药:** 是重要的利尿药物。**布置:** 由于灯芯草适应湿生环境,常配植庭园盆栽观景。

花小且多

3~4mm

**水鳖** *Hydrocharis dubia*

**别称:** 马尿花。**科属:** 水鳖科水鳖属。**原产地:** 欧洲、亚洲西部、非洲北部。**识别** **花:** 雄花 2~3 朵,聚生于佛焰苞内。**花期:** 夏季。**叶:** 叶厚,圆形或肾形,全缘,表面深绿色,背面略带红紫色,内充气泡。**用途** **布置:** 宜布置庭园水景。

辐射对称花 · 3 瓣

1.5~2cm

**水龙** *Ludwigia adscendens*

**别称:** 过塘蛇。**科属:** 柳叶菜科丁香蓼属。**原产地:** 美洲南部和北部。**识别** **花:** 腋生,有长柄,白色或淡金黄色,基部有深黄色斑。**花期:** 夏秋季。**叶:** 倒卵形至长圆状倒卵形,中绿色,顶端钝或圆,基部渐窄成柄。**用途** **布置:** 宜种植于庭园的水池或缸中观赏。

杯状 · 单瓣

4~5cm

**莲子草** *Alternanthera sessilis*

**别称:** 水花生、虾钳菜。**科属:** 苋科莲子草属。**原产地:** 巴西。**识别** **花:** 头状花序1~4个，腋生，苞片及花被片白色。**花期:** 夏季。**叶:** 对生，倒披针形或长椭圆形，顶端尖或钝，基部渐窄成短柄。**用途** **布置:** 是园林水景和湿生绿地中常见的绿色植物。

头状花 · 单瓣

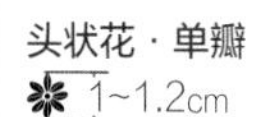

1~1.2cm

**伞草** *Cyperus involucratus*

**别称:** 风车草、水竹。**科属:** 莎草科莎草属。**原产地:** 非洲马达加斯加。**识别** **花:** 小花序穗状，花小，有白色、茶褐色等。**花期:** 夏秋季。**叶:** 退化呈鞘状，深绿色。**用途** **布置:** 适合盆栽摆放案头或配植于庭园池畔，具有天然景趣。

射线状 · 单瓣

3~4mm

**水生美人蕉** *Canna glauca*

**别称:** 粉美人蕉。**科属:** 美人蕉科美人蕉属。**原产地:** 西印度群岛和玻利维亚、阿根廷。**识别** **花:** 总状花序顶生，花有粉红、浅黄、橙红等色。**花期:** 夏季至秋初。**叶:** 窄卵圆形至椭圆形，叶面蓝绿色，被白霜。**用途** **布置:** 特别适合地下水位高或低洼绿地的绿化布置。

辐射对称花 · 3 瓣

7~9cm

**草龙** *Ludwigia hyssopifolia*

**别称:** 细叶水丁香。**科属:** 柳叶菜科丁香蓼属。**原产地:** 巴西、阿根廷。**识别** **花:** 腋生，花较小，黄色，倒卵形或近椭圆形。**花期:** 夏季。**叶:** 狭线状披针形至长圆状披针形，顶端急尖，基部渐狭，全缘。**用途** **布置:** 宜片植或群植于池边、河畔。

杯状 · 单瓣

3~5cm

**纸莎草** *Cyperus papyrus*

**科属:** 莎草科莎草属。**原产地:** 埃及、非洲热带地区。**识别** **花:** 花序顶生，由100~200个线状花枝组成像球状一样的伞形花序，每个花枝顶端着生褐色小花。**花期:** 夏季。**叶:** 退化成鞘状，包裹茎秆基部。**用途** **布置:** 宜盆栽摆放案头、庭园池畔栽植。

射线状 · 单瓣

2~3mm

**凤眼莲** *Eichhornia crassipes*

**别称:** 水葫芦。**科属:** 雨久花科凤眼莲属。**原产地:** 南美热带地区。**识别** **花:** 穗状花序，有花6~12朵，淡蓝色至紫色。**花期:** 夏季。**叶:** 基生，莲座状，叶片倒卵形，鲜绿色，叶柄基部膨大，呈葫芦状。**用途** **食:** 嫩叶和叶柄可食。**布置:** 宜成片群植池内或湖畔。

喇叭状 · 单瓣

2.5~3cm

# 第五章

# 木本花卉

# 夹竹桃科
## *Apocynaceae*

夹竹桃科植物约有 250 属 2000 种，在我国约有 46 属 176 种，主要分布在长江流域以南地区，一般有毒，种子和乳汁毒性更强。本节主要介绍鸡蛋花属及夹竹桃科其他属的代表植物。其中，鸡蛋花属为重要的观赏花卉，因花开五瓣，呈乳白色，花瓣底部蛋黄色，黄白相间，似蛋白、蛋黄共存，故而得名“鸡蛋花”。在我国西双版纳及东南亚一些国家，鸡蛋花被广泛种植于寺庙附近，被佛教寺院定为“五树六花”之一，故又名“庙树”“塔树”。

**钝叶鸡蛋花** *Plumeria obtusa*

**别称：**西印度缅栀、钝叶缅栀。**属：**鸡蛋花属。**原产地：**波多黎各、安的列斯群岛。**识别** **花：**圆锥花序顶生，白色，中心黄色。**花期：**夏秋季。**叶：**披针形或椭圆形，浓绿色，长 20~30 厘米，多聚生于枝顶。**用途** **布置：**适用于风景区、公园、居住区绿地环境布置。盆栽可点缀庭园、台阶、门厅和露台。

高脚碟状 · 单瓣

5~6cm

**白鸡蛋花** *Plumeria alba*

**别称：**缅栀子、蛋黄花。**属：**鸡蛋花属。**原产地：**巴拿马、美洲东南部、西印度群岛。**识别** **花：**圆锥花序顶生，白色黄心。**花期：**夏秋季。**叶：**长椭圆形，深绿色，长 10 厘米。**用途** **布置：**幼株盆栽适合点缀窗台、阳台和庭园，开花时十分热闹，落叶后多肉的茎干又似盆景，十分耐观。

高脚碟状 · 单瓣

8~9cm

**红鸡蛋花** *Plumeria rubra*

**别称：**普通缅栀、缅栀。**属：**鸡蛋花属。**原产地：**墨西哥、巴拿马。**识别** **花：**圆锥花序顶生，玫红色，有时红色、粉红色或黄色。**花期：**夏秋季。**叶：**椭圆形或长圆形，中绿色，长 20~40 厘米。**用途** **布置：**适合孤植于草坪中或建筑物旁，也可列植于道路两侧或在水边、山石旁配植。

高脚碟状 · 单瓣

7~10cm

**（红鸡蛋花）香金**
*Plumeria rubra* 'Golden'

高脚碟状 · 单瓣

7~10cm

**（红鸡蛋花）漾红**
*Plumeria rubra* 'Rippled in Pink'

高脚碟状 · 单瓣

7~10cm

**（红鸡蛋花）蜜桃**
*Plumeria rubra* 'Peach'

高脚碟状 · 单瓣

7~10cm

**狗牙花** *Tabernaemontana divaricata*

**别称：**白狗牙。**属：**山辣椒属。**原产地：**中国、印度。**识别** **花：**聚伞花序腋生，着花6~10朵，白色，边缘有皱褶。**花期：**夏季。**叶：**对生，椭圆形或长圆形，表面深绿色，背面淡绿色。**用途** **布置：**宜配植于池畔、草坪边缘、庭园。

漏斗状 · 单瓣至重瓣
4~5cm

**黄蝉** *Allamanda schottii*

**别称：**黄兰蝉。**属：**黄蝉属。**原产地：**美洲热带地区。**识别** **花：**鲜黄色，中心有红褐色条斑。**花期：**夏秋季。**叶：**3~5枚轮生，椭圆形或矩圆形，深绿色。**用途** **布置：**宜配植于庭园或公园、池畔、山坡和草坪角隅。

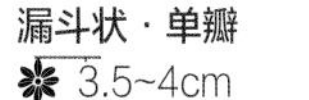

漏斗状 · 单瓣
3.5~4cm

**欧洲夹竹桃** *Nerium oleander*

**属：**夹竹桃属。**原产地：**地中海沿岸地区。**识别** **花：**聚伞花序顶生，花有粉红、红和白等色，具微香。**花期：**春季至秋季。**叶：**3枚叶轮生或对生，革质，线状披针形至长披针形，全缘，深绿色。**用途** **布置：**宜孤植或丛植于建筑物周围、公园、路旁、池畔。

漏斗状 · 单瓣至重瓣
3~5cm

**白花夹竹桃** *Nerium indicum* 'Paihua'

**属：**夹竹桃属。**原产地：**印度、伊朗。**识别** **花：**白色，有芳香。**花期：**夏秋季。**叶：**对生或3枚叶轮生，长椭圆形，深绿色，有光泽。**用途** **食：**全株有毒。**药：**是强心利尿的好药材。**布置：**宜配植于阶前、池畔或路旁，也可修剪成花篱和盆栽、插花。

高脚碟状 · 单瓣
5~6cm

**黄花夹竹桃** *Thevetia peruviana*

**别称：**酒杯花。**属：**黄花夹竹桃属。**原产地：**美洲热带地区。**识别** **花：**聚伞花序顶生，花黄色，裂片向左旋转，有芳香。**花期：**春秋季。**叶：**互生，狭披针形，全缘，中绿色至深绿色。**用途** **布置：**宜种植草坪、墙隅、池畔或建筑物周围，花时清香扑鼻，显田园之美。

漏斗状 · 单瓣至重瓣
3~4cm

**夹竹桃** *Nerium indicum*

**属：**夹竹桃属。**原产地：**印度、伊朗。**识别** **花：**聚伞花序顶生，红色。**花期：**春季至秋季。**叶：**3枚叶轮生或对生，革质，线状披针形至长披针形，全缘，深绿色。**用途** **药：**花、叶、树皮均可入药。**布置：**宜孤植或丛植于建筑物周围、公园、绿地、池畔。

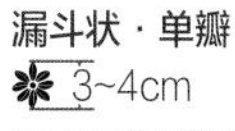

漏斗状 · 单瓣
3~4cm

**大花软枝黄蝉** *Allamanda cathartica*

**别称：**金喇叭。**属：**黄蝉属。**原产地：**中美洲至南美洲。**识别** **花：**聚伞花序，花大，黄色。**花期：**夏秋季。**叶：**轮生或对生，倒卵状披针形或长椭圆形，先端渐尖，全缘，革质。**用途** **布置：**适用于荫棚、花架绿饰，也可盆栽观赏。

漏斗状 · 单瓣
6~8cm

**粉黄夹竹桃**
*Thevetia peruviana* 'Aurantiaca'

**别称：**红酒杯花。**属：**黄花夹竹桃属。**原产地：** **识别** **花：**顶生聚伞花序，粉黄色，喉部橙色，裂片向左旋转，有芳香。**花期：**春秋季。**叶：**互生，狭披针形，全缘。**用途** **布置：**在南方，广泛配植于建筑物周围、坡地、绿地边缘、路旁和池畔，花开时次第开放，讨人喜欢。

漏斗状 · 单瓣至重瓣
4~5cm

**紫蝉花** *Allamanda blanchetii*

**属：**黄蝉属。栽培品种。**识别** **花：**短聚伞花序，花大，漏斗形，上部5裂，紫红色，筒内深紫红色。**花期：**春末至秋季。**叶：**叶片大，轮生，椭圆形或倒卵形，先端突尖，叶面被绒毛。**用途** **布置：**花姿柔美，适用于花架、篱墙或盆栽观赏。

漏斗状 · 单瓣至重瓣
4~5cm

# 忍冬科
## Caprifoliaceae

忍冬科以盛产观赏植物著称，约有13属500种，主要分布于北半球温带地区，尤其是亚洲东部和美洲东北部。在我国有12属300余种，多分布于华中和西南地区。本节主要介绍六道木属、七子花属、猬实属、荚蒾属、锦带花属、忍冬属的代表植物。

**糯米条** *Abelia chinensis*

**别称：**茶条树。**属：**糯米条属。**原产地：**中国。**识别 花：**聚伞状圆锥花序，白色至粉红色，有芳香。**花期：**夏秋季。**叶：**深绿色，卵形至椭圆状卵形，边缘有浅齿，背面密生白色柔毛。**用途 布置：**栽植池畔、林缘、山石旁、墙隅和草坪边缘，可群植或列植。

漏斗状 · 单瓣
5~6mm

**绣球荚蒾** *Viburnum keteleeri* 'Sterile'

**别称：**木绣球。**属：**荚蒾属。**原产地：**中国。**识别 花：**纯白色，全部不育，组成大型聚伞花序。**花期：**春末。**叶：**对生，卵形，边缘有细齿，深绿色。**用途 布置：**适合于庭园的堂前、墙旁和窗外种植。

圆球状 · 单瓣
2.5~3cm

**七子花** *Heptacodium miconioides*

**别称：**浙江七子花。**属：**七子花属。**原产地：**中国。**识别 花：**圆锥花序顶生，由7朵小花组成头状花，白色，有芳香。**花期：**夏季。**叶：**对生，卵形或卵状矩圆形，表面绿色，背面淡绿色。**用途 布置：**宜孤植于公园或庭园，丛植草坪、路边、林缘、池旁和坡地作园景树。

钟状 · 单瓣
4~6mm

**矮白六道木**
*Abelia × grandiflora* 'Dwarf White'

**属：**糯米条属。栽培品种。**识别 花：**单生于小枝叶腋，花白色。**花期：**夏季。**叶：**矩圆形至矩圆状披针形，顶端尖至渐尖，基部钝至渐狭成楔形。**用途 布置：**无论是在园中配植，还是用作绿篱，都非常合适。

漏斗状 · 单瓣
2~2.5cm

**金边锦带花** *Weigela florida* 'Variegata'

**别称：**金边文官花。**属：**锦带花属。栽培品种。**识别 花：**聚伞花序，着花2~4朵，深粉色，边缘淡粉色至白色。**花期：**春末至夏初。**叶：**单叶对生，椭圆形，灰绿色，边缘白色，叶背有稀疏毛。**用途 布置：**宜丛植、列植、篱植于庭园、公园。

漏斗状 · 单瓣
2~3cm

**猬实** *Kolkwitzia amabilis*

**属：**猬实属。**原产地：**中国。**识别 花：**伞房花序顶生，萼筒外部密生刚毛，淡粉色至深粉色。**花期：**春末至夏初。**叶：**单生，卵状椭圆形，深绿色。**用途 布置：**为美丽的观赏植物，宜孤植或丛植于庭园的角隅、路旁、山石旁或点缀草坪边缘。

钟状 · 单瓣
1~1.5cm

**海仙花** *Weigela coraeensis*

**别称：**朝鲜锦带花。**属：**锦带花属。**原产地：**中国。**识别 花：**聚伞花序，花淡红色或带黄白色，后转深红色或红紫色。**花期：**春季。**叶：**宽椭圆形或倒卵形，边缘具钝锯齿，深绿色。**用途 布置：**宜孤植或丛植庭园、公园，配植建筑物前、路边、河畔和山麓等处。

漏斗状 · 单瓣
2~3cm

**琼花** *Viburnum keteleeri*

**别称：**聚八仙。**属：**荚蒾属。**原产地：**中国。**识别 花：**聚伞花序，花序周围为不孕花，中部为可孕花。**花期：**春季。**叶：**对生，卵形或椭圆形，边缘有细齿，深绿色。**用途 药：**根可治咽喉溃疡，外用治皮肤痤疮。**布置：**适合公园和风景区群植，散植于堂前和窗外。

高脚碟状 · 单瓣
6~8mm

**荚蒾** *Viburnum dilatatum*

**别称：**酸梅子。**属：**荚蒾属。**原产地：**中国、日本。**识别 花：**复聚伞花序，花白色，雄蕊长于花冠。**花期：**夏初。**叶：**对生，宽倒卵形至椭圆形，边缘有粗锯齿，深绿色，秋季转红色。**用途 食：**果可食，亦可酿酒。**布置：**是制作盆景的良好素材，也可栽植于建筑物旁。

**辐状 · 单瓣**

5~6mm

**蝴蝶戏珠花**
*Viburnum plicatum* f. *tomentosum*

**别称：**蝴蝶荚蒾。**属：**荚蒾属。**原产地：**中国、日本。**识别 花：**复伞形花序，外围有4~6朵扩大的黄白色不孕花，中间的可孕花白色。**花期：**春末。**叶：**对生，宽卵形，脉深，深绿色，秋季转红紫色。**用途 布置：**宜配植于建筑物四周、园路转角、林缘、溪边。

**似花边帽状 · 单瓣**

2~3mm

**日本珊瑚树** *Viburnum awabuki*

**别称：**法国冬青。**属：**荚蒾属。**原产地：**中国、日本。**识别 花：**圆锥状聚伞花序，着生于新枝顶，花白色，裂片反折。**花期：**春末。**叶：**革质，狭倒卵状长圆形至长卵圆形，全缘，表面深绿色，有光泽，背面淡绿色。**用途 布置：**适合于园景丛植或作城市绿篱。

**管状 · 单瓣**

4~6mm

**皱叶荚蒾** *Viburnum rhytidophyllum*

**别称：**枇杷叶荚蒾。**属：**荚蒾属。**原产地：**中国。**识别 花：**复伞形花序，花小，白色。**花期：**春季。**叶：**革质，卵状长圆形，全缘有不明显小齿，叶脉下凹成皱褶状，深绿色。**用途 布置：**宜孤植或丛植于城市绿地、路旁等采光较好的地方。

**管状 · 单瓣**

5~7mm

**蝴蝶荚蒾－玛丽弥尔顿**
*Viburnum plicatum* 'Mary Milton'

**属：**荚蒾属。栽培品种。**识别 花：**聚伞花序，球形，花粉色。**花期：**春季。**叶：**叶宽卵形或倒卵形，纸质有皱褶，边缘有不整齐角状锯齿，秋季叶色转紫红色。**用途 布置：**常配植于建筑物四周、园路转角、林缘、溪边、沟旁，或亭榭、假山附近孤植、丛植或片植。

**浅碟状 · 单瓣**

2~3cm

**荷兰忍冬** *Lonicera periclymenum*

**属：**忍冬属。**原产地：**欧洲、非洲北部和土耳其。**识别 花：**顶生，具2唇，有芳香，通常为红色，也有白色或黄色。**花期：**春末至夏末。**叶：**对生，卵圆形、椭圆形或倒卵形，中绿色。**用途 布置：**宜配植于庭园、草坪边缘和假山前后点缀。**赠：**有"牵挂""诚爱"之意。

**管状 · 单瓣**

1~1.5cm

**贯叶忍冬** *Lonicera sempervirens*

**别称：**串叶忍冬。**属：**忍冬属。**原产地：**美国。**识别 花：**腋生，外瓣深橙红色，瓣内淡橙黄色。**花期：**夏秋季。**叶：**椭圆形或倒卵形，表面深绿色，背面蓝绿色。**用途 布置：**适用于庭园、草坪边缘、道路两侧和假山前后点缀，也可依附坡地作地被植物。

**管状 · 单瓣**

8~10mm

**红王子锦带花**
*Weigela florida* 'Red Prince'

**别称：**文官花。**属：**锦带花属。**原产地：**中国、朝鲜。**识别 花：**聚伞花序，着花2~4朵，深粉色，边缘淡粉色至白色。**花期：**春末至夏初。**叶：**对生，椭圆形，深绿色。**用途 布置：**宜栽植于公园的角落、山麓或池畔，或丛植于草坪边缘、建筑物前作花篱。

**漏斗状 · 单瓣**

2~3cm

# 杜鹃花科

## Ericaceae

杜鹃花科植物为世界有名的观赏植物，约有127属5583种，主要分布在南非和中国西南部。中国约有22属1065种，全国均有分布，以西南部山区为盛。本科植物大多适应气候温凉、空气湿润、土壤偏酸的生长环境，往往成片生长，极少生长于石灰岩地区。除杜鹃花外，本节主要介绍同为杜鹃花属的杂种杜鹃、比利时杜鹃，以及杜鹃花科其他属种代表植物。其中有不少是著名的观赏植物，如比利时杜鹃、马醉木等。

**（比利时杜鹃）印加** *Rhododendron indica* 'Inga'

**漏斗状 · 半重瓣**
8~9cm

**（比利时杜鹃）赛马** *Rhododendron indica* 'Saima'

**别称：**四季杜鹃。**属：**杜鹃花属。栽培品种。**识别** **特征：**株型矮状，树冠紧密，分枝多。**花：**总状花序顶生，花型复杂，多数为重瓣、复瓣和半重瓣；花色多样，有红、粉、白、玫瑰红等色和双色；花瓣有圆润、后翻、波浪、皱边、卷边等。**花期：**全年。**叶：**互生，长椭圆形，纸质，厚实，幼叶青色，成熟叶色浓绿，背面泛白，先叶后花。**用途** **布置：**株型美观，花朵繁茂、艳丽，盆栽点缀宾馆、小庭园或公共场所，鲜明艳丽，娇媚动人。节日在窗台、居室摆放，灿烂夺目，增添欢乐气氛。

**漏斗状 · 半重瓣**
8~10cm

**（比利时杜鹃）奥斯塔莱特** *Rhododendron indica* 'Ostalett'

**漏斗状 · 半重瓣**
8~9cm

**（比利时杜鹃）琥珀**
*Rhododendron indica* 'Amber'

**漏斗状 · 半重瓣**
8~9cm

**（比利时杜鹃）皇冠**
*Rhododendron indica* 'Crowm'

**漏斗状 · 半重瓣**
9~10cm

**（杂种杜鹃）白芙蓉** *Rhododendron hybrida* 'Baifurong'

**别称：**西洋杜鹃。**属：**杜鹃花属。栽培品种。**识别** **花：**花大，花色多样，有单色、镶边、亮斑、喷沙、点红等，多数为重瓣、半重瓣，花瓣形状变化大。**花期：**春季。**叶：**叶卵状椭圆形，厚实，深绿色，叶面毛少而短。**用途** **布置：**是花色、花型最多、最美的一类。株型矮壮，树冠紧密，花色丰富，常用于盆栽观赏。

漏斗状 · 半重瓣
8~9cm

**（杂种杜鹃）淡粉**
*Rhododendron hybrida* 'Light Pink'

漏斗状 · 半重瓣
7~8cm

**（杂种杜鹃）红翼**
*Rhododendron hybrida* 'Red Wing'

漏斗状 · 半重瓣
8~10cm

**（杂种杜鹃）白如意**
*Rhododendron hybrida* 'Bairuyi'

漏斗状 · 半重瓣
8~9cm

**（杂种杜鹃）风辇**
*Rhododendron hybrida* 'Fengnian'

漏斗状 · 半重瓣
5~6cm

**（杂种杜鹃）荒狮子**
*Rhododendron hybrida* 'Huangshizi'

漏斗状 · 半重瓣
8~10cm

**（杂种杜鹃）双花红**
*Rhododendron hybrida* 'Shuanghuahong'

漏斗状 · 半重瓣
8~9cm

**（杂种杜鹃）绿色光辉**
*Rhododendron hybrida* 'Lüseguanghui'

漏斗状 · 半重瓣
7~8cm

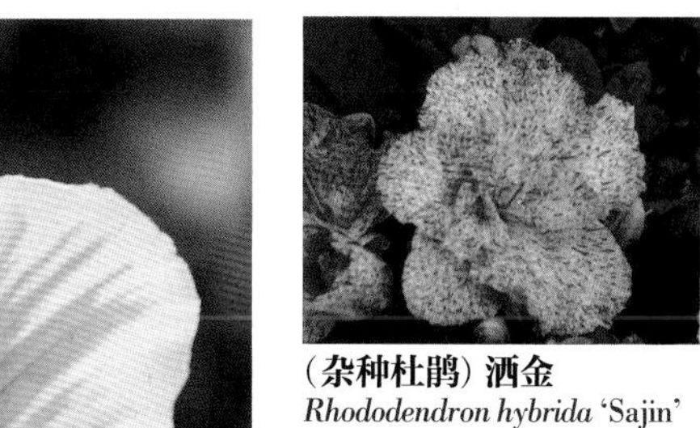

**（杂种杜鹃）洒金**
*Rhododendron hybrida* 'Sajin'

漏斗状 · 半重瓣
8~10cm

**（杂种杜鹃）五宝珠**
*Rhododendron hybrida* 'Wubaozhu'

漏斗状 · 半重瓣
10~12cm

**（杂种杜鹃）天女舞** *Rhododendron hybrida* 'Tiannüwu'

漏斗状 · 半重瓣
8~10cm

**（杂种杜鹃）红魁**
*Rhododendron hybridum* 'Hongkui'

漏斗状 · 单瓣
5~6cm

**安东尼·戴维斯帚石南**
*Calluna vulgaris* 'Anthony Davis'

**属：**帚石南属。栽培品种。**识别 花：**总状花序长，直立，花钟状，白色。**花期：**夏秋季。**叶：**叶小，密集，线形，肉质，灰绿色。**用途 布置：**宜摆放于窗台、客厅或书房，也可配植于庭园的墙边、角隅、池畔或作地被植物。

钟状或筒状·单瓣
3~4mm

**彼得·斯巴克斯帚石南**
*Calluna vulgaris* 'Peter Sparkes'

**属：**帚石南属。栽培品种。**识别 花：**总状花序长，直立，花重瓣，钟状，玫红色至粉红色。**花期：**夏秋季。**叶：**叶小，密集，线形，肉质，绿色。**用途 布置：**宜配植于庭园的墙旁、角隅、池畔或作地被植物，更惹人触目。也可盆栽或剪枝作切花美化居室。

钟状或筒状·单瓣
3~4mm

**树萝卜** *Agapetes moorei*

**属：**树萝卜属。**原产地：**中国西南部、缅甸。**识别 花：**总状花序短，生在老枝上，下垂，有花3~7朵，花冠窄的坛状，顶端5裂，花白色或粉红色，具紫红色脉纹。**花期：**夏季。**叶：**长圆状披针形，边缘有波状锯齿，深绿色。**用途 布置：**适合庭园、小游园绿地，也可盆栽摆放台阶、阳台等处。

圆筒状·单瓣
1~1.2cm

**马醉木** *Pieris japonica*

**别称：**梫木。**属：**马醉木属。**原产地：**中国、日本。**识别 花：**圆锥花序顶生，花小，白色，下垂或半直立。**花期：**冬末至春季。**叶：**窄倒卵形至椭圆形，具锯齿，中绿色。**用途 布置：**可应用于花篱和边缘灌木，是布置庭园的好材料。

坛状·单瓣
5~6cm

**博尼塔帚石南** *Calluna vulgaris* 'Bonita'

**别称：**博尼塔。**属：**帚石南属。**原产地：**欧洲。**识别 花：**总状花序，直立，深红色。**花期：**夏秋季。**叶：**叶小，密集，线形，肉质，黄绿色。**用途 布置：**宜盆栽摆放窗台、客厅或书房，也可配植于庭园的墙边、角隅、池畔或作地被植物。

钟状或筒状·单瓣
3~4mm

**冬欧石南** *Erica hiemalis*

**别称：**法国欧石南。**属：**欧石南属。**原产地：**非洲。**识别 花：**粉红色，顶端白色或橙色。**花期：**冬季。**叶：**细小，亮绿色。**用途 布置：**宜盆栽摆放居室、客厅、窗台、镜前。**赠：**有“孤独”“勇敢”之意。

管状·单瓣
5~6mm

**金叶贝奥尼帚石南**
*Calluna vulgaris* 'Beoley Gold'

**属：**帚石南属。栽培品种。**识别 花：**总状花序，直立，花钟状，白色。**花期：**夏秋季。**叶：**叶小，密集，线形，肉质，黄色。**用途 布置：**开花时阵阵清香，容易吸引蜜蜂，还是极佳的岩石园、庭园背景材料和地被植物。

钟状或筒状·单瓣
3~4mm

**细叶欧石南** *Erica gracilis*

**属：**欧石南属。**原产地：**非洲南部。**识别 花：**轮生，浅粉色至鲜红色。**花期：**秋季至春季。**叶：**通常3~6对轮生，偶尔螺旋状插入，细窄，线状，深绿色叶，边缘通常外卷。**用途 布置：**宜盆栽摆放居室、客厅、窗台、镜前，营造有趣味的氛围。

坛状·单瓣
3~4mm

**爱尔西·普勒帚石南**
*Calluna vulgaris* 'Elsie Purnell'

**属：**帚石南属。栽培品种。**识别 花：**总状花序长，直立，花重瓣，浅粉红色。**花期：**夏秋季。**叶：**叶小，密集，线形，肉质，灰绿色。**用途 布置：**盆栽摆放窗台、客厅或书房，呈现出浓厚的节日气氛。

钟状或筒状·单瓣
3~4mm

# 豆科

## *Fabaceae*

豆科植物除第四章草本花卉介绍的内容外，本节主要介绍豆科中的木本花卉，包括合欢属、羊蹄甲属、朱缨花属、云实属、锦鸡儿属、紫荆属、金雀儿属、刺桐属、刺槐属、无忧花属的代表植物。

**中国无忧花** *Saraca dives*

**属：**无忧花属。**原产地：**中国。**识别** **花：**伞房花序腋生，小花聚生，黄色。**花期：**春季。**叶：**偶数羽状复叶，小叶5~6对，嫩叶略带紫红色，近革质，卵状。**用途** **药：**树皮可以入药，有辅助治疗风湿的功效。**布置：**在南方适合庭园或公园栽植。

杯状 · 单瓣

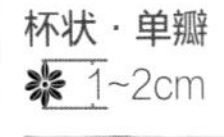

1~2cm

**合欢** *Albizia julibrissin*

**别称：**马缨花。**属：**合欢属。**原产地：**中国、中亚、非洲。**识别** **花：**头状花序在枝顶排成圆锥花序，花粉红色。**花期：**夏季。**叶：**2回羽状复叶，互生，小叶10~30对，线状披针形。**用途** **布置：**适合池畔、河岸散植。**赠：**有"合家欢乐"的寓意。

圆球状 · 单瓣

3~3.5cm

**锦鸡儿** *Caragana sinica*

**别称：**金雀花。**属：**锦鸡儿属。**原产地：**中国。**识别** **花：**单生，黄色，常带红色。**花期：**春季。**叶：**小叶2对，羽状，倒卵形，先端圆形，深绿色。**用途** **药：**根皮入药，有祛风活血、止咳化痰的功效。**布置：**可制作盆景观赏，或作绿篱装饰。

两侧对称花 · 蝶形

1.5~2cm

**金雀花** *Cytisus spachianus*

**别称：**香雀花、小金雀花。**属：**金雀儿属。**原产地：**西班牙。**识别** **花：**总状花序顶生，黄色，有芳香。**花期：**春季至夏初。**叶：**奇数羽状复叶，通常由3枚卵形小叶组成，深绿色，微被茸毛。**用途** **布置：**宜盆栽摆放小庭园、池畔、墙角。

两侧对称花 · 蝶形

1.5~2cm

**金凤花** *Caesalpinia pulcherrima*

**别称：**黄蝴蝶、洋金凤。**属：**小凤花属。**原产地：**美洲热带地区。**识别** **花：**总状花序顶生，橙红色，边缘镶嵌黄色斑。**花期：**全年。**叶：**2回羽状复叶，小叶6~9对，卵形，全缘。**用途** **药：**种子可入药，有活血通经的功效。**布置：**为园林花境优美树种，宜用于布置花坛。

碗状 · 单瓣

3~4cm

**象牙红** *Erythrina corallodendron*

**别称：**龙牙花、珊瑚刺桐。**属：**刺桐属。**原产地：**南美热带地区。**识别** **花：**总状花序顶生，深红色。**花期：**夏季。**叶：**互生，由3枚卵圆形或长圆形小叶组成，中绿色。**用途** **布置：**在南方适合庭园或公园配植，盆栽点缀池畔、墙角，吸引人目光。

两侧对称花 · 蝶形

4~5cm

**白花紫荆** *Cercis chinensis* 'Alba'

**属**：紫荆属。**原产地**：中国。**识别** **花**：总状花序单生，先叶开放，淡紫红色，后渐变白色。**花期**：冬末至春初。**叶**：近革质，卵圆形或肾形。**用途** **布置**：适合园林、草坪、城市绿地等栽植。**赠**：有"家业兴旺"的寓意。

两侧对称花 · 蝶形

1.2~1.5cm

**小叶云实** *Biancaea millettii*

**别称**：假南蛇簕。**科属**：云实属。**原产地**：中国。**识别** **花**：圆锥花序腋生，花黄色，近圆形。**花期**：夏秋季。**叶**：小叶 15~20 对，互生，长圆形，披锈色毛。**用途** **布置**：宜栽植于庭园，作花墙或花架布置。

近圆形 · 单瓣

3~4cm

**洋紫荆** *Bauhinia variegata*

**别称**：宫粉羊蹄甲。**属**：羊蹄甲属。**原产地**：中国。**识别** **花**：总状花序，紫红色。**花期**：冬春季。**叶**：互生，全缘，先端 2 裂，状如羊蹄，深绿色。**用途** **药**：根、皮有水煎服可治消化不良。**布置**：适合公园和庭园作园景树或城市的行道树。

两侧对称花 · 蝶形

8~12cm

**白花紫藤** *Wisteria sinensis* f. *alba*

**别称**：白花藤萝。**科属**：紫藤属。**原产地**：中国。**识别** **花**：总状花序侧生，下垂，花白色，有芳香。**花期**：春末和夏初。**叶**：奇数羽状复叶，小叶 3~6 对，卵状披针形，淡绿色。**用途** **布置**：宜配植于草坪边缘、山石旁或林缘点缀园景。

蝶形 · 单瓣

2~2.5cm

**云实** *Biancaea biancaea*

**别称**：水皂角。**科属**：云实属。**原产地**：中国。**识别** **花**：总状花序顶生，花黄色。**花期**：夏季。**叶**：2 回羽状复叶，互生，小叶 6~9 对，长椭圆形，表面绿色，背面具白粉。**用途** **药**：根、茎及果可供药用。**布置**：宜栽植于庭园作花墙或花架。

蝶形 · 单瓣

3~4m

**翅荚决明** *Senna alata*

**别称**：蜡烛花、翅果铁刀木。**属**：决明属。**原产地**：东南亚、太平洋岛屿和美洲热带地区。**识别** **花**：总状花序顶生或腋生，花序挺直，金黄色。**花期**：夏末至秋冬。**叶**：偶数羽状复叶，叶柄和叶轴有翅，宽长圆形至倒卵形，亮绿色。**用途** **布置**：常丛植或散植于林缘、道旁、岸边等。

两侧对称花 · 蝶形

2.5cm

**加拿大紫荆** *Cercis canadensis*

**属**：紫荆属。**原产地**：加拿大。**识别** **花**：常先叶开放，玫红色、淡紫红色。**花期**：春季。**叶**：互生，基部心形。**用途** **布置**：可置于城市的园林景观中，适合公园、庭园孤植，草地丛植或在建筑物前列植。

两侧对称花 · 蝶形

1~1.5cm

**毛洋槐** *Robinia hispida*

**别称**：红花洋槐。**属**：刺槐属。**原产地**：美国。**识别** **花**：总状花序腋生，下垂，花粉红色，花梗密被红色刺毛。**花期**：夏初。**叶**：羽状复叶，小叶窄小、圆形，蓝绿色。**用途** **布置**：适宜公园、风景区、高速公路沿线作行道树或园景树。**赠**：有"友谊""高尚"之意。

两侧对称花 · 蝶形

2.5~3cm

**黄山紫荆** *Cercis chingii*

**属：**紫荆属。**原产地：**加拿大。**识别** **花：**先叶开放，花玫红色、淡紫红色。**花期：**春季。**叶：**互生，阔卵圆形，先端急尖，基部心形，上面无毛，下面被短柔毛，网脉两面明显。**用途** **布置：**适合公园、庭园孤植，草地丛植或在建筑物前列植。

两侧对称花 · 蝶形

1.3~1.5cm

**巨紫荆** *Cercis gigantea*

**属：**紫荆属。**原产地：**中国。**识别** **花：**先叶开放，7~14 朵簇生，淡红色或淡紫红色。**花期：**春季。**叶：**单叶互生，薄草质，近圆形至卵圆形，先端短尖，基部心形，中绿色。**用途** **布置：**宜孤植或群植于公园、风景区、草坪边缘。

两侧对称花 · 蝶形

1.2~1.5cm

**网络崖豆藤** *Wisteriopsis reticulata*

**别称：**鸡血藤。**科属：**夏藤属。**原产地：**中国。**识别** **花：**圆锥花序顶生，下垂，花单生，紫色或玫瑰红色。**花期：**夏季。**叶：**奇数羽状复叶，小叶 7~9 枚，卵状长椭圆形，绿色。**用途** **布置：**在古典园林中作花架或花廊攀缘材料，老桩是极好的树桩盆景材料。

碟形 · 单瓣

1~1.2cm

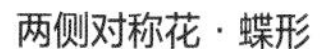

**美国紫藤蓝月**
*Wisteria macrostachya* 'Blue Moon'

**属：**紫藤属。栽培品种。**识别** **花：**总状花序，花序葡萄吊坠形，淡蓝色。**花期：**春季。**叶：**枝叶较少，羽状复叶，小叶 5~9 对，卵状披针形，纸质，先端渐尖，基部钝或歪斜。**用途** **布置：**宜小空间栽培，如作拱门、柱子、棚架等配套绿饰，也可盆栽观赏。

蝶形 · 重瓣

2~2.5cm

**紫荆** *Cercis chinensis*

**别称：**满条红。**属：**紫荆属。**原产地：**中国。**识别** **花：**先叶开放，4~10 朵簇生，深紫粉色。**花期：**春季。**叶：**互生，近圆形，全缘，深绿色，秋季转黄色。**用途** **药：**花、树皮和果实均可入药，有祛风解毒的功效。**布置：**适合庭园孤植，草地丛植或在建筑物前列植。

两侧对称花 · 蝶形

1.2~1.5cm

**耀花豆** *Sarcodum scandens*

**别称：**枭眼花、吉祥鸟。**属：**耀花豆属。**原产地：**澳大利亚北部。**识别** **花：**总状花序，有花 4~6 朵，像鹦鹉嘴状，猩红色和黑色。**花期：**夏季。**叶：**羽状复叶，小叶 9~21 枚，卵圆形至倒卵形，全缘。**用途** **布置：**花朵奇特、美丽，适用于盆栽观赏，布置阳台、窗台和居室，效果极佳。

两侧对称花 · 蝶形

5~8cm

**紫藤** *Wisteria sinensis*

**别称：**藤萝。**科属：**紫藤属。**原产地：**中国。**识别** **花：**总状花序侧生，下垂，花淡蓝紫色，有芳香。**花期：**春末和夏初。**叶：**奇数羽状复叶，小叶 7~13 枚，卵状披针形，淡绿色。**用途** **布置：**适合棚架和池畔栽种、盆栽和制作盆景。**赠：**有"热恋""欢迎"之意。

蝶形 · 单瓣

2~2.5cm

**朱缨花** *Calliandra haematocephala*

**别称：**美蕊花、红绒球。**属：**朱缨花属。**原产地：**玻利维亚。**识别** **花：**头状花序腋生，花丝多数，红色。**花期：**夏季。**叶：**羽状复叶，小叶 6~10 对，小叶斜长椭圆形，深绿色。**用途** **布置：**南方适合公园、风景区配植，可盆栽观赏。

圆球状 · 单瓣

6~7cm

**鸡冠刺桐** *Erythrina crista-galli*

**别称：**巴西刺桐、美丽刺桐。**属：**刺桐属。**原产地：**玻利维亚、阿根廷。**识别** **花：**总状花序顶生，深红色。**花期：**夏秋季。**叶：**羽状复叶，具 3 小叶，卵圆形至长圆形。**用途** **布置：**用它配植庭园的池畔、墙际、角隅和摆放台阶，花时铺红展翠，异常新奇。

豌豆形 · 单瓣

3~5cm

# 千屈菜科

## *Lythraceae*

千屈菜科植物约有 25 属 550 种，在我国约有 11 属 47 种，全国各地均有分布。本节主要介绍萼距花属和紫薇属的代表植物，前者多用于盆栽观赏，后者常栽培作庭园观赏树。

**银薇** *Lagerstroemia indica* f. *alba*

**别称**：白花紫薇。**属**：紫薇属。**原产地**：中国。**识别** **花**：圆锥花序顶生，花瓣边缘皱缩，基部有爪，花白色。**花期**：夏秋季。**叶**：互生，椭圆形至长圆形，深绿色。**用途** **布置**：宜盆栽摆放庭园、门前、窗外。

辐射对称花 · 6 瓣

2~2.5cm

**紫萼距花** *Cuphea articulata*

**别称**：满天星。**属**：萼距花属。**原产地**：墨西哥、危地马拉。**识别** **花**：短的总状花序顶生或腋生，花有粉红、白和紫红等色。**花期**：夏秋季。**叶**：对生，窄的披针形，深绿色。**用途** **布置**：适合花丛、花坛边缘种植。

管状 · 单瓣

2~2.5mm

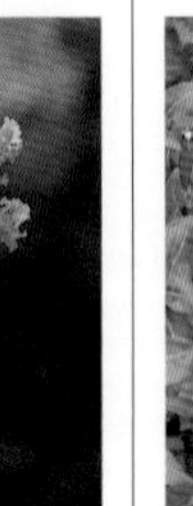

**翠薇** *Lagerstroemia indica* 'Amabilis'

**别称**：圣之花。**属**：紫薇属。**原产地**：中国。**识别** **花**：圆锥花序顶生，花瓣边缘皱缩，基部有爪，花紫堇色。**花期**：夏秋季。**叶**：互生，椭圆形至长圆形，暗绿色。**用途** **布置**：宜盆栽摆放庭园、门前、窗外。**赠**：有"圣洁"之意。

辐射对称花 · 6 瓣

2~2.5cm

**紫薇** *Lagerstroemia indica*

**别称**：百日红。**属**：紫薇属。**原产地**：中国。**识别** **花**：圆锥花序顶生，花瓣边缘皱缩，花有白、粉、红和紫等色。**花期**：夏秋季。**叶**：纸质，互生，椭圆形至长圆形，深绿色。**用途** **布置**：宜盆栽摆放庭园、门前、窗外，也广泛用于公园绿化。

辐射对称花 · 6 瓣

2~2.5cm

**红薇** *Lagerstroemia indica* 'Rubra'

**别称**：红紫薇。**属**：紫薇属。**原产地**：中国。**识别** **花**：圆锥花序顶生，花瓣边缘皱缩，花红色。**花期**：夏秋季。**叶**：互生，椭圆形至长圆形，深绿色。**用途** **布置**：宜盆栽摆放庭园、门前、窗外。**赠**：有"吉祥"之意。

辐射对称花 · 6 瓣

2~2.5cm

**雪茄花** *Cuphea platycentra*

**别称**：红丁香、火红萼距花。**属**：萼距花属。**原产地**：墨西哥。**识别** **花**：腋生，花朵无瓣，火焰红色。**花期**：全年。**叶**：对生，披针形至窄的长圆形，纸质，亮绿色，全缘。**用途** **布置**：适合盆栽观赏，美化庭园。

管状 · 单瓣

2~2.5cm

**大花紫薇** *Lagerstroemia speciosa*

**别称**：大叶紫薇、美丽紫薇。**属**：紫薇属。**原产地**：亚洲热带地区。**识别** **花**：圆锥花序，顶生，有粉红、紫红、白等色。**花期**：春季至秋季。**叶**：对生，卵圆形或椭圆状长圆形，全缘，灰绿色，背面深褐色。**用途** **布置**：适用于作景观树、行道树，也适合大型室内景观布置。

辐射对称花 · 6 瓣

4~5cm

# 木兰科

## *Magnoliaceae*

木兰科植物约有18属335种，分布于亚洲东部和东南部、北美东部、中美洲等地区。本节主要介绍北美木兰属、玉兰属、含笑属以及木兰科其他属的代表植物。其中，木兰属植物大多是我国的传统花卉，色香兼备，不少乔木也是我国重要的行道树种。

**夜合花** *Lirianthe coco*

**别称：** 夜香木兰。**属：** 长喙木兰属。**原产地：** 中国南部。**识别 花：** 单生枝顶，向下弯垂，绿白色，夜间极香，开放时间短，晚上多闭合。**花期：** 夏季。**叶：** 革质，椭圆形，边缘反卷，深绿色。**用途 布置：** 在南方，常配植于公园和庭园中，盆栽摆放客厅或居室，芳香宜人。

圆球形或吊钟形 · 单瓣

3~4cm

**广玉兰** *Magnolia grandiflora*

**别称：** 荷花玉兰、洋玉兰。**属：** 北美木兰属。**原产地：** 北美东南部。**识别 花：** 花大，白色，具芳香。**花期：** 夏秋季。**叶：** 叶厚，革质，长圆状披针形，背面有锈色短绒毛。**用途 药：** 干燥花蕾和树皮均可入药，有祛风散寒的功效。**布置：** 用它作城市景观路行道树，气势雄伟。

荷花状或杯状 · 单瓣

15~20cm

**玉兰** *Yulania denudata*

**别称：** 白玉兰、木兰。**属：** 玉兰属。**原产地：** 中国中部地区。**识别 特征：** 小枝灰褐色。**花：** 花大，单生枝顶，先叶开放，白色，具芳香。**花期：** 春季。**叶：** 叶互生，倒卵形，尖端短而突。**用途 布置：** 常见江南古典园林中庭前院后配植，也用于草坪、墙隅孤植，也是东方插花的极佳花材。

杯状 · 单瓣

12~16cm

**星花玉兰** *Yulania stellata*

**别称：** 日本毛玉兰。**属：** 玉兰属。**原产地：** 日本。**识别 花：** 白色或粉红色，具芳香，花瓣15枚。**花期：** 春季。**叶：** 倒卵形至长圆形或披针形，网脉清晰，中绿色。**用途 布置：** 树冠宽圆锥形，丛植或孤植于窗前、假山旁、池畔或水边，十分自然协调，开花时优雅别致。

星状 · 单瓣

10~12cm

**宝华木兰** *Yulania zenii*

**别称：** 宝华玉兰。**属：** 玉兰属。**原产地：** 中国东部。**识别 花：** 先花后叶，花瓣上半部白色，下半部紫红色，具芳香。**花期：** 春季。**叶：** 倒卵状长椭圆形，先端尖，全缘。**用途 布置：** 适用于风景区、街道及广场绿地、住宅区绿地的环境布置。

酒杯状 · 单瓣

8~12cm

**黄山木兰** *Yulania cylindrica*

**别称：** 黄山玉兰。**属：** 玉兰属。**原产地：** 中国东部。**识别 花：** 先叶开放，米白色或淡黄白色，基部带红色，花长10厘米。**花期：** 春季。**叶：** 膜质，倒卵形或倒卵状长圆形，表面深绿色，背面浅绿色。**用途 布置：** 适用于公园或风景区群植或孤植，也可布置空旷闲地、草坪边缘、漏窗内外。

杯状 · 单瓣

8~9cm

**天目木兰** *Yulania amoena*

**别称：** 天目玉兰。**属：** 玉兰属。**原产地：** 中国东部。**识别 特征：** 小枝绿色，老枝淡紫色。**花：** 粉红色，花丝紫红色，具芳香。**花期：** 春季。**叶：** 披针状长圆形，全缘，厚纸质。**用途 布置：** 适用于公园或风景区群植或孤植，也可布置墙垣边、路边或坡地绿化。

杯状 · 单瓣

6cm

**白兰** *Michelia × alba*

**别称：**白兰花。**属：**含笑属。**原产地：**喜马拉雅地区、马来西亚。**识别** **花：**单生于叶腋，白色或略带黄色，肥厚，线形狭长，极香。**花期：**夏季。**叶：**互生，长椭圆形，薄革质，全缘，表面绿色，背面淡绿色。**用途** **布置：**在南方，被广泛用作行道树和庭荫树。

高脚杯状 · 单瓣
6~8cm

**木莲** *Manglietia fordiana*

**别称：**绿楠。**属：**木莲属。**原产地：**中国。**识别** **花：**单生于枝顶，白色，肉质，有莲花的清香。**花期：**春季。**叶：**互生，厚革质，窄倒卵形或倒披针形，全缘，绿色。**用途** **布置：**宜孤植、列植或群植在园林中。**赠：**有"高尚""自然"之意。

杯状 · 单瓣
6~8cm

**厚朴** *Houpoea officinalis*

**别称：**川朴。**属：**厚朴属。**原产地：**中国。**识别** **花：**淡黄色，具芳香。**花期：**春季。**叶：**叶大，近革质，倒卵状椭圆形，先端圆钝，表面绿色，背面灰绿色。**用途** **布置：**常孤植或数株群植点缀于草坪上、山石旁、湖岸边等，或用于景观路种植。

莲花状 · 单瓣
10~15cm

**阔瓣含笑**
*Michelia cavaleriei* var. *platypetala*

**别称：**云山白兰花。**属：**含笑属。**原产地：**中国。**识别** **花：**单生于叶腋，白色，具芳香。**花期：**春季。**叶：**窄长圆形或窄倒卵状长圆形，薄革质，全缘，表面绿色，背面淡绿色。**用途** **布置：**宜配植于庭园或建筑物周围，或孤植、丛植于草坪边缘、树丛林缘。

高脚杯状 · 单瓣
10~12cm

**凹叶厚朴** *Houpoea officinalis* 'Biloba'

**别称：**浙朴。**属：**厚朴属。**原产地：**中国。**识别** **花：**白色，具芳香。**花期：**春季。**叶：**叶大，近革质，长圆状倒卵形，先端有明显凹缺，表面绿色，背面灰绿色。**用途** **布置：**树姿优美，适合公园、庭园或高速公路两侧坡地种植，使空间环境更舒适清新。

莲花状 · 单瓣
10~15cm

**深山含笑** *Michelia maudiae*

**别称：**光叶白兰、莫式含笑。**属：**含笑属。**原产地：**中国。**识别** **花：**单生于枝顶叶腋，白色，有清香。**花期：**春季。**叶：**薄革质，全缘，长椭圆形，先端急尖，深绿色。**用途** **布置：**常孤植或群植于风景区、公园或庭园作风景树和绿化背景。

莲花状 · 单瓣
10~12cm

**含笑** *Michelia figo*

**别称**：香蕉花。**属**：含笑属。**原产地**：中国。**识别** **花**：单生于叶腋，乳黄色或乳白色，边缘有时红色或紫色，肉质，有芳香。**花期**：春夏季。**叶**：狭椭圆形或倒卵状椭圆形，革质，全缘，表面绿色，背面淡绿色。**用途** **布置**：宜配植于庭园或建筑物周围。**赠**：有“矜持”“美丽”之意。

酒杯状 · 单瓣

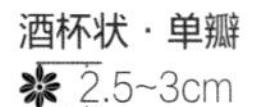

2.5~3cm

**苏珊木兰** *Magnolia* 'Susan'

**别称**：苏珊玉兰。**属**：北美木兰属。栽培品种。**识别** **花**：有芳香，外瓣紫红色，花瓣内面色稍浅，花芽深紫红色。**花期**：春季。**叶**：卵圆形，中绿色，长15厘米。**用途** **布置**：适合栽植于风景区、公园、居住区美化环境。

酒杯状 · 单瓣

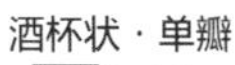

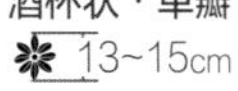

13~15cm

**鹅掌楸** *Liriodendron chinense*

**别称**：马褂木。**属**：鹅掌楸属。**原产地**：中国。**识别** **花**：单生于枝顶，绿色，具黄色纵条纹。**花期**：仲夏。**叶**：单叶互生，马褂状，深绿色，秋季转黄色。**用途** **布置**：适合作行道树、庭荫树，丛植或片植可用于草坪、公园入口处。

杯状或荷花状 · 单瓣

4~6cm

**简木兰** *Magnolia* 'Jane'

**属**：北美木兰属。栽培品种。**识别** **花**：先花后叶，花大，浅粉红色，花瓣上半部色浅，下半部色稍深。**花期**：春季。**叶**：倒卵状长椭圆形，先端尖，全缘，淡绿色。**用途** **布置**：适用于公园或风景区群植或孤植，也可布置空旷闲地和草坪边缘美化。

酒杯状 · 单瓣

3~4cm

**辛夷** *Yulania liliiflora*

**别称**：紫玉兰、望春花。**属**：玉兰属。**原产地**：中国中部地区。**识别** **花**：花大，先叶开放，淡紫褐色，花瓣长圆状倒卵形，外面紫色，内面白色。**花期**：春夏季。**用途** **布置**：宜在庭园中孤植或群植，在建筑物南面或窗前配植，也可在风景区点缀池畔或溪边。

酒杯状 · 单瓣

6~8cm

**二乔木兰** *Yulania × soulangeana*

**别称**：杂种木兰。**属**：玉兰属。栽培品种。**识别** **花**：花先叶开放，花大，花色多样，有深玫瑰红色、淡紫色和纯白色等。**花期**：春季。**叶**：倒卵形或倒卵状长圆形，绿色。**用途** **布置**：树姿优美，花大色艳，带有芳香，适合庭园、公园和绿地种植。

酒杯状 · 单瓣

9~20cm

**飞黄木兰** *Yulania denudata* 'Fei Huang'

**别称**：黄花玉兰。**属**：玉兰属。栽培品种。**识别** **花**：花大，单生枝顶，先叶开放，黄色。**花期**：春季。**叶**：互生，倒卵形，尖端短而突。**用途** **布置**：适用于风景区、公园、居住区绿地布置，也是东方插花的极佳花材。

杯状 · 单瓣

12~15cm

**黄缅桂** *Michelia champaca*

**别称**：黄兰。**属**：含笑属。**原产地**：中国、印度、缅甸、越南。**识别** **花**：单生于叶腋，橙黄色，极香。**花期**：夏季。**叶**：薄革质，披针状卵形或披针状长椭圆形，下面稍被柔毛。**用途** **布置**：在南方被广泛用作行道树和庭荫树。

高脚杯状 · 单瓣

6~8cm

# 锦葵科
## *Malvaceae*

锦葵科木本植物集中在木槿属，本节主要介绍该属的代表植物。木槿属大多有着大型美丽的花朵，是主要的园林观赏花灌木。木芙蓉霜降时节开花最盛，在我国以四川、湖南栽培为多。木槿又称朝开暮落花，适合园林中作花篱式绿篱。扶桑是世界名花之一，花大色艳，四季花开不绝，由于栽培容易，观赏期长，深受人们的喜爱。

**（木芙蓉）重瓣白芙蓉** *Hibiscus mutabilis* 'White Plena'

**别称：**拒霜花、芙蓉花。**属：**木槿属。**原产地：**中国西南部。**识别** **花：**花大，单生于枝端叶腋，深粉色、粉色和白色，有单瓣和重瓣。**花期：**秋季。**叶：**叶大，广卵形，基部心形，常 5~7 掌状分裂，边缘有钝齿，灰绿色。**用途** **布置：**在群芳摇落之后，芙蓉的艳态娇姿更让人喜爱。若栽植于堤旁、池畔，花时倒影映在水中，自有一番情趣。

漏斗状 · 重瓣
8~12cm

**（木槿）单瓣白花** *Hibiscus syriacus* f. *totus-albus*

**别称：**朝开暮落花、篱障花。**属：**木槿属。**原产地：**中国和印度。**识别** **花：**花大，有单瓣、重瓣，花色有紫、粉红、白等。**花期：**夏末至中秋。**叶：**卵圆形至菱形，3 裂，深绿色。**用途** **布置：**常用于公共场所作花篱、绿篱和庭园布置，也适合墙边、池畔栽植。**赠：**送给母亲、老师，以表达"温柔质朴"的赞美之意。

漏斗状 · 单瓣
10~12cm

**（木芙蓉）七星**
*Hibiscus mutabilis* 'Qixing'

漏斗状 · 重瓣
8~12cm

**（木芙蓉）鸳鸯**
*Hibiscus mutabilis* 'Yuanyang'

漏斗状 · 半重瓣
8~12cm

**（木槿）单瓣白花红心**
*Hibiscus syriacus* 'White with Red Eyed'

漏斗状 · 单瓣
6~8cm

**（木槿）单瓣粉花红心**
*Hibiscus syriacus* 'Pink with Red Eyed'

漏斗状 · 单瓣
5~6cm

**（木芙蓉）醉芙蓉**
*Hibiscus mutabilis* 'Versicolor'

漏斗状 · 重瓣
8~12cm

**（木芙蓉）红芙蓉**
*Hibiscus mutabilis* 'Red'

漏斗状 · 单瓣
8~12cm

**（扶桑）单瓣黄** *Hibiscus rosa-sinensis* 'Yellow'

**别称：**朱槿、大红花。**属：**木槿属。**原产地：**中国南部。**识别** **特征：**茎部直立而多分枝。**花：**花大，单生于上部叶腋间，玫瑰红或粉红、黄、橙色，有单瓣、重瓣。**花期：**全年。**叶：**互生，卵圆形至宽披针形，深绿色。**用途** **布置：**在南方，多栽植于池畔、亭前、道旁和墙边，十分和谐自然。盆栽点缀阳台或庭园，全年开花不断，异常热闹。

漏斗状 · 单瓣

12~18cm

**海滨木槿** *Hibiscus hamabo*

**别称：**海滨黄槿、海槿。**属：**木槿属。**原产地：**中国。**识别** **花：**黄色，内面基部暗紫色。**花期：**夏秋季。**叶：**近圆形，质厚，正反面披灰白色星状毛，灰绿色。**用途** **布置：**株型优美，花大醒目，适用于滨海地区防风林绿化，又可在公园、风景区和庭园列植、丛植或孤植，自然开展的树姿和金黄色的花朵，让人耳目一新。

漏斗状 · 单瓣

12~15cm

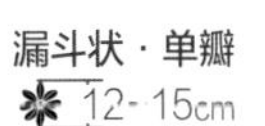

**（扶桑）单瓣粉**
*Hibiscus rosa-sinensis* 'Pink'

漏斗状 · 单瓣

16~18cm

**（扶桑）锦球**
*Hibiscus rosa-sinensis* 'Kapiolani'

漏斗状 · 单瓣

12~15cm

**（扶桑）重瓣粉红**
*Hibiscus rosa-sinensis* 'Pink Plenus'

牡丹状 · 重瓣

14~16cm

**（扶桑）星心扶桑**
*Hibiscus rosa-sinensis* 'Stellata'

漏斗状 · 重瓣

6~10cm

**（扶桑）重瓣深红**
*Hibiscus rosa-sinensis* 'Deep red'

牡丹状 · 重瓣

13~15cm

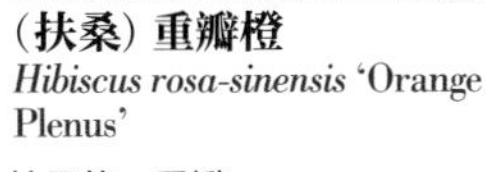

**（扶桑）重瓣橙**
*Hibiscus rosa-sinensis* 'Orange Plenus'

牡丹状 · 重瓣

14~16cm

**裂瓣朱槿**
*Hibiscus schizopetalus*

**别称：**吊灯花、拱手花篮。**属：**木槿属。**原产地：**肯尼亚、坦桑尼亚、莫桑比克。**识别** **花：**单花着生于叶腋，花梗细长，花大而下垂，流苏状深裂，外反而后卷，花冠红色。**花期：**夏季。**叶：**互生，卵状椭圆形，叶缘粗齿，革质，叶脉明显，中绿色至深绿色。**用途** **布置：**在北方用于盆栽，摆放窗台或居室欣赏，清新高雅。

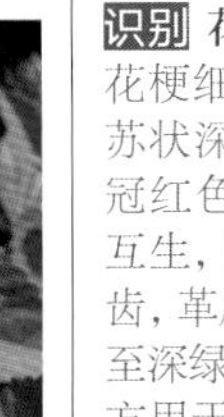

流苏状 · 单瓣

6~10cm

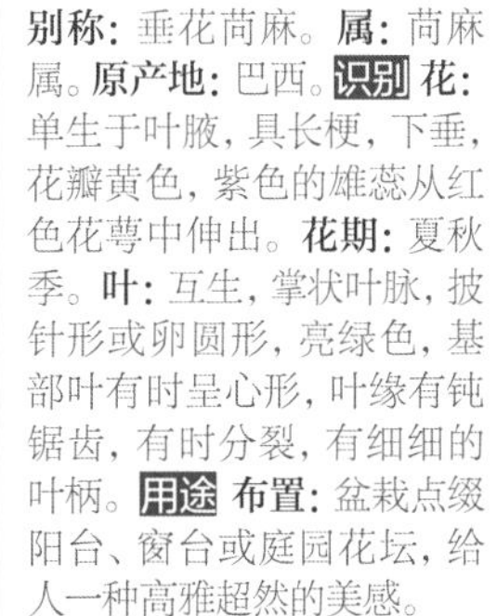

**红萼苘麻**
*Abutilon megapotamicum*

**别称：**垂花苘麻。**属：**苘麻属。**原产地：**巴西。**识别** **花：**单生于叶腋，具长梗，下垂，花瓣黄色，紫色的雄蕊从红色花萼中伸出。**花期：**夏秋季。**叶：**互生，掌状叶脉，披针形或卵圆形，亮绿色，基部叶有时呈心形，叶缘有钝锯齿，有时分裂，有细细的叶柄。**用途** **布置：**盆栽点缀阳台、窗台或庭园花坛，给人一种高雅超然的美感。

钟形 · 单瓣

6~10cm

# 木樨科

## Oleaceae

木樨科植物约有27属400余种，广泛分布于热带和温带地区，亚洲地区种类尤为丰富。在我国约有12属178种，南北各地均有分布。本章主要介绍连翘属、素馨属、丁香属、探春花属的代表植物。

**白丁香** *Syringa oblata* 'Alba'

**别称**：白花丁香。**属**：丁香属。**原产地**：中国、朝鲜。**识别** **花**：圆锥花序顶生或腋生，花白色，具芳香。**花期**：春季。**叶**：对生，卵圆形，尖端锐尖，纸质，中绿色。**用途** **布置**：宜丛植草坪边缘、园宅天井、建筑物周围和池畔。**赠**：有"天真烂漫"之意。

管状 · 单瓣

8~10mm

**暴马丁香**

*Syringa reticulata subsp. amurensis*

**属**：丁香属。**原产地**：中国。**识别** **花**：圆锥花序，花冠筒略长于花萼，花冠白色，具芳香。**花期**：春末至夏初。**叶**：宽卵状至卵形，叶背网状侧脉明显隆起，全缘。**用途** **食**：嫩叶可泡茶。**药**：全株可入药，具有镇咳祛痰的功效。**布置**：宜群植或孤植于林边和草地。

漏斗状 · 单瓣

10~12mm

**茉莉** *Jasminum sambac*

**属**：素馨属。**原产地**：亚洲热带地区。**识别** **花**：聚伞花序，簇生于枝顶，白色，有香气。**花期**：夏季。**叶**：对生，卵形，深绿色。**用途** **布置**：宜成片栽植于草坪、花坛或庭园中，也可修剪成绿篱。**赠**：有"纯洁忠诚"之意。

高脚碟状 · 单瓣至重瓣

2~2.5cm

**毛茉莉** *Jasminum multiflorum*

**别称**：多花素馨。**属**：素馨属。**原产地**：印度。**识别** **特征**：茎部直立或攀缘。**花**：复聚伞花序顶生，白色，多复瓣，具芳香。**花期**：春季至秋季。**叶**：对生，卵形，薄革质，先端尖，基部圆形。**用途** **布置**：适合栽植坡地、路边、林缘等处观赏，也可盆栽摆放阳台、露台等。

高脚碟状 · 半重瓣

3~3.5cm

**紫丁香** *Syringa oblata*

**别称**：华北紫丁香。**属**：丁香属。**原产地**：中国、朝鲜。**识别** **花**：圆锥花序顶生或腋生，花淡紫色，具芳香。**花期**：春季。**叶**：对生，宽心形，中绿色，幼叶青铜色，秋季转紫色。**用途** **药**：叶可入药，有清热燥湿的作用，民间多用于止泻。**布置**：芳香袭人，为著名的观赏花卉。宜孤植或丛植于风景区、公园或庭园中。**赠**：有"初恋""爱的萌芽"之意。

管状 · 单瓣

8~10mm

**虎头茉莉**
*Jasminum sambac* 'Grand Duke of Tuscany'

**别称：**大花茉莉。**属：**素馨属。栽培品种。**识别 花：**重瓣，白色，花瓣50枚以上。**花期：**夏季。**叶：**3叶轮生，变异后为4~8叶。**用途 布置：**由于栽培难度较高，不适合用作经济作物，只供观赏。

高脚碟状 · 半重瓣
3~3.5cm

**连翘** *Forsythia suspensa*

**别称：**黄花秆。**属：**连翘属。**原产地：**中国、朝鲜。**识别 花：**1~3朵腋生，花黄色。**花期：**春季。**叶：**对生，单叶或小叶3枚，卵形，中绿色至深绿色。**用途 药：**果实入药，有清热解毒之效。**布置：**宜配植于溪边、池畔或山石旁。**赠：**有"秘密"之意。

窄口喇叭状 · 单瓣
2~3cm

**金钟花** *Forsythia viridissima*

**别称：**黄金条。**属：**连翘属。**原产地：**中国。**识别 花：**1~3朵着生于叶腋，花深黄色，先叶开放。**花期：**春季。**叶：**宽大而厚，椭圆形至披针形，绿色。**用途 布置：**适合点缀庭园的墙隅、路边、池畔、溪边。

钟状 · 单瓣
2.5~3cm

**探春花** *Chrysojasminum floridum*

**别称：**迎夏、鸡蛋黄。**属：**探春花属。**原产地：**中国。**识别 花：**聚伞花序顶生，花萼具5条突起的肋，线形与萼筒等长，花黄色。**花期：**春末至夏初。**叶：**互生，小叶3~5枚，卵状长圆形，顶端渐尖，基部楔形。**用途 布置：**适用于园景布置，或者盆栽摆放窗台、阳台。

辐射对称花 · 5瓣
1.2~1.5cm

**云南黄馨** *Jasminum mesnyi*

**别称：**野迎春。**属：**素馨属。**原产地：**中国。**识别 花：**单生，较大，淡黄色，花瓣较花筒长，近于复瓣，有清香。**花期：**春夏季。**叶：**对生，小叶3枚，长椭圆形，顶端1枚较大，深绿色。**用途 布置：**宜栽植于池畔、斜坡、悬岩或大厦雨棚处。**赠：**有"生命力强"之意。

高脚碟状 · 单瓣
3~4.5cm

**浓香茉莉** *Chrysojasminum odoratissimum*

**别称：**金茉莉。**属：**探春花属。**原产地：**大西洋马德拉岛。**识别 花：**聚伞花序顶生，花萼裂片小，三角形，比萼筒短，黄色，具芳香。**花期：**春夏季。**叶：**互生，复叶通常5小叶，革质，小叶卵形或长圆状椭圆形。**用途 布置：**宜孤植于草地、天井或庭园向阳处。

高脚碟状 · 单瓣
1.2~1.5cm

**迎春花** *Jasminum nudiflorum*

**别称：**金腰带。**属：**素馨属。**原产地：**中国。**识别 花：**单生，先叶开放，黄色，有清香。**花期：**早春。**叶：**对生，小叶3枚，单叶卵形，深绿色。**用途 布置：**适合作花篱、绿篱，也可栽植湖边、溪畔、桥头、林缘等处。**赠：**有"生命力强"之意。

高脚碟状 · 单瓣
1~2cm

**金叶素馨** *Jasminum officinale* 'Aurea'

**别称：**金叶素方花。**属：**素馨属。栽培品种。**识别 花：**单生或数朵成聚伞花序顶生，亮黄色，有芳香。**花期：**春季。**叶：**奇数羽状复叶，小叶5~9枚，卵圆形至披针形。**用途 布置：**适合配植于庭园周围或花境，也适合在堤岸和阶前边缘栽植。

高脚碟状 · 单瓣
1~1.2cm

# 山龙眼科

## *Proteaceae*

山龙眼科植物约有80属1600种，主产于大洋洲和非洲南部干燥地区，亚洲和南美洲也有分布。在我国约有4属24种，西南部、南部和东南部均有分布。本节主要介绍木百合属、帝王花属、针垫花属、银桦属的代表植物。

**染色木百合** *Leucadendron tinctum*

**属：**木百合属。**原产地：**南非。**识别 花：**头状花序，浅黄绿色，被光滑黄色苞片所包围。**花期：**春夏季。**叶：**长圆形，深绿色。**用途 布置：**在南方宜配植庭园、公园或风景区，或盆栽装饰宾馆、商厦、厅堂。

头状花 · 单瓣

2.5~3cm

**针垫花** *Leucospermum cordifolium*

**别称：**风轮花、针包。**属：**针垫花属。**原产地：**南非。**识别 花：**头状花序，单生或少数聚生，花冠小，针状，黄色。**花期：**早春至仲夏。**叶：**轮生，硬质，多为针状或矛尖状，边缘或叶尖有锯齿，无柄。**用途 布置：**用于盆栽或切花观赏。

圆球状 · 单瓣

10~12cm

**木百合** *Leucadendron*

**属：**木百合属。**原产地：**南非。**识别特征：**茎部紫红色。**花：**头状花序，雄株紫红色至红色，雌株淡绿白色，苞片黄白色。**花期：**春夏季。**叶：**披针形，灰绿色，顶端和边缘紫色。**用途 布置：**在南方，栽植于庭园、公园或风景区。

卵球形至球形 · 单瓣

4~5cm

**异色木百合** *Leucadendron discolor*

**属：**木百合属。**原产地：**非洲南部。**识别 花：**头状花序，雄株紫红色至红色，雌株淡绿白色。**花期：**春季至夏初。**叶：**披针形，淡灰绿色，顶端和边缘紫色。**用途 布置：**在南方配植于庭园、公园或风景区。**赠：**有“丰富的心”之意。

头状花 · 单瓣

2.5~3cm

**（针垫花）弗拉姆**

*Leucospermum* 'Vlam'

圆球状 · 单瓣

10~12cm

**小叶佛塔树** *Banksia ericifolia*

**属：**佛塔树属。**原产地：**澳大利亚。**识别 花：**头状花序顶生，花橙黄色至橙红色，或黄褐色。**花期：**秋季。**叶：**线状，表面中绿色至深绿色，背面银色。**用途 布置：**常用作街道树，庭园树布置。

头状花 · 单瓣

20cm

**（杂种木百合）萨费里日落**

*Leucadendron hybrid* 'Safari Sunset'

**属：**木百合属。栽培品种。**识别 花：**头状花序，花浅黄绿色，被浅红色苞片所包围。**花期：**夏季至秋季。**叶：**窄长圆形，深绿色渐变紫红色，幼叶出现多色。**用途 布置：**在南方配植于庭园、公园或风景区。

头状花 · 单瓣

3~4cm

**（针垫花）火焰**

*Leucospermum cordifolium* 'Flamespike'

球状 · 单瓣

10~12cm

**菩提花** *Protea cynaroides*

**别称：**帝王花。**属：**帝王花属。**原产地：**非洲。**识别 花：**头状花序，苞片深红色至粉红色或米色。**花期：**春末至夏季。**叶：**互生，革质，圆形或椭圆形，灰绿色。**用途 布置：**色彩和造型特别，宜盆栽点缀室内家居环境。**赠：**有“幸福”之意。

碗状 · 单瓣
12~30cm

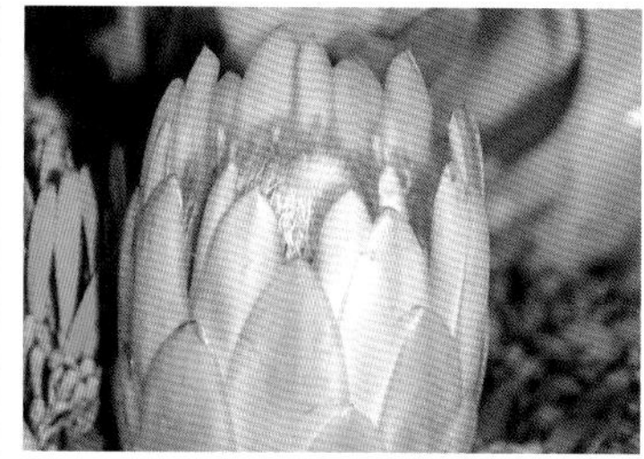

**白菩提花** *Protea repens* 'White'

**别称：**糖槭菩提花。**属：**帝王花属。**原产地：**南非。**识别 花：**头状花序，花展开时呈酒杯状，具无毛苞片，乳白色或顶端粉红色至深红色，外层具一层黏性的树脂。**花期：**春夏季。**叶：**线形至披针形。**用途 布置：**宜盆栽点缀室内家居环境。

酒杯状 · 单瓣
8~9cm

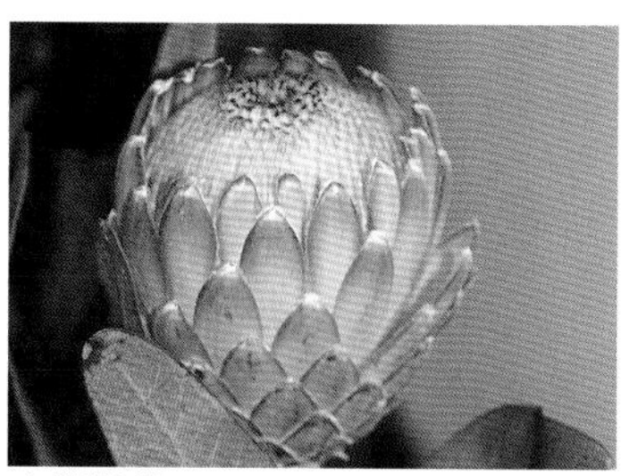

**小菩提花** *Protea repens* 'Little'

**别称：**小帝王花。**属：**帝王花属。栽培品种。**识别 花：**头状花序，苞片浅黄橙色，顶端粉红色。**花期：**春末至夏季。**叶：**线状至披针形，绿色至黄绿色。**用途 布置：**颜色淡雅，造型别致，宜盆栽点缀室内家居环境。

酒杯状 · 单瓣
7~8cm

**（杂种菩提花）西尔维亚**
*Protea hybird* 'Sylvia'

**别称：**西尔维亚菩提花。**属：**帝王花属。栽培品种。**识别 花：**头状花序，粉红色苞片，边缘具白毛。**花期：**春末至夏季。**叶：**长圆形至椭圆形，革质，灰绿色。**用途 布置：**宜盆栽点缀室内家居环境。

酒杯状 · 单瓣
13~14cm

**红色君主菩提花**
*Protea cynaroides* 'Red Rex'

**别称：**红色君主帝王花。**属：**帝王花属。栽培品种。**识别 花：**花单生，头状花序，红色，苞片浅紫红色。**花期：**春夏季。**叶：**互生，革质，圆形或椭圆形，灰绿色。**用途 布置：**适合风景区、公园作景观树布置。花枝作切花，常用于室内装饰。

圆筒状 · 单瓣
15~25cm

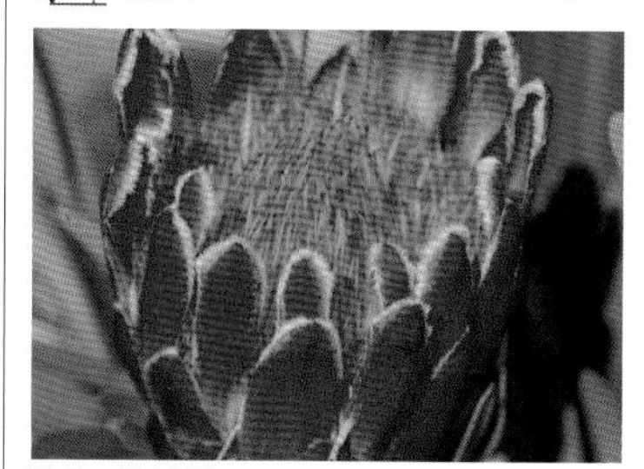

**深红菩提花** *Protea* 'Cardinal'

**属：**帝王花属。栽培品种。**识别 花：**长圆形至锥形的头状花序，粉红色苞片，顶部红色，边缘有白色毛。**花期：**春末至夏季。**叶：**互生，革质，卵圆形，银绿色，具紫色晕，有的具红色边。**用途 布置：**宜盆栽点缀室内家居环境。

酒杯状 · 单瓣
13~14cm

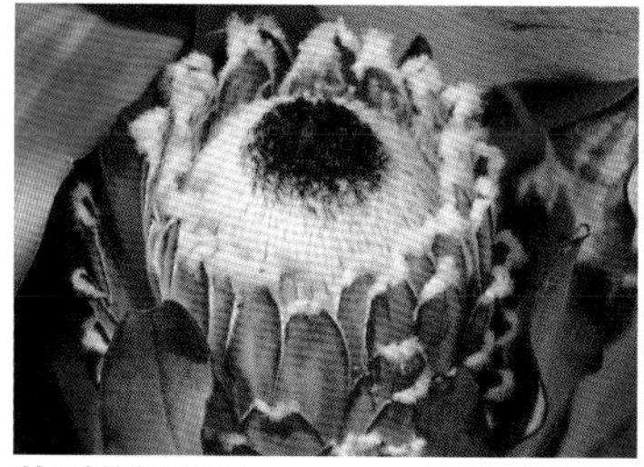

**美丽菩提花** *Protea magnifica*

**别称：**羊胡须菩提花。**属：**帝王花属。**原产地：**南非。**识别 花：**密集头状花序，具黑色顶端，苞片内层白色，外层为粉红色，具流苏状白毛。**花期：**春夏季。**叶：**长圆形或披针形，边缘波状，浅灰绿色。**用途 布置：**宜盆栽点缀室内家居环境。

酒杯状 · 单瓣
13~15cm

**凯迪皇后菩提花**
*Protea magnifica* 'Empress Candy'

**别称：**凯迪皇后帝王花。**属：**帝王花属。栽培品种。**识别 花：**花单生，头状花序，苞片鲜红色。**花期：**春夏季。**叶：**互生，革质，长圆形或椭圆形，灰绿色。**用途 布置：**适合风景区等作景观树布置。花枝作切花，常用于室内装饰。

碗状 · 单瓣
15~20cm

**多刺银桦** *Grevillea banksii*

**别称：**红花银桦、班西银桦。**属：**银桦属。**原产地：**澳大利亚昆士兰。**识别 花：**总状花序顶生，花红色。**花期：**春夏季。**叶：**互生，2回羽状裂叶，小裂片线状披针形，背面银灰色。**用途 布置：**常用作风景树、庭园树布置。

圆筒状 · 单瓣
4~5cm

# 蔷薇科

## *Rosaceae*

蔷薇科植物约有 124 属 3300 种，分布于世界各地，多集中在北温带地区。在我国约有 51 属 1000 种，各地均有分布。除梅花、月季外，本节主要介绍木瓜海棠属、李属、蔷薇属以及蔷薇科其他属的代表植物。木瓜海棠属植物是优美的观赏花卉，广泛用于公园、风景区入口处与城市中心广场摆放，用以衬托早春气氛，颇受人们的喜爱。李属植物为温带的重要果树之一，早春开鲜艳的花朵，也可作庭园观赏植物和绿化树种。蔷薇属植物庭园栽培普遍，特别是丰花月季、多花蔷薇、缫丝花等。

**（日本海棠）银长寿－绿白色**
*Chaenomeles japonica* ‘Yinchangshou Light Green’

**别称：**倭海棠、日本木瓜、草木瓜。**属：**木瓜海棠属。**原产地：**日本。**识别** **特征：**树形优美，多横生枝，枝有刺。**花：**花簇生，花大，颜色丰富艳丽，有红、粉红、橘黄、白等色，花瓣数量可达 30 余片。**花期：**春季。**叶：**卵圆形至圆形，边缘疏生波状锯齿，革质，中绿色。**用途** **布置：**适用于庭园墙隅、草坪边缘、树丛周围、池畔溪边丛植，也可在公园步道两侧列植或丛植。

杯状 · 重瓣
3~4cm

**（日本海棠）东洋锦－粉白色** *Chaenomeles japonica* ‘Dongyangjin Light Pink’

杯状 · 单瓣
4~4.5cm

**（日本海棠）银长寿－红色**
*Chaenomeles japonica* ‘Yinchangshou Red’

杯状 · 重瓣
7~8cm

**（日本海棠）银长寿－粉晕**
*Chaenomeles japonica* ‘Yinchangshou Pink Blush’

杯状 · 单瓣
7~8cm

**（日本海棠）长寿冠**
*Chaenomeles japonica* ‘Changshouguan’

杯状 · 单瓣
7~8cm

**（日本海棠）东洋锦－双色**
*Chaenomeles japonica* ‘Dongyangjin Bicolor’

杯状 · 单瓣
4~4.5cm

**（日本海棠）世界 1 号**
*Chaenomeles japonica* ‘World No.1’

杯状 · 单瓣
3~5cm

**（日本海棠）东洋锦－红色**
*Chaenomeles japonica* ‘Dongyangjin Red’

杯状 · 单瓣
4~4.5cm

**（贴梗海棠）重瓣白色** *Chaenomeles speciosa* 'White Plena'

**别称：**皱皮木瓜、铁脚海棠。**属：**木瓜海棠属。**原产地：**中国西南部。**识别** **特征：**小枝开展，有刺。**花：**先叶开放或与叶同开放，花柄极短，数朵成簇，贴枝而生。**花期：**春季。**叶：**卵形至椭圆形，边缘有尖锐锯齿，深绿色，托叶大，肾形。**用途** **布置：**宜于庭园、池畔、草坪边缘配植，老桩可制作盆景观赏。

杯状 · 重瓣

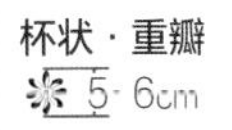

5~6cm

**（贴梗海棠）重瓣柑橘色**
*Chaenomeles speciosa* 'Citrus Plena'

杯状 · 重瓣

5~6cm

**（贴梗海棠）一品香**
*Chaenomeles speciosa* 'Yipinxiang'

杯状 · 单瓣

3~5cm

**宣木瓜海棠**
*Chaenomeles cathayensis* 'Xuanmugua'

**别称：**芒刺海棠、木桃。**属：**木瓜海棠属。**原产地：**中国。**识别** **花：**花簇生，白色或粉红色。**花期：**春季。**叶：**披针形或椭圆形，边缘锯齿细密，中绿色。**用途** **布置：**宜在风景区、公园等处栽植。

杯状 · 单瓣

3~4cm

**（贴梗海棠）白花绿心**
*Chaenomeles speciosa* 'White Plena Green Eyed'

杯状 · 重瓣

4~4.5cm

**（贴梗海棠）白雪公主**
*Chaenomeles speciosa* 'Snow Princess'

杯状 · 单瓣

4~4.5cm

**（贴梗海棠）重瓣橙色**
*Chaenomeles speciosa* 'Orange Plena'

杯状 · 重瓣

5~6cm

**（贴梗海棠）舞美**
*Chaenomeles speciosa* 'Wumei'

杯状 · 单瓣

4~5cm

**木瓜海棠**
*Chaenomeles cathayensis*

**属：**木瓜海棠属。**原产地：**中国东部和中部。**识别** **特征：**树皮红褐色，片状剥落。内皮青灰色，枝无刺。**花：**单生叶腋，淡红色或白色，后于叶开放，有芳香。**花期：**春季。**叶：**单叶互生，椭圆状长圆形，边缘有刺，芒状锐锯齿，齿尖有腺，托叶小，深绿色。**用途** **布置：**孤植于院前屋后，对植于门厅入口处，丛植于草地一角，都十分相宜。

杯状 · 单瓣

3~4cm

**（贴梗海棠）白花种**
*Chaenomeles speciosa* 'White'

杯状 · 单瓣

4~4.5cm

**（贴梗海棠）妃子笑**
*Chaenomeles speciosa* 'Feizixiao'

杯状 · 单瓣

4~5cm

**（贴梗海棠）重瓣红色**
*Chaenomeles speciosa* 'Red Plena'

杯状 · 重瓣

5~6cm

**（桃花）寿白桃** *Prunus persica* 'Shoubai'

**属**：李属。**原产地**：中国西北部。**识别 特征**：树冠开张，小枝红褐色。**花**：单生，无柄，先叶开放，碗状，单瓣或重瓣，白色。**花期**：春季。**叶**：椭圆状披针形或窄椭圆形，叶缘有锯齿，无毛，中绿色至深绿色。**用途 布置**：大江南北的风景区、公园、道路绿岛成片或成带栽植，如在湖畔、池边与柳树相配，形成桃红柳绿、春光明媚的佳境。**赠**：宜赠给心仪的女性朋友，表达爱慕之情。

碗状 · 半重瓣
2.5~3.5cm

**（桃花）洒金碧桃**
*Prunus persica* 'Versicolor'

碗状 · 重瓣
4~5cm

**（桃花）红碧桃**
*Prunus persica* 'Hongbitao'

碗状 · 重瓣
4~5cm

**（桃花）洒金紫叶桃**
*Prunus persica* 'Versicolor Atropurpurea'

碗状 · 重瓣
3~4cm

**（桃花）寿星桃**
*Prunus persica* 'Densa'

碗状 · 半重瓣
2.5~3.5cm

**（桃花）白花台阁碧桃**
*Prunus persica* 'Baihuataige'

碗状 · 重瓣
4~5cm

**（桃花）单瓣桃**
*Prunus persica*

碗状 · 单瓣
2.5~3cm

**（桃花）白碧桃**
*Prunus persica* 'Baibitao'

碗状 · 重瓣
4~5cm

**（桃花）垂枝碧桃**
*Prunus persica* 'Pendula'

碗状 · 半重瓣
2.5~3.5cm

**（桃花）菊花桃**
*Prunus persica* 'Juhuatao'

菊花状 · 重瓣
2.5~3cm

**（桃花）紫叶桃**
*Prunus persica* 'Atropurpurea'

碗状 · 重瓣
3~4cm

**樱花** *Prunus serrulata*

**别称**：山樱花、野生福岛樱。**属**：李属。**原产地**：中国西部。**识别** **花**：伞房状或总状花序，白色或淡粉红色。**花期**：春季。**叶**：披针形，深绿色，秋季转黄色。**用途** **布置**：宜风景区、公园或居住区成片栽植，形成自然景观，春日花盖满树，极为壮观。此外，也可作行道树或庭荫树。

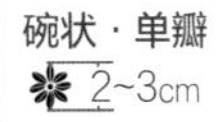

碗状 · 单瓣

2~3cm

**郁李** *Prunus japonica*

**别称**：常棣。**属**：李属。**原产地**：中国、日本、朝鲜。**识别** **花**：单生或2~3朵簇生，粉红色或白色。**花期**：春季。**叶**：互生，卵圆形或卵状披针形，边缘具重锯齿，深绿色，入秋转紫红色。**用途** **布置**：花、果俱美的观赏花木，适合路旁、池畔、坡地、林缘和房前屋后栽植，也可用于布置花境和花篱。

杯状 · 单瓣

1.5~2cm

**瑰丽樱花** *Prunus serrulata* f. *superba*

**属**：李属。栽培品种。**识别** **花**：总状花序，粉红色。**花期**：春季。**叶**：卵圆形，边缘有细锯齿，中绿色，长6~12厘米。**用途** **布置**：适用于风景区、公园作行道树或群植成景观。

杯状 · 重瓣

3~4cm

**东京樱花** *Prunus × yedoensis*

**别称**：江户樱花、日本樱花。**属**：李属。**原产地**：日本。**识别** **花**：花大，单瓣或重瓣，花粉红色或白色，具芳香。**花期**：春季。**叶**：倒卵形，边缘有长芒状重锯齿，绿色。**用途** **布置**：适用于风景区或公园成片栽植，塑造出壮观、美丽的自然景观。也可孤植于庭园、池畔、桥边，春日繁花竞放，美不胜收。

碗状 · 单瓣

3~4cm

**（郁李）重瓣郁李**

*Prunus japonica* var. *multiplet*

杯状 · 重瓣

2~3cm

**红叶李** *Prunus cerasifera* f. *atropurpurea*

**别称**：紫叶李。**属**：李属。**原产地**：亚洲西南部。**识别** **花**：单生叶腋，白色。**花期**：春季。**叶**：卵圆形至长圆形，深紫红色。**用途** **布置**：可丛植、孤植于草坪、广场、道旁及建筑物附近，在绿树的衬托下，其叶色更鲜艳、更突出。

碗状 · 单瓣

2~2.5cm

**桂樱** *Prunus laurocerasus*

**别称**：月桂樱。**属**：李属。**原产地**：亚洲西南部。**识别** **花**：总状花序，花小，白色，具芳香。**花期**：春季。**叶**：长圆形，先端尖，基部楔形，全缘，深绿色，背面浅绿色。**用途** **布置**：适用于风景区、公园、庭园中作景观树种植，也可作行道树。

杯状 · 单瓣

0.8~1cm

**榆叶梅** *Prunus triloba*

**别称**：小桃红、榆梅。**属**：李属。**原产地**：中国。**识别** **花**：先花后叶，碗状，粉红色。**花期**：春季。**叶**：宽椭圆形至倒卵形，先端尖或3裂状，深绿色，背面中绿色和具软毛。**用途** **布置**：适宜种植在公园的草地、路边或园中的角落、水池等处。

碗状 · 单瓣

2~3cm

**日本晚樱** *Prunus serrulata* var. *lannesiana*

**别称**：晚樱、里樱。**属**：李属。**原产地**：日本。**识别** **花**：近伞形花序，花大，单瓣或重瓣，粉红色或白色，有芳香。**花期**：春季。**叶**：倒卵形，边缘有长芒状重锯齿，绿色。**用途** **布置**：树姿洒脱开展，花枝繁茂，花开满树，常用作行道树、风景树、庭荫树。

碗状 · 重瓣

3~3.5cm

**重瓣白木香花**
*Rosa banksiae* 'Alba-plena'

**别称：**白木香。**属：**蔷薇属。**原产地：**中国。**识别 花：**伞形花序，白色，重瓣，有芳香。**花期：**春季。**叶：**奇数羽状复叶，小叶3~5枚，长椭圆形，边缘有细锯齿，淡绿色。**用途 药：**以根茎入药，有健胃消食之效。**布置：**适合在庭园作棚架、花柱、花格、花墙和绿门。

**莲座状 · 重瓣**
1.5~2.5cm

**丰花月季** *Rosa chinensis* 'Floribunda'

**别称：**多花月季。**属：**蔷薇属。栽培品种。**识别 花：**通常3~25朵簇生，花有红、粉红、黄等色。**花期：**夏秋季。**叶：**羽状，小叶3~5枚，卵形或披针形，深绿色。**用途 布置：**宜成片栽植公园、风景区、绿岛、广场。

**盘状或杯状 · 半重瓣**
4~5cm

**多花蔷薇** *Rosa multiflora*

**别称：**野蔷薇。**属：**蔷薇属。**原产地：**日本、朝鲜。**识别 花：**圆锥状伞房花序，花多白色或略带红晕，有芳香。**花期：**春末至夏初。**叶：**羽状复叶，小叶5~11枚，椭圆形、阔卵形或倒卵形，顶端尖或钝，有锯齿，两面有毛。**用途 布置：**宜栽植于围墙、院墙旁，以及溪畔等。

**杯状 · 半重瓣**
2~3cm

**金樱子** *Rosa laevigata*

**别称：**糖罐子。**属：**蔷薇属。**原产地：**中国。**识别 花：**单生，白色，有芳香。**花期：**春季。**叶：**羽状复叶，互生，小叶3~5枚，椭圆状卵形，边缘有细锐锯齿，表面有光泽。**用途 药：**根、叶、果均可入药。**布置：**宜孤植修剪成灌木状，也可攀援篱栅作垂直绿化材料。

**盘状 · 单瓣**
5~9cm

**重瓣黄木香花** *Rosa banksiae* 'Lutea'

**别称：**黄木香。**属：**蔷薇属。**原产地：**中国。**识别 花：**伞形花序，黄色，重瓣，味香浓。**花期：**春季。**叶：**奇数羽状复叶，小叶3~5枚，长椭圆形，边缘有细锯齿，淡绿色。**用途 布置：**在园林中常用于花格墙、棚架和岩坡作垂直绿化材料。

**莲座状 · 重瓣**
2~2.5cm

**黄刺玫** *Rosa xanthina*

**别称**：刺玫花。**属**：蔷薇属。**原产地**：中国、朝鲜。**识别** **花**：单生于叶腋，黄色，无苞片，花瓣宽倒卵形，先端微凹。萼片披针形，全缘，先端渐尖，边缘较密。**花期**：春季。**叶**：奇数羽状复叶，互生，小叶7~13枚，宽椭圆形或倒卵形，淡灰绿色。**用途** **食**：果实可用于制果酱。**药**：花、果可入药，能理气活血、调经健脾。**布置**：宜配植于公园、风景区的池畔和庭园的屋前路隅。

杯状 · 重瓣

4~5cm

果实为刺梨

**缫丝花** *Rosa roxburghii*

**别称**：刺梨。**属**：蔷薇属。**原产地**：亚洲。**识别** **花**：花淡红色或粉红色，半重瓣，花柄、萼筒和萼片外面密生刺。**花期**：夏初。**叶**：奇数羽状复叶，互生，小叶9~15枚，椭圆形或倒卵形，淡绿色至中绿色。**用途** **布置**：宜栽植于庭园。

杯状 · 半重瓣

4~6cm

**七姐妹** *Rosa multiflora* f. *platyphylla*

**别称**：大叶野蔷薇。**属**：蔷薇属。**原产地**：中国。**识别** **花**：伞房花序，通常6~7朵簇生，花深红色，有淡香，杂交种有淡红、朱红、淡白等色。**花期**：夏季。**叶**：羽状复叶，小叶5~9枚。**用途** **布置**：宜栽植于围墙、院墙旁。

杯状 · 半重瓣

1.5~2cm

**粉团蔷薇** *Rosa multiflora* var. *cathayensis*

**别称**：中国蔷薇。**属**：蔷薇属。**原产地**：中国、日本、朝鲜。**识别** **花**：圆锥状伞房花序，花较大，粉红色。**花期**：夏季。**叶**：羽状复叶，小叶5~7枚，椭圆形或倒卵形，中绿色。**用途** **布置**：适合公园或庭园中的棚架、花墙和花柱布置。

盘状或杯状 · 半重瓣

4~5cm

**小月季花** *Rosa chinensis* f. *minima*

**别称**："迷你"蔷薇。**属**：蔷薇属。栽培品种。**识别** **花**：花小，花有红、粉红、淡黄、橙等色。**花期**：夏秋季。**叶**：羽状，小叶3~5枚，卵形或披针形，锯齿状，深绿色。**用途** **布置**：宜配植于假山旁、墙边、窗外。

盘状或杯状 · 重瓣

1.5~4cm

**白鹃梅** *Exochorda racemosa*

**别称：**茧子花。**属：**白鹃梅属。**原产地：**中国。**识别** **花：**总状花序顶生，着花6~12朵，白色。**花期：**春末。**叶：**互生，椭圆形，全缘表面淡绿色，背面色稍深。**用途** **食：**嫩叶和花蕾可炒食、做汤。**布置：**宜成片栽植草地边缘或林缘，也是制作树桩盆景的佳材。

**浅碟状 · 单瓣**
2.5~4cm

**珍珠梅** *Sorbaria kirilowii*

**别称：**华北珍珠梅。**属：**珍珠梅属。**原产地：**中国。**识别** **花：**大型圆锥花序顶生，白色。**花期：**夏季。**叶：**奇数羽状复叶，互生，椭圆状披针形，边缘具锯齿，侧脉羽状平行，深绿色。**用途** **布置：**宜丛植于草地、墙隅、窗前或在建筑物北侧背阴处。

**星状 · 单瓣**
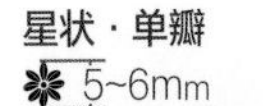
5~6mm

**笑靥花** *Spiraea prunifolia*

**别称：**李叶绣线菊。**属：**绣线菊属。**原产地：**中国、日本。**识别** **花：**伞房花序，白色，平展。**花期：**春季。**叶：**伞形花序，卵圆形，先端急尖，边缘具锯齿，表面亮绿色，背面灰绿色。**用途** **布置：**宜植于池畔、山坡、径旁或草坪角隅。**赠：**有"幸福爱情"之意。

**杯状 · 单瓣至重瓣**

8~10mm

**椤木石楠** *Photinia bodinieri*

**别称：**椤木、刺凿。**属：**石楠属。**原产地：**中国。**识别** **花：**复伞形花序，花多而密，白色。**花期：**春季。**叶：**革质，长椭圆形或倒卵状披针形，边缘稍反卷，具细锯齿，深绿色。**用途** **布置：**枝繁叶茂，一年中色彩变化较大，是较好的园林树种，还适宜丛植、孤植于草坪、广场、道旁及建筑物附近。**赠：**有"庄重"之意。

**浅碟状 · 单瓣**
1~1.2cm

**麻叶绣线菊** *Spiraea cantoniensis*

**别称：**麻叶绣球。**属：**绣线菊属。**原产地：**中国、日本。**识别** **花：**伞房花序，具数朵花，白色。**花期：**夏季。**叶：**菱状披针形至菱状长圆形，先端急尖，基部楔形。**用途** **药：**根、叶、果实均可入药，有消肿止痛的功效。**布置：**宜丛植于草地、墙隅、窗前或建筑物北侧背阴处。

**碗状 · 单瓣**
8~10mm

**石楠** *Photinia serrulata*

**别称：**千年红。**属：**石楠属。**原产地：**中国。**识别** **花：**复伞房花序顶生，花小，白色。**花期：**春末至夏初。**叶：**革质，长圆形至披针形，边缘具锯齿，深绿色，幼叶红色。**用途** **布置：**宜孤植于园路交叉点或三角地，也适合林下丛植或作绿篱。

**浅碟状 · 单瓣**
6~8mm

**西府海棠** *Malus × micromalus*

**别称:** 海红、小果海棠。**属:** 苹果属。**原产地:** 中国。**识别** **花:** 伞形总状花序，着花4~7朵，花瓣近圆形或长椭圆形，粉红色。**花期:** 春季。**叶:** 长椭圆形或椭圆形，叶缘锯齿较锐，表面深绿色，叶柄细长。**用途** **食:** 果实可制成果汁、果脯、果酱等。**布置:** 宜配植于庭园周围或水边孤植、群植。

杯状 · 单瓣至重瓣

4~5cm

**红叶石楠** *Photinia × fraseri*

**别称:** 杂种石楠。**属:** 石楠属。栽培品种。**识别** **花:** 伞形花序顶生，花小，白色。**花期:** 春末至夏初。**叶:** 革质，长椭圆形至倒卵披针形，春秋两季鲜红色，夏季叶片转为亮绿色。**用途** **布置:** 宜孤植于园路交叉点或三角地，也适合林下丛植或作绿篱。

浅碟状 · 单瓣

6~8mm

**重瓣棣棠** *Kerria japonica* 'Pleniflora'

**别称:** 重瓣黄度梅。**属:** 棣棠花属。**原产地:** 中国、日本。**识别** **花:** 单生，金黄色。**花期:** 春季。**叶:** 单叶互生，卵形，边缘有锐重锯齿，表面绿色，背面绿白色。**用途** **布置:** 常用于绿篱、花篱或瓶插。**赠:** 有"高洁"之意。

绒球状 · 重瓣

3~5cm

**垂丝海棠** *Malus halliana*

**别称:** 海棠花。**属:** 苹果属。**原产地:** 中国。**识别** **花:** 伞形花序，花梗细，下垂，花瓣倒卵形，粉红色。**花期:** 春季。**叶:** 卵形、椭圆形或长椭圆状卵形，具细钝锯齿，表面深绿色。**用途** **布置:** 在门庭两侧对植或草坪边缘配植。**赠:** 有"风姿绰约"之意。

杯状 · 单瓣

3~3.5cm

**日本绣线菊** *Spiraea japonica*

**别称:** 粉花绣线菊。**属:** 绣线菊属。**原产地:** 中国。**识别** **花:** 伞房花序，粉红色或白色。**花期:** 夏季。**叶:** 卵圆形至披针形，边缘具锯齿，表面深绿色，背面灰绿色。**用途** **布置:** 宜丛植、孤植或列植于花境、草坪、池畔。**赠:** 有"努力"之意。

碗状 · 单瓣

7~8mm

**棣棠** *Kerria japonica*

**别称:** 黄度梅。**属:** 棣棠花属。**原产地:** 中国、日本。**识别** **花:** 单生，金黄色。**花期:** 春季。**叶:** 单叶，互生，卵形，边缘有锐重锯齿，表面亮绿色，背面绿白色。**用途** **布置:** 宜丛植或配植于坡地、池畔、林下、路边或岩石旁。**赠:** 有"高洁"之意。

浅碟状 · 单瓣

3~5cm

# 茜草科

## *Rubiaceae*

茜草科植物广泛分布于热带与亚热带地区，在我国东南部、南部和西南部均有分布。本节主要介绍龙船花属以及茜草科其他属的代表植物。其中，龙船花属植物为重要的观赏花木。

**大王龙船花** *Ixora casei* 'Super King'

**别称：**大王仙丹、大王英丹。**属：**龙船花属。栽培品种。**识别** **花：**伞房花序顶生，深红色。**花期：**夏季。**叶：**对生，革质，卵状披针形或长椭圆形，先端突尖，绿色，全缘。**用途** **布置：**适用于园林中丛植造景，也可与山石配景或盆栽摆放家庭园落、居室欣赏。

高脚碟状 · 单瓣

1.2~1.5cm

**大黄龙船花** *Ixora coccinea* 'Gillettes Yellow'

**别称：**大黄仙丹。**属：**龙船花属。栽培品种。**识别** **花：**伞房花序顶生，黄色。**花期：**夏季。**叶：**对生，革质，卵状披针形或长椭圆形，先端突尖，绿色，全缘。**用途** **布置：**园林中常用于景观布置，也适合家庭园落点缀和盆栽观赏。

高脚碟状 · 单瓣

1.2~1.5cm

**龙船花** *Ixora chinensis*

**别称：**英丹花、仙丹花。**属：**龙船花属。**原产地：**中国、缅甸和马来西亚。**识别** **特征：**全株无毛。**花：**聚伞花序顶生，由多数管状花组成，4 枚花瓣构成“十”字形开口。**花期：**夏季。**叶：**对生，薄革质，披针形，中绿色至深绿色，有极短的柄。**用途** **布置：**在我国南方露地栽培，适合庭园、风景区配植，高低错落，艳丽夺目，景观效果极佳。盆栽观赏，小巧玲珑，花叶繁茂，适合窗台、阳台、客厅摆放。

高脚碟状 · 单瓣

0.8~1.2cm

**（龙船花）玫红龙船花**
*Ixora chinensis* 'Rose'

高脚碟状 · 单瓣

0.8~1.2cm

**（龙船花）绯红龙船花**
*Ixora chinensis* 'Scarlet'

高脚碟状 · 单瓣

0.8~1.2cm

**（龙船花）橙红龙船花**
*Ixora chinensis* 'Saumon'

高脚碟状 · 单瓣

0.8~1.2cm

**栀子** *Gardenia jasminoides*

**别称：**黄栀子。**属：**栀子属。**原产地：**中国、日本。**识别** **花：**花白色，有芳香。**花期：**夏秋季。**叶：**对生或3枚轮生，长椭圆形，深绿色，有光泽。**用途** **布置：**宜配植于阶前、池畔或路旁，也可修剪成花篱和盆栽、插花。**赠：**有"纯洁幸福"之意。

高脚碟状 · 重瓣

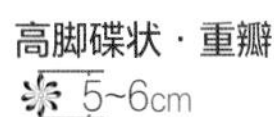 5~6cm 

**雪萼金花** *Mussaenda philippica* 'Aurorae'

**别称：**雪萼花。**属：**玉叶金花属。**识别** **花：**聚伞花序，顶生，萼片深裂呈花瓣状，广卵形，乳白色，小花星形，金黄色。**花期：**夏秋季。**叶：**对生，长卵形，先端短尖，全缘，纸质。**用途** **布置：**适用于园林造景、庭园绿化、花坛美化和居家盆栽观赏。

漏斗状 · 单瓣

1~1.2cm 

**水杨梅** *Adina rubella*

**别称：**细叶水团花。**属：**水团花属。**原产地：**中国。**识别** **花：**头状花序单生或2~3个顶生，花紫红色。**花期：**夏季。**叶：**厚纸质，卵状披针形，深绿色。**用途** **布置：**适合池畔、塘边配植或阴湿地、坡地绿化。**赠：**有"希望"之意。

漏斗状 · 单瓣

8~10mm 

**滇丁香** *Luculia pinceana*

**别称：**云南丁香。**属：**滇丁香属。**原产地：**中国。**识别** **花：**聚伞花序顶生，红色或粉色，具芳香。**花期：**夏季。**叶：**对生，椭圆形至卵状长圆形，中绿色至深绿色。**用途** **药：**根、花、果可入药，可辅助治疗慢性支气管炎等。**布置：**适合庭园、公园和风景区布置，丛植或群植形成美丽的花带。

高脚碟状 · 单瓣

2~3cm 

**粉叶金花** *Mussaenda* 'Alicia'

**别称：**粉萼花、粉纸扇。**属：**玉叶金花属。**原产地：**中国。**识别** **花：**聚伞花序顶生，叶状萼片粉红色，小花金黄色，盛开时满株粉红色。**花期：**夏季。**叶：**对生，卵圆形至宽椭圆形，叶柄短，全缘，深绿色。**用途** **布置：**宜孤植或群植于庭园周围或草地边缘。

漏斗状 · 单瓣

1~1.2cm

**希茉莉** *Hamelia patens*

**别称：**醉娇花、长隔木。**属：**长隔木属。**原产地：**美洲热带地区。**识别** **花：**聚伞花序，顶生，小花管状，橙红色。**花期：**春季至秋季。**叶：**株叶3~4枚轮生，倒长卵形，先端渐尖，全缘，纸质，深绿色，背面灰绿色。**用途** **布置：**是优良的花灌木，常用于墙垣边、路边或坡地美化。

管状 · 单瓣

1~1.2cm 

**五星花** *Pentas lanceolata*

**属：**五星花属。**原产地：**也门至东非热带地区。**识别** **花：**聚伞花序，由20~50朵小花组成，花筒长2厘米，花粉红色、白色等。**花期：**春季至秋季。**叶：**对生，卵圆形或披针形，深绿色。**用途** **布置：**用于花坛、花境和城市广场成片布置，盆栽点缀走廊、橱窗和阳台。

星状 · 单瓣

1~2cm 

**（五星花）壁画－玫红色**
*Pentas lanceolata* 'Graffiti Rose'

星状 · 单瓣

1~2cm

**（五星花）壁画－亮红色**
*Pentas lanceolata* 'Graffiti Bright Red'

星状 · 单瓣

1~2cm

# 山茶科

## *Theaceae*

山茶科植物具有重要的经济价值，约有 30 属 700 种，在我国约有 15 属 480 种。除山茶花外，本节主要介绍山茶属的代表植物。其中，茶梅、云南山茶、金花茶等都是重要的观赏花木。

**茶** *Camellia sinensis*

**属：**山茶属。**原产地：**中国南部。**识别** **花：**单生或 2 朵腋生，白色。**花期：**秋季。**叶：**椭圆状披针形至椭圆形，顶端急尖，基部楔形，边缘有锯齿，革质。**用途** **布置：**适用于风景区公园作林下或坡地丛植，也可条状栽植作绿篱。

杯状 · 单瓣

3~4cm

**白花油茶** *Camellia oleifera*

**别称：**油茶。**属：**山茶属。**原产地：**中国。**识别** **花：**腋生，单瓣，白色。**花期：**秋季。**叶：**革质，椭圆形或卵状椭圆形，边缘有细锯齿，表面深绿色，背面淡绿色。**用途** **布置：**宜用于城市居住区或工矿区丛植或散植，具有净化空气的效果。

杯状 · 单瓣

6~7cm

**金花茶** *Camellia petelotii*

**别称：**黄茶花。**属：**山茶属。**原产地：**中国、越南。**识别** **花：**单生叶腋，单瓣，近圆形，黄色，具芳香。**花期：**冬季。**叶：**互生，革质，椭圆形，表面深绿色，背面稍浅。**用途** **布置：**常用于摆放居室、客厅或公共场所的接待大厅。

杯状 · 单瓣

5~6cm

**窄叶短柱茶** *Camellia fluviatilis*

**别称：**闽鄂山茶。**属：**山茶属。**原产地：**中国。**识别** **花：**顶生及腋生，倒卵形，花梗极短，白色。**花期：**冬春季。**叶：**革质，长圆形，先端渐尖，表面深绿色，有光泽，背面中脉有稀疏长毛。**用途** **布置：**宜在风景区、公园、居住区的绿地作生态环境布置。

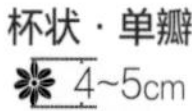

杯状 · 单瓣

4~5cm

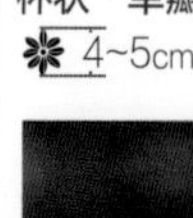

**红皮糙果茶** *Camellia crapnelliana*

**别称：**克氏茶。**属：**山茶属。**原产地：**中国南部。**识别** **花：**花单生，白色。**花期：**冬季。**叶：**倒卵状椭圆形至椭圆形，先端渐尖，基部楔形，边缘有细锯齿，深绿色，背面灰绿色。**用途** **布置：**树皮红色，花朵洁白，适合小游园、庭园的角隅、草坪中配植。

单瓣

7~10cm

**美人茶** *Camellia uraku*

**别称：**毛果山茶。**属：**山茶属。**原产地：**中国。**识别** **花：**单生，生于枝梢顶端或叶腋间，单瓣，粉红色。**花期：**冬春季。**叶：**互生，革质，椭圆形，边缘有锯齿，深绿色。**用途** **布置：**适合庭园、公园和风景区栽植，盆栽摆放庭园或室内观赏。

杯状 · 单瓣

5~6cm

**（茶梅）白茶梅** *Camellia sasanqua* 'Baichamei'

**别称：**小茶梅、茶梅花。**属：**山茶属。**原产地：**日本。**识别特征：**树皮灰白色。**花：**花小，有单瓣和重瓣，花色有白、粉红和红等色。**花期：**秋冬季。**叶：**互生，革质，卵状椭圆形，叶缘有锯齿，表面深绿色，背面稍淡。**用途 布置：**树冠低矮，株型丰富、秀美，花色鲜艳芬芳。盆栽可装饰厅堂院落，又能装饰花槽和花篱观赏。

杯状 · 半重瓣
4~7cm

**（茶梅）丹玉**
*Camellia sasanqua* 'Danyu'

杯状 · 半重瓣
5~10cm

**（茶梅）重瓣红茶梅**
*Camellia sasanqua* 'Chongbanhongchamei'

杯状 · 重瓣
5~7cm

**（茶梅）秋芍药**
*Camellia sasanqua* 'Qiushaoyao'

杯状 · 半重瓣
5~10cm

**（茶梅）粉茶梅**
*Camellia sasanqua* 'Fenchamei'

杯状 · 半重瓣
6~7cm

**（茶梅）花茶梅**
*Camellia sasanqua* 'Huachamei'

杯状 · 半重瓣
8~10cm

**（茶梅）大锦**
*Camellia sasanqua* 'Dajin'

杯状 · 半重瓣
5~10cm

**（茶梅）小玫瑰**
*Camellia sasanqua* 'Xiaomeigui'

杯状 · 半重瓣
5~8cm

**（茶梅）红茶梅**
*Camellia sasanqua* 'Hongchamei'

杯状 · 单瓣
4.5~5.5cm

**（茶梅）笑颜**
*Camellia sasanqua* 'Xiaoyan'

杯状 · 半重瓣
8~9cm

**（茶梅）撒旦的礼服**
*Camellia sasanqua* 'Satan's Robe'

杯状 · 半重瓣
5~7cm

**红花油茶**
*Camellia chekiangoleosa*

**别称：**浙江红山茶。**属：**山茶属。**原产地：**中国。**识别 花：**腋生单花，粉红色至红色。**花期：**秋季。**叶：**革质，椭圆形或卵状椭圆形，边缘有细锯齿，表面亮绿色，背面淡绿色。**用途 布置：**适用于庭园、校园、公园、风景区的绿地栽种，无论孤植还是片植，均能取得极佳的景观效果。

杯状 · 单瓣
8~12cm

**云南山茶** *Camellia reticulata*

**别称：**滇山茶。**属：**山茶属。**原产地：**中国云南。**识别 花：**顶生，花型有半重瓣、重瓣，花色有粉红、红、白等。**花期：**春季。**叶：**阔椭圆形至长圆椭圆形，先端尖锐，基部楔形，表面深绿色，背面浅绿色。**用途 布置：**常用在风景区、公园、居住区的美化布置，较多用在家庭盆栽观赏。

杯状 · 半重瓣
10~18cm

# 五加科

## *Araliaceae*

五加科木质藤本植物集中在常春藤属，适合攀缘于林缘树木、林下路旁、岩石和房屋墙壁上，也可栽培于庭园中。常春藤可用来装饰室外环境，其蔓茎也是极佳的插花装饰。本节主要介绍常春藤属的代表植物及其他木本花卉和木质藤本花卉。

**美斑常春藤** *Hedera helix* 'Kolibri'

**属：**常春藤属。栽培品种。**识别** **花：**家庭栽培，很少见花。**叶：**掌状，3~5浅裂，叶面绿色，镶嵌不规则白色斑纹。**用途** **布置：**盆栽适合商厦、宾馆等公共场所悬挂装点，也宜装饰居室中的窗台、阳台。

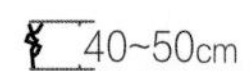

40~50cm

**金心常春藤** *Hedera helix* 'Gold Heart'

**别称：**撒银常春藤。**属：**常春藤属。栽培品种。**识别** **花：**伞形花序，数个排成总状花序。**花期：**秋季。**叶：**中等大小，3裂，深绿色，叶中心具不规则黄色斑块。**用途** **布置：**盆栽适合作垂吊绿植装点居室中的阳台。

6~7m

**金边常春藤** *Hedera helix* 'Gold Child'

**属：**常春藤属。栽培品种。**识别** **花：**浅黄色，两性花。**花期：**秋季。**叶：**掌状，3~5浅裂，叶面绿色，边缘镶嵌浅黄色斑纹。**用途** **布置：**在庭园中可攀缘假山、岩石、或在建筑阴面作垂直绿化材料。

1~1.2m

**鸡爪常春藤** *Hedera helix* 'Pedata'

**别称：**鸟爪常春藤。**属：**常春藤属。栽培品种。**识别** **花：**家庭栽培，很少见花。**叶：**掌状，5深裂，顶裂片细长，叶面深绿色，叶基部呈“V”字形。**用途** **布置：**适合林缘树木、路边墙垣或岩石上攀缘覆盖，或盆栽装饰窗台、花架、门厅，既能达到绿化效果，又能起到美化作用。

3~4m

**银边常春藤** *Hedera helix* 'Marginata'

**别称**：银边英国常春藤。**属**：常春藤属。栽培品种。**识别** **花**：伞形花序，花小，淡绿白色，花两性。**花期**：夏秋季。**叶**：单叶互生，幼叶掌状 3~5 裂，叶面暗绿色，叶缘有白色斑纹。**用途** **布置**：无论在公共场所悬挂装点，还是在居室中装饰环境，都能展现典雅的风采。

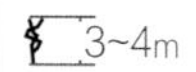3~4m

**斑叶加那利常春藤**
*Hedera canariensis* 'Variegata'

**别称**：爱尔兰常春藤。**属**：常春藤属。**原产地**：加那利群岛。**识别** **花**：伞形花序数个排成总状花序。**花期**：秋季。**叶**：卵状披针形，全缘或掌状 3~7 浅裂，革质，表面深绿色，叶缘淡黄白色。**用途** **布置**：适合于布置宾馆、车站等空间，使室内景观更舒适自然。

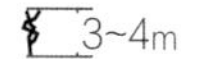

**中华常春藤**
*Hedera nepalensis* var. *sinensis*

**属**：常春藤属。**原产地**：中国。**识别** **花**：伞形花序单生或聚生为总状花序，花小，淡绿白色。**花期**：秋季。**叶**：三角状卵形，全缘或 3 浅裂，革质，深绿色，有长柄。**用途** **布置**：适合于摆放宾馆、车站或商厦的门庭、柱子等处。

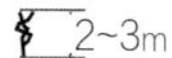

**冰纹常春藤** *Hedera helix* 'Glacier'

**属**：常春藤属。栽培品种。**识别** **花**：伞形花序，数个排成总状花序。**花期**：秋季。**叶**：3~5 裂，表面灰绿色、银灰色，具乳白色斑纹。**用途** **布置**：适合作中小型盆栽摆放于柜顶、桌角等处，也用于攀附建筑物、岩壁作垂直绿化材料，或者覆盖地面、石面作地被植物。

1.5~2m

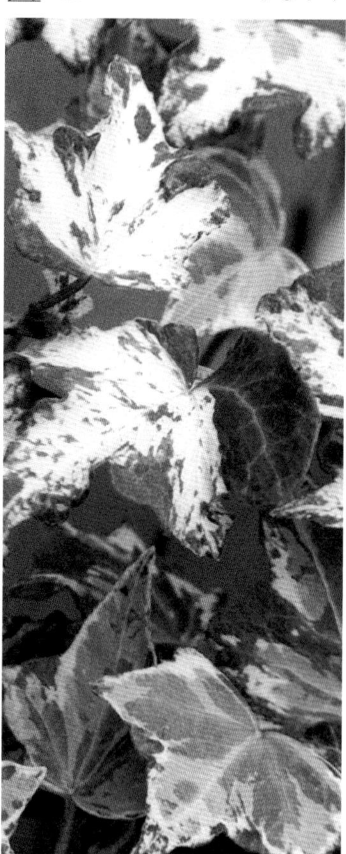

**白骑士常春藤**
*Hedera helix* 'White Knight'

**别称**：绿边常春藤。**属**：常春藤属。栽培品种。**识别** **花**：伞形花序，数个排成总状花序。**花期**：秋季。**叶**：小叶，3 浅裂，中绿色，具白色斑块，边缘绿色。**用途** **布置**：适合林缘树木、路边墙垣或岩石上攀缘覆盖。

30~40cm

**臭茉莉**
*Clerodendrum chinense* var. *simplex*

**科属**：唇形科大青属。**原产地**：中国。**识别** **花**：伞房花序顶生，花大，花冠白色或淡红色。**花期**：夏季。**叶**：阔卵圆形，锯齿状，中绿色至深绿色。**用途** **药**：根、叶、花均可入药，有消肿降压的功效。**布置**：宜盆栽摆放阳台或窗台。

高脚碟状 · 单瓣
2~2.5cm

**岩蔷薇** *Cistus ladanifer*

**科属**：半日花科岩蔷薇属。**原产地**：欧洲西南部，非洲北部。**识别** **花**：单花顶生，白色，花心雄蕊四周有红色斑。**花期**：夏季。**叶**：单叶对生，披针形，全缘，表面暗绿色，背面有白毛。**用途** **布置**：宜配植于草坪、池边。**赠**：有"拒绝"之意。

浅碟状 · 单瓣
8~10cm

**夜香树** *Cestrum nocturnum*

**科属**：茄科夜香树属。**原产地**：南美洲。**识别** **花**：伞形状聚伞花序，腋生或顶生，着花多达30朵，花萼5裂，绿白色至黄绿色。**花期**：夏秋季。**叶**：膜质，卵状长圆形至宽卵形。**用途** **布置**：宜配植于庭园、窗前、塘边、墙沿和亭畔。

管状 · 单瓣
8~10mm

**大型四照花**
*Cornus hongkongensis* subsp. *gigantea*

**科属**：山茱萸科山茱萸属。**原产地**：中国。**识别** **花**：伞形花序，苞片白色，倒卵形或近于圆形。**花期**：春季。**叶**：对生，革质，倒卵形或卵状椭圆形，全缘，表面鲜绿色，背面淡绿色。**用途** **布置**：宜配植于风景区、公园绿地和庭园布置。

星状 · 单瓣
2~2.5cm

**七叶树** *Aesculus chinensis*

**别称**：天师栗。**科属**：无患子科七叶树属。**原产地**：中国。**识别** **花**：圆锥花序，白色，有芳香。**花期**：夏季。**叶**：掌状复叶，倒披针形，中绿色。**用途** **药**：种子可入药，用于和胃止痛。**布置**：宜在风景区或庭园中作行道树、庭园树。

花小且多
1.2~1.5cm
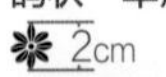

**珙桐** *Davidia involucrata*

**别称**：鸽子树。**科属**：蓝果树科珙桐属。**原产地**：中国。**识别** **花**：由数朵雄花和1朵两性花组成顶生的头状花序，花序下有2枚白色大苞片。**花期**：春末。**叶**：互生，纸质，宽卵形，边缘有粗齿，中绿色。**用途** **布置**：是我国特有的珍贵树种，常用于庭园中主景配植。

鸽状 · 单瓣
2cm

**欧洲七叶树** *Aesculus hippocastanum*

**别称**：马栗树。**科属**：无患子科七叶树属。**原产地**：欧洲东南部。**识别** **花**：圆锥花序顶生，白色，具黄色斑纹，后变粉红色斑纹。**花期**：春末至夏初。**叶**：对生，掌状复叶，倒卵形，先端短锐尖，基部楔形。**用途** **布置**：宜作人行步道绿化树种或作庭园观赏树木。

花小且多
1.5~1.8cm

**楸树** *Catalpa bungei*

**别称**：梓桐。**科属**：紫葳科梓属。**原产地**：中国。**识别** **花**：伞房状总状花序顶生，浅粉紫色，内有紫红色斑点。**花期**：春季。**叶**：三角状卵形或卵状长圆形，顶端长渐尖，基部截形、阔楔形或心形。**用途** **布置**：宜配植于庭园周围，是理想的农田防护树种。

钟状 · 单瓣
4~5cm

**米兰** *Aglaia odorata*

**别称**：米仔兰。**科属**：楝科米仔兰属。**原产地**：亚洲热带地区。**识别** **花**：圆锥花序腋生，花小，黄色，有芳香。**花期**：夏秋季。**叶**：奇数羽状复叶，互生，革质，倒卵形至长椭圆形，全缘。**用途** **布置**：宜盆栽摆放客厅、书房和阳台。**赠**：有"平凡而清雅"之意。

球状 · 单瓣
2 cm

**蜡瓣花** *Corylopsis sinensis*

**别称:** 一串黄。**科属:** 金缕梅科蜡瓣花属。**原产地:** 中国。**识别** **花:** 总状花序成串下垂，蜡黄色，有芳香。**花期:** 春季。**叶:** 互生，卵圆形至长圆形，边缘具波状小锯齿，表面深绿色，背面蓝绿色。**用途** **布置:** 宜孤植、丛植于庭园或公园的池畔、亭前、假山旁。

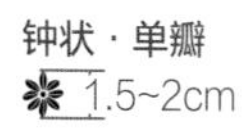

钟状 · 单瓣
1.5~2cm

**蜡梅** *Chimonanthus praecox*

**别称:** 山蜡梅。**科属:** 蜡梅科蜡梅属。**原产地:** 中国。**识别** **花:** 较小，花瓣窄尖，淡黄色，有芳香，先叶开放。**花期:** 冬季。**叶:** 卵状披针形，叶面粗糙，有光泽，绿色。**用途** **布置:** 适合庭园的窗前屋后及墙隅、坡地、池畔栽植。**赠:** 有"顽强"之意。

碗状 · 单瓣至半重瓣
2~2.5cm

**海州常山** *Clerodendrum trichotomum*

**别称:** 臭梧桐。**科属:** 唇形科大青属。**原产地:** 中国、日本。**识别** **花:** 聚伞花序腋生，白色带红色，有花香。**花期:** 夏末至秋季。**叶:** 纸质，卵形、卵状椭圆形或三角状卵形，深绿色。**用途** **布置:** 宜盆栽摆放窗台或阳台，也可与其他树木配植于庭园、山林、堤岸等处。

高脚碟状 · 单瓣
2~2.5cm

**瑞香** *Daphne odora*

**别称:** 睡香。**科属:** 瑞香科瑞香属。**原产地:** 中国、日本。**识别** **花:** 头状花序顶生，常密生成簇，白色带红紫色，有芳香。**花期:** 早春。**叶:** 互生，长椭圆形，表面深绿色，全缘。**用途** **布置:** 在南方栽植林间空地、树下道旁或山石隙间，或盆栽点缀居室。

筒状 · 单瓣
1.5cm

**臭牡丹** *Clerodendrum bungei*

**别称:** 大红袍。**科属:** 唇形科大青属。**原产地:** 中国。**识别** **花:** 紧密的聚伞花序顶生，花冠淡红色、红色或紫红色。**花期:** 夏秋季。**叶:** 卵圆形或广卵形，边缘具锯齿，深绿色。**用途** **药:** 根、茎、叶可入药，有消肿止痛的功效。**布置:** 适合坡地、林下或树丛旁栽植。

高脚碟状 · 单瓣
2~3cm

**木棉** *Bombax ceiba*

**别称:** 红棉。**科属:** 锦葵科木棉属。**原产地:** 印度至东南亚、澳大利亚。**识别** **花:** 生于枝端，红色或橙红色。**花期:** 早春。**叶:** 互生，掌状复叶，长椭圆形，浅绿色。**用途** **药:** 花可入药，有清热除湿的功效。**布置:** 宜配植于公园、风景区和庭园。**赠:** 有"热情"之意。

杯状 · 单瓣
13~15cm

**赪桐** *Clerodendrum japonicum*

**别称:** 状元红。**科属:** 唇形科大青属。**原产地:** 印度。**识别** **花:** 圆锥花序顶生，花小，花丝长，鲜红色。**花期:** 春末至夏初。**叶:** 卵圆形或心形，边缘具锯齿，深绿色，背面密生黄色腺点。**用途** **药:** 全株可供药用，有祛风利湿的作用。**布置:** 宜盆栽摆放阳台或窗台。

高脚碟状 · 单瓣
2~3cm

**红花七叶树** *Aesculus × carnea*

**别称:** 变色木。**科属:** 七叶树科七叶树属。**原产地:** 美国。**识别** **花:** 圆锥花序，花小，红色，有时有黄色斑点。**花期:** 春末至夏初。**叶:** 5~7裂掌状，小叶倒卵形、长圆形至披针形，中绿色。**用途** **布置:** 宜孤植或行植于广场绿化，是良好的观花、观叶园林树种。

花小且多
1.5~1.8cm

**美国夏蜡梅** *Calycanthus floridus*

**别称:** 卡州多香果。**科属:** 蜡梅科夏蜡梅属。**原产地:** 美国。**识别** **花:** 深红色，顶端渐变褐色。**花期:** 春末。**叶:** 卵圆形或椭圆形，深绿色，叶面有光泽，秋季转黄色。**用途** **布置:** 宜配植于庭园的墙边、角隅、池畔。

睡莲状 · 单瓣
4~5cm

**大花曼陀罗** *Brugmansia arborea*

**别称：**木本曼陀罗。**科属：**茄科木曼陀罗属。**原产地：**厄瓜多尔、智利。**识别** **花：**单立，腋生，下垂性，白色。**花期：**春末至秋季。**叶：**互生，长椭圆形至卵圆形，两面有柔毛。**用途** **布置：**在南方宜配植于庭园、花廊或室内。**赠：**有"尊敬"之意。

喇叭状 · 单瓣

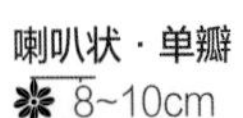

8~10cm

**杧果** *Mangifera indica*

**别称：**檬果。**科属：**漆树科杧果属。**原产地：**印度、马来西亚。**识别** **花：**圆锥花序顶生或腋生，花小，白色或黄白色，有芳香。**花期：**春季。**叶：**互生，簇聚梢端，革质，披针形或椭圆状披针形，全缘，边缘波状，深绿色。**用途** **布置：**是热带极佳的行道树和庭荫树。

花小且多

2~3cm

**结香** *Edgeworthia chrysantha*

**别称：**黄瑞香。**科属：**瑞香科结香属。**原产地：**中国。**识别** **花：**黄色，有浓香，常40~50朵集成下垂的假头状花序。**花期：**冬末或早春。**叶：**互生，长椭圆形，常簇生枝顶，全缘，深绿色。**用途** **药：**全株可入药，具有抗菌、消炎的作用。**布置：**宜孤植、列植于池畔、墙隅或假山旁。

筒状 · 单瓣

8~10mm

**金丝梅** *Hypericum patulum*

**别称：**短蕊金丝桃。**科属：**金丝桃科金丝桃属。**原产地：**中国。**识别** **花：**聚伞花序，金黄色，雄蕊短。**花期：**夏季至秋初。**叶：**对生，卵形、卵状披针形或长卵形，表面深绿色，背面淡粉绿色。**用途** **布置：**宜孤植于庭园，丛植于公园、风景区草坪边缘。

杯状 · 单瓣

3.5~4cm

**金丝桃** *Hypericum monogynum*

**别称：**金丝海棠。**科属：**金丝桃科金丝桃属。**原产地：**中国。**识别** **花：**顶生，单生或成聚伞花序，花金黄色。**花期：**夏季。**叶：**对生，长椭圆形，全缘，中绿色。**用途** **药：**全株可入药，有镇静、抗菌的作用。**布置：**宜孤植于庭园，丛植于公园、风景区草坪边缘。

杯状 · 单瓣

4~5cm

**金边瑞香**
*Daphne odora* 'Aureo marginata'

**别称：**金边睡香。**科属：**瑞香科瑞香属。**原产地：**中国。**识别** **花：**头状花序顶生，常密生成簇，紫红色或淡紫红色，有时花瓣中心为白色，有芳香。**花期：**早春。**叶：**互生，长椭圆形，叶缘淡黄色，中部绿色。**用途** **布置：**在南方栽植林间空地、树下道旁或山石隙间。

筒状 · 单瓣

1.5cm

**新西兰长阶花** *Veronica × andersonii*

**别称：**安德森长阶花。**科属：**车前科婆婆纳属。**原产地：**新西兰、澳大利亚、巴布亚新几内亚、南美。**识别** **花：**穗状花序腋生，花管状，淡紫色。**花期：**盛夏至秋季。**叶：**对生，革质，椭圆形至披针形，叶缘略反卷，灰绿色。**用途** **布置：**在南方丛植或群植于公园、风景区和小游园。

管状 · 单瓣

8~10mm

**松红梅** *Leptospermum scoparium*

**别称：**帚状细子木、新西兰茶。**科属：**桃金娘科鱼柳梅属。**原产地：**澳大利亚、新西兰。**识别** **花：**单生，白色或白色具红晕。**花期：**春末至夏初。**叶：**椭圆形或宽披针形，中绿色至深绿色，幼叶具银色细毛。**用途** **布置：**宜盆栽摆放阳台、客厅、门厅和台阶。

杯状至浅碟状 · 单瓣至重瓣

1.5 cm

**美丽长阶花** *Hebe speciosa*

**别称：**红花长阶花。**科属：**车前科长阶花属。**原产地：**新西兰、澳大利亚、巴布亚新几内亚。**识别** **花：**总状花序腋生，花深紫红色。**花期：**夏末至秋季。**叶：**宽椭圆形，表面深绿色，幼叶背面紫色。**用途** **布置：**在南方丛植或群植于公园、风景区和小游园。

管状 · 单瓣

1~1.1cm 

**日日樱** *Jatropha pandurifolia*

**别称：**琴叶珊瑚。**科属：**大戟科麻风树属。**原产地：**西印度群岛。**识别** **花：**聚伞花序顶生，花冠红色，似樱花，单性，雌雄同株。**花期：**春季至秋季。**叶：**单叶互生，倒卵状披针形或长椭圆形，常丛生于枝条顶端。**用途** **布置：**适合于庭植或大型盆栽。

浅碟状 · 单瓣

2~3cm 

**披针叶八角** *Illicium lanceolatum*

**别称：**莽草。**科属：**五味子科八角属。**原产地：**中国。**识别** **花：**1~2 朵腋生，红色或深红色。**花期：**春季。**叶：**互生，革质，倒披针形或披针形，表面深绿色，背面淡绿色。**用途** **布置：**适合作庭园、公园风景树。**赠：**有“值得赞美”之意。

星状 · 单瓣

1.5~2cm 

**假连翘** *Duranta erecta*

**别称：**篱笆树。**科属：**马鞭草科假连翘属。**原产地：**美国、巴西。**识别** **花：**圆锥花序腋生，下垂，花小，花有蓝、紫和白等色。**花期：**夏季。**叶：**卵圆形至倒卵形，边缘有锯齿，深绿色。**用途** **药：**根、叶均可入药。**布置：**适合绿篱、绿墙、花廊。

高脚碟状 · 单瓣

2~3cm 

**鲍莱斯长阶花** *Hebe* 'Bowles Hybrid'

**别称：**杂种长阶花。**科属：**车前科长阶花属。栽培品种。**识别** **花：**总状花序腋生，密集，紫色。**花期：**盛夏至秋季。**叶：**椭圆形，光滑，革质，浅绿色。**用途** **布置：**在南方丛植或群植于公园、风景区和小游园。

管状 · 单瓣

1~1.2cm 

**斑叶长阶花** *Hebe elliptica* 'Variegata'

**别称：**花叶长阶花。**科属：**车前科长阶花属。栽培品种。**识别** **花：**总状花序腋生，密集，花有粉色、紫色。**花期：**夏秋季。**叶：**倒卵形至椭圆形，全缘，叶面深绿色，具宽的乳白色边。**用途** **布置：**在南方丛植或群植于公园、风景区和小游园。

管状 · 单瓣

8~10mm 

**小叶梾木** *Cornus quinquenervis*

**科属：**山茱萸科山茱萸属。**原产地：**中国。识别 **花：**伞房状聚伞花序顶生，白色，有香味儿。**花期：**春末至夏初。**叶：**对生，纸质，卵状长圆形，近披针形。用途 **布置：**宜配植于风景区、公园绿地和庭园布置。

星状 · 单瓣

8~10mm

**蒲桃** *Syzygium jambos*

**别称：**水石榴。**科属：**桃金娘科蒲桃属。**原产地：**中国、马来西亚、印度尼西亚。识别 **花：**聚伞花序顶生，绿白色，具许多白色雄蕊。**花期：**夏季。**叶：**对生，长椭圆状披针形，全缘，深绿色。用途 **药：**根皮、果实可入药，主治腹泻。**布置：**宜配植于庭园、公园，是深根性的庭荫树。

浅碟状 · 单瓣

4~5cm

**苦楝** *Melia azedarach*

**别称：**楝树。**科属：**楝科楝属。**原产地：**中国。识别 **花：**圆锥花序，花萼5深裂，裂片卵形或长圆状卵形，淡紫色。**花期：**春季。**叶：**2~3回奇数羽状复叶，小叶，对生，卵形、椭圆形至披针形。用途 **布置：**宜配植于园林坡地、空旷地和庭园布置。

星状 · 单瓣

1.5~2cm

**水果蓝** *Teucrium fruticans*

**别称：**树状美洲石蚕。**科属：**唇形科香科科属。**原产地：**地中海沿岸地区。识别 **花：**总状花序顶生，花轮生，浅蓝色，雄蕊凸出。**花期：**夏季。**叶：**对生，卵圆形至披针形，灰绿色，背面披白毛。用途 **布置：**宜群植作绿篱，孤植修剪成球形或平台形布置于庭园。

筒状 · 单瓣

2~2.5cm

果实长圆形

**泡桐** *Paulownia fortunei*

**别称：**白花泡桐。**科属：**泡桐科泡桐属。**原产地：**中国。识别 **花：**圆锥花序顶生，先叶开花，白色，内有紫色斑点。**花期：**春末。**叶：**对生，心状卵圆形至心状长卵形，全缘，中绿色。用途 **药：**根入药可祛风止痛，果入药可化痰止咳，叶、花入药可消肿解毒。**布置：**宜作行道树、庭荫树、园景树林。

漏斗状 · 单瓣

6~8cm

**柽柳** *Tamarix chinensis*

**别称**：观音柳。**科属**：柽柳科柽柳属。**原产地**：中国。**识别** **花**：总状花序，集成大型的圆锥花序，花小，粉红色。**花期**：夏秋季。**叶**：互生，卵状披针形，鳞片状，小而密，全缘，鲜绿色。**用途** **布置**：宜配植于池边、湖岸、河滩，也可制作盆景观赏。

辐射对称花 · 5瓣

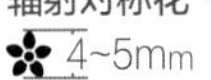 4~5mm

**野牡丹** *Melastoma candidum*

**别称**：山石榴、大金香炉。**科属**：野牡丹科野牡丹属。**原产地**：中国、菲律宾。**识别** **花**：聚伞花序顶生，着花3~5朵，淡紫红色或粉红色。**花期**：夏季。**叶**：对生，纸质，全缘，长椭圆形至卵状椭圆形。**用途** **布置**：宜盆栽摆放窗台、阳台或落地窗旁。

浅碟状 · 单瓣

 3cm 

**宝莲花** *Medinilla magnifica*

**别称**：酸脚。**科属**：野牡丹科美丁花属。**原产地**：菲律宾。**识别** **花**：圆锥花序，下垂，粉红色或珊瑚红色。**花期**：春夏季。**叶**：对生，厚革质，椭圆形，全缘，波状，表面深绿色，背面淡绿色，叶中肋及主脉明显，呈乳白色。**用途** **布置**：宜盆栽摆放宾馆、厅堂、商场橱窗。

星状 · 单瓣

2~2.5cm 

**火烧花** *Mayodendron igneum*

**科属**：紫葳科火烧花属。**原产地**：中国、越南、缅甸。**识别** **花**：总状花序，干生或侧枝生，着花5~13朵，橙黄色至金黄色。**花期**：春季。**叶**：2回羽状复叶，卵形至卵状披针形，顶端长渐尖，基部阔楔形，全缘，叶背淡绿色。**用途** **布置**：适合园林绿化，布置庭园、草坪。

筒状 · 单瓣

1~1.5cm

**爆仗竹** *Russelia equisetiformis*

**别称**：爆竹花、吉祥草。**科属**：车前科爆仗竹属。**原产地**：墨西哥。**识别** **花**：聚伞花序，下垂，红色。**花期**：春季至秋季。**叶**：叶小，对生或轮生，退化成椭圆形的小鳞片，中绿色。**用途** **布置**：宜配植于花坛或林边，也可作盆栽观赏。

管状 · 单瓣

5~6mm

**马拉巴野牡丹** *Melastoma malabathricum*

**别称**：印度杜鹃。**科属**：野牡丹科野牡丹属。**原产地**：印度及东南亚。**识别** **花**：深紫蓝色，雄蕊白色。**花期**：春夏季。**叶**：对生，长椭圆形至披针形，全缘，叶面深绿色，具细茸毛。**用途** **布置**：适合在花坛绿化种植或盆栽，也可孤植、片植或丛植布置园林。

碗状 · 单瓣

 3cm 

**巴西野牡丹** *Tibouchina semidecandra*

**别称**：紫花野牡丹。**科属**：野牡丹科蒂牡花属。**原产地**：巴西。**识别** **花**：聚伞花序顶生，花大，深紫蓝色。**花期**：春末至秋季。**叶**：对生，叶长椭圆形至披针形，全缘，革质，两面具细茸毛。**用途** **布置**：宜盆栽摆放窗台、阳台或落地窗旁，也可孤植或片植布置园林。

浅碟状 · 单瓣

7~10cm

**常绿钩吻藤** *Gelsemium sempervirens*

**科属:** 钩吻科钩吻属。**原产地:** 美国、墨西哥和危地马拉。**识别** **花:** 聚伞花序,淡黄色至深黄色,有芳香。**花期:** 春季。**叶:** 对生,长圆形或窄卵圆形,深绿色。**用途** **布置:** 盆栽或与榕树等配植成组合盆栽。

喇叭状 · 单瓣

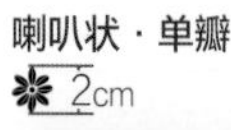

2cm

**凌霄** *Campsis grandiflora*

**别称:** 紫葳、堕胎花。**科属:** 紫葳科凌霄属。**原产地:** 中国。**识别** **花:** 圆锥花序顶生,外面橙红色,内面鲜红色。**花期:** 夏末至秋季。**叶:** 奇数羽状复叶,对生,小叶 7~11 对,卵圆形,中绿色至深绿色。**用途** **药:** 花可入药,有活血通经、凉血祛风的功效。**布置:** 老干扭曲盘旋、苍劲古朴,花色鲜艳,芳香味浓,且花期很长,故而可作室内的盆栽植物。该花还能装扮成各种图形,为庭园中棚架、花门的良好绿化材料。

漏斗状 · 单瓣

6~7cm

**金银花** *Lonicera japonica*

**别称:** 忍冬。**科属:** 忍冬科忍冬属。**原产地:** 中国、日本。**识别** **花:** 双花单生叶腋,花管细长,白色转黄色,有芳香。**花期:** 春季至夏末。**叶:** 对生,卵圆形至宽椭圆形,深绿色。**用途** **药:** 具有悠久历史的常用中药,能清热解毒。**布置:** 适用于林下、林缘作地被栽培。**赠:** 有"鸳鸯成对"之意。

管状 · 单瓣

3~4cm

**美国凌霄** *Campsis radicans*

**别称:** 厚萼凌霄。**科属:** 紫葳科凌霄属。**原产地:** 北美。**识别** **花:** 圆锥花序顶生,花小,筒长,橘黄色。**花期:** 夏末至秋季。**叶:** 奇数羽状复叶,小叶 7~13 对,椭圆形,深绿色。**用途** **布置:** 宜栽培作庭园观赏植物,亦可布置石壁、棚架等。

喇叭花状 · 单瓣

4~5cm

**蒜香藤** *Mansoa alliacea*

**别称**：紫铃藤。**科属**：紫葳科蒜香藤属。**原产地**：南非。**识别** **花**：聚伞花序顶生或腋生，着花5~20朵，粉紫色，渐变白色。**花期**：春季至秋季。**叶**：2出复叶，对生，椭圆形，全缘，革质，深绿色。**用途** **布置**：宜配植于风景区、公园和庭园棚架观赏。

漏斗状 · 单瓣

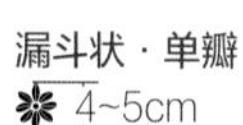

4~5cm

**红萼龙吐珠**

*Clerodendrum speciosissimum*

**科属**：唇形科大青属。**原产地**：印度尼西亚。**识别** **花**：圆锥花序顶生或腋生，红色，花萼红色，雄蕊长，突出于花冠外。**花期**：夏季至秋季。**叶**：对生，心形或卵状椭圆形，深绿色，叶脉明显。**用途** **布置**：适合配植于花架或篱栅旁。

高脚碟状 · 单瓣

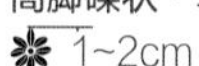

1~2cm

**红文藤** *Mandevilla splendens*

**别称**：飘香藤、红蝉花。**科属**：夹竹桃科飘香藤属。**原产地**：巴西。**识别** **花**：总状花序，鲜粉红色，有芳香。**花期**：夏季。**叶**：对生，薄革质，披针状长圆形至长卵圆形，全缘，叶面皱褶，中绿色至深绿色。**用途** **布置**：宜摆放居室的窗台或悬挂走廊、台阶。

喇叭状 · 单瓣

8~10cm

**紫芸藤** *Podranea ricasoliana*

**别称**：非洲凌霄。**科属**：紫葳科非洲凌霄属。**原产地**：非洲南部。**识别** **花**：圆锥花序顶生，着花10~12朵，粉红色，具红色脉纹。**花期**：秋季至春季。**叶**：奇数羽状复叶，对生，小叶7~11枚，小叶长卵形，叶缘具锯齿，深绿色。**用途** **布置**：是很好的城市园林绿化植物。

喇叭状 · 单瓣

2~3cm

**大叶醉鱼草** *Buddleja davidii*

**别称**：紫花醉鱼草、大蒙花、酒药花。**科属**：玄参科醉鱼草属。**原产地**：中国、日本。**识别** **花**：花多，密集的圆锥花序顶生，有白、红、粉红、紫等色，具芳香。**花期**：夏秋季。**叶**：对生，叶大，椭圆状披针形，边缘具波状齿，中绿色至灰绿色。**用途** **布置**：宜布置于园林绿化中，用作坡地、墙隅美化。

碗状 · 单瓣

7~8cm

**倒挂金钟** *Fuchsia hybrida*

**别称**：吊钟海棠。**科属**：柳叶菜科倒挂金钟属。**原产地**：墨西哥高原地区。**识别** **花**：单生，花瓣变化大，有白、红、粉红、紫、橘黄等色，花柄长。**花期**：夏季。**叶**：对生，披针状卵形，叶缘有锯齿，深绿色。**用途** **布置**：宜配植于庭园，作室外花坛、花槽栽培，也可盆栽摆放客厅、花架、窗台或阳台悬挂欣赏。

蝶形 · 单瓣

6~8cm

**大花老鸦嘴** *Thunbergia grandiflora*

**别称**：大邓伯花。**科属**：爵床科山牵牛属。**原产地**：印度、孟加拉国。**识别** **花**：总状花序下垂，花白色至浅蓝色，喉部黄色。**花期**：夏季。**叶**：对生，卵圆状椭圆形至心形，深绿色。**用途** **布置**：适合于布置棚架、雨棚、花廊。

喇叭状 · 单瓣

7~8cm

**络石** *Trachelospermum jasminoides*

**别称**：石龙藤。**科属**：夹竹桃科络石属。**原产地**：中国、朝鲜、日本。**识别** **花**：聚伞花序腋生或顶生，白色。**花期**：夏季。**叶**：对生，薄革质，营养枝的叶披针形，脉间呈白色，花枝的叶椭圆形或卵圆形，深绿色。**用途** **药**：根、茎、叶可入药，有祛风活络、利关节、止血、止痛消肿、清热之功效。**布置**：适用于攀附墙壁、山石或树干。在园林中多作地被或盆栽观赏，为芳香花卉。

高脚碟状 · 单瓣

2~2.5cm

**花叶络石**
*Trachelospermum jasminoides* 'Flame'

**别称**：初雪葛、斑叶络石。**科属**：夹竹桃科络石属。栽培品种。**识别** **花**：聚伞花序，白色，有香气。**花期**：夏季。**叶**：革质，椭圆形至卵状椭圆形或宽倒卵形，新叶粉红色，老叶绿色，新叶、老叶之间有数对斑状花叶。**用途** **布置**：叶的颜色多种，供观赏用。

高脚碟状 · 单瓣

2~2.5cm

**白花多花紫藤** *Wisteria floribunda* 'Alba'

**科属**：豆科紫藤属。栽培品种。**识别** **花**：总状花序，花白色，小花密簇成穗，悬垂。**花期**：春末至夏初。**叶**：奇数羽状复叶，小叶7~10对，卵状长椭圆形，先端尖，纸质。**用途** **布置**：宜配植于草坪边缘、山石旁、池畔或公园棚架。

蝶形 · 单瓣

1.5~2cm

**翼叶山牵牛** *Thunbergia alata*

**别称**：黑眼花。**科属**：爵床科山牵牛属。**原产地**：非洲热带地区。**识别** **花**：单生，腋生，花橘黄色、黄色或白色，喉部浅黄色至褐色。**花期**：夏秋季。**叶**：三角形至卵形，边缘具锯齿，淡绿色。**用途** **布置**：在南方适用于棚架、门廊和山石旁栽植，形成立体景观。

高脚碟状 · 单瓣

3~4cm

**硬骨凌霄** *Tecoma capensis*

**科属**：紫葳科黄钟花属。**原产地**：非洲。**识别** **花**：总状花序，橙红色至鲜红色，有深红色的纵纹，稍呈漏斗状，弯曲，呈2唇形。**花期**：夏秋季。**叶**：羽状复叶，小叶5~7枚，椭圆状卵圆形至菱形，中绿色至深绿色。**用途** **药**：药用部位为茎、叶、花，有散瘀消肿、通经利尿的功效。**布置**：叶片繁茂，花期甚长，用来美化假山、墙垣、广场、步行街颇为适宜，也用于庭园绿化，可盆栽装饰阳台。**赠**：有"幸福""友谊"之意。

漏斗状 · 单瓣

4~5cm

**黄花硬骨凌霄**
*Tecomaria capensis* 'Aurea'

**科属**：紫葳科黄钟花属。栽培品种。**识别** **花**：总状花序，花冠长筒状，上缘5裂，花黄色。**花期**：夏秋季。**叶**：奇数羽状复叶，小叶卵形或阔椭圆形，先端尾尖，边缘具疏齿。**用途** **布置**：枝叶四季常绿，适用于配植庭园。

筒状 · 单瓣

4~5cm

**使君子** *Combretum indicum*

**别称**：舀求子。**科属**：使君子科风车子属。**原产地**：东南亚地区、印度。**识别** **花**：总状花序顶生，花细长，白色、粉红色或淡紫色。**花期**：夏初。**叶**：对生，卵形至椭圆形，革质，中绿色或深绿色。**用途** **药**：成熟果实可供入药，可有效驱蛔虫。**布置**：宜配植于庭园的廊架。

筒状 · 单瓣

1~1.2cm

# 观赏树木

观赏树木是颇受瞩目的木本植物，它们有的秋叶别致，有的树皮精美，既是庭园和花园的“主力军”，又是园林景观设计中不可或缺的元素。本节主要介绍柏科、禾本科、金缕梅科、樟科、桑科、松科、杉科以及其他观赏树木的代表植物。

**养护** **习性：**喜温暖、湿润和阳光充足的环境。**土壤：**宜肥沃和排水良好的钙质壤土。**繁殖：**秋季采种，冬季播种，夏末取半成熟枝扦插。

**用途** **布置：**适合风景区或公园群植、丛植，或配植于堤岸、湖畔等近水处。

代表品种：北美香柏

**养护** **习性：**喜温暖、湿润和阳光充足的环境。**土壤：**宜肥沃、排水良好的酸性壤土。**繁殖：**秋季采种后即播或沙藏至翌年春播，夏季取半成熟枝扦插，梅雨季节压条繁殖。

**用途** **布置：**适合配植于庭园或丛植于公园、山坡和路旁。

代表品种：檵木

柏科 Cupressaceae | 禾本科 Gramineae | 金缕梅科 Hamamelidaceae | 樟科 Lauraceae

代表品种：毛竹

**养护** **习性：**喜温暖、湿润和阳光充足的环境。**土壤：**宜土层深厚、肥沃、疏松和排水良好的壤土。**繁殖：**春季进行分株繁殖。

**用途** **布置：**宜丛植、片植于风景区和公园的空旷地，或列植于河边、池畔、湖旁斜坡地。

**养护** **习性：**喜温暖、湿润和阳光充足的环境。**土壤：**宜土层深厚、肥沃和排水良好的微酸性沙质壤土。**繁殖：**秋季采种洗净晾干，冬季沙藏，翌年春播。

**用途** **布置：**适合建筑物前和草坪边缘配植，或作行道树、风景树和庭荫树。

代表品种：香樟

**养护** **习性：**喜温暖、多湿和阳光充足的环境。**土壤：**宜土层深厚、肥沃、疏松的微酸性沙质壤土。**繁殖：**春夏取顶端嫩枝扦插，夏初用高空压条繁殖。

**用途** **布置：**在南方常配植于建筑物前、花坛中心和道路两侧。

代表品种：琴叶榕

**养护** **习性：**喜温暖、湿润和阳光充足的环境。**土壤：**宜土层深厚、肥沃的微酸性沙质壤土。**繁殖：**采种后即播，发芽适温12~20℃。冬季取硬枝扦插，夏季取半成熟枝扦插。

**用途** **布置：**宜成片配植于河边、湖畔、堤旁或沼泽地。幼苗是制作丛林式盆景的佳材。

代表品种：水杉

## 桑科 Moraceae

## 松科 Pinaceae

## 杉科 Taxodiaceae

代表品种：雪松

**养护** **习性：**喜凉爽、湿润和阳光充足的环境。**土壤：**宜土层深厚、肥沃和排水良好的微酸性壤土。**繁殖：**春季播种，秋季剪取嫩枝扦插，夏末或冬季嫁接繁殖。

**用途** **布置：**宜配植于广场、风景区、建筑物前，可作行道树、庭荫树。有些品种也适合盆栽或制作盆景观赏。

**金叶桧** *Juniperus chinensis* 'Aurea'

**别称：**金球柏。**属：**刺柏属。栽培品种。**识别** **花：**雌雄同株，雄球花黄色。**花期：**春季。**叶：**有刺叶与鳞叶，鳞叶初为深金黄色，后渐变为绿色，但幼株绿叶中有金黄色枝叶。**用途** **布置：**在风景区常孤植作风景树欣赏，也可丛植，再通过修剪成色块景观。

10~12m

**金叶千头柏** *Platycladus orientalis* 'Aurea'

**别称：**洒金千头柏。**属：**侧柏属。栽培品种。**识别** **特征：**树冠近球形。**花：**雌雄同株，球花单生枝顶。**花期：**春季。**叶：**鳞状，交互对生，紧贴于小枝，枝端叶终年金黄色。**用途** **布置：**适合庭园、公园、小游园孤植或丛植作绿篱观赏。

3~5m

**金光绒柏**
*Chamaecyparis pisifera* 'Golden Light'

**属：**扁柏属。栽培品种。**识别** **特征：**树皮红褐色。树冠圆头形至尖塔形。**花：**雌雄同株，雄球花椭圆形，雌球花单生枝顶。**花期：**春季。**叶：**鳞叶先端锐尖，具有金黄色叶。**用途** **布置：**在园林中孤植或群植，与观叶灌木配植，相衬成趣。

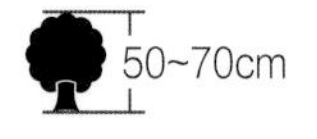
50~70cm

**金黄球柏**
*Platycladus orientalis* 'Semperaurescens'

**属：**侧柏属。栽培品种。**识别** **特征：**树冠近圆球形。**花：**雌雄同株，球花单生枝顶，雄球花有3~6对雄蕊，雌球花有4对球鳞，灰色。**花期：**春季。**叶：**鳞形叶，交互对生，枝端叶全年保持金黄色。**用途** **布置：**适用于风景区、公园、住宅区绿地的景观布置。

2~3m

**铺地龙柏**
*Juniperus chinensis* 'Kaizuca Procumbens'

**属：**刺柏属。栽培品种。**识别** **特征：**全株匍匐在地面生长，小枝密集。**花：**雌雄异株，雄花黄色。**花期：**春季。**叶：**多为鳞叶，密集，深绿色。**用途** **布置：**常用于台坡、草坪、岸边等处作景观布置。

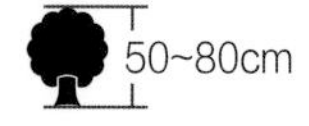
50~80cm

**龙柏** *Juniperus chinensis* 'Kaizuca'

**别称：**螺丝柏。**属：**刺柏属。识别 **特征：**树形不正，枝交错生长，少数大枝斜向扭转，树冠圆柱状塔形。**花：**雌雄异株，雄花黄色。**花期：**春季。**叶：**多为鳞叶，密集，深绿色。用途 **布置：**常种植于陵园、甬道、园路转角、亭阁附近，也可丛植于草坪边缘，还可以用作公园篱巴绿化带，以及高速公路中央隔离带。

**线柏** *Chamaecyparis pisifera* 'Filifera'

**别称：**丝状扁柏。**属：**扁柏属。栽培品种。识别 **花：**雌雄同株，球花单生枝顶。**花期：**春季。**叶：**小枝细长下垂，枝叶浓密，鳞叶先端长锐尖，绿色。用途 **布置：**宜配植于公园、风景区的建筑物前或草坪边缘。

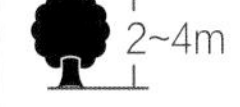

**铺地柏** *Juniperus procumbens*

**别称：**偃柏。**属：**刺柏属。**原产地：**日本。识别 **特征：**枝条沿地面扩展，稍向上升。**叶：**3叶轮生，深绿色，刺形，顶端有角质锐尖头，有白粉，背面沿中脉有纵槽，近基部有白点。用途 **布置：**适用于风景区、公园的坡地草坪孤植或群植，形成特殊景观。

**（日本花柏）金色海岸线**
*Chamaecyparis pisifera* 'Filifera Aurea'

**别称：**塔桧、笋柏。**属：**扁柏属。**原产地：**日本。识别 **花：**雌雄同株，球花单生枝顶。**花期：**春季。**叶：**小枝线形下垂，鳞形叶金黄色。用途 **布置：**常与龙柏、鹿角柏、蓝冰柏等配植，形成高低错落、色彩丰富的景观。

**柏木** *Cupressus funebris*

**别称：**璎珞柏、扫帚柏。**属：**柏木属。**原产地：**中国。识别 **特征：**树皮淡褐色，小枝细长下垂。**花：**雌雄同株，球花单生枝顶。**花期：**春季。**叶：**有叶的小枝扁平，排成一平面，叶鳞形，先端尖，交互对生，绿色。用途 **布置：**常用于公园、风景区和建筑物前栽植。

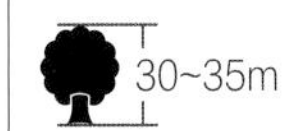

**云片柏** *Chamaecyparis obtusa* 'Breviramea'

**别称:** 云柏。**属:** 扁柏属。栽培品种。**识别** **特征:** 树冠呈尖塔形，生鳞片的枝条短而密。**花:** 雄球花球形，橙褐色，雌球花绿色渐变褐色，花径 1~2 厘米。**花期:** 春季。**叶:** 排列整齐，如云片状，顶端叶带黄色。**用途** **布置:** 在风景区常孤植作风景树欣赏。

**北美香柏** *Thuja occidentalis*

**别称:** 香柏、美国侧柏。**属:** 崖柏属。**原产地:** 美国。**识别** **花:** 雌雄同株，雄球花单生枝顶，雌球花卵球形。**花期:** 春季。**叶:** 鳞叶内弯，先端突尖，表面深绿色，背面黄绿色，入冬转深绿褐色，有香气。**用途** **布置:** 适用于风景区或公园群植、丛植，或种植于堤岸、湖畔等近水处。

**蓝冰柏** *Cupressus glabra* 'Blue Ice'

**别称:** 蓝柏。**属:** 柏木属。栽培品种。**识别** **花:** 雌雄异花同株，球花单生枝顶。**花期:** 春季。**叶:** 鳞叶灰蓝色，有银白色光泽。**用途** **布置:** 宜与常绿松柏类植物配植组景，也适用于庭园、花境、隔离树墙和绿化背景。

**日本扁柏** *Chamaecyparis obtusa*

**别称:** 钝叶扁柏、白柏。**属:** 扁柏属。**原产地:** 日本。**识别** **花:** 雌雄同株，球花单生枝顶，球果圆球形，红褐色。**花期:** 春季。**叶:** 鳞叶小，肥厚，先端钝，深亮绿色，下面的叶稍被白粉。**用途** **布置:** 适用作行道树、风景树，也可孤植、丛植或作绿篱。

**侧柏** *Platycladus orientalis*

**别称:** 生命之树、柏树。**属:** 侧柏属。**原产地:** 中国、伊朗。**识别** **花:** 雌雄同株，球花单生枝顶。**花期:** 春季。**叶:** 鳞状，交互对生，淡绿色，冬季转为土褐色。**用途** **布置:** 宜种植于庙宇和名胜古迹区，或孤植、丛植于花坛，列植修剪成绿篱和布置规则式园林。

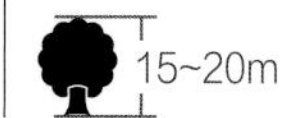

**圆柏** *Juniperus chinensis*

**别称**：红心柏、珍珠柏。**属**：刺柏属。**原产地**：中国。**识别** **花**：雌雄异株，雄花黄色。雌花小，紫绿色。**花期**：春季。**叶**：二型，鳞形叶交互对生，紧包小枝上，叶面深绿色，有白粉条。**用途** **布置**：常配植于风景区、公园中，孤植、丛植或群植于草坪边缘、池畔、路旁作园景树。

**中山柏** *Hesperocyparis lusitanica* 'Zhongshanbai'

**别称**：速生柏。**属**：美洲柏木属。栽培品种。**原产地**：墨西哥、危地马拉。**识别** **花**：雌雄同株，球花单生枝顶，雌球花褐色。**花期**：春季。**叶**：叶紧贴枝，顶端锐尖，灰绿色或蓝绿色。**用途** **布置**：适用于风景区、公园、纪念性建筑旁群植或列植。

**塔柏** *Juniperus chinensis* 'Pyramidalis'

**别称**：塔桧、笋柏。**属**：刺柏属。栽培品种。**识别** **花**：雌雄异株，雄球花黄色。**花期**：春季。**叶**：二型，以针形叶为多，间为鳞叶，深绿色。**用途** **布置**：常孤植或群植于风景区、公园或庭园作树墙和绿化背景。

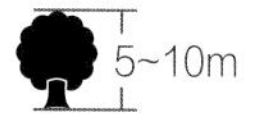

**地中海柏木** *Cupressus sempervirens*

**别称**：欧洲柏木。**属**：柏木属。**原产地**：欧洲南部地中海地区。**识别** **花**：雌雄同株，球花单生枝顶，球果近圆形。**花期**：春季。**叶**：鳞叶排列紧密，4裂，深绿色。**用途** **布置**：适用于风景区、公园、纪念性建筑旁群植或列植。

**鹿角桧** *Juniperus × pfitzeriana*

**别称**：鹿角圆柏。**属**：刺柏属。栽培品种。**识别** **花**：雌雄异株，雄球花黄色，雌球花交互对生。**花期**：春季。**叶**：二型，鳞叶灰绿色。**用途** **布置**：常用于孤植或群植风景区、公园或庭园。

**孝顺竹** ***Bambusa multiplex***

**别称：**孝子竹。**属：**簕竹属。**原产地：**中国。**识别** **叶：**箨叶直立，箨耳极小，箨鞘硬脆，厚纸质，绿色无毛。竹叶叶薄，披针形，表面深绿色，背面具细毛。**用途** **布置：**点缀于庭园、居室或建筑物附近、草坪、池畔、道边、山石旁。

2~7m

**凤尾竹** ***Bambusa multiplex* f. *fernleaf***

**别称：**观音竹。**属：**簕竹属。栽培品种。**识别** **叶：**有叶小枝单生于主枝，有叶10余枚，狭长披针形，排成2列，形似羽毛状，中绿色。**用途** **布置：**宜丛植、片植于居住区、风景区，也可修剪成低矮绿篱。

2~3m

**佛肚竹** ***Bambusa ventricosa***

**别称：**佛竹。**属：**簕竹属。**原产地：**中国。**识别** **特征：**竹竿下部节间短缩而膨胀，中绿色，呈瓶状。**叶：**箨叶卵状披针形，箨鞘背部无毛。竹叶披针形至线状披针形。**用途** **布置：**适合盆栽或制作盆景观赏，在南方可用于庭园布置。

8~10m

**大佛肚竹** ***Bambusa vulgaris* 'Wamin'**

**别称：**大佛竹。**属：**簕竹属。栽培品种。**识别** **叶：**箨叶卵状披针形，形如算盘珠状，箨鞘背部密生暗棕色毛，中绿色。**用途** **布置：**宜摆放宾馆、商厦，装点室内家居环境。**赠：**有"矢志不移""节节高升"之意。

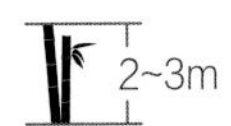
2~3m

**黄金间碧竹** ***Bambusa vulgaris* f. *vittata***

**别称：**青丝金竹。**属：**簕竹属。**原产地：**中国。**识别** **特征：**竿和枝表皮金黄色，镶嵌宽窄不等的绿色纵条纹。**叶：**箨叶直立，三角形，披针形或线状披针形，浓绿色，下面无毛。**用途** **布置：**宜丛植、片植于居住区、风景区。

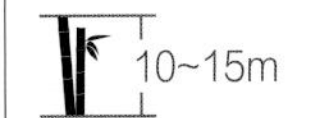
10~15m

**黄槽竹** ***Phyllostachys aureosulcata***

**别称：**玉镶金竹。**属：**刚竹属。**原产地：**中国。**识别** **叶：**披针形，箨舌短宽，弧形，有波状齿，叶耳微小或无，叶舌伸出，叶片基部收缩。**用途** **布置：**点缀于庭园、居室或建筑物附近，以及草坪、池畔、道边、山石旁。

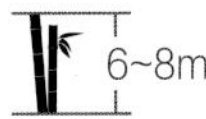
6~8m

**金镶玉竹** *Phyllostachys aureosulcata* 'Spectabilis'

**属：**刚竹属。**原产地：**中国。**识别 特征：**竹竿壁黄色，具数条绿色纵条纹。**叶：**竿环与箨环均微隆起，节下有白粉环，披针形，箨舌宽短，弧形，有波状齿。**用途 布置：**适合风景区、公园或空旷地丛植，也可在庭园、宅后周围栽植。

7~9m

**龟甲竹** *Phyllostachys edulis* 'Heterocycla'

**别称：**龙鳞竹、佛面竹。**属：**刚竹属。**原产地：**中国。**识别 特征：**竹竿下部节间歪斜，交互连成不规则的龟甲状。**叶：**箨叶片较短，披针形。**用途 布置：**适合风景区、公园成片造景，居住区、小游园点缀数丛形成一景。

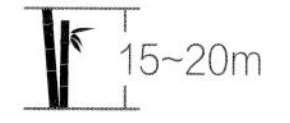
15~20m

**斑竹**
*Phyllostachys reticulata* 'Lacrima-deae'

**别称：**湘妃竹、花竹。**属：**刚竹属。**原产地：**中国、日本。**识别 特征：**竹竿壁有云状斑块，黑褐色。**叶：**箨叶三角形或带形，橘红色，边缘绿色，下垂，带状披针形。**用途 布置：**适合风景区、公园在建筑物附近或空旷地丛植。

10~20m

**毛竹** *Phyllostachys edulis*

**别称：**茅竹、江南竹。**属：**刚竹属。**原产地：**中国。**识别 叶：**箨叶披针形，小枝顶端着生2~8枚叶，窄披针形，绿色。**用途 布置：**宜丛植或片植于风景区和公园的空旷地，还可栽于庭园曲径、池畔、溪间等处。

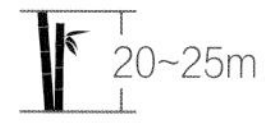
20~25m

**金明竹**
*Phyllostachys reticulata* f. *castillonis*

**别称：**黄金间碧玉竹。**属：**刚竹属。**原产地：**中国。**识别 特征：**节间与分枝一侧的沟槽中常呈鲜绿色或绿色条纹。**叶：**绿色，有不规则黄白线条。**用途 布置：**是观杆、观叶色竹种。宜配植于园林石景旁、假山附近，或盆栽作室内盆景。

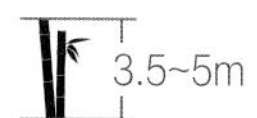
3.5~5m

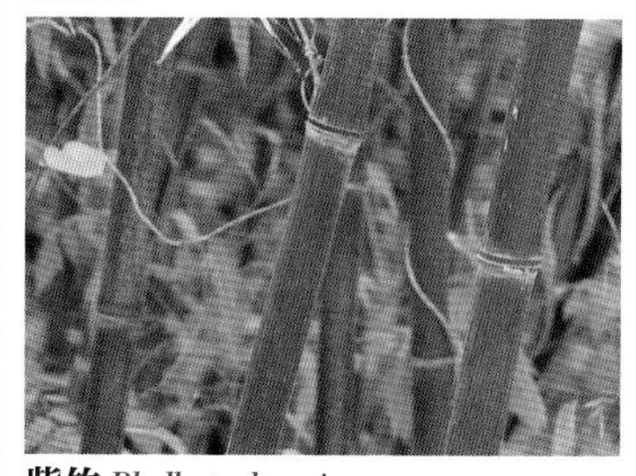

**紫竹** *Phyllostachys nigra*

**别称：**黑竹。**属：**刚竹属。**原产地：**中国。**识别 叶：**箨叶小，绿色，有皱褶，小枝顶端具2~3枚叶，窄披针形。**用途 布置：**在江南古典园林中栽植于墙隅、窗前，也可与石笋、湖石等布置室内景点。

3~10m

**蚊母树** *Distylium racemosum*

**别称：**蚊子树。**科属：**金缕梅科蚊母树属。**原产地：**中国、日本。**识别** **花：**总状花序腋生，花小，无花瓣，花药深红色。**花期：**春季。**叶：**革质，椭圆形或倒卵形，深绿色。**用途** **布置：**宜配植于草坪、建筑物前、林缘路旁或修剪成绿篱，是高速公路隔离带的绿化树种。

10~25m

**枫香树** *Liquidambar formosana*

**别称：**路路通。**科属：**蕈树科枫香树属。**原产地：**中国。**识别** **花：**雌雄同株，雄花序短穗状，雌花序头状，花黄褐色。**花期：**春季。**叶：**掌状，浅3裂，边缘有锯齿，深绿色，秋季转橙色、红色和紫色。**用途** **布置：**宜群植于风景区和公园。**赠：**有"路路通"之意。

25~30m

**檵木** *Loropetalum chinense*

**别称：**桎木。**科属：**金缕梅科檵木属。**原产地：**中国、缅甸、日本。**识别** **花：**聚伞花序，着花3~6朵，花瓣带状，似蜘蛛，白色。**花期：**早春。**叶：**互生，卵状椭圆形，红褐色，背面稍带绿色。**用途** **布置：**适合于点缀庭园或丛植于公园、山坡，或者制作盆景及园林造景。

4~12m

**红花檵木**
*Loropetalum chinense* var. *rubrum*

**别称：**红桎木。**科属：**金缕梅科檵木属。**原产地：**中国、缅甸、日本。**识别** **花：**3~8朵簇生，花瓣4片，带状。**花期：**春季。**叶：**互生，卵圆形或椭圆形，基部圆而偏斜，革质。**用途** **布置：**适合于点缀庭园或丛植于公园、山坡和路旁。

4~12m

**银缕梅** *Shaniodendron subaequale*

**科属：**金缕梅科银缕梅属。**原产地：**中国。**识别** **花：**短穗状花序，无花瓣，花丝伸长，下垂。**花期：**春季。**叶：**椭圆形或倒卵形，两面具星状毛，边缘具不整齐粗齿。**用途** **布置：**适合公园、风景区栽植，也可制作树桩盆景观赏。

5~6m

**金缕梅** *Hamamelis mollis*

**科属：**金缕梅科金缕梅属。**原产地：**中国。**识别** **花：**花瓣带状，淡黄色。基部带红色，有芳香。**花期：**春季。**叶：**倒卵圆形，叶表面粗糙，背面密生绒毛，边缘有波状齿。**用途** **布置：**适用于孤植庭园角隅、池边、溪畔和树丛边缘，也是制作盆景的佳材。

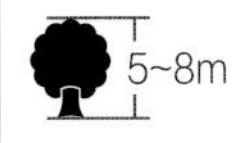

5~8m

**香樟** *Camphora officinarum*

**别称**：樟树。**属**：樟属。**原产地**：中国和东南亚地区。**识别** **花**：圆锥花序生于新枝的叶腋内，花小，碗状，绿色或黄绿色。**花期**：春季。**叶**：卵形或卵状椭圆形，幼叶淡红绿色，渐变绿色，背面灰绿色。**用途** **布置**：适合建筑物前和草坪边缘配植，或作行道树和风景树。

20~30m

**月桂** *Laurus nobilis*

**别称**：香叶树、祝捷树。**属**：月桂属。**原产地**：地中海沿岸地区。**识别** **花**：聚伞花序，簇生叶腋，单生，雌雄异株，雄花小，淡黄绿色。**花期**：春季。**叶**：互生，革质，窄卵圆形，深绿色，揉碎有香气。**用途** **布置**：宜孤植、丛植于草坪上，列植于门旁、道旁、墙边等处。**赠**：有“名誉”“灵巧”之意。

10~12m

**黑壳楠** *Lindera megaphylla*

**别称**：大叶钓樟。**属**：山胡椒属。**原产地**：中国。**识别** **花**：伞形花序，花小，淡黄色。**花期**：春季。**叶**：互生，革质，倒卵状披针形至倒卵状长圆形，叶面亮泽，背面灰白色，全缘。**用途** **药**：树皮、枝条均可入药，有温中行气的功效。**布置**：适合风景区、广场绿地、建筑物前和草坪边缘配植。

15~25m

**豹皮樟** *Litsea coreana* var. *sinensis*

**别称**：扬子黄肉楠。**属**：木姜子属。**原产地**：中国。**识别** **花**：伞形花序腋生，无总梗，着花3~4朵。**花期**：夏季。**叶**：革质，倒卵状椭圆形或长圆形，羽状脉，表面绿色，背面灰白色。**用途** **布置**：适合公园、风景区和庭园作景观树，也可配植草坪边缘。

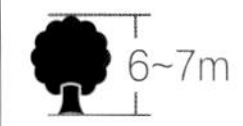
6~7m

**浙江楠** *Phoebe chekiangensis*

**别称**：浙江紫楠。**属**：楠属。**原产地**：中国。**识别** **花**：圆锥花序腋生，密披黄褐色茸毛，花细小。**花期**：春季。**叶**：革质，倒卵状椭圆形或倒卵状披针形，脉上被长柔毛，横脉及小脉多而密。**用途** **布置**：树体高大通直，枝叶多姿，适宜作庭荫树、行道树。

**白楠** *Phoebe neurantha*

**属**：楠属。**原产地**：中国。**识别** **花**：聚伞圆锥花序腋生，花细小。**花期**：春季。**叶**：革质，窄披针形、披针形或倒披针形，表面深绿色，背面绿色，初披灰白色柔毛，后渐脱落。**用途** **布置**：是较好的绿化树种，适合于园林中丛植或成片栽植，也可配植于草坪旁。

14m

**银边垂榕** *Ficus benjamina* 'Silver King'

**别称**：银边垂叶榕。**属**：榕属。栽培品种。**识别** **花**：雌雄同株，隐头花序。**花期**：夏季。**叶**：深绿色，边缘具不规则乳黄色斑纹。**用途** **布置**：适合作庭荫树和行道树，也可盆栽摆放客厅或书房。

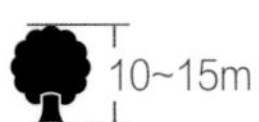
10~15m

**木瓜榕** *Ficus auriculata*

**别称**：大果榕。**属**：榕属。**原产地**：中国、巴基斯坦、印度、泰国。**识别** **花**：雌雄同株，隐头花序，簇生于老枝或无叶的枝上。**花期**：春季。**叶**：宽卵形或近圆形，全缘或有疏齿。**用途** **布置**：宜配植于风景区、公园和庭园绿化。

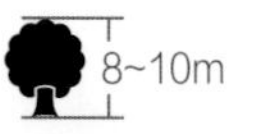
8~10m

**斑叶高山榕** *Ficus altissima* 'Variegata'

**别称**：花叶富贵榕。**属**：榕属。栽培品种。**识别** **花**：雌雄同株，隐头花序，单生或成对腋生。**花期**：春季。**叶**：互生，卵形或长卵形，叶面深绿色，边缘具淡绿色及黄色斑纹，叶脉黄绿色。**用途** **布置**：适合作园景树和行道树。

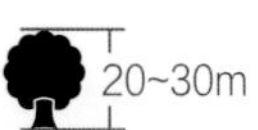
20~30m

**琴叶榕** *Ficus lyrata*

**别称**：扇叶榕。**属**：榕属。**原产地**：西非和中非。**识别** **花**：单性，雌雄同株，隐头花序。**花期**：春季。**叶**：叶大，提琴状，全缘波状，革质，深绿色，背面有褐色绵毛。**用途** **布置**：宜配植于池边、湖畔和庭园栽植。

20~25m

**菩提树** *Ficus religiosa*

**别称**：思维树。**属**：榕属。**原产地**：中国、印度、泰国、越南。**识别** **花**：雌雄同株，隐头花序。**花期**：夏季。**叶**：心形或宽卵圆形，深绿色，先端狭长成尖尾。**用途** **布置**：冠幅阔大，优雅可观，适合作园景树和行道树，幼株盆栽摆放室内。

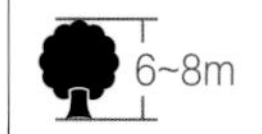
6~8m

**江南油杉**
*Keteleeria fortunei* var. *cyclolepis*

**别称：**浙江油杉。**属：**油杉属。**原产地：**中国。**识别** **叶：**条形，边缘稍卷，表面绿色，背面淡绿色。果：球果圆柱形或椭圆状圆柱形。**用途** **布置：**宜群植或列植于风景区和公园，也可作造林树种，还可作艺术雕塑的背景树。

20~30m

**平头赤松**
*Pinus densiflora* 'Umbraculifera'

**别称：**千头赤松。**属：**松属。**原产地：**日本。**识别** **花：**雄球花卵圆形至卵状圆锥形，暗褐黄色。**花期：**春季。**叶：**2针1束，有细齿。**用途** **布置：**宜配植于公园或风景区的主干道或平台两侧。**赠：**有“坚韧不拔”“矢志不渝”之意。

4m

**乔松** *Pinus wallichiana*

**别称：**蓝松、不丹松。**属：**松属。**原产地：**中国、阿富汗、印度。**识别** **花：**雌雄同株，雄球花椭圆形，绿色，后渐变褐色。**花期：**春季。**叶：**针叶细长，细柔下垂，先端渐尖，边缘具细锯齿，灰绿色至淡灰蓝色。**用途** **布置：**宜风景区群植造景或孤植、散植于城市绿化。

20~35m

**雪松** *Cedrus deodara*

**别称：**喜马拉雅雪松。**属：**雪松属。**原产地：**喜马拉雅山西部，从尼泊尔至阿富汗。**识别** **花：**雄雌同株或异株，雄球花圆柱形，雌球花卵圆形。**花期：**秋季。**叶：**针形，蓝绿色。**用途** **布置：**宜配植于广场、风景区、建筑物前。**赠：**有“成熟”之意。

30~40m

**金钱松** *Pseudolarix amabilis*

**别称：**金松。**属：**金钱松属。**原产地：**中国。**识别** **花：**雌雄同株异花，雄球花黄色，雌球花紫红色。**花期：**春季。**叶：**线形扁平，螺旋状散生，短枝上簇生，绿色，秋季转金橙色。**用途** **布置：**宜园林中列植或群植作行道树或园景树，幼苗可制作丛林式盆景。

15~20m

**日本冷杉** *Abies firma*

**别称：**枞。**属：**冷杉属。**原产地：**日本。**识别** **花期：**春季。**叶：**扁平，条形，基部扭转呈2列，向上成“V”字形，表面深绿色，背面灰白色。**用途** **布置：**宜成行配植于公园、风景区。**赠：**有“高贵”“崇高”“时机”之意。

15~20m



**五针松** *Pinus parviflora*

**别称：**日本五针松。**属：**松属。**原产地：**日本。**识别** **花：**雄球花卵球形至长圆形，红褐色。**花期：**春季。**叶：**针叶细短，5针1束，微弯，簇生于枝端，蓝绿色，具白色气孔线。**用途** **布置：**宜配植于庭园或风景区。**赠：**有“长寿”“勇敢”之意。

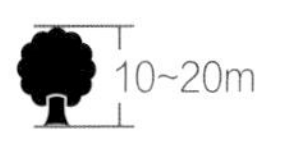
10~20m

**北美红杉** *Sequoia sempervirens*

**别称：** 红杉、长叶世界爷。**属：** 北美红杉属。**原产地：** 美国。**识别** **花：** 雌雄同株，雌球花单生短枝顶端，雄球花淡褐绿色。**花期：** 秋季。**叶：** 鳞叶条形，排列成 2 列，表面深绿色，背面银白色。**用途** **布置：** 宜孤植或群植于湖畔、水边、草坪边缘。

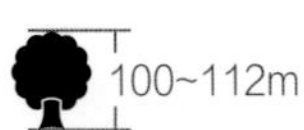
100~112m

**娜娜柳杉**
*Cryptomeria japonica* 'Globosa Nana'

**属：** 柳杉属。栽培品种。**识别** **花：** 雌雄同株，雄球花黄色，雌球花褐绿色。**花期：** 春季。**叶：** 钻形，深绿色，秋冬转橙色或锈色。**用途** **布置：** 宜配植于草坪边缘、林缘、坡地和湖畔。

60~90cm

**柳杉** *Cryptomeria Japonica* var. *sinensis*

**别称：** 孔雀松。**科属：** 柳杉属。**原产地：** 中国。**识别** **花：** 雌雄同株，雄球花黄色，雌球花淡绿色。**花期：** 春季。**叶：** 钻形，叶端内曲，黄绿色，四边有气孔线。**用途** **布置：** 宜作草坪边缘、林缘、坡地、湖畔的景观树，还可作庭园和公园行道树。

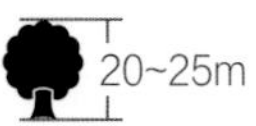
20~25m

**杉木** *Cunninghamia lanceolata*

**别称：** 沙木、沙树。**属：** 杉木属。**原产地：** 中国。**识别** **花：** 雄球花圆锥状，有短梗，通常 40 余个簇生枝顶；雌球花单生或 2~4 个集生，绿色。**花期：** 春季。**叶：** 革质、坚硬，披针形或条状披针形，通常微弯呈镰状、螺旋状排列，边缘有细缺齿，先端渐尖，下微钝，表面深绿色，有光泽，背面淡绿色。**用途** **布置：** 树姿端庄，宜成片配植于河边、湖畔、堤旁或沼泽地，其适应性强，抗风力强，耐烟尘，还可作为行道树及营造防风林。

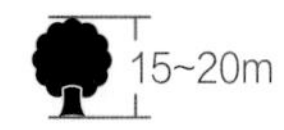
15~20m

**圆头柳杉**
*Cryptomeria japonica* 'Yuantouliushan'

**别称：** 圆头日本柳杉。**属：** 柳杉属。栽培品种。**识别** **花：** 雌雄同株，雄球花黄色，雌球花褐绿色。**花期：** 春季。**叶：** 钻形，先端不内曲，绿色。**用途** **布置：** 适合风景区、公园和居住区绿化栽植。

5~9m

**日本柳杉** *Cryptomeria japonica*

**别称：**孔雀松。**属：**柳杉属。**原产地：**日本。**识别 花：**雌雄同株，雄球花黄色，雌球花褐绿色。**花期：**春季。**叶：**钻形，较柳杉略短，先端不内曲，绿色。**用途 布置：**宜作草坪边缘、林缘、坡地、湖畔的景观树。

20~40m

**水杉** *Metasequoia glyptostroboides*

**别称：**水桫。**属：**水杉属。**原产地：**中国。**识别 花：**雌雄同株，雄球花褐色单生叶腋，雌球花淡褐色，单个或成对散生于枝上。**花期：**早春。**叶：**线形，扁平，羽状，嫩绿色，秋季转金黄色至红褐色。**用途 布置：**宜成片配植于河边、湖畔、堤旁或沼泽地。

20~40m

**池杉** *Taxodium distichum* var. *imbricatum*

**别称：**池柏。**属：**落羽杉属。**原产地：**北美。**识别 花：**雌雄同株，雄球花呈圆锥状花序，雌球花单生，多生于新枝顶部。**花期：**春季。**叶：**锥形，柔软，螺旋状排列，扭成圆条状，淡绿色。**用途 布置：**宜成片配植在河滩、湖边和水库周围。

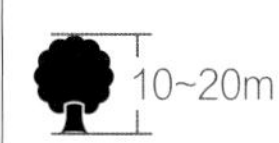

**落羽杉** *Taxodium distichum*

**别称：**落羽松。**属：**落羽杉属。**原产地：**美国。**识别 花：**雌雄同株，雄球花红色，着生在树顶，下垂成圆锥花序；雌球花着生在一年生小枝末端，绿色。**花期：**早春。**叶：**条形，扁平，螺旋状互生，排成2列，淡绿色，秋季转深褐色。**用途 布置：**适合于公园和风景区的水滨、河岸、池畔丛植或成片栽植，还可作工业用林和生态保护林。

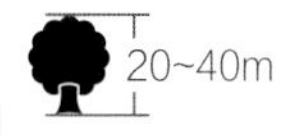

**墨西哥落羽杉** *Taxodium mucronatum*

**别称：**墨杉。**属：**落羽杉属。**原产地：**墨西哥、美国。**识别 花：**雌雄同株，雄球花着生树顶，雌球花着生小枝末端。**花期：**秋季。**叶：**线形，扁平，较短，成羽状2列，深绿色。**用途 布置：**适合公园、风景区的草坪、坡地或水池孤植、列植或群植。

**龙爪柳** *Salix matsudana* f. *tortuosa*

**别称：**曲枝柳。**科属：**杨柳科柳属。**原产地：**中国。**识别 花：**伞房花序顶生，花钟状，白色，雄蕊柱长，伸出花冠外，有香气。**花期：**春季。**叶：**薄革质，长椭圆形，全缘，羽状脉，深绿色。**用途 布置：**多栽于庭园作绿化树种。

10~15m

**乌桕** *Triadica sebifera*

**别称：**乌桕树。**科属：**大戟科乌桕属。**原产地：**中国。**识别 花：**穗状花序顶生，花小，黄绿色。**花期：**夏初。**叶：**互生，绿色，秋季转橙黄色或红色，菱形或菱状卵形，全缘。**用途 布置：**宜孤植或列植于庭园、公园作园景树和行道树。

8~10m

**山麻秆** *Alchornea davidii*

**别称：**桂圆树。**科属：**大戟科山麻秆属。**原产地：**中国。**识别 花：**单生，雄花密生成穗状花序，雌花疏生排成总状花序。**花期：**春末至夏初。**叶：**阔卵形，边缘具粗锯齿，叶面幼时红色或紫绿色，长成后变为浅绿色。**用途 布置：**宜丛植或片植于庭园内角隅、路旁。

2~2.5m

**银杏** *Ginkgo biloba*

**别称：**白果。**科属：**银杏科银杏属。**原产地：**中国。**识别 花：**雌雄异株，雌球花均生于短枝叶腋，有长梗；雄球花有短梗，雄蕊花丝短。**花期：**春季。**叶：**扇形或倒三角形，上缘浅波状，叶脉二叉分出，黄绿色，秋季转黄色。**用途 布置：**宜配植于景观路、广场。

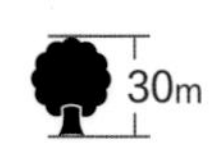
30m

**中国梧桐** *Firmiana simplex*

**别称：**青桐。**科属：**锦葵科梧桐属。**原产地：**越南至日本。**识别 花：**圆锥花序顶生，花小，黄绿色。**花期：**夏季。**叶：**掌状，3~5裂，全缘，深绿色，秋季转黄色。**用途 布置：**宜配植于古典园林或庭园。**赠：**有“吉兆”“高才得机遇”之意。

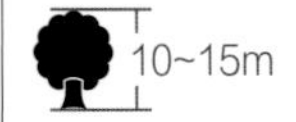
10~15m

**枫杨** *Pterocarya stenoptera*

**别称：**元宝杨树。**科属：**胡桃科枫杨属。**原产地：**中国。**识别 花：**柔荑花序，黄绿色，雌雄同株，雄花序生于叶腋，雌花序生于枝顶。**花期：**春季。**叶：**互生，偶数羽状复叶，叶轴有翅，小叶10~16枚，长椭圆形，亮绿色。**用途 布置：**低洼地、湖畔，可作行道树和庭荫树。

15~25m

**垂柳** *Salix babylonica*

**别称：**水柳、柳树。**科属：**杨柳科柳属。**原产地：**中国。**识别 花：**柔荑花序，雄花具黄色花药。**花期：**春季。**叶：**狭披针形或线状披针形，边缘具细锯齿，表面中绿色，背面灰绿色。**用途 布置：**适合列植于湖畔、堤坝、池边、河岸和道路两侧。**赠：**有“挽留”之意。

10~12m

**南京椴** *Tilia miqueliana*

**别称：**菠萝树。**科属：**锦葵科椴属。**原产地：**中国。**识别 花：**聚伞花序，下垂。**花期：**夏初。**叶：**三角状卵形，边缘有粗锯齿，表面深绿色，背面有灰色星状毛。**用途 布置：**宜丛植或群植于风景区或公园的草坪和池畔或列植作行道树。**赠：**有“婚礼”之意。

15~20m

**榧树** *Torreya grandis*

**别称：**木榧、香榧。**科属：**红豆杉科榧属。**原产地：**中国。**识别 花：**雌雄异株，雄花单生于叶腋，雌花成对着生于叶腋。**花期：**春季。**叶：**条形，螺旋状着生，扭转成2列，表面深绿色，背面淡绿色。**用途 布置：**宜配植于门庭、屋前、山石旁和建筑物周围。

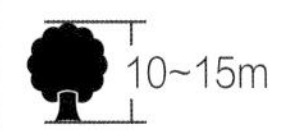
10~15m

**伯乐树** *Bretschneidera sinensis*

**别称：**羽叶婆罗。**科属：**叠珠树科伯乐树属。**原产地：**中国。**识别 花：**花大，顶生，总状花序顶生，粉红色。**花期：**夏季。**叶：**奇数羽状复叶，小叶7~13枚，长椭圆状卵形，表面绿色、无毛，背面粉绿色。**用途 布置：**适合公园、风景区作庭荫树。

8~12m

**梭罗树** *Reevesia pubescens*

**科属：**锦葵科梭罗树属。**原产地：**中国。**识别 花：**伞房花序顶生，花钟状，白色，雄蕊柱长，伸出花冠外，有香气。**花期：**春季。**叶：**薄革质，长椭圆形，全缘，羽状脉，深绿色。**用途 布置：**是珍贵的庭园树种之一，点缀房前屋后、池畔桥边，富有诗情画意。

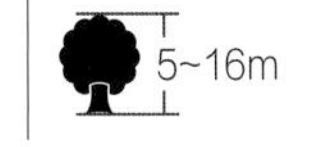
5~16m

**红果榆** *Ulmus szechuanica*

**别称：**明陵榆。**科属：**榆科榆属。**原产地：**中国。**识别 花：**聚伞花序，先叶开放，花小，数朵簇生。**花期：**春季。**叶：**椭圆状或卵状椭圆形，两面光滑，深绿色，叶缘有重锯齿。**用途 布置：**适合庭园、公园作园景树或行道树。**赠：**有“光荣”“高贵”之意。

15~20m

**朴树** *Celtis sinensis*

**别称：**沙朴、朴榆。**科属：**大麻科朴属。**原产地：**中国、日本、朝鲜。**识别 花：**雌雄同株，淡绿色。**花期：**春季。**叶：**广卵形或椭圆状卵形，边缘上半部有浅锯齿，表面深绿色，背面暗绿色。**用途 布置：**宜作城市的庭荫树和行道树。**赠：**有“高贵”之意。

10~20m

**榉树** *Zelkova serrata*

**别称：**光叶榉。**科属：**榆科榉属。**原产地：**中国。**识别 花：**雌雄同株，雄花簇生新枝下部，雌花单生或2~3朵簇生新枝上部。**花期：**春季。**叶：**椭圆形或卵状披针形，边缘具锯齿，绿色。**用途 布置：**宜孤植或列植于草坪边缘或丛植于亭台池边。**赠：**有“繁荣”之意。

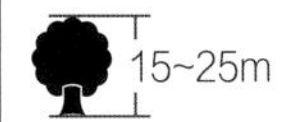
15~25m

# 第六章

# 观叶植物

# 爵床科
## *Acanthaceae*

爵床科植物约有250属40000种，主要分布于热带及亚热带地区。我国约有68属311种。本节主要介绍网纹草属的代表植物网纹草以及爵床科其他属的代表植物。其中，网纹草植株小巧玲珑、叶脉清晰、纹理均匀，深受人们喜爱，是目前欧美地区十分流行的盆栽小品种。

**（网纹草）白雪安妮**
*Fittonia verschaffeltii* 'White Snow Annie'

**别称：** 费通草、红网纹草。**属：** 网纹草属。**原产地：** 秘鲁。**识别** **花：** 顶生穗状花序，花白色。**花期：** 夏秋季。**叶：** 卵圆形，橄榄绿色，长6~10厘米，叶脉洋红色。**用途** **布置：** 可盆栽或吊盆栽培，点缀居室的窗台、茶几或隔断，清新动人。若装点咖啡屋、精品屋或茶吧，可使空间散发出浓郁的热带风情。在南方，宜作庭园布置或景点的地被植物。

10~15cm
20~25cm

**（网纹草）桃红**
*Fittonia verschaffeltii* 'Peach Red'

15~20cm
20~30cm

**（网纹草）火焰**
*Fittonia verschaffeltii* 'Flame'

10~15cm
20~25cm

**（网纹草）雅红**
*Fittonia verschaffeltii* 'Tasteful Red'

15~20cm
20~25cm

**小叶白网纹草**
*Fittonia verschaffeltii* var. *argyroneura* 'Minima'

**别称：**"迷你"网纹草。**属：** 网纹草属。**识别** **花：** 顶生穗状花序，淡黄色或白色。**花期：** 夏秋季。**叶：** 对生，卵圆形，翠绿色，叶脉白色，长2~3厘米。**用途** **布置：** 叶色持久清新，宜盆栽或吊篮栽培摆放居室，陈设博古架、案几或窗台。

5~10cm
20~25cm

**白网纹草**
*Fittonia verschaffeltii* var. *argyroneura*

**别称：** 银网叶。**属：** 网纹草属。**原产地：** 秘鲁。**识别** **花：** 顶生穗状花序，淡黄色或白色。**花期：** 夏秋季。**叶：** 对生，卵圆形，翠绿色，叶脉银白色，长5~8厘米。**用途** **布置：** 宜摆放宾馆、商厦、机场休息室、橱窗。盆栽或吊篮栽培用于摆放居室，陈设案几或窗台。在庭园或公园中作地被植物。

10~15cm
20~25cm

**彩叶木** *Graptophyllum pictum*

**别称：** 漫画树。**属：** 彩叶木属。**原产地：** 澳大利亚和新几内亚岛。**识别** **花：** 总状花序，花管状，深红色至紫色。**花期：** 夏季。**叶：** 椭圆形或卵圆形，先端渐尖，深绿色，叶表泛布淡红色、乳白色、黄色斑彩。**用途** **布置：** 叶色优雅，宜盆栽布置居室或宾馆，在南方配植于庭园周围。

1~2m
60~90cm

**巴西烟火**
*Porphyrocoma pohliana*

**别称：** 紫烟火。**属：** 火焰花属。**原产地：** 巴西。**识别** **花：** 顶生穗状花序，花序苞片聚集呈松球状，红色，花长管状，紫红色。**花期：** 春末至秋季。**叶：** 叶长椭圆形，先端渐尖，基部楔形，深绿色，中脉和主侧脉白色。**用途** **布置：** 花叶俱美，摆放城市商厦的大型橱窗，装饰栽植槽或楼梯转角处，十分醒目。

15~20cm
20~25cm

**金蔓草**
*Peristrophe hyssopifolia* 'Aureo-Variegata'

**属**：观音草属。**原产地**：马达加斯加。**识别** **花**：花1~3朵生于茎部顶端叶腋，紫色。**花期**：夏秋季。**叶**：对生，卵状披针形或披针形，叶面中央有放射状金黄色斑纹。**用途** **布置**：常用于花境、花坛、小游园的景观布置，也可盆栽摆放阳台、窗台、露台。

20~40cm
30~60cm

**枪刀药** *Hypoestes purpurea*

**属**：枪刀药属。**原产地**：马达加斯加。**识别** **花**：顶生，似穗状的总状花序，花洋红色至淡紫色。**花期**：夏末至冬季。**叶**：卵圆形，深绿色，具白色斑点或斑块。**用途** **药**：全草可入药，有消炎散瘀、止血止咳之效。**布置**：宜配植在花坛、花境或景点，盆栽可摆放厅堂、客室或橱窗。

30cm
25cm

**波斯红草**
*Strobilanthes auriculata* var. *dyeriana*

**别称**：红背耳叶马蓝。**属**：马蓝属。**原产地**：缅甸、马来西亚。**识别** **花**：穗状花序，小花管状，浅蓝紫色。**花期**：春季。**叶**：对生，椭圆状披针形，叶缘有细锯齿，暗绿色，叶脉两侧面有色斑，分别为紫红色与银白色彩斑，叶背紫红色。**用途** **布置**：盆栽适合居室、客厅、书房、地柜和阳台摆放。

30~80cm
30~40cm

**金叶拟美花**
*Pseuderanthemum reticulatum* var. *ovalifolium*

**别称**：金叶钩粉草。**属**：山壳骨属。**原产地**：波利尼西亚。**识别** **花**：穗状花序顶生，花管状，白色。**花期**：夏季。**叶**：对生，广披针形至倒披针形，叶缘具不规则缺刻，新叶金黄色，后转黄绿色。**用途** **布置**：适合庭园列植或丛植，也可盆栽作室内观赏植物。

50~200cm
30~50cm

**紫心草** *Ruellia makoyana*

**别称**：银脉芦莉草。**属**：芦莉草属。**原产地**：巴西。**识别** **花**：腋生，喇叭状，粉红色。**花期**：夏季。**叶**：对生，卵圆形，叶面深绿色，中脉银白色，叶背深紫色。**用途** **布置**：是极佳的盆栽材料，用它点缀书桌、窗台，十分清新舒适。

50~60cm
40~45cm

**三色紫叶拟美花**
*Pseuderanthemum atropurpureum* 'Variegatum'

**别称**：三色钩粉草。**属**：山壳骨属。栽培品种。**识别** **花**：穗状花序顶生，花管状，白色，基部具玫红色或紫色斑。**花期**：夏季。**叶**：卵圆形至披针形，叶面深紫色，镶嵌粉红、绿、白等色斑纹。**用途** **布置**：宜列植或丛植于庭园周围，也可盆栽作室内观赏植物。

90~150cm
30~75cm

**丹尼亚单药花**
*Aphelandra squarrosa* 'Dania'

**别称**：金脉单药花。**属**：单药花属。栽培品种。**识别** **花**：穗状花序顶生，呈塔形，黄色或橙黄色，苞片黄色。**花期**：夏秋季。**叶**：卵圆形至椭圆形，深绿色，中脉和羽状侧脉呈银白色。**用途** **布置**：在公共场所可与吊兰、铁线蕨、豆瓣绿等矮生观叶植物配植。

40~45cm
25~30cm

**广西裸柱草**
*Gymnostachyum subrosulatum*

**别称**：裸柱草。**属**：裸柱草属。**原产地**：中国。**识别** **花**：穗状花序，花黄色。**花期**：夏季。**叶**：阔卵形，顶端短尖，钝头，边全缘或不明显的浅波状，叶脉银白色。**用途** **布置**：宜盆栽点缀书桌或窗台。

15~30cm
30~40cm

**红斑枪刀药** *Hypoestes sanguinolenta*

**别称**：红叶枪刀药。**属**：枪刀药属。栽培品种。**识别** **花**：似穗状的总状花序顶生，花洋红色至淡紫色。**花期**：夏末至冬季。**叶**：卵圆形，深绿色，具火红色斑点或斑块。**用途** **布置**：宜盆栽布置居室、会场等。

20~30cm
20cm

# 槭树科

## *Aceraceae*

槭树科观叶植物主要集中在槭属，分布于亚洲、欧洲及美洲，秋季其叶片色彩绚丽具有很高的观赏价值，有时树皮和主干也具有很高的观赏价值。本节主要介绍槭属的代表植物。

**黑叶羽毛枫**
*Acer palmatum* var. *dissectum* 'Nigrum'

**别称：**久红细叶鸡爪槭。**属：**槭属。栽培品种。**识别** **花：**花小，紫红色。**花期：**春季。**叶：**掌状，7~11 深裂，裂片有皱纹，深紫红色，背面具银色毛。**用途** **布置：**宜植于草坪、溪边、池畔或墙隅、山石旁，也可用于庭园、山石水池等小品配景。

1.5~2m
2~3m

**细叶鸡爪槭**
*Acer palmatum* var. *dissectum*

**别称：**羽毛枫。**属：**槭属。**原产地：**中国、日本。**识别** **花：**花小，紫红色。**花期：**春季。**叶：**掌状，7~11 深裂，裂片有皱纹，黄绿色，秋季转金黄色，深秋转深红色。**用途** **布置：**宜植于草坪、溪边、池畔或墙隅、山石旁，也可用于庭园、山石水池等小品配景。

1.5~2m
2~3m

**梣叶槭** *Acer negundo*

**别称：**复叶槭。**属：**槭属。**原产地：**北美。**识别** **花：**雌雄异株，雄花序伞房状，花棕红色，雌花序总状，花黄绿色。**花期：**春季。**叶：**羽状复叶，小叶卵圆形 3~5 枚，浅绿色，秋季转黄色。**用途** **布置：**树姿优美，树干挺拔，秋叶黄色，适合作行道树、风景树，也可庭园孤植配景。

10 ~15m
8~10m

**三峡槭** *Acer wilsonii*

**属：**槭属。**原产地：**中国。**识别** **特征：**树皮暗棕色，光滑。**花：**雄花与两性花同株，常生成无毛的圆锥花序，顶生，萼片黄绿色，花白色。**花期：**春季。**叶：**叶片薄，纸质，宽卵形，通常 3 裂，裂片卵形，顶端尾状锐尖，边缘弧状弯曲，上面深绿色，无毛，下面淡绿色。**用途** **布置：**适合作公园和风景区的行道树或风景树，也可庭园孤植配景。

10~15m
6~8m

**花叶梣叶槭** *Acer negundo* 'Variegatum'

**别称：**银边复叶槭。**属：**槭属。栽培品种。**识别** **花：**雌雄异株，雄花序伞房状，花棕红色，雌花序总状，花黄绿色。**花期：**春季。**叶：**羽状复叶，小叶卵圆形，浅绿色，具宽的白色花边。**用途** **布置：**树姿优美，树干挺拔，秋叶黄色，适合作行道树或风景树，也可庭园孤植配景。

6~8m

6~8m

**茶条槭** *Acer tataricum* subsp. *ginnala*

**别称：**青桑头。**属：**槭属。**原产地：**亚洲西南部。**识别** **特征：**树干灰色粗糙。**花：**圆锥花序，黄白色，味清香。**花期：**春季。**叶：**对生，卵状椭圆形，3裂，叶缘有重锯齿，深绿色，秋季转深红色。**用途** **布置：**适用于风景区、公园作行道树，丛植、群植或作绿篱。

5~6m

4~5m

**秀丽槭** *Acer elegantulum*

**别称：**地锦槭、色木。**属：**槭属。**原产地：**中国。**识别** **花：**圆锥花序，花杂性，雄花与两性花同株，绿色。**花期：**春季。**叶：**纸质，5裂，基部心形，裂片卵形或三角状卵形，亮绿色，秋季转红色。**用途** **布置：**常用于列植或丛植于草坪中或山坡旁，形成观叶美景。

9~15m
6~8m

**元宝槭** *Acer truncatum*

**别称：**元宝枫、平基槭。**属：**槭属。**原产地：**中国、朝鲜。**识别** **特征：**树皮灰褐色。**花：**伞房花序顶生，花黄绿色。**花期：**春季。**叶：**对生，掌状5深裂，先端渐尖，基部楔形，裂片三角状卵形，全缘，中绿色，秋季叶片转橙色。**用途** **布置：**宜作风景区、公园、住宅区绿地中的行道树和风景树。

6~8m
8~10m

**罗浮槭** *Acer fabri*

**别称：**红翅槭。**属：**槭属。**原产地：**中国。**识别** **花：**花小，白色。**花期：**春季。**叶：**披针形，革质，新叶紫红色，逐渐变绿。**果：**翅果，幼果紫红色，成熟后黄褐色。**用途** **布置：**树冠卵球形，四季常绿，适合作公园和风景区的行道树或风景树，也可庭园孤植配景。

8~10m
8~10m

**鹅耳枥叶槭** *Acer carpinifolium*

**属:** 槭属。**原产地:** 日本。**识别** **特征:** 树干直立有分枝。**花:** 总状花序，下垂，绿色。**花期:** 春季。**叶:** 单叶卵圆形至卵圆状长圆形，边缘锯齿状，叶脉凸出，中绿色，秋季转金黄色或棕色。**用途** **布置:** 适合作风景区、公园的行道树或风景树。

8~10m

8~10m

**天目槭** *Acer sinopurpurascens*

**别称:** 天目枫。**属:** 槭属。**原产地:** 中国。**识别** **特征:** 树冠圆球形。**花:** 总状花序，雌雄异株，花紫色，先叶开放。**花期:** 春季。**叶:** 近圆形，掌状，5 裂或 3 裂，纸质，绿色。**用途** **布置:** 叶片大而密集，入秋经霜后变猩红色，鲜艳夺目，宜作庭荫树和风景树。

8~10m

5~8m

**建始槭** *Acer henryi*

**别称:** 亨利槭、三叶槭。**属:** 槭属。**原产地:** 中国。**识别** **花:** 雌雄异株，雌花和雄花都排成下垂的总状花序，花绿色。**花期:** 春季。**叶:** 羽状复叶，具 3 小叶，纸质，椭圆形或长圆椭圆形，深绿色。**用途** **布置:** 宜作风景区和公园的行道树。

5~8m

8~10m

**三角枫** *Acer buergerianum*

**别称:** 三角槭。**属:** 槭属。**原产地:** 中国、朝鲜、日本。**识别** **花:** 花小，淡黄色。**花期:** 夏季。**叶:** 倒卵状三角形，3 裂或不分裂，表面深绿色，背面蓝绿色，长 9 厘米。**用途** **布置:** 栽植于庭园、池畔，自然协调，秋时叶色棕黄，极具雅趣。也可用于住宅区、景观路等绿地的景观布置和成片栽植作风景林带，同样是重要的树桩盆景材料，苍劲古雅。

6~10m

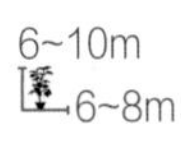6~8m

**血皮槭** *Acer griseum*

**别称:** 红皮槭、红色木。**属:** 槭属。**原产地:** 中国中部。**识别** **特征:** 树皮红棕色，自然卷曲脱落。**花:** 总状花序，花黄色，下垂。**花期:** 春季。**叶:** 复叶，3 小叶，卵形或椭圆形，叶缘有钝形大锯齿，春夏季绿色，秋季转红色或黄色。**用途** **布置:** 适合栽植风景区的池畔、路边、溪边、石旁和庭园。

6~10m

6~10m

**鸡爪槭** *Acer palmatum*

**别称：**青枫。**属：**槭属。**原产地：**中国、朝鲜、日本。**识别** **花：**伞房花序，萼片卵状披针形，花瓣椭圆形或倒卵形，花小，紫红色，杂性。**花期：**春季。**叶：**近圆形，通常7裂，边缘有重锯齿，基部心形或近心形，嫩叶青绿色，秋叶由橙色转黄色或红色。**用途** **布置：**常植于草坪、溪边、池畔或墙隅、山石旁，用于庭园、山石水池等小品配景，也是中式插花的重要材料。

6~8m
8~10m

**深红细叶鸡爪槭**
*Acer palmatum* 'Dissectum Rubrifolium'

**别称：**红叶羽毛枫。**属：**槭属。**原产地：**中国、日本。**识别** **花：**伞房花序，花小，紫红色。**花期：**春季。**叶：**掌状细裂，嫩芽初呈红色，后变紫红色，夏季橙黄色，入秋逐渐转为红色。**用途** **布置：**适合庭园配植，与亭、石桌、栏杆等建筑小品融合在一起，更添自然景趣。

1.5~2m
2~3m

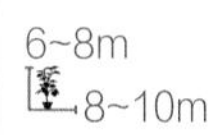

**（鸡爪槭）金贵** *Acer palmatum* 'Aureum'

3~5m
3~5m

**（鸡爪槭）春艳**
*Acer palmatum* 'Shindeshojo'

2m
3m

**紫红叶鸡爪槭** *Acer palmatum* 'Atropurpureum'

**别称：**红枫。**属：**槭属。**原产地：**中国。**识别** **花：**伞房花序，花小，紫红色。**花期：**春季。**叶：**掌状，7~9裂，常年紫红色，嫩叶鲜红色。**用途** **布置：**极佳的园景树，适合配植于草坪、溪沟边缘、池畔或路隅，与常绿树配植，当红叶摇曳时，则有"万绿丛中一点红"的效果。

1.5~2m
2~3m

# 龙舌兰科

## *Agavaceae*

龙舌兰科植物约有20属670种，大多分布于热带和亚热带地区。本节主要介绍龙舌兰属、朱蕉属、龙血树属、丝兰属的代表植物。其中，朱蕉、龙血树叶色美丽，都适合盆栽作为家庭居室装饰；丝兰属植物除供观赏外，还可用于制作绳缆。

**白心龙舌兰**
*Agave americana* var. *medio-picta* 'Alba'

**别称**：华严。**属**：龙舌兰属。栽培品种。**识别** **花**：圆锥花序，花漏斗状，淡黄绿色。**花期**：夏季。**叶**：基生，披针状，灰绿色，中央为银白色纵条纹，叶缘有细针刺。**用途** **布置**：在南方布置草坪边缘、公园道旁或建筑物前，散发着浓郁的热带情调。

80cm
 1m

**黄绿纹竹蕉** *Dracaena fragrans* 'Roehrs Glod'

**别称**：黄纹银线竹蕉。**属**：龙血树属。栽培品种。**识别** **花**：圆锥花序顶生，花白色。**花期**：夏季。**叶**：长剑形，向下弧形弯曲，叶面深绿色，具白色条纹，叶缘有淡黄绿色纵条纹。**用途** **布置**：小型盆栽适合书房、卧室、阳台摆设，倍感幽雅宁静；中型盆栽常用于宾馆、会场、商厦等场所装饰，十分清新雅致。

1~1.2m
80~100cm

**银线龙血树**
*Dracaena fragrans* 'Warneckii'

**别称**：银线竹蕉。**属**：龙血树属。栽培品种。**识别** **花**：圆锥花序顶生，花白色。**花期**：夏季。**叶**：长剑形，向下弧形弯曲，叶面深绿色，具白色条纹。**用途** **布置**：宜盆栽布置会场、客厅和大堂。

1~1.2m
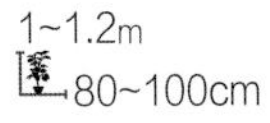

**斑叶王兰** *Yucca gigantea* 'Variegata'

**别称**：斑叶丝兰。**属**：丝兰属。栽培品种。**识别** **花**：圆锥花序，半球形，花钟状，白色或米色。**花期**：夏秋季。**叶**：窄披针形，深绿色，边缘具宽的黄色斑纹。**用途** **布置**：在南方可丛植庭园或公园。

2~10m
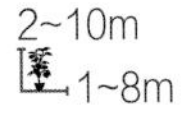

**乳道星点木**
*Dracaena godseffiana* 'Friedmannii'

**属**：龙血树属。栽培品种。**识别** **花**：圆锥花序，花管状，黄绿色。**花期**：春季。**叶**：对生或3枚叶轮生，长椭圆形，深绿色，叶中肋具乳白色条斑，两侧叶面上散生乳白色斑点。**用途** **布置**：宜盆栽摆放门厅、客厅。

50~60cm
50~60cm

**七彩朱蕉** *Cordyline fruticosa* 'Kiwi'

**别称：**彩叶朱蕉。**属：**朱蕉属。栽培品种。**识别** **花：**圆锥花序，白色至紫色。**花期：**夏季。**叶：**披针形，叶绿色，具黄绿色纵条纹，叶缘红色。**用途** **布置：**叶片丰富多彩，鲜艳夺目，宜盆栽摆放会场、商厦橱窗等公共场所，进行室内美化。

30~50cm

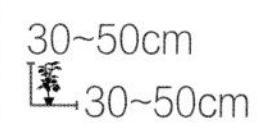30~50cm

**黄边百合竹** *Dracaena reflexa* 'Variegata'

**别称：**斑叶密叶龙血树。**属：**龙血树属。栽培品种。**识别** **花：**圆锥花序，花管状，白色。**花期：**夏季。**叶：**剑状披针形，无柄，轮状密生于茎顶，革质，光滑，深绿色，边缘具宽黄色纵条纹。**用途** **布置：**为室内观叶佳品，宜盆栽摆放门厅、客厅或书房。

1~1.2m

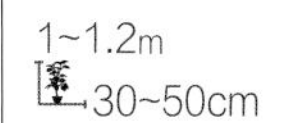30~50cm

**金边狐尾龙舌兰** *Agave americana* 'Variegata'

**别称：**金边翡翠盘。**属：**龙舌兰属。栽培品种。**识别** **花：**总状花序，花绿白色。**花期：**夏季。**叶：**长卵圆形，稍柔软，灰绿色，叶缘黄色，呈莲座状排列。**用途** **布置：**在南方，用于布置花坛、景点、屋顶花园。盆栽摆放庭园、门厅、露台观赏。

70~90cm

1~1.5m

**星点木** *Dracaena surculosa*

**别称：**星千年木。**属：**龙血树属。**原产地：**几内亚、刚果。**识别** **花：**圆锥花序，花管状，黄绿色，略带香味。**花期：**春末。**叶：**对生或3枚叶轮生，长椭圆形，深绿色，叶片上散生黄色至乳白色小斑点。**用途** **布置：**宜盆栽摆放客厅、窗台或阳台。

60~70cm

50~60cm

**三色竹蕉** *Dracaena marginata* 'Tricolor'

**别称：**彩纹竹蕉、五彩竹蕉。**属：**龙血树属。栽培品种。**识别** **花：**圆锥花序顶生，花白色。**花期：**夏季。**叶：**叶剑状，深绿色，叶面有黄白色条纹斑，镶着红色的细边。**用途** **布置：**盆栽装点客厅、书房或落地玻璃窗旁，使居室环境更显活泼、生动。

1~2m

1~2m

**梦幻朱蕉** *Cordyline fruticosa* 'Dreamy'

**别称：**三色朱蕉。**属：**朱蕉属。栽培品种。**识别** **花：**圆锥花序，花白色至紫色。**花期：**夏季。**叶：**椭圆状披针形，叶面鲜绿色，具红、粉红和乳黄等色斑纹。**用途** **布置：**宜盆栽摆放窗台、梯道两侧或门厅。**赠：**有"欣欣向荣""为爱付出一切"之意。

60~80cm

60~80cm

**凤尾兰** *Yucca gloriosa*

**别称：**菠萝花。**属：**丝兰属。**原产地：**美国。**识别** **花：**圆锥花序，直立，花下垂，钟状，白色。**花期：**夏末至秋季。**叶：**窄披针形，挺直向上斜展，蓝绿色，成熟叶深绿色，革质。**用途** **布置：**摆放花坛、草坪、假山或水景周围，也是良好的鲜切花材料。

2m

2m

**曼谷红铁** *Cordyline fruticosa* 'Bangkok'

**别称：**五彩红竹。**属：**朱蕉属。栽培品种。**识别** **特征：**地下根茎肉质。**花：**圆锥花序，花白色或紫色。**花期：**夏季。**叶：**紫褐色，新叶整叶或叶面大部分鲜红色。**用途** **布置：**用盆栽摆放居室的客厅、门厅或楼梯转角处，可营造喜庆的气氛。

80~100cm

50~80cm

# 天南星科

## *Araceae*

天南星科植物以其独特的叶形、叶色赢得人们的喜爱，是优良的室内观赏植物。本节主要介绍广东万年青属、海芋属、五彩芋属、黛粉芋属、麒麟叶属、龟背竹属、喜林芋属、合果芋属的代表植物。

**中斑亮丝草** *Aglaonema modestum* var. *mediopictum*

**属**：广东万年青属。栽培品种。**识别** **花**：佛焰花序，佛焰苞船状，绿色，肉穗花序绿白色。**花期**：夏末至秋初。**叶**：长卵形，深绿色，叶缘波浪形。**用途** **布置**：适合盆栽观赏，在南方配植于建筑物背面。

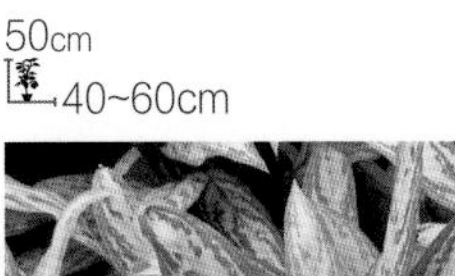

50cm
40~60cm

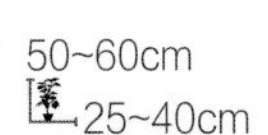

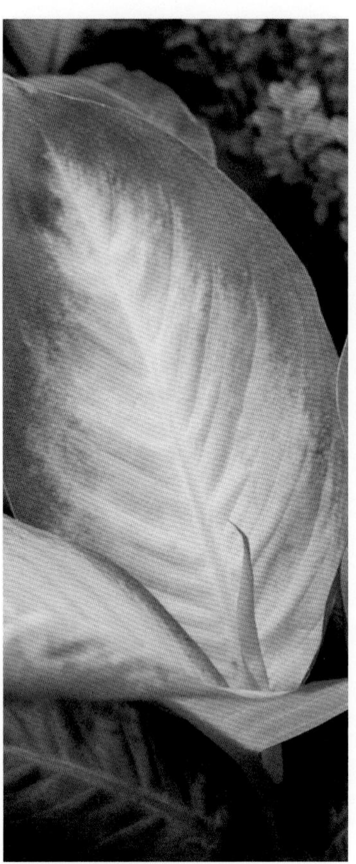

**白斑凹叶黛粉叶** *Dieffenbachia* 'Acuba'

**别称**：阿卡巴黛粉叶。**属**：黛粉芋属。栽培品种。**识别** **花**：佛焰苞淡绿色，肉穗花序白色。**花期**：全年。**叶**：长椭圆形，内凹，叶中央乳白色，具绿色宽边。**用途** **布置**：宜盆栽摆放客厅或书房。

50~60cm
25~40cm

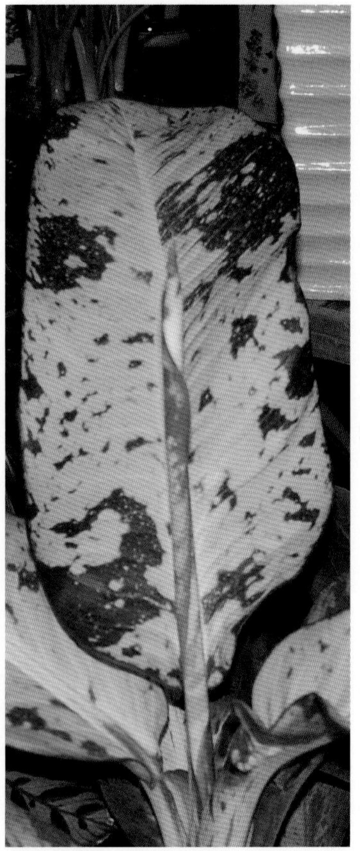

**卫士黛粉叶** *Dieffenbachia* 'Vesuvins'

**别称**：卫士万年青。**属**：黛粉芋属。栽培品种。**识别** **花**：佛焰苞绿色，肉穗花序白色。**花期**：夏季。**叶**：披针形，具大面积白色斑纹。**用途** **布置**：宜盆栽摆放客厅、门厅或书房，增添舒适安逸感。

1~1.2m
50~60cm

**银后亮丝草** *Aglaonema* 'Silver Queen'

**别称**：银后粗肋草。**属**：广东万年青属。栽培品种。**识别** **花**：佛焰苞船状，绿色，肉穗花序绿白色。**花期**：夏末至秋初。**叶**：狭披针形，淡绿色至深绿色，具银灰色斑纹。**用途** **布置**：适合盆栽观赏，在南方配植于建筑物背面。

30~40cm
40~60cm

**美斑黛粉叶** *Dieffenbachia* 'Exotica'

**别称**：美斑万年青。**属**：黛粉芋属。栽培品种。**识别** **花**：佛焰苞淡绿色，肉穗花序白色。**花期**：夏季。**叶**：卵状披针形，主脉及叶柄嵌白色，叶面散生黄白色小斑点。**用途** **布置**：宜盆栽摆放客厅、门厅或书房。

40~50cm
40~50cm

**黑叶观音莲** *Alocasia* × *mortfontanensis*

**属**：海芋属。栽培品种。**识别** **花**：佛焰苞绿白色。**花期**：夏季。**叶**：箭形，侧脉直达缺刻，浓绿色，叶脉银白色，叶缘周围有银白色环线，叶背紫褐色。**用途** **布置**：宜盆栽摆放居室或素雅小屋。

40~60cm
40~60cm

**多仔夏雪黛粉叶** *Dieffenbachia amoena* 'Duozi'

**别称:** 多仔夏雪万年青。**属:** 黛粉芋属。栽培品种。**识别** **特征:** 茎干粗壮，直立，节间短。**花:** 佛焰苞浅绿白色，肉穗花序乳白色。**花期:** 夏季。**叶:** 叶形较大，簇生于茎的上端，为卵状椭圆形，边缘绿色，具光亮，叶面中央散布不规则白色或淡黄色斑纹。**用途** **布置:** 宜盆栽摆放客厅、门厅或书房。

1~1.2m
50~60cm

**（花叶芋）白雪** *Caladium bicolor* 'Candium'

**别称:** 透纹彩叶芋。**属:** 五彩芋属。**识别** **特征:** 块茎扁球形。**花:** 佛焰苞外侧绿色，内侧绿白色，基部淡紫色，长 20~23 厘米。**花期:** 春季。**叶:** 叶大，质薄而脆嫩，戟形，先端突尖，叶面浅粉色，叶脉绿色，叶缘波状，叶长 20~25 厘米。**用途** **布置:** 盆栽宜摆放客厅、书房、地柜、案台、花架。南方可配植庭园、草坪、墙角或池畔。

50~80m
10~20cm

**银斑芋** *Caladium humboldtii*

**别称:** 小叶花叶芋。**属:** 五彩芋属。**原产地:** 巴西。**识别** **花:** 佛焰苞淡绿白色，肉穗花序黄色。**花期:** 春季。**叶:** 长椭圆状卵形或戟形，深绿色，叶面具不规则乳白色斑点。**用途** **布置:** 宜盆栽摆放居室、厅堂、窗台，增添舒适安逸感。

15~20cm

**白肋黛粉叶**
*Dieffenbachia leopoldii*

**别称:** 白肋万年青。**属:** 黛粉芋属。栽培品种。**识别** **花:** 佛焰苞淡绿色，肉穗花序绿白色。**花期:** 夏季。**叶:** 窄披针形，深绿色，主脉白色。**用途** **布置:** 宜盆栽摆放客厅、门厅或书房，青翠亮丽，生机盎然。

80~90cm

**（花叶芋）情人**
*Caladium bicolor* 'Sweetheart'

80~90cm
40~50cm

**（花叶芋）红脉**
*Caladium bicolor* 'Jessie Thayer'

1~1.2m
50~60cm

**（花叶芋）胭红**
*Caladium bicolor* 'Rose Bud'

80~90cm
40~50cm

**绿萝** *Epipremnum aureum*

**别称：**黄金葛。**属：**麒麟叶属。**原产地：**所罗门群岛。**识别** **花：**佛焰苞绿色。**花期：**夏季。**叶：**幼叶卵圆形，全缘，亮绿色，基部叶心形，叶面具白色、米色或黄色条斑纹，成熟叶长圆形，有深的圆裂。**用途** **布置：**宜盆栽摆放客厅、书房，特别清新悦目。

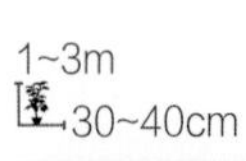

1~3m
30~40cm

**金叶绿萝** *Epipremnum aureum* 'All Gold'

**别称：**金叶葛、黄金绿萝。**属：**麒麟叶属。栽培品种。**识别** **花：**佛焰苞绿色。**花期：**夏季。**叶：**卵形，整叶黄绿色，在光照充足处呈金黄色。**用途** **布置：**宜盆栽摆放客厅、书房，特别清新悦目。

1~3m
15~20cm

**花叶绿萝**
*Epipremnum aureum* 'Golden Queen'

**属：**麒麟叶属。**原产地：**所罗门群岛。**识别** **花：**佛焰苞绿色。**花期：**夏季。**叶：**心形，嫩绿色、橄榄绿色，互生，全缘，叶面具黄色斑块或条纹。**用途** **布置：**宜盆栽摆放客厅、书房，特别清新悦目，富有生机。

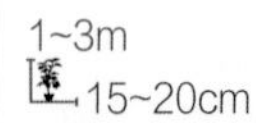

1~3m
15~20cm

**龟背竹** *Monstera deliciosa*

**别称：**蓬莱蕉。**属：**龟背竹属。**原产地：**墨西哥、巴拿马。**识别** **花：**佛焰苞舟形，淡黄色。**花期：**春夏季。**叶：**成熟叶宽卵圆形至心形，革质，光滑，羽裂，侧脉间有不规则孔洞，中绿色至深绿色。**用途** **布置：**在南方，常用来配植于庭园棚架，散植于池旁、石隙中。

10~20m
80~100cm

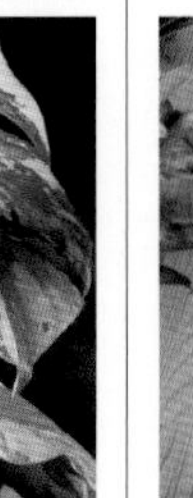

**白斑龟背竹**
*Monstera deliciosa* 'Albo-variegata'

**别称：**白斑蓬莱蕉。**属：**龟背竹属。栽培品种。**识别** **花：**佛焰苞舟形，淡黄色。**花期：**春夏季。**叶：**宽卵圆形或心形，羽裂，侧脉间有不规则孔洞，叶片深绿色，叶面具乳白色孔洞。**用途** **布置：**宜盆栽摆放庭园入口处、湖石旁、围栏边。

2~3m
25~35cm

**窗孔龟背竹**
*Monstera obliqua* var. *expilata*

**别称：**仙洞万年青。**属：**龟背竹属。**原产地：**哥斯达黎加。**识别** **花：**佛焰苞舟形，淡黄色。**花期：**春夏季。**叶：**长椭圆形，叶基钝歪，窗孔数多、面积大，外缘更近叶缘。**用途** **布置：**适合布置书桌，装饰博古架、门廊。

1~1.5m
25~35cm

**合果芋** *Syngonium podophyllum*

**别称：**紫梗芋。**属：**合果芋属。**原产地：**巴西至墨西哥。**识别** **花：**佛焰苞状，里面白色，背面绿色。**花期：**夏季。**叶：**幼时单叶箭形，绿色，较薄；成年叶箭状，后成鸟足状，分裂成5~9裂，深绿色，叶面具灰绿色斑纹。**用途** **布置：**宜盆栽点缀居室、宾馆、车站或商厦。

1~2m
20~30cm

**白纹合果芋**
*Syngonium podophyllum* 'Albo-variegated'

**属：**合果芋属。栽培品种。**识别** **花：**佛焰苞淡绿白色。**花期：**夏季。**叶：**幼叶箭形，掌状3裂，叶脉银白色，老叶变绿色。**用途** **布置：**株态优美，叶形多变，宜盆栽点缀居室、宾馆、车站或商厦。

1~1.5m
20~30cm

**银脉合果芋** *Syngonium wendlandii*

**属：**合果芋属。栽培品种。**识别** **花：**佛焰苞淡绿白色。**花期：**夏季。**叶：**幼叶箭形，成年叶3裂，光滑，叶脉淡绿色或银灰色。**用途** **布置：**宜盆栽点缀居室、宾馆、车站或商厦，别致悦目。

1~2m
25~30cm

**爱玉合果芋**
*Syngonium podophyllum* 'Gold Allusion'

**别称:** 金童子合果芋。**属:** 合果芋属。栽培品种。**识别** **花:** 佛焰苞淡绿白色。**花期:** 夏季。**叶:** 阔箭形，叶面浅黄绿色，叶脉紫红色。**用途** **布置:** 宜配植于花墙、栏杆或山石旁。

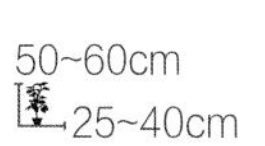
50~60cm
25~40cm

**乳脉千年芋** *Xanthosoma lindenii*

**别称:** 哥伦比亚芋。**属:** 黄肉芋属。**原产地:** 哥伦比亚。**识别** **花:** 佛焰苞绿白色，肉穗花序白色。**花期:** 夏季。**叶:** 叶箭戟形，叶面平滑无毛，中肋和第一羽状侧脉为乳白色。**用途** **布置:** 在南方，布置庭园宜与溪沟、叠石、草坪配景，充满时代气息。

30~50cm
80~100cm

**绿宝石蔓绿绒**
*Philodendron* 'Emerald Duke'

**别称:** 绿宝石。**属:** 喜林芋属。栽培品种。**识别** **花:** 佛焰苞绿色，肉穗花序乳白色。**花期:** 夏季。**叶:** 长心形，无端突尖，基部宽椭圆形，平展，亮绿色。**用途** **布置:** 宜盆栽摆放客厅、餐室或书房。

3~5m
不限定

**黄金锄叶蔓绿绒**
*Philodendron* 'Lemon Lime'

**别称:** 金锄喜林芋。**属:** 喜林芋属。栽培品种。**识别** **花:** 佛焰苞绿白色。**花期:** 夏季。**叶:** 长椭圆形，新叶金黄色，成熟叶黄绿色。**用途** **布置:** 宜盆栽摆放客厅、餐室、书房，或者会议室、宾馆等。

1.5~3m
1m

**仙羽蔓绿绒** *Philodendron* 'Xanadu'

**别称:** 仙羽喜林芋、奥利多蔓绿绒。**属:** 喜林芋属。栽培品种。**识别** **花:** 佛焰苞绿色。**花期:** 夏季。**叶:** 从生状，叶小，浅羽裂，绿色。**用途** **布置:** 宜盆栽摆放客厅、书房或落地玻璃窗旁。

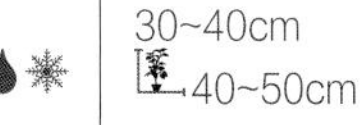
30~40cm
40~50cm

**心叶蔓绿绒** *Philodendron hederaceum*

**别称:** 心叶藤、藤芋。**属:** 喜林芋属。**原产地:** 墨西哥、西印度群岛、巴西。**识别** **花:** 佛焰苞绿色，内侧白色，有时基部红色。**花期:** 夏季。**叶:** 心形，全缘，叶端突尖，深绿色。**用途** **布置:** 宜盆栽摆放客室、书房或门厅，园林中适合附于树干、端垣垂直绿化。

3~6m
20~30cm

**春羽** *Thaumatophyllum bipinnatifidum*

**属:** 鹅掌芋属。**原产地:** 巴西。**识别** **花:** 佛焰苞绿色，肉穗花序白色。**花期:** 夏季。**叶:** 叶大，羽状全裂，叶柄长，深绿色。**用途** **布置:** 用大型盆栽摆放配植宾馆、机场，有苍劲旷野的气势。

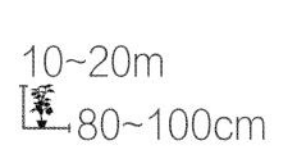
10~20m
80~100cm

**银斑葛** *Scindapsus pictus*

**别称:** 星点藤、银星绿萝。**属:** 藤芋属。**原产地:** 印度尼西亚、菲律宾。**识别** **花:** 穗状花序，有佛焰苞，绿色，无花瓣。**花期:** 夏季。**叶:** 卵圆形，叶端突尖，基部心形，厚质，绿色，表面有银色斑纹，背面深绿色。**用途** **布置:** 常用盆栽或吊篮栽培，摆放客厅、阳台、花架等处装饰。

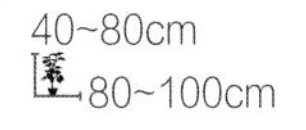
40~80cm
80~100cm

**喜悦白金葛** *Scindapsus aureum* 'N'Joy'

**别称:** 白金葛。**属:** 麒麟叶属。**识别** **花:** 穗状花序，有佛焰苞，绿色，无花瓣。**花期:** 夏季。**叶:** 卵圆形，叶端突尖，基部心形，厚质，深绿色，表面有浅绿色、乳白色斑块，背面中绿色。**用途** **布置:** 常用盆栽或吊篮栽培，摆放客厅、书房、窗台、案几等处装饰。

50~90cm
80~100cm

# 五加科

## *Araliaceae*

五加科植物约有80属900种，广布于温带和热带地区。我国约有22属160种。本节主要介绍八角金盘属、南洋参属、南鹅掌柴属等的代表植物，如鹅掌藤在南方是较好的彩叶绿篱和林下景观材料。

**黄金鹅掌藤**
*Heptapleurum arboricola* 'Trinette'

**别称：**黄金八爪树。**属：**鹅掌柴属。栽培品种。**识别** **花：**圆锥花序顶生，花绿白色。**花期：**夏季。**叶：**掌状复叶，小叶，长椭圆形，全部或部分呈金黄色斑。**用途** **布置：**宜盆栽摆放宾馆、车站、空港等公共场所的厅堂、茶室或休息室。

1~2m
80~100cm

**金叶南洋鹅掌藤**
*Heptapleurum ellipticum* 'Golden Variegata'

**别称：**金叶鹅掌藤。**属：**鹅掌柴属。栽培品种。**识别** **花：**圆锥花序顶生，花绿白色。**花期：**夏季。**叶：**掌状复叶，小叶5~8枚，椭圆形或倒卵形，革质，叶面深绿色，具黄色斑块或整叶黄色。**用途** **布置：**在南方配植庭园或建筑物的背阴处。

1~2m
80~120cm

**斑叶鹅掌藤**
*Heptapleurum arboricola* 'Variegata'

**别称：**斑叶鸭脚木。**属：**鹅掌柴属。**原产地：**中国南部。**识别** **花：**圆锥花序，小花淡红色，浆果深红色。**花期：**夏季。**叶：**掌状复叶，小叶5~8枚，长卵圆形，深绿色，叶面具大小不规则乳黄色或淡黄色斑块。**用途** **布置：**中小型盆栽适合客厅、卧室、书房等处装饰。

3~5m
2~3m

**鹅掌藤** *Heptapleurum arboricola*

**别称：**七叶莲。**属：**鹅掌柴属。**原产地：**中国。**识别** **花：**圆锥花序顶生，花小，绿色。**花期：**夏季。**叶：**掌状复叶，小叶7~10枚，长椭圆形，革质，深绿色。**用途** **布置：**宜盆栽，摆放客厅、书房或餐室，在南方孤植于庭园或丛植于公园、风景区。

3~5m
2~3m

**斑叶熊掌木** *Fatshedera lizei* 'Variegata'

**别称：**花叶五角金盘。**属：**熊掌木属。**识别** **花：**似伞形花序的圆锥花序，花小，绿白色。**花期：**秋季。**叶：**单叶互生，革质，叶端渐尖，叶基心形，全缘，波状有扭曲，叶面深绿色，有白色斑纹。**用途** **布置：**适用于庭园的门旁、栅栏、短墙附近及窗前、桥侧、池畔等处栽种，使景观丰富而自然。

50~150cm
40~60cm

**斑叶卵叶鹅掌藤**
*Heptapleurum arboricola* 'Hong Kong Variegata'

**别称：**香港斑叶鹅掌藤。**属：**鹅掌柴属。栽培品种。**识别** **花：**圆锥花序顶生，花绿白色。**花期：**夏季。**叶：**掌状复叶，小叶7~9枚，长卵圆形，叶面深绿色，具黄色斑块。**用途** **布置：**适阴性强，在南方宜配植于庭园，与山石、草坪相伴。

2~2.5m
1.5~2m

**昆士兰伞树** *Schefflera actinophylla*

**别称：**澳洲鸭脚木。**属：**南鹅掌柴属。**原产地：**澳大利亚、新几内亚。**识别** **花：**圆锥花序顶生，小花，淡褐粉色至红色。**花期：**夏季。**叶：**掌状复叶，叶大，小叶7~16枚，革质，卵圆形至长圆形，深绿色。**用途** **布置：**大盆栽装点宾馆、车站、商厦等厅堂，小盆栽摆放门厅或书房。

10~12m
5~6m

**八角金盘** *Fatsia japonica*

**别称：** 八金盘。**属：** 八角金盘属。**原产地：** 日本。**识别 花：** 伞形花序顶生，花小，乳白色。**花期：** 秋季。**叶：** 革质，近圆形，掌状 7~9 深裂，裂片长椭圆状卵形，先端短渐尖，基部心形。**用途 布置：** 宜配植于园林假山边或大树旁，也可盆栽摆放居室、厅堂及会场布置。

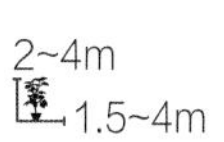
2~4m
1.5~4m

**孔雀木** *Schefflera elegantissima*

**别称：** 手树、假楤木。**属：** 南鹅掌柴属。**原产地：** 澳大利亚和太平洋群岛。**识别 花：** 伞形花序顶生，花小，浅黄绿色。**花期：** 秋冬季。**叶：** 掌状复叶，小叶 7~11 枚，条状披针形，具深锯齿，叶面深绿色，叶背深褐绿色。**用途 布置：** 适合作盆栽和组合盆栽。

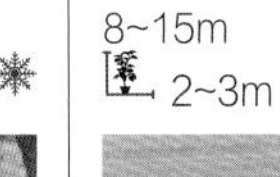
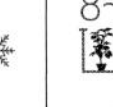
8~15m
2~3m

**斑叶孔雀木**
*Schefflera elegantissima* 'Variegata'

**别称：** 斑叶手树。**属：** 南鹅掌柴属。栽培品种。**识别 花：** 伞形花序顶生，花小，浅黄绿色。**花期：** 秋冬季。**叶：** 掌状复叶，深绿色小叶，叶面及边缘有黄白色斑纹。**用途 布置：** 适合作盆栽和组合盆栽。

8~15m
2~3m

**圆叶南洋参** *Polyscias scutellaria*

**别称：** 圆叶福禄桐。**属：** 南洋参属。**原产地：** 太平洋群岛。**识别 花：** 圆锥花序顶生，花小，绿白色。**花期：** 夏季。**叶：** 羽状复叶，小叶阔圆肾形，叶缘有不规则浅裂，深绿色。**用途 布置：** 大盆栽摆放商厦、宾馆等公共场所，小盆栽摆放窗台、客厅或书房。

7~8m
3~4m

**羽叶南洋参**
*Polyscias fruticosa* var. *plamata*

**别称：** 幸福树。**属：** 南洋参属。**原产地：** 马来西亚。**识别 花：** 伞状圆锥花序，花星状，淡绿白色。**花期：** 夏季。**叶：** 对生，不规则 2~3 回羽状复叶，先端小叶有柄，狭卵形或披针形，叶缘有锯齿，绿色。**用途 布置：** 宜盆栽，摆放客厅、窗台或书房，在南方常配植于庭园。

2~3m
1m

**银边圆叶南洋参**
*Polyscias scutellaria* 'Marginata'

**别称：** 白雪福禄桐。**属：** 南洋参属。栽培品种。**识别 花：** 穗状花序，淡绿白色。**花期：** 夏季。**叶：** 羽状复叶，多呈 3 出复叶，小叶阔圆肾形，叶缘具不规则浅裂和乳白色斑纹。**用途 布置：** 宜盆栽，摆放窗台、客厅或书房。

1~3m
50~60cm

**斑叶芹叶南洋参**
*Polyscias guilfoylei* 'Quinquefolia Variegata'

**别称：** 斑叶咖啡树、斑叶芹叶福禄桐。**属：** 南洋参属。**识别 特征：** 树干灰褐色。**花：** 顶生像伞形花序的圆锥花序，花星状，黄绿色。**花期：** 夏季。**叶：** 互生，羽状，小叶肾形，浅裂或深裂，绿色，叶缘有不规则乳白色斑纹。**用途 布置：** 盆栽摆放厅堂、门厅、台阶，很得体。

4~6m
1~2m

**刺通草** *Trevesia palmata*

**属：** 刺通草属。**别称：** 广叶参树。**原产地：** 中国、印度。**识别 特征：** 分枝少，茎部有刺。**花：** 圆锥花序，花淡黄绿色。**花期：** 春季。**叶：** 叶大，掌状，裂缺复杂，革质，裂片卵形或长椭圆形，深绿色。**用途 布置：** 适用于风景区、公园、住宅区绿化种植，也可盆栽作厅堂观赏。

3~6m
3~4m

# 秋海棠科

## *Begoniaceae*

秋海棠科植物除第四章草本花卉介绍的内容外，本节主要介绍以观叶为主的秋海棠属的代表植物，如蟆叶秋海棠、银宝石秋海棠等叶形多样、叶色奇特，颇为美观优雅。

**铁十字秋海棠** *Begonia masoniana*

**别称：**马蹄秋海棠。**属：**秋海棠属。**原产地：**中国、新几内亚。**识别** **特征：**根茎肥厚。**花：**聚伞花序，花小，绿白色。**花期：**夏季。**叶：**卵圆形，表面有皱纹和红刺毛，中绿色至深绿色，叶脉中央呈不规则的紫褐色环带，形似马蹄。**用途** **布置：**在南方可栽植阴湿的林缘岸下和墙根处。

50cm
45cm

**斑叶秋海棠** *Begonia maculata*

**属：**秋海棠属。**原产地：**尼泊尔。**识别** **特征：**根茎短而粗壮。**花：**聚伞花序，花小，粉红色。**花期：**夏季。**叶：**宽卵圆形，波状深裂，叶面绿色，有深褐色斑纹，背面淡绿色。**用途** **布置：**适用盆栽，点缀商厦橱窗、柜台，摆放办公楼的接待室、工作台。

30~40cm
20~25cm

**肾叶秋海棠** *Begonia reniformis*

**属：**秋海棠属。**识别** **特征：**根茎匍匐，弯曲。**花：**聚伞花序，花单性，多雌雄蕊同株，淡粉红色。**叶：**互生，圆形，叶面中绿色至深绿色，无毛，有光泽，叶背红褐色。**用途** **布置：**体态多姿，易于栽培，适合盆栽装点客厅、书房、餐厅和窗台，还可以作园艺和美化庭园的观赏植物。

15~20cm
20~30cm

**虎斑秋海棠** *Begonia bowerae* 'Tiger'

**属：**秋海棠属。**原产地：**墨西哥。**识别** **特征：**根茎具红色小斑。**花：**聚伞花序，花粉红色。**花期：**春季。**叶：**卵圆形，尖锐，叶面具褐色和绿色斑点，叶背红色，叶缘具白毛。**用途** **布置：**适合室内盆栽，摆放居室的书桌、窗台或镜前观赏。

20~25cm
20~25cm

**兜状秋海棠**
*Begonia hispida* var. *cucullifera*

**别称：**硬毛秋海棠。**属：**秋海棠属。**原产地：**巴西。**识别** **花：**聚伞花序，花白色。**花期：**夏季。**叶：**歪卵形，边缘具粗细不等的锯齿和波状，深绿色，叶脉处长出奇特的角状物。**用途** **布置：**盆栽宜摆放窗台、书桌、壁炉、镜前、茶几观赏。

15~20cm
20~25cm

**贝思利亨星秋海棠**
*Begonia* 'Bethlehem Star'

**属：**秋海棠属。**识别** **特征：**根茎短而肥厚。**花：**圆锥花序，花淡粉红色。**花期：**冬季。**叶：**卵圆形，掌状，表面有绒毛，黑绿色，背面浅红色，叶中心有乳白色星。**用途** **布置：**盆栽宜摆放居室的阳台、窗台，书房、客厅和隔断，简约典雅。

20~25cm
25~30cm

**掌叶秋海棠** *Begonia hemsleyana*

**别称：**伞状秋海棠。**属：**秋海棠属。**原产地：**中国、越南。**识别** **花：**聚伞花序，花玫瑰红色或粉红色。**花期：**夏季。**叶：**掌状深裂，小叶狭椭圆形，呈伞状，亮绿色，背面淡红色。**用途** **布置：**在南方，种植于建筑物背阴处、墙角或林下，十分新颖、耐观。

30~45cm
30~45cm

**桐叶秋海棠** *Begonia platanifolia*

**属：**秋海棠属。**原产地：**巴西。**识别** **花：**聚伞花序，花淡红色。**花期：**冬春季。**叶：**掌状4~5深裂，叶面深绿色，具不规则的银白色斑点，叶背淡绿色。**用途** **布置：**宜丛植庭园的墙际、池畔或入口处的台阶旁，开花时清新、淡雅。盆栽布置咖啡室、酒吧或居室客厅，十分高雅耐观。

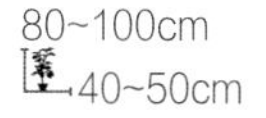

80~100cm
40~50cm

**银宝石秋海棠**
*Begonia imperialis* 'Silver Jewel'

**属：**秋海棠属。**识别** **特征：**地下有根茎。**花：**圆锥花序，花白色。**花期：**冬季。**叶：**心形，具银色疱状条斑和鲜绿色。**用途** **布置：**适合室内盆栽观赏，装饰窗台、镜前和茶几。

13~15cm
20~25cm

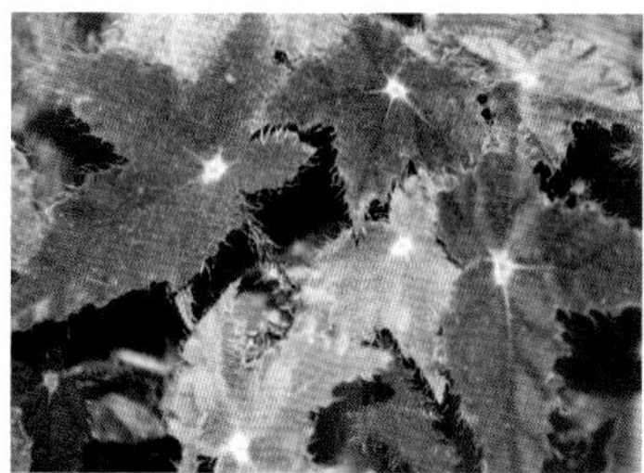

**黑枫叶秋海棠**
*Begonia heracleifolia* var.*nigricans*

**属：**秋海棠属。**原产地：**墨西哥、危地马拉。**识别** **特征：**根茎短而肥厚。**花：**圆锥花序，花粉白色。**花期：**春秋季。**叶：**叶大，掌状5~7裂，表面有绒毛，中绿色，渐变黑色，背面红绿色，叶柄红色。**用途** **布置：**盆栽布置咖啡室、居室客厅，十分高雅耐观。

30~50cm
30~40cm

**眉毛秋海棠** *Begonia bowerae*

**属：**秋海棠属。**原产地：**墨西哥。**识别** **花：**聚伞花序，花白色。**花期：**冬季至早春。**叶：**卵圆形，全缘，淡绿色，叶面边缘具深褐色斑点和毛。**用途** **布置：**适合盆栽，摆放阳台、窗台和客厅茶几、地柜，清新美观，也可点缀台阶和门厅。

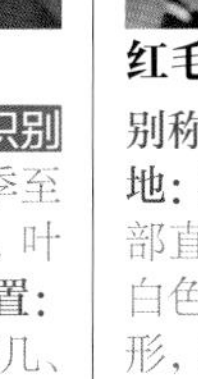

15~25cm
15~18cm

**红毛秋海棠** *Begonia franconis*

**别称：**红毛海棠。**属：**秋海棠属。**原产地：**墨西哥。**识别** **特征：**须根肉质。茎部直立，分枝。**花：**圆锥花序下垂，花白色或粉红色。**花期：**春季。**叶：**卵圆形，深绿色，有光泽，背面和叶柄被密集红色细毛。**用途** **布置：**盆栽宜摆放居室的阳台、窗台、书房和餐厅。

15~20cm
20~30cm

**枫叶秋海棠** *Begonia heracleifolia*

**属：**秋海棠属。**原产地：**墨西哥、危地马拉。**识别** **特征：**根茎短而肥厚。**花：**圆锥花序，花粉白色。**花期：**春秋季。**叶：**叶片大，掌状5~7裂，表面有绒毛，褐绿色，背面红绿色。**用途** **布置：**宜丛植庭园的墙际、池畔或入口处的台阶旁，开花时清新、淡雅。

30~45cm
30~35cm

**绿毯秋海棠**
***Begonia imperialis* 'Green Blanket'**

**别称:** 毯状秋海棠。**属:** 秋海棠属。**原产地:** 墨西哥。**识别 特征:** 根茎细小,沿地面匍匐伸展,节间短。**花:** 圆锥花序,花小,白色。**花期:** 冬季。**叶:** 卵圆形,锯齿状,淡绿色,沿主脉具银绿色斑,叶面被疣状和毛。**用途 布置:** 盆栽适合会议室、餐厅、展览厅摆放。

10~15cm
20~25cm

**诺拉秋海棠** ***Begonia* 'norah'**

**属:** 秋海棠属。**识别 特征:** 根茎具红色小斑。**花:** 聚伞花序,花粉红色。**花期:** 春季。**叶:** 叶小,卵圆形,先端渐尖,叶面深绿色镶嵌褐绿色斑纹,叶背淡绿色,被红色斑纹,叶缘具白毛。**用途 布置:** 适合室内盆栽,摆放居室的书桌、窗台或镜前观赏。

15~20cm
20~25cm

**棕叶秋海棠** ***Begonia masoniana* 'Brown'**

**别称:** 褐叶海棠。**属:** 秋海棠属。**识别 特征:** 根茎粗壮。**花:** 聚伞花序,花小,黄绿色。**花期:** 春夏季。**叶:** 近圆形,表面有皱纹和红刺毛,棕色,叶脉灰白色,长 20 厘米。**用途 布置:** 盆栽摆放居室的书桌、柜台、窗台或镜前观赏。

30cm
30~40cm

**银星秋海棠** ***Begonia × albopicta***

**别称:** 麻叶秋海棠。**属:** 秋海棠属。**原产地:** 巴西。**识别 特征:** 全株光滑,茎部直立,分枝。**花:** 圆锥花序,花奶油色或淡红色。**花期:** 春季至秋季。**叶:** 倒卵形,绿色,嵌有银白色斑点,背面紫红色。**用途 布置:** 盆栽宜摆放居室的阳台、窗台、书房,也可点缀台阶和门厅。

60~80cm
30~45cm

**彩纹秋海棠** ***Begonia variegata***

**别称:** 峨眉秋海棠。**属:** 秋海棠属。**原产地:** 中国。**识别 特征:** 根茎粗壮。**花:** 聚伞花序,花小,黄绿色。**花期:** 春夏季。**叶:** 卵圆形,表面有皱纹和红刺毛,中绿色至深绿色,叶脉中央呈不规则的紫褐色斑纹,叶缘紫褐色。**用途 布置:** 适用于书桌、窗台或镜前观赏。

30~50cm
30~50cm

**红叶秋海棠** ***Begonia rex* 'Red Leaf'**

**别称:** 红叶海棠。**属:** 秋海棠属。**识别 特征:** 根茎肥厚。**花:** 圆锥花序,花粉红色。**花期:** 秋季。**叶:** 根出叶,卵圆形,叶面鲜红色,有光泽,中心和边缘黑绿色。**用途 布置:** 适合客厅、书房、摆设柜、案台、窗台盆栽观赏,非常养眼。

20~30cm
30~40cm

**蟆叶秋海棠** *Begonia rex*

**别称：**大王秋海棠、彩叶秋海棠。**属：**秋海棠属。**原产地：**印度北部。**识别** **花：**圆锥花序，花粉红色。**花期：**春季。**叶：**根出叶，叶偏斜的卵圆形，形似象耳，叶面有深绿色皱纹，主脉和叶缘中间具不规则银白色斑纹，叶背紫红色，长20厘米左右。**用途** **布置：**色彩丰富，盆栽装点客厅、书房、装饰柜，呈现雅致的气息。

25cm
30cm

**（蟆叶秋海棠）蓝叶**
*Begonia rex* 'Blue Leaf'

25cm
30cm

**（蟆叶秋海棠）银后**
*Begonia rex* 'Silver Queen'

25cm
30cm

**（蟆叶秋海棠）圣诞快乐**
*Begonia rex* 'Merry Christmas'

25~40cm
30~50cm

**（蟆叶秋海棠）紫银**
*Begonia rex* 'Silver Purple'

25~40cm
30~50cm

**（蟆叶秋海棠）彩粉**
*Begonia rex* 'Pink Colour'

25~40cm
30~50cm

# 凤梨科

## *Bromeliaceae*

凤梨科植物约有45属2000种，原产于美洲热带地区。我国引种栽培约9属。凤梨科植物的花、叶颜色各异，具有很高的观赏价值。本节主要介绍光萼荷属、水塔花属、姬凤梨属、星花凤梨属、巢凤梨属、铁兰属、丽穗凤梨属的代表植物。

**美叶光萼荷** *Aechmea fasciata*

**属**：光萼荷属。**原产地**：巴西。**识别** **花**：宽的穗状花序，花蓝色，苞片和萼片玫粉色，鳞片白色。**花期**：夏季。**叶**：叶丛呈莲座状，基部筒状，叶革质、舌状，淡紫灰色，具虎斑状银白色横纹，边缘有褐色小刺。**用途** **布置**：宜盆栽摆放居室或茶室。

30~40cm
40~50cm

**法氏光萼荷** *Aechmea* 'Fascini'

**别称**：艳红光萼荷。**属**：光萼荷属。栽培品种。**识别** **花**：复穗状花序，基部有红色大苞片，花黄色。**花期**：夏季。**叶**：披针形，坚硬，深绿色，边缘具棘刺。**用途** **布置**：宜盆栽摆放入口处或客厅中央。

50~100cm
50~100cm

**枯藤光萼荷** *Aechmea pineliana*

**别称**：鼓槌凤梨。**属**：光萼荷属。**原产地**：巴西。**识别** **花**：圆筒状花序，花黄色，苞片和萼片褐色，后转黑色，鳞片银灰色。**花期**：夏季。**叶**：叶丛呈莲座状，基部筒状，宽舌状，中绿色，具深绿色斑点，边缘有褐色小刺。**用途** **布置**：宜盆栽摆放居室、茶室或橱窗。

70~80cm
40~50cm

**水塔花** *Billbergia pyramidalis*

**别称**：红笔凤梨。**属**：水塔花属。**原产地**：巴西。**识别** **花**：圆锥花序顶生，花淡红色，具反折的蓝色尖端。**花期**：夏季。**叶**：莲座状，有5~13枚，舌状，边缘具细锯齿，鲜绿色，有光泽。**用途** **布置**：盛开的水塔花是点缀窗台或厅室的佳品。

40~50cm
20~25cm

**狭叶水塔花** *Billbergia nutans*

**别称**：垂花凤梨。**属**：水塔花属。**原产地**：巴拉圭、阿根廷、乌拉圭。**识别** **花**：圆锥花序，下垂，具红色苞片状花茎。**花期**：夏季。**叶**：具窄漏斗状莲座形叶丛，线形或舌形，灰绿色，边缘有锯齿。**用途** **布置**：宜盆栽摆放窗台、茶几或炉台。

50cm
不限定

**德雷尔姬凤梨** *Cryptanthus* 'Durrell'

**属**：姬凤梨属。栽培品种。**识别** **花**：伞房花序，花白色。**花期**：夏季。**叶**：基生，长披针形，先端尖，中心亮绿色，边缘波状，褐红色，长13厘米，呈莲座状。**用途** **布置**：适用小型盆栽或组合盆栽摆放案头、几架、电脑桌或书架，成为绿色工艺品。

10~15cm
25~30cm

**依莱恩姬凤梨** *Cryptanthus* 'Elaine'

**别称**：依莱恩小凤梨。**属**：姬凤梨属。栽培品种。**识别** **花**：伞房花序，花白色。**花期**：夏季。**叶**：8~12枚舌状叶呈莲座状排列，叶面鲜红色，具银灰色波纹横带，中肋镶嵌褐红色纵向条斑。**用途** **布置**：宜盆栽摆放居室、橱窗、收银台或宾馆的服务台。

10~15cm
25~35cm

**烤熟的草莓姬凤梨**
*Cryptanthus* 'Strawberries Flambe'

**别称**：烤熟的草莓小凤梨。**属**：姬凤梨属。栽培品种。**识别** **花**：伞房花序，花白色。**花期**：夏季。**叶**：宽舌状，7~10枚呈莲座状排列，玫瑰红色，沿中脉两侧色彩稍浅。**用途** **布置**：宜盆栽摆放案头、窗台或盥洗间。

10cm
20~25cm

**坎迪果子蔓** *Guzmania* 'Candy'

**属:** 星花凤梨属。栽培品种。**识别** **花:** 密穗状头形花序，白色小花分数个小群，苞片粉红色。**花期:** 夏季。**叶:** 宽带状，外弯，深绿色。**用途** **布置:** 盆栽摆放客厅、镜前或窗台，清丽动人。若装点咖啡室、茶吧、精品屋，明快又活泼。

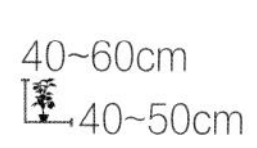

40~60cm
40~50cm

**帝王星果子蔓** *Guzmania* 'Empire'

**别称:** 帝王星。**属:** 星花凤梨属。栽培品种。**识别** **花:** 筒状的伞房花序，花序短，鲜红色，苞片呈舌状，密集，花白色。**花期:** 夏季。**叶:** 线形，淡绿色。**用途** **布置:** 宜盆栽摆放窗台、客厅或地柜，红绿相间，别具一格。

50~60cm
50~60cm

**炮仗星果子蔓** *Guzmania dissitiflora*

**别称:** 黄歧花凤梨。**属:** 星花凤梨属。**原产地:** 哥斯达黎加、巴拿马、哥伦比亚。**识别** **花:** 花序直立，着花7~15朵，筒状，萼片亮黄色，花瓣白色，顶端绿色，苞片鲜红色。**花期:** 夏季。**叶:** 披针形，中绿色。**用途** **布置:** 宜盆栽摆放居室、咖啡屋或茶吧。

60~90cm
60~90cm

**点金星果子蔓** *Guzmania scherzeriana*

**别称:** 点金星。**属:** 星花凤梨属。**原产地:** 巴西。**识别** **花:** 分枝的穗状花序，花淡黄绿色，苞片深红色。**花期:** 夏季。**叶:** 叶多，宽线形，呈紧密的莲座状，深绿色。**用途** **布置:** 宜盆栽摆放窗台、阳台或客室。

50~60cm
50~60cm

**紫花铁兰** *Tillandsia cyanea*

**别称:** 紫花凤梨。**属:** 铁兰属。**原产地:** 厄瓜多尔。**识别** **花:** 穗状花序，扁平，桨状，苞片2列对生互叠，玫瑰红色，花深紫色。**花期:** 春末或秋季。**叶:** 簇生呈莲座状，深绿色，向外弯曲，近基部具红色条斑。**用途** **布置:** 宜盆栽装饰窗台、书桌或几案。

30cm
40cm

**安东尼奥铁兰** *Tillandsia* 'Antonia'

**属:** 铁兰属。栽培品种。**识别** **花:** 多剑形穗状花序，苞片粉红色，花筒状，蓝色。**花期:** 春季。**叶:** 细长，下弯，长30厘米，肉质，青绿色，叶基较宽大。**用途** **布置:** 适合客厅、书房、装饰柜、案头、窗台盆栽观赏。

40~55cm
40~55cm

**橙色巢凤梨**
*Nidularium billbergioides* 'Citrinum'

**别称:** 黄雀菠萝。**属:** 鸟巢凤梨属。栽培品种。**识别** **花:** 穗状花序，花小，白色，苞片橙黄色。**花期:** 夏季。**叶:** 条形，莲座巢状，边具锯齿，绿色。**用途** **布置:** 宜盆栽摆放客厅、茶几或窗台，营造活力满满的氛围。

30~50cm
50~60cm

**五彩凤梨**
*Neoregelia carolinae* var. *tricolor*

**别称:** 三色赪凤梨。**属:** 彩叶凤梨属。**原产地:** 巴西。**识别** **花:** 花序短，着生于莲座叶丛中间，苞片红色，花蓝紫色。**花期:** 夏季。**叶:** 带形，中绿色，花时中心叶转深红色，叶缘有锯齿。**用途** **布置:** 颜色鲜艳，宜盆栽摆放客厅、餐室或书房。

20~30cm
40~60cm

**托斯卡丽穗凤梨** *Vriesea* 'Tosca'

**属:** 丽穗凤梨属。栽培品种。**识别** **花:** 似穗状的总状花序，花梗红色，苞片红色，花筒状，黄色。**花期:** 夏秋季。**叶:** 宽带状，亮绿色，呈漏斗形莲座状排列。**用途** **布置:** 盆栽点缀客厅、书房、镜前和窗台，苍润秀雅。

40~65cm
30~40cm

# 大戟科

## *Euphorbiaceae*

大戟科植物约有300属8000种，广泛分布于全球，以热带地区为多。我国约有66属370种。本节主要介绍大戟属的代表植物一品红以及大戟科其他属的代表植物。一品红品种繁多，色彩丰富，是圣诞节装饰用的重要盆花和切花，盆栽摆放在客厅或窗台，铺红展翠，娇媚动人。

**（一品红）白色科特兹** *Euphorbia pulcherrima* 'Cortez White'

**别称：**圣诞花、圣诞红、老来娇。**属：**大戟属。**原产地：**中美洲。**识别** **特征：**茎直立，含乳汁。**花：**花序顶生，花小，乳黄色。**花期：**冬春季。**叶：**叶互生，卵状椭圆形，下部叶片为绿色，上部叶片苞片状，红色，也有白色、黄色、粉红色等。**用途** **布置：**冬日在家庭居室、客厅点缀数盆，格外鲜艳动人，还可增添喜庆氛围。花枝是冬季重要的切花材料，瓶插数枝，装点窗台、镜前、茶几。

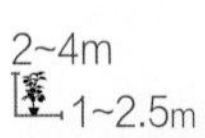

2~4m

1~2.5m

**（一品红）金多利**
*Euphorbia pulcherrima* 'Capri White'

30~40cm

35~40cm

**（一品红）重瓣一品黄**
*Euphorbia pulcherrima* 'Pleo-lutea'

30~40cm

30~40cm

**（一品红）金奖白**
*Euphorbia pulcherrima* 'Gold Prize White'

30~40cm

35~40cm

**（一品红）冰晶**
*Euphorbia pulcherrima* 'Ice Crystal'

35~40cm

35~40cm

**（一品红）重瓣**
*Euphorbia pulcherrima* var. *plenissima*

30~40cm

35~40cm

**（一品红）粉色科特兹**
*Euphorbia pulcherrima* 'Cortez Pink'

30~40cm

35~40cm

**（一品红）玛瑙星**
*Euphorbia pulcherrima* 'Marblestar'

30~40cm

35~40cm

**（一品红）红色科特兹**
*Euphorbia pulcherrima* 'Cortez Red'

30~40cm

35~40cm

**（一品红）索诺拉－飞雪**
*Euphorbia pulcherrima* 'Sonora White Glitter'

35~40cm

35~40cm

**（一品红）俏佳人**
*Euphorbia pulcherrima* 'Capri Red'

30~40cm

35~40cm

**黄边旋叶红桑**
*Acalypha wilkesiana* 'Godseffinan'

**别称**：皱叶红桑。**属**：铁苋菜属。栽培品种。**识别** **花**：柔荑状总状花序，淡紫色。**花期**：全年。**叶**：卵圆形，亮绿色，边缘黄白色，具粗齿。**用途** **布置**：在南方，常做庭园、公园中的绿篱和观叶灌木。

1.8~2m
1~2m

**金边红桑**
*Acalypha wilkesiana* 'Marginata'

**别称**：金边铁苋菜。**属**：铁苋菜属。**原产地**：太平洋群岛。**识别** **花**：似柔荑花序的总状花序，淡紫色。**花期**：全年。**叶**：广椭圆形，绿色或铜色，边缘具深红色和白色斑纹。**用途** **布置**：在南方配植于林缘、绿岛或建筑物前，成片栽植山坡，夏秋摆放庭园或室内。

1.5~2m
1~2m

**雉鸡尾变叶木**
*Codiaeum variegatum* 'Turtledove Tail'

**属**：变叶木属。栽培品种。**识别** **花**：总状花序，雄花白色，雌花绿色。**花期**：夏季。**叶**：单叶互生，革质。叶长，线形，深绿色，叶脉黄色至红褐色。**用途** **布置**：盆栽摆放阳台或庭园，也可装饰宾馆、商厦、车站等公共场所。在南方，多栽植于池畔、亭前、道旁或墙边。

80~100m
50~60m

**虎尾变叶木**
*Codiaeum variegatum* 'Majesticum'

**别称**：柳叶金星变叶木。**属**：变叶木属。栽培品种。**识别** **花**：总状花序，花星状，白色。**花期**：夏季。**叶**：细长披针形，顶端尖锐，深绿色，散生大小不等的黄色斑点。**用途** **布置**：在南方，列植或群栽于公园和庭园，修剪成花篱或作绿饰。

1.5~2m
1.5~2m

**花叶木薯** *Manihot esculenta* 'Variegata'

**别称**：斑叶木薯。**属**：木薯属。栽培品种。**识别** **花**：圆锥花序腋生，小花淡黄色。**花期**：秋季。**叶**：掌状，3~7裂，裂口几达基部，裂片披针形，全缘，叶面深绿色，各裂片内侧具不规则黄色斑块。**用途** **布置**：在南方，布置在亭阁、池畔或山石等处。

1.5~2m
50~60cm

**华丽变叶木**
*Codiaeum variegatum* 'Magnificent'

**别称**：美丽变叶木。**属**：变叶木属。栽培品种。**识别** **花**：总状花序，花星状，白色。**花期**：夏季。**叶**：椭圆状披针形，先端突尖，叶缘稍呈波状，新叶黄绿杂色，成熟叶褐和粉红杂色。**用途** **布置**：宜盆栽点缀商场柜台、入口处或墙角。

1.5~2m
1~2m

**琴叶彩叶变叶木**
*Codiaeum variegatum* 'L. M. Rutherford'

**属**：变叶木属。栽培品种。**识别** **花**：总状花序，花星状，白色。**花期**：夏季。**叶**：戟状，3浅裂，形似提琴，新叶绿色，叶脉和叶缘黄色，成熟叶中脉和叶缘红色，叶面带绿色斑块。**用途** **布置**：宜盆栽摆放窗台、玻璃茶几或组合柜。

60~70cm
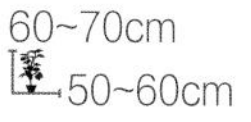50~60cm

**红背桂** *Excoecaria cochinchinensis*

**别称**：红紫木。**属**：海漆属。**原产地**：亚洲热带地区。**识别** **花**：穗状花序，花小，淡黄色，形似桂花。**花期**：夏季。**叶**：对生，宽披针形，先端渐尖，叶缘具锯齿，叶面鲜绿色，有光泽，背面紫红色。**用途** **布置**：宜盆栽摆放居室、客厅、走廊或门厅。

1~2m
1~2m

# 竹芋科
## *Marantaceae*

竹芋科植物约有30属400种，原产于美洲、非洲和亚洲的热带地区。我国约有4属10种。本节主要介绍肖竹芋属、栉花芋属、竹芋属、叠包竹芋属的代表植物，如圆叶竹芋、天鹅绒竹芋叶片上有美丽的斑纹，是目前较流行的观叶植物。

**绿羽竹芋** *Calathea majestica*

**别称：**绿道竹芋。**属：**叠苞竹芋属。**原产地：**巴西。**识别** **花：**穗状花序，花小，白色。**花期：**夏季。**叶：**长椭圆形至阔披针形，叶面绿色，中脉和叶缘深绿色，侧脉间黄绿色，叶背紫红色。**用途** **布置：**盆栽适合客厅、书房和窗台装饰。

90~100cm
2m

**孔雀竹芋** *Goeppertia makoyana*

**别称：**孔雀肖竹芋。**属：**肖竹芋属。**原产地：**巴西。**识别** **花：**卵球形穗状花序，花白色或淡紫色。**花期：**夏季。**叶：**宽卵圆形，叶面淡绿色，沿中脉左右有交互的深绿色长圆形斑点，背面紫色。**用途** **布置：**在南方丛植于建筑物周围或山石旁，青翠醒目。

40~45cm
20~22cm

**天鹅绒竹芋** *Calathea zebrina*

**别称：**斑马竹芋。**属：**叠苞竹芋属。**原产地：**巴西。**识别** **花：**穗状花序，花白色至淡紫色。**花期：**夏季。**叶：**长椭圆形，叶柄长，叶面嫩绿色，似天鹅绒，中肋两侧有淡黄色、深绿色交互横斑，叶背紫红色。**用途** **布置：**在南方丛植屋角、假山、池畔，青翠醒目，和谐自然。

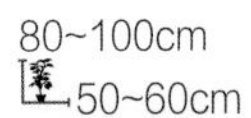

80~100cm
50~60cm

**彩虹竹芋** *Goeppertia roseopicta*

**别称：**玫瑰竹芋。**属：**肖竹芋属。**原产地：**巴西。**识别** **花：**圆筒形穗状花序，花白色或淡紫色。**花期：**夏季。**叶：**圆形或阔卵形，叶面深绿色，中脉和近叶缘处具白色斑纹，中脉间具粉红或米白色条纹。**用途** **布置：**盆栽摆放客厅、居室或办公室。

24~30cm
15~20cm

**安吉拉** *Calathea roseopicta* 'Angela'

**别称：**彩虹珑竹芋。**属：**肖竹芋属。栽培品种。**识别** **花：**圆筒形穗状花序，花白色或淡紫色。**花期：**夏季。**叶：**卵形，叶中央分布着深绿色、浅绿色相间的条线，近叶缘有一圈圆形的白色斑环。**用途** **布置：**宜盆栽摆放客厅、书房、窗台，新颖别致。

20cm
25cm

**圆叶竹芋** *Ischnosiphon rotundifolius*

**别称：**青苹果竹芋。**属：**细穗竹芋属。栽培品种。**识别** **花：**球形穗状花序，花白色或淡紫色。**花期：**夏季。**叶：**圆形，叶缘波状，扁平，叶面银灰色，背面淡绿色。**用途** **布置：**盆栽摆放窗台、镜前或墙角，充满新鲜感和舒适感。

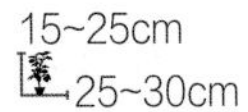

15~25cm
25~30cm

**箭羽竹芋** *Goeppertia insignis*

**别称：**披针叶竹芋。**属：**肖竹芋属。**原产地：**巴西。**识别** **花：**圆锥形穗状花序，花白色。**花期：**夏季。**叶：**线状至披针状，叶缘波状，叶面淡绿色，中脉两侧箭羽状，深绿色斑点，背面深紫红色。**用途** **布置：**在公共场所摆放走廊两侧或花坛边缘，青翠诱人。

45~75cm
50~60cm

**哥氏白脉竹芋**
*Maranta leuconeura* 'Kerchoveana'

**别称：**哥氏竹芋。**属：**竹芋属。栽培品种。**识别** **花：**总状花序，花小，白色。**花期：**夏季。**叶：**广椭圆形，边缘波状，叶面灰绿色，中脉两旁有4~5对褐色斑痕，似兔子的足印，背面淡蓝灰色。**用途** **布置：**适合花境镶边和景点布置，令人赏心悦目。

15~20cm
25~30cm

**斑叶紫背竹芋**
*Stromanthe sanguinea* 'Stripestar'

**别称：**斑叶红裹蕉。**属：**紫背竹芋属。**原产地：**巴西。**识别** **花：**圆锥花序，花白色，萼片橙红色，苞片红色。**花期：**冬春季。**叶：**披针形至线状披针形，深橄榄绿色，中脉两侧有不规则白色斜向斑纹和淡粉色晕。**用途** **布置：**在南方，丛植庭园和建筑物的墙际、池畔或林下。

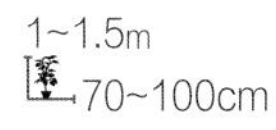
1~1.5m
70~100cm

**绿背天鹅绒竹芋**
*Calathea zebrina* 'Humilior'

**属：**叠苞竹芋属。栽培品种。**识别** **花：**长圆状卵圆形至椭圆形，深绿色，披茸毛，中脉、叶缘黄绿色，叶背浅绿色。**花期：**夏季。**叶：**球形穗状花序，花白色至淡紫色。**用途** **布置：**盆栽适合卧室、书房、餐厅等装饰，也适合宾馆庇荫处摆放。

80~100cm
50~60cm

**辛西娅竹芋**
*Calathea roseopicta* 'Cynthia'

**属：**肖竹芋属。**识别** **花：**穗状花序，长9厘米，花白色或淡紫色。**花期：**春季。**叶：**椭圆形，深绿色，中肋银白色，叶缘镶宽白边，叶面泛粉红色，叶柄和叶背紫红色，长20厘米。**用途** **布置：**盆栽常用于客厅、卧室、书房以及窗台、阳台摆放欣赏。

20~25m
20~25cm

**金梦竹芋** *Ctenanthe lubbersiana*

**别称：**黄金马赛克。**属：**栉花芋属。栽培品种。**识别** **花：**穗状花序，花白色。**花期：**全年。**叶：**椭圆形或线状长圆形，深绿色，具不规则黄色斑纹，背面淡绿色。**用途** **布置：**盆栽摆放宾馆、车站等公共场所的厅堂角落，能烘托出舒适的氛围。

1.5~2m
80~100cm

**紫背栉花竹芋** *Ctenanthe oppenheimiana*

**别称：**紫背箭羽竹芋。**属：**栉花芋属。**原产地：**巴西。**识别** **花：**穗状花序，花白色。**花期：**全年。**叶：**长披针形，深绿色，叶面有"V"字形银色斑纹，背面酒红色。**用途** **布置：**适合盆栽摆放宾馆、厅室的门厅、楼梯、栅栏等处，点缀家庭客厅，富有绿意。

80~100cm
50~60cm

**粉道竹芋** *Calathea picturata* 'Pink'

**别称：**粉脉肖竹芋。**属：**叠苞竹芋属。**识别** **花：**穗状花序，花白色。**花期：**夏秋季。**叶：**根出叶，丛生状，椭圆形，顶端钝形，基部心形，叶面粉红色，叶缘深橄榄绿色。**用途** **布置：**盆栽摆放客室的案桓、收藏柜、电视柜、博古架，呈现出欢快的气氛。

30~45m
30~45cm

**红脉豹纹竹芋** *Maranta leuconeura*

**别称：**人字竹芋。**属：**竹芋属。**原产地：**巴西。**识别** **花：**总状花序，小花管状，对生，白色，有紫色斑纹。**花期：**春夏季。**叶：**长圆形或倒卵形，叶薄，黑绿色，叶脉亮红色，沿叶脉处呈浅黄绿色，背面深红色。**用途** **布置：**盆栽可绿饰阳台、窗台、隔断案柜，极富情趣。

20~30cm
20~30cm

**紫背竹芋** *Stromanthe sanguinea*

**别称：**红裹蕉。**属：**紫背竹芋属。**原产地：**巴西。**识别** **花：**圆锥花序，苞片红色，花白色。**花期：**冬春季。**叶：**披针形至线状披针形，深绿色，叶面有绿色斜向条斑，叶背紫红色。**用途** **布置：**在宾馆厅堂、车站休息室和商厦橱窗等公共场所摆放，显得幽静庄严。

1~1.5m
50~100cm

**多蒂竹芋** *Calathea* 'Dottie'

**属：**叠苞竹芋属。**识别** **花：**穗状花序，花白色。**花期：**夏秋季。**叶：**根出叶，丛生状，卵状椭圆形，顶端钝形，基部心形，墨绿色，叶中肋和近叶缘处有一圈粉红色环状斑纹，背面紫红色。**用途** **布置：**摆放客厅、书房、餐室装点环境，格调高雅耐观。

30~40cm
30~40cm

# 棕榈科

## *Arecaceae*

棕榈科植物约有 210 属 2800 种，分布于热带与亚热带地区。我国约有 28 属 100 种，东南至西南部均有分布。本科植物大多有较高的经济价值，许多种类为热带、亚热带的风景树种，是庭园绿化不可缺少的材料。

**香棕** *Arenga engleri*

**别称：**散尾棕、山棕。**属：**桄榔属。**原产地：**中国、日本。**识别** **花：**肉穗花序腋生，多分枝，常直立，花黄色，有香气。**花期：**春末至夏初。**叶：**羽状复叶，小叶阔线形，墨绿色，有光泽。**用途** **布置：**盆栽摆放庭园观赏，成株多用于园林绿化。

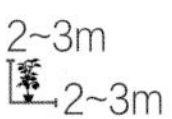

2~3m
2~3m

**棍棒椰子** *Hyophorbe verschaffeltii*

**别称：**棍棒棕。**属：**酒瓶椰属。**原产地：**马斯克林群岛。**识别** **花：**圆锥花序，花绿白色。**花期：**夏季。**叶：**羽状复叶，拱形，小叶披针形，黄绿色。**用途** **布置：**宜盆栽摆放宾馆、车站、机场等公共场所的厅堂，在南方配植于庭园或公园草坪。

5~9m
3~4m

**散尾葵** *Dypsis lutescens*

**别称：**黄椰子。**属：**金果椰属。**原产地：**马达加斯加。**识别** **花：**圆锥花序，花小，黄色。**花期：**夏季。**叶：**羽状复叶，小叶披针形，滑且细长，黄绿色。**用途** **布置：**盆栽布置客厅、书房、卧室、会议室和室内花园，在南方常作景观植物配植。

3~9m
3~6m

**贝叶棕** *Corypha umbraculifera*

**别称：**团扇葵。**属：**贝叶棕属。**原产地：**印度、斯里兰卡。**识别** **花：**圆锥花序，花小，乳白色。**花期：**春季。**叶：**扇形中裂，裂片线状披针形，多达 70~120 枚，深绿色。**用途** **布置：**在南方丛植或列植公园、风景区，常作风景树或行道树。

15~25m
7~14m

**袖珍椰子** *Chamaedorea elegans*

**别称：**矮生椰子。**属：**竹节椰属。**原产地：**墨西哥、危地马拉。**识别** **花：**单生或分枝的圆锥花序，花极小，黄色。**花期：**春季至秋季。**叶：**顶生，羽状复叶，小叶 21~40 枚，线形至披针形，深绿色。**用途** **布置：**宜盆栽摆放楼梯转角处，布置宾馆大堂或会场。

2~3m
1~2m

**扇叶糖棕** *Borassus flabellifer*

别称：糖棕、酒棕。**属**：糖棕属。**原产地**：印度、斯里兰卡、马来西亚群岛、新几内亚。**识别** **花**：圆锥花序腋生，雌雄异株，雌花大，雄花小，米色。**花期**：春夏季。**叶**：圆形至扇形，裂片线状披针形，多达80枚以上，深绿色。**用途** **布置**：宜丛植或列植于公园、风景区作景观树。

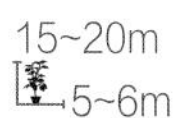

15~20m
5~6m

**雪佛里椰子** *Chamaedorea seifrizii*

**别称**：禾叶椰子。**属**：竹节椰属。**原产地**：墨西哥。**识别** **花**：圆锥花序，花黄色。**花期**：春季至秋季。**叶**：羽状复叶，小叶24~28枚，窄披针形，深绿色。**用途** **布置**：宜盆栽摆放走廊、沙发旁或玄关等转角处，在南方配植于庭园角隅、小路的拐弯处。

1~2m
1~1.5m

**鱼尾葵** *Caryota maxima*

**属**：鱼尾葵属。**原产地**：亚洲热带及大洋洲。**识别** **花**：穗状花序，分枝多而长，呈下垂状，花黄色。**花期**：春夏季。**叶**：2回羽状复叶，小叶革质，菱形似鱼尾。**用途** **布置**：是重要的庭园观赏植物和街道绿化树种，也是优良的室内大型盆栽，适合布置会场、大厅。

10~20m
3~7m

**三药槟榔** *Areca triandra*

**属**：槟榔属。**原产地**：印度、马来西亚。**识别** **花**：雌雄同株，雄花顶生，有香气，基部为雌花。**花期**：夏季。**叶**：羽状复叶，侧生羽叶有时与顶生叶合生，深绿色。**用途** **布置**：在南方，适宜庭园、公园作绿化、美化栽培，摆放宾馆、酒店或展厅。

3~9m
3~6m

**酒瓶椰子** *Hyophorbe lagenicaulis*

**别称**：酒瓶棕。**属**：酒瓶椰属。**原产地**：马斯克林群岛。**识别** **花**：圆锥花序，花绿色至米色。**花期**：夏季。**叶**：羽状复叶，窄卵圆形，小叶线形，中绿色至深绿色。**用途** **布置**：宜盆栽摆放宾馆大堂和机场候机厅，在南方孤植于草坪、水边或庭园。

4~6m
2~3m

**假槟榔** *Archontophoenix alexandrae*

**属**：假槟榔属。**原产地**：澳大利亚。**识别** **花**：圆锥花序，花序生于叶鞘下，下垂，多分枝，花乳白色至黄色。**花期**：夏季。**叶**：羽状全裂，生于茎顶，叶片呈2列排列，线状披针形，浅绿色。**用途** **布置**：宜配植于于庭园或作行道树，增添一种热带情趣。

15~25m
5~7m

**圆叶轴榈** *Licuala grandis*

**别称：**扇叶轴榈。**属：**轴榈属。**原产地：**新赫布里底群岛。**识别** **花：**穗状花序，下垂，花小，绿色至绿白色。**花期：**夏季。**叶：**圆扇状，叶缘浅裂，叶面有放射状褶皱，叶片呈大波浪弯曲，中绿至淡绿色。**用途** **布置：**宜孤植或丛植于庭园阴凉处，也可盆栽摆放客厅或书房。

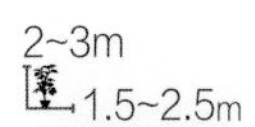

2~3m
1.5~2.5m

**蒲葵** *Livistona chinensis*

**别称：**扇叶葵、葵树。**属：**蒲葵属。**原产地：**中国、日本。**识别** **花：**圆锥花序，米色。**花期：**夏季。**叶：**叶大，扇形，集中于茎部顶端，掌状深裂，裂片条形，深绿色。**用途** **布置：**盆栽摆放车站、机场、宾馆、商场等公共场所，群植于林缘、池边、窗前或草坪。

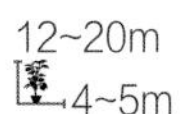

12~20m
4~5m

**斑叶观音竹** *Rhapis excelsa* 'Variegata'

**别称：**绫锦双音竹。**属：**棕竹属。栽培品种。**识别** **花：**圆锥花序，花碗状，米色。**花期：**夏季。**叶：**掌状深裂，裂片4~7枚，裂片条状披针形，革质，深绿色，具黄色或白色斑纹。**用途** **布置：**秆叶细密，姿态优雅。常用作绿篱和盆景，也可于庭园密丛植作草地添景和假山上配植。盆栽可摆放客厅茶几、书房或镜前。

20~40cm
20~40cm

**帝蒲葵** *Johannesteijsmannia altifrons*

**别称：**泰氏榈。**属：**菱叶棕属。**原产地：**泰国、马来西亚。**识别** **花：**肉穗花序，雌雄同株。**花期：**夏季。**叶：**菱形，多褶，边缘具锯齿，灰绿色。**用途** **布置：**盆栽装饰宾馆大堂、机场候机厅、商场等公共场所，还广泛用于布置展览和塑造景观。**赠：**有"幸福"之意。

4~5m
2~3m

**棕竹** *Rhapis humilis*

**别称：**矮棕竹、棕榈竹。**属：**棕竹属。**原产地：**中国。**识别** **花：**圆锥花序，花碗状，淡黄色。**花期：**春末。**叶：**掌状深裂，裂片10~20枚，裂片窄披针形，革质，绿色。**用途** **布置：**宜盆栽摆放客厅、书房或餐室，在南方孤植或丛植于庭园。

2~3m
1~2m

**红棕榈** *Latania lontaroides*

**别称：**红脉榈。**属：**红脉葵属。**原产地：**马斯克林群岛。**识别** **花：**圆锥花序，带绿的白色至米色。**花期：**夏季。**叶：**掌状，裂片深，灰绿色，叶基部和叶柄具红色或紫色。**用途** **布置：**宜摆放宾馆大堂、酒店门庭或机场候机厅，在南方孤植或群植于庭园。

10~16m
3~3.5m

**软叶刺葵** *Phoenix roebelenii*

**别称：**美丽针葵。**属：**海枣属。**原产地：**老挝。**识别** **花：**圆锥花序，花碗状，米色。**花期：**夏季。**叶：**羽状全裂，小叶线形，深绿色。**用途** **布置：**宜盆栽摆放客厅、书房或门厅，在南方孤植于庭园或小游园。

4~7m
2~3m

**海枣** *Phoenix dactylifera*

**别称：**椰枣。**属：**海枣属。**原产地：**非洲、亚洲。**识别** **花：**圆锥花序，花碗状，米色。**花期：**春夏季。**叶：**簇生茎顶，1回羽状复叶，全裂，小叶线形，灰绿色。**用途** **布置：**在南方列植作行道树或丛植于水边。

20~30m
6~12m

**观音竹** *Rhapis excelsa*

**别称：**观音棕竹。**属：**棕竹属。**原产地：**中国。**识别** **花：**圆锥花序，花碗状，米色。**花期：**夏季。**叶：**掌状深裂，裂片4~10枚，裂片条状披针形，革质，深绿色。**用途** **布置：**大型盆栽摆放会场、宾馆和商厦等公共场所。

1.5~7m
1.5~5m

**棕榈** *Trachycarpus fortunei*

**别称：**棕树。**属：**棕榈属。**原产地：**中国。**识别** **花：**单性，雌雄异株，肉穗花序，下垂，花小，淡黄色。**花期：**夏季。**叶：**扇形，簇生顶部，深绿色。**用途** **布置：**宜孤植或群植于窗前、墙隅、草地边角、池畔，对植、列植于入口处、路边或绿岛。**赠：**有“胜利”“捍卫”之意。

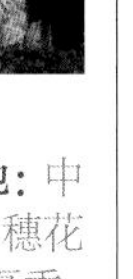

3~10m
2.5m

**加那利海枣** *Phoenix canariensis*

**别称：**长叶刺葵、加那利椰子。**属：**海枣属。**原产地：**加那利群岛。**识别** **花：**圆锥花序，下垂，花碗状，米色至黄色。**花期：**夏季。**叶：**羽状复叶，从茎顶端抽生，呈拱形弯曲，小叶线状，中绿色至深绿色。**用途** **布置：**在南方列植作行道树，孤植作庭园风景树。

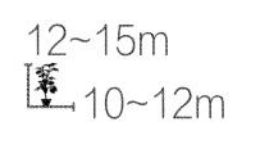
12~15m
10~12m

**老人葵** *Washingtonia filifera*

**别称：**华盛顿棕榈。**属：**丝葵属。**原产地：**美国。**识别** **花：**圆锥花序，花管状，米白色。**花期：**夏季。**叶：**互生，羽状或掌状分裂，扇形，叶尖长下垂，灰绿色。**用途** **布置：**在南方孤植或群植于池边、林缘、草坪边缘或窗前，对植或列植于路边、入口处或广场。

15~20m
3~6m

# 蕨类
## *Pteridophyta*

蕨类是观叶植物中的重要一类，广泛分布于世界各地，尤以热带和亚热带为多。我国蕨类植物分布广泛，是我国森林植被中草本层的重要组成部分。本节主要介绍鹿角蕨属、凤尾蕨属、铁角蕨属、铁线蕨属、肾蕨属、卷柏属等蕨类植物及其他观叶植物。

**巢蕨** *Asplenium nidus*

**别称：**山苏花、台湾巢蕨。**科属：**铁角蕨科铁角蕨属。**原产地：**亚洲。**识别 叶：**叶辐射状，环生于根状短茎周围，卵圆形至披针形，全缘，亮绿色。孢子囊群线形，生于侧脉上侧。**用途 布置：**吊篮栽培适合家庭窗台和厅堂装饰，宾馆、空港、车站和商厦的景观布置。

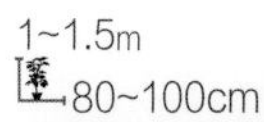

1~1.5m
80~100cm

**金毛狗** *Cibotium barometz*

**别称：**金毛狮子。**科属：**金毛狗科金毛狗属。**原产地：**中国、马来西亚。**识别 叶：**丛生成冠状，3 回羽状深裂，羽片10~15 对，互生，卵圆形，叶面深绿色，背面浅绿色。孢子囊群生于边缘侧脉顶上，矩圆形，形如蚌壳。**用途 布置：**造型奇特，摆放客厅、书房或儿童房，十分别致逗人。

2.5~3m
2~3m

**鹿角蕨** *Platycerium bifurcatum*

**别称：**蝙蝠蕨。**科属：**水龙骨科鹿角蕨属。**原产地：**爪哇和澳大利亚。**识别 叶：**圆形至心形或肾形，中绿色至深绿色至褐色。孢子叶，灰绿色，直立，伸展或下垂，叶背着生孢子囊群。**用途 布置：**是室内立体绿化的好材料，可点缀书房、客室和窗台，增添自然景趣。

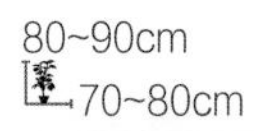

80~90cm
70~80cm

**银脉凤尾蕨**
*Pteris ensiformis var.victoriae*

**别称：**白斑凤尾蕨。**科属：**凤尾蕨科凤尾蕨属。**原产地：**马来西亚、澳大利亚。**识别 特征：**根状茎直立。**叶：**1~2 回羽状复叶，掌状 3 深裂，缘有细齿，叶面绿色，叶脉银灰色。孢子囊群沿着叶缘分布。**用途 布置：**盆栽点缀窗台、阳台和书桌，显得特别清新悦目。

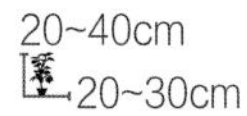

20~40cm
20~30cm

**铁线蕨** *Adiantum capillus-veneris*

**别称：**铁线草。**科属：**凤尾蕨科铁线蕨属。**原产地：**温带、热带。**识别 叶：**2~4 回羽状复叶，小叶扇形，亮绿色，叶柄长，栗黑色，细而坚硬。叶背具孢子囊群。**用途 布置：**盆栽点缀窗台、门厅、台阶，清新悦目。用叶片插瓶配上鲜花更为诱人。在南方，可配植于庭园的假山隙缝、护坡、屋角背阳处，其倒垂的碧绿细枝，幽雅自然。

25~30cm
30~40cm

**冠状凤尾蕨** *Pteris cretica* var. *Cristata*

**别称：**冠叶大叶凤尾蕨。**科属：**凤尾蕨科凤尾蕨属。**原产地：****识别** **特征：**根状茎短而分叉。**叶：**1 回羽状复叶，每羽叶有裂片 1~5 对，窄披针形，羽片顶端呈冠状分歧叶，浅绿色。孢子囊群沿着叶缘分布。**用途** **布置：**盆栽点缀窗台、阳台和书桌，在园林景点中，常装饰墙角、假山和池畔。

30~50cm
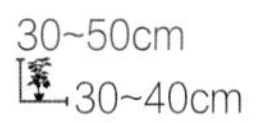30~40cm 

**肾蕨** *Nephrolepis cordifolia*

**别称：**蜈蚣草、圆羊齿。**科属：**肾蕨科肾蕨属。**原产地：**热带地区。**识别** **特征：**根茎上有直立的主轴，主轴发出长匍匐茎。**叶：**簇生，无毛，叶片披针形，基部有关节，边缘有疏圆钝齿。**用途** **布置：**吊篮栽培悬挂客厅或书房，简洁自然。在庭园中用作阴性地被植物或配植于庭园角偶、池畔或湖石旁。

30~80cm
1~1.5m

**硬叶鹿角蕨** *Platycerium hillii*

**别称：**希氏蝙蝠蕨。**科属：**水龙骨科鹿角蕨属。**原产地：**澳大利亚、新几内亚。**识别** **叶：**圆形，深绿色，向上裂片边缘浅裂。孢子叶，革质，淡灰绿色，直立或弓形，宽楔形。叶背着生孢子囊群。**用途** **布置：**可点缀书房、客室和窗台，增添自然景趣。

50~70cm
40~60cm 

**斯考特肾蕨** *Nephrolepis exaltata* 'Scottii'

**别称：**斯考特。**科属：**肾蕨科肾蕨属。**识别** **叶：**2 回羽状复叶，羽片呈重叠状，深绿色。孢子囊近叶缘，位于小脉顶端，孢子囊盖圆形。**用途** **布置：**盆栽或吊盆栽培，摆放窗台、梯道两侧或镜前，青翠宜人。在南方，配植于庭园的角隅、池畔或湖石旁。

15~20cm
20~30cm

**翠锦珊瑚卷柏**
*Selaginella martensii* 'Jori'

**别称：**翠锦卷柏。**科属：**卷柏科卷柏属。**原产地：**美洲中部。**识别** **特征：**根状茎匍匐，蔓生。茎分枝多。**叶：**密生，似蕨叶，革质，亮绿色，顶端部分黄白色。孢子囊穗生于枝顶，四棱形，孢子叶同型。**用途** **布置：**适用于盆栽，可摆放书房、卧室、客室、厨房和窗台，清新雅致。

10~15cm
15~20cm 

**狗脊蕨** *Woodwardia japonica*

**别称：**狗脊、日本狗脊。**科属：**乌毛蕨科狗脊属。**原产地：**中国、日本。**识别** **特征：**根状茎粗短，直立或斜升，密生褐色披针形鳞片。**叶：**簇生，近革质，长椭圆形，2 回羽裂，羽片互生，披针形，下部羽片渐狭，羽裂或深裂，边缘具细锯齿。**用途** **布置：**园林中宜布置在阴湿的疏林下、溪沟边、叠石旁和庭园角隅。

40~100cm
20~50m

**大叶铁线蕨** *Adiantum macrophyllum*

**别称：**大叶铁线草。**科属：**凤尾蕨科铁线蕨属。**原产地：**温带、热带。**识别** **叶：**2~4回羽状复叶，小叶扇形，大而密集，绿色，叶柄长，栗黑色，细而坚硬。叶背具孢子囊群。**用途** **布置：**盆栽点缀窗台、书房、案台、摆设柜，格调高雅。南方可配植于庭园的假山隙缝、屋角背阳处，其倒垂的碧绿枝叶，幽雅自然。

30~40cm

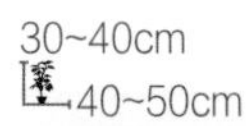
40~50cm

**福建莲座蕨** *Angiopteris fokiensis*

**别称：**福建观音座莲。**科属：**合囊蕨科观音座莲属。**原产地：**中国。**识别** **特征：**根状茎块状，肥大呈莲座状。**叶：**簇生，2回羽状复叶，呈螺旋状排列羽片5~7对，互生，狭长圆形，深绿色，具光泽。孢子囊群生于叶缘内侧，呈2列。**用途** **布置：**适合栽植于庭园背阴处和林缘阴湿处。

1.5~3m
80~100cm

**波叶巢蕨** *Asplenium nidus* 'Crisped'

**别称：**皱叶巢蕨、皱叶山苏花。**科属：**铁角蕨科铁角蕨属。**识别** **叶：**宽状披针形，叶缘皱波状，亮绿色。孢子囊群线形，生于侧脉上侧。**用途** **布置：**在南方，悬挂室外廊架或配植林下，青翠嫩绿，生机盎然。吊篮点缀居室窗台或书房，展示出温馨、浪漫的气息。

80~100cm

80~100cm

**有柄石韦** *Pyrrosia petiolosa*

**别称：**金钗匙、小石韦。**科属：**水龙骨科石韦属。**原产地：**中国。**识别** **特征：**根状茎长而横走。**叶：**叶远生，近异形，厚革质，不育叶卵状披针形，叶柄与叶片几乎等长。孢子囊群深棕色，满布叶片背面。**用途** **布置：**适用于盆栽，摆放门厅、客室、书房、卧室和阳台观赏。

5~18cm
10~15cm

**黑桫椤** *Alsophila spinulosa*

**别称：**桫椤、树蕨。**科属：**桫椤科桫椤属。**原产地：**中国、印度、斯里兰卡。**识别** **叶：**丛生于茎顶，叶面绿色，叶背灰绿色，3回羽状分裂，裂片多数，互生，小羽片，披针形。**用途** **布置：**桫椤像一把美丽的“绿伞”，常用于居室绿饰和庭园水景配植，古朴典雅。

1~4m
1~3m

**阔鳞鳞毛蕨** *Dryopteris championii*

**科属：**鳞毛蕨科鳞毛蕨属。**原产地：**中国。识别 **特征：**根状茎直立，连同叶柄和叶轴密生红棕色卵状披针形鳞片。**叶：**簇生，长椭圆形，2~3 回羽裂，羽片披针形，顶端渐尖，小羽片镰状披针形，边缘浅裂，叶脉羽状。用途 **布置：**常栽植于林荫下、岩石边、溪沟旁，呈现出自然的生态环境。

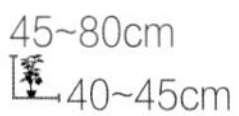
45~80cm
40~45cm

**苏铁蕨** *Brainea insignis*

**科属：**乌毛蕨科苏铁蕨属。**原产地：**中国、印度。识别 **叶：**簇生于主轴顶部，略呈 2 型，椭圆披针形，1 回羽状，羽片 30~50 对，对生或互生，线状披针形，先端渐尖。用途 **布置：**宜在园林中栽植于林荫下、岩石边、溪沟旁和漏窗前，形成极佳的景观效果。

1~1.5m
80~100cm

**疏叶卷柏** *Selaginella remotifolia*

**别称：**翠羽草。**科属：**卷柏科卷柏属。**原产地：**温带至热带地区。识别 **特征：**不育枝匍匐，能育枝直立。**叶：**2 型，草质，近全缘，中叶椭圆状披针形，先端长尖，淡绿色。孢子叶穗四棱柱状，端生或侧生。用途 **布置：**宜盆栽或吊篮栽培，可摆放书房、客室和窗台，呈现典雅的格调。

10~15cm
20~50cm

**延羽卵果蕨** *Phegopteris decursive-pinnata*

**科属：**金星蕨科卵果蕨属。**原产地：**中国、日本。识别 **特征：**根状茎短而直立，连同叶柄基部披鳞片。**叶：**簇生，纸质，倒披针形，2 回羽裂，羽片窄披针形，基部耳状，叶脉羽状，侧脉单一，伸达叶边。用途 **布置：**盆栽摆放车站、商厦、空港作室内观叶植物。

50~60cm
50~80cm

**红盖鳞毛蕨** *Dryopteris erythrosora*

**别称：**钱皮恩鳞毛蕨。**科属：**鳞毛蕨科鳞毛蕨属。**原产地：**中国。识别 **特征：**根状茎直立，连同叶柄和叶轴密生红棕色卵状披针形鳞片，鳞片边缘为流苏状。**叶：**簇生，沿羽轴的鳞片基部平直，叶长椭圆形，2~3 回羽裂，羽片披针形，顶端长渐尖，小羽片镰状披针形，边缘浅裂，叶脉羽状。用途 **布置：**常栽植于林荫下、岩石边、溪沟旁，形成自然生态环境。盆栽可摆放庭园、台阶、露台，清新雅致，绿意盎然。

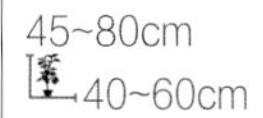
45~80cm
40~60cm

**紫萁** *Osmunda japonica*

**别称：**高脚贯众。**科属：**紫萁科紫萁属。**原产地：**中国、越南。**识别** **特征：**根状茎粗壮，直立或斜生。**叶：**簇生，直立，三角状广卵形，顶部 1 回羽状复叶，基下为 2 回羽状复叶，羽片 3~5 对，长圆形，边缘有匀称细锯齿。能育叶与不育叶分开，沿主脉两侧密生孢子囊。**用途** **布置：**宜于林下散植或沟边、池畔丛植，极富野趣。也可盆栽摆放室内观赏。

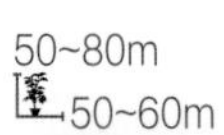

50~80m
50~60m

**波叶鸟巢蕨** *Asplenium antiguum* 'Osaka'

**别称：**大阪巢蕨、卷叶山苏花。**科属：**铁角蕨科铁角蕨属。栽培品种。**识别** **叶：**带状披针形或披针形，叶端狭尖，叶缘呈波浪皱状，亮绿色。孢子囊群线形，生于侧脉上侧，间隔宽。**用途** **布置：**吊篮点缀居室窗台或书房，展示出温馨、浪漫的气息。

20~40cm
30~50cm

**台湾耳蕨** *Polystichum formosanum*

**科属：**鳞毛蕨科耳蕨属。**原产地：**中国。**识别** **特征：**根状茎直立，连同叶柄基部有披针形棕色鳞片。**叶：**革质，基部以上绿色，叶披针形，3 出羽状复叶，小羽片镰刀状披针形，边缘浅裂有尖刺头，叶脉羽状，侧脉分叉。**用途** **布置：**宜于林下散植或沟边、池畔丛植，极富野趣。也可盆栽摆放室内观赏。

30~50cm
30~40cm

**宽叶巢蕨** *Asplenium nidus* 'Avis'

**别称：**宽叶山苏花。**科属：**铁角蕨科铁角蕨属。**原产地：**热带地区。**识别** **叶：**宽披针形，短而阔，全缘，亮绿色。孢子囊群线形，生于侧脉上侧。**用途** **布置：**在南方，悬挂室外走廊、棚架或配植林下，青翠嫩绿，生机盎然。吊篮点缀居室窗台或书房，散发温馨、浪漫的气息。

80~90cm
60~80cm

**波士顿肾蕨**
*Nephrolepis exaltata* 'Bastaniensis'

**别称：**波士顿蕨。**科属：**肾蕨科肾蕨属。栽培品种。**识别** **特征：**根茎粗壮，呈圆形块状。**叶：**簇生，无毛，宽披针形，下垂，羽片宽阔，亮绿色，叶缘波状，叶端略扭曲。**用途** **布置：**吊篮栽培悬挂客厅或书房，简洁自然。在庭园中可用作阴性地被植物。

30~40cm
80~100cm

**三叉耳蕨** *Polystichum tripteron*

**科属：**鳞毛蕨科耳蕨属。**原产地：**中国。**识别特征：**根状茎直立，连同叶柄基部有披针形棕色鳞片。**叶：**草质，基部以上淡绿色，叶载状披针形，3出羽状复叶，小羽片镰刀状披针形，边缘浅裂有尖刺头，叶脉羽状，侧脉分叉。**用途布置：**宜于林下散植或沟边、池畔丛植，极富野趣。

40~65cm
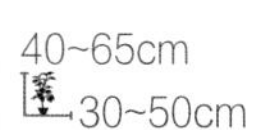
30~50cm

**崖姜蕨** *Drynaria coronans*

**科属：**水龙骨科槲蕨属。**原产地：**中国、越南。**识别特征：**根状茎横卧，粗壮。**叶：**长圆状倒披针形，顶端渐尖，向下渐变窄，到基部又扩为圆心形，边缘有缺刻和浅裂，基部向上叶片为羽状深裂。**用途布置：**宜在园林中栽植于林荫下、岩石边、溪沟旁，也可盆栽摆放台阶、门厅、客厅观赏。

45~80cm
40~60cm

**密叶铁线蕨** *Adiantum raddianum*

**别称：**楔叶铁线蕨、三角形铁线蕨。**科属：**凤尾蕨科铁线蕨属。**原产地：**美洲热带地区。**识别特征：**根状茎短和粗糙三角状。**叶：**萌生黑色叶柄的叶，3~4回羽状复叶，羽片圆形或三角形，浅裂，浅绿色至深绿色。叶背具孢子囊群。**用途布置：**盆栽宜点缀窗台、门厅、台阶，叶片也可插瓶配上鲜花。

40~60cm
50~80cm

**边缘鳞盖蕨** *Microlepia marginata*

**科属：**碗蕨科鳞盖蕨属。**原产地：**中国。**识别特征：**根状茎横走，密生锈色长柔毛。**叶：**纸质，绿色，长圆状三角形，1回羽状复叶，羽片披针形，基部上侧耳状凸起，边缘羽裂至深裂。**用途布置：**园林中宜布置在林下的灌木丛中、溪沟山石旁和庭园墙角边，也可盆栽观赏。

50~80cm
50~80cm

**棕鳞耳蕨** *Polystichum polyblepharum*

**别称：**日本耳蕨。**科属：**鳞毛蕨科耳蕨属。**原产地：**日本、朝鲜。**识别特征：**根状茎短而直立，连同叶柄基部有卵形红棕色大鳞片。**叶：**纸质，背面沿叶脉有小鳞片，披针形，2回羽状中部羽片长圆形，小羽片镰刀状三角形，边缘有刺头锯齿。**用途布置：**宜于林下散植或沟边、池畔丛植，极富野趣。

60~80cm
60~90cm

**黄金艾蒿** *Artemisia argyi* 'Variegata'

**别称:** 斑叶艾蒿。**科属:** 菊科蒿属。栽培品种。**识别** **花:** 头状花序,花紫褐色。**花期:** 夏季。**叶:** 互生,3~5 深裂或羽状深裂,裂片椭圆形或椭圆披针形,深绿色,具不规则黄白色斑纹。**用途** **布置:** 宜布置于道旁、池边作地被植物。**赠:** 有"和平"之意。

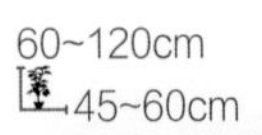

60~120cm
45~60cm

**广叶南洋杉** *Araucaria bidwillii*

**别称:** 阔叶南洋杉。**科属:** 南洋杉科南洋杉属。**原产地:** 澳大利亚。**识别** **花:** 雌雄异株,雌球花球形,雄球花圆筒形。**花期:** 夏季。**叶:** 卵状披针形至长圆披针形,中绿色。**用途** **布置:** 宜盆栽摆放厅堂、商店、会议室、宾馆等公共场所。

30~45m
6~10m

**雀舌黄杨** *Buxus bodinieri*

**别称:** 匙叶黄杨。**科属:** 黄杨科黄杨属。**原产地:** 中国。**识别** **花:** 簇生于叶腋,雌花生于花簇顶端,雄花生于雌花两侧,黄绿色。**花期:** 冬春季。**叶:** 倒披针形或倒卵状椭圆形,顶端钝圆而微凹,表面深绿色。**用途** **布置:** 是常见的球形、条形绿篱植物。

75~150cm
1.2~1.5m

**蜘蛛抱蛋** *Aspidistra elatior*

**别称:** 一叶兰。**科属:** 天门冬科蜘蛛抱蛋属。**原产地:** 中国。**识别** **花:** 花茎短,顶生一花,钟状,绿色至紫褐色。**花期:** 夏初。**叶:** 长椭圆状披针形,深绿色。**用途** **布置:** 适合盆栽布置宾馆的电梯间、会议室和地铁等公共场所。

50~60cm
50~60cm

**诺福克南洋杉** *Araucaria heterophylla*

**别称:** 异叶南洋杉。**科属:** 南洋杉科南洋杉属。**原产地:** 诺福克岛。**识别** **花:** 雌雄异株,雌球花球形,雄球花圆筒形。**花期:** 夏季。**叶:** 锥形,浓绿色。**用途** **布置:** 宜孤植或群植于公园、风景区和城市绿地。

25~45m
6~8m

**南洋杉** *Araucaria cunninghamii*

**别称:** 肯氏南洋杉。**科属:** 南洋杉科南洋杉属。**原产地:** 澳大利亚。**识别** **花:** 雌雄异株,球形,雄球花圆筒形。**花期:** 夏季。**叶:** 锥形,内弯似蕨状叶,深绿色。**用途** **布置:** 常用作风景建筑的背景树,呈现雄伟庄严的气氛。

30~50m
3~6m

**甜菜** *Beta vulgaris*

**科属:** 苋科甜菜属。**原产地:** 欧洲南部。**识别** **花:** 花小,绿色。**花期:** 春末至夏初。**叶:** 基生叶矩圆形,具长叶柄,全缘或略呈波状,先端钝,基部楔形、截形或略呈心形。**用途** **食:** 嫩叶可以食用。**布置:** 宜盆栽用于室内窗台或阳台点缀,增加室内的自然气息。

20~25cm
30~40cm

**松竹草** *Asparagus myriocladus*

**别称:** 松叶武竹、绣球松。**科属:** 天门冬科天门冬属。**原产地:** 南非。**识别** **花:** 总状花序腋生,白色,有芳香。**花期:** 夏季。**叶:** 叶退化,线状,密集簇生,翠绿色至深绿色。**用途** **布置:** 宜盆栽摆放明亮宽敞的起居室或客厅,清新养眼。

1~1.5m
1~1.5m

**文竹** *Asparagus setaceus*

**别称:** 云片竹。**科属:** 天门冬科天门冬属。**原产地:** 非洲南部。**识别** **花:** 花小,白色。**花期:** 秋季。**叶:** 叶形枝细小,鲜绿色,密生如羽毛状。**用途** **布置:** 盆栽摆放茶几、书桌和窗台,特别清新悦目,也是花篮、花束和花环的最佳搭配材料。

3m
不限定

**黄杨** *Buxus sinica*

**别称：** 瓜子黄杨。**科属：** 黄杨科黄杨属。**原产地：** 中国。**识别** **花：** 簇生于叶腋，雌花生于花簇顶端，雄花生于雌花两侧，黄绿色。**花期：** 春季。**叶：** 对生，革质，倒卵形或椭圆形，先端圆或微凹，表面暗绿色，背面黄绿色。**用途** **布置：** 常用于绿篱和花坛镶边。**赠：** 有"坚定"之意。

5~10m
3~5m

**豪猪刺** *Berberis julianae*

**别称：** 石妹刺、土黄连。**科属：** 小檗科小檗属。**原产地：** 中国。**识别** **花：** 着花 20 朵以上簇生，黄色或淡红色。**花期：** 春季。**叶：** 革质，倒卵形至圆形，叶面深绿色，背面浅绿色，叶缘具刺齿。**用途** **食：** 果实可加工成果汁。**布置：** 宜配植于庭园周围、山坡。

1~3m
1~3m

**天门冬** *Asparagus cochinchinensis*

**别称：** 天门草。**科属：** 天门冬科天门冬属。**原产地：** 南非。**识别** **花：** 总状花序腋生，花小，白色。**花期：** 夏季。**叶：** 叶退化，绿色，通常每 3 枚成簇，稍镰刀状，茎上的鳞片状叶基部延伸为硬刺。**用途** **药：** 块根是常用的中药，有滋阴润燥、清火止咳之效。**布置：** 宜盆栽陈设书房、客厅、起居室等处。

60~90cm
1~1.2m

**紫叶小檗**
*Berberis thunbergii* 'Atropurpurea'

**别称：** 红叶小檗。**科属：** 小檗科小檗属。栽培品种。**识别** **花：** 似伞形的总状花序，花小，淡黄色。**花期：** 春季。**叶：** 叶小，倒卵形，全缘，紫红色，秋季转红色。**用途** **布置：** 宜配植于花坛或花境，是园林绿化中色块组合的重要树种。

80~100cm
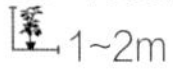
1~2m

**红叶甜菜** *Beta vulgaris* var. *cicla*

**别称：** 红牛皮菜。**科属：** 苋科甜菜属。**原产地：** 欧洲南部。**识别** **花：** 花小，绿色。**花期：** 春末至夏初。**叶：** 长菱形，全缘，肥厚，有光泽。**用途** **布置：** 是冬季重要的露地观叶植物，配植于花坛或庭园中，增加冬季的景观色彩。

20~24cm
40~45cm

**红苋草** *Alternanthera paronychioides* 'Picta'

**别称：** 可爱虾钳菜。**科属：** 苋科莲子草属。**原产地：** 墨西哥。**识别** **花：** 穗状花序腋生，花白色。**花期：** 夏末至秋初。**叶：** 披针形至椭圆形，中绿色，具红褐色、橙色和紫色脉。**用途** **布置：** 宜盆栽装点窗台、阳台和花槽，也可作绿雕和地被植物。

5~30cm
不限定

**雁来红** *Amaranthus tricolor*

**别称：** 老来少、三色苋。**科属：** 苋科苋属。**原产地：** 亚洲热带地区。**识别** **花：** 花极小，圆锥状聚伞花序顶生，花冠高脚碟状，有淡红、深红、淡黄等色。**花期：** 夏季至秋初。**叶：** 互生，具长柄，卵圆状披针形，先端尖，基部渐狭，顶部鲜红色。**用途** **布置：** 可作庭园背景材料。

75~150cm
30~50cm

**金叶小檗** *Berberis thunbergii* 'Aurea'

**科属：** 小檗科小檗属。栽培品种。**识别** **花：** 似伞形的总状花序，花小，淡黄色。**花期：** 春季。**叶：** 倒卵形或匙形，全缘，幼叶亮黄色。**用途** **布置：** 是城市园林绿化中不可或缺的黄色元素品种，也可用作盆栽或制作绿篱。

80~100cm
1~2m

**吊兰** *Chlorophytum comosum*

**别称：**桂兰。**科属：**天门冬科吊兰属。**原产地：**南非。**识别 花：**总状花序，花小，白色。**花期：**春夏季。**叶：**基生，条形至披针形，全缘绿色。**用途 药：**全株均具药用价值，有清热去瘀的功效。**布置：**盆栽悬挂室外窗前或摆放玄关、门厅。

20~30cm
20~35cm

**金边吊兰**
*Chlorophytum comosum* 'Variegatum'

**科属：**天门冬科吊兰属。**原产地：**南非。**识别 花：**总状花序，花小，白色。**花期：**春夏季。**叶：**基生，条形至披针形，叶片边缘呈金黄色。**用途 布置：**是室内常见、应用最普遍的盆栽观叶植物，群体用于装饰花坛、门厅和花槽。

15~20cm
15~30cm

**金心吊兰**
*Chlorophytum comosum* 'Medio-pictum'

**别称：**金心挂兰。**科属：**天门冬科吊兰属。**原产地：**南非。**识别 花：**总状花序，花白色。**花期：**春夏季。**叶：**线状或线状披针形，鲜绿色，叶面中心具黄白色纵条纹。**用途 布置：**宜盆栽悬挂室外廊下、窗前或摆放门厅、玄关处。

15~20cm
15~30cm

**白纹兰** *Chlorophytum bichetii*

**别称：**白纹草。**科属：**天门冬科吊兰属。**原产地：**非洲西部。**识别 花：**总状花序，花小，白色。**花期：**春夏季。**叶：**密簇丛生，条状披针形，深绿色，边缘具白纹，叶片很薄。**用途 布置：**宜盆栽摆放窗台、花架或案头，也可散于植池畔、山石旁。

20~25cm
15~20cm

**大叶吊兰** *Chlorophytum malayense*

**别称：**宽叶吊兰。**科属：**天门冬科吊兰属。**原产地：**南非。**识别 花：**总状花序，白色。**花期：**春夏季。**叶：**线状披针形，淡绿色，中央具宽淡黄色纵条纹。**用途 布置：**宜盆栽悬挂室外廊下、窗前或摆放门厅、玄关处。

20~30cm
20~35cm

**胡颓子** *Elaeagnus pungens*

**别称：**蒲颓子、半含春、卢都子。**科属：**胡颓子科胡颓子属。**原产地：**中国、日本。**识别 花：**筒状，银白色，下垂，密披鳞片。**花期：**秋季。**叶：**椭圆形，叶面密披银白色及褐色鳞片，边缘微反卷，革质。**用途 布置：**宜栽植于庭园、山石水池边和草坪旁。

2~4m
2~4m

**金边胡颓子** *Elaeagnus pungens* 'Aurea'

**科属：**胡颓子科胡颓子属。**原产地：**中国、日本。**识别 花：**筒状，银白色，下垂。**花期：**秋季。**叶：**互生，革质，有光泽，椭圆形至长圆形，顶端短尖，叶面绿色，叶缘具不规则黄色斑纹，背面银白色。**用途 布置：**宜栽植于庭园、山石水池边、草坪旁。

2~3m
2~3m

**洒金胡颓子**
*Elaeagnus pungens* 'Veriscolor'

**科属：**胡颓子科胡颓子属。栽培品种。**识别 花：**筒状，银白色，下垂。**花期：**秋季。**叶：**椭圆形，叶面披银白色及褐色鳞片，散落黄白色斑点。**用途 布置：**宜栽植于庭园、山石水池边和草坪旁，也用于林缘、树群外围作自然式绿篱。

2~3m
2~3m

**金心胡颓子**
*Elaeagnus pungens* 'Maculata'

**别称：**金心奶牛子。**科属：**胡颓子科胡颓子属。栽培品种。**识别 花：**筒状，银白色，下垂。**花期：**秋季。**叶：**椭圆形，叶面中心具米黄色至深黄色大斑块。**用途 布置：**宜栽植于庭园、山石水池边和草坪旁。

2~3m
2~3m

**刺叶苏铁** *Cycas pectinata*

**别称：**华南苏铁。**科属：**苏铁科苏铁属。**原产地：**中国、印度。**识别** **花：**雌雄异株，雄花圆柱状，雌花大孢子叶球松散形，密被茸毛，黄褐色。**花期：**夏季。**叶：**羽状复叶，簇生于茎顶，与叶轴成60°，深绿色。**用途** **布置：**宜盆栽摆放广场、银行、商厦的厅堂。

5~7m
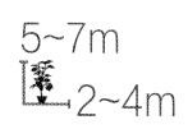
2~4m

**斑叶活血丹**
*Glechoma longituba* 'Variegata'

**别称：**花叶金钱薄荷。**科属：**唇形科活血丹属。栽培品种。**识别** **花：**轮伞花序，花小，唇形，淡紫色至粉红色，下唇具深色斑点。**花期：**夏季。**叶：**对生，心形，钝圆齿缘，淡绿色，边缘具白斑，多毛，揉搓有香气。**用途** **布置：**吊盆悬挂居室走廊、客厅或窗台。

10~15cm
1~2m

**紫鹅绒** *Gynura aurantiaca*

**别称：**紫绒三七草。**科属：**菊科菊三七属。**原产地：**印度尼西亚。**识别** **花：**顶生伞房花序，头状花序，黄色至橙黄色。**花期：**冬季。**叶：**宽椭圆形，边缘有粗锯齿，叶面深绿色，密被紫红色长柔毛。**用途** **布置：**适合片植布置室内景点或室外花坛。

60cm
45~120cm

**青冈** *Quercus glauca*

**别称：**青冈栎。**科属：**壳斗科栎属。**原产地：**中国。**识别** **花：**柔荑花序，黄绿色，花序下垂，雄花单生或数朵簇生，雌花单生或簇生。**花期：**春季。**叶：**长椭圆形或倒卵椭圆形，背面灰白色粉霜。**用途** **布置：**适合作行道树和园景树，也可丛植，修剪成绿篱。

15~20m
8~10m

**小叶青冈** *Quercus myrsinifolia*

**别称：**青椆。**科属：**壳斗科栎属。**原产地：**中国。**识别** **花：**雄花序下垂的柔荑花序，雄花单生或数朵簇生，雌花单生或簇生。**花期：**春季。**叶：**窄披针形或椭圆状披针形，顶端尖，边缘锯齿细小，背面灰绿色。**用途** **布置：**适合作行道树和园景树，也可做成绿篱。

15m
8m

**彩叶草** *Coleus scutellarioides*

**别称：**锦紫苏。**科属：**唇形科鞘蕊花属。**原产地：**印度尼西亚爪哇地区。**识别** **花：**圆锥花序，花小，唇形，白色或淡蓝色。**花期：**全年。**叶：**对生，卵形，顶端尖，边缘有锯齿，叶面绿色，镶嵌黄、红、紫等色斑纹。**用途** **布置：**现今广泛用于城市中心广场、公园等公共场所摆放，十分典雅壮丽。

20~25cm
20~25cm

**苏铁** *Cycas revoluta*

**别称：**铁树、避火蕉。**科属：**苏铁科苏铁属。**原产地：**中国、日本。**识别** **花：**顶生，雌雄异株，雄花圆柱状，雌花大孢子叶，肉质羽状，黄褐色。**花期：**夏季。**叶：**羽状复叶，簇生茎顶，小叶线形，深绿色。**用途** **布置：**宜盆栽摆放公园、车站等公共场所。**赠：**有"坚贞不屈""长寿富贵"之意。

1~2m
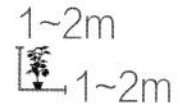
1~2m

**匍匐紫鹅绒** *Gynura procumbens*

**别称：**红凤菊。**科属：**菊科菊三七属。杂交品种。**识别** **花：**头状花序，腋生，黄色或橙黄色，类似蒲公英的花。**花期：**秋冬季。**叶：**披针形，缘有粗锯齿，幼叶紫色，长大后深绿色泛有紫色晕彩，叶背密生紫红色茸毛，叶面稍少。**用途** **布置：**适合成片丛植作地被或花坛镶边。

1~2m

1m

**矾根** *Heuchera sanguinea*

**别称：**肾形草。**科属：**虎耳草科矾根属。**原产地：**美国西南部。**识别** **花：**圆锥花序，花小，管状，有红、粉红、白等色。**花期：**夏季。**叶：**圆形至肾形，边缘有圆齿，深绿色，叶色变化大，叶脉明显。**用途** **布置：**适合布置花境、花坛、花带，广泛应用于园林景观，也可盆栽或吊盆栽培，装饰于阳台、台阶，清新优雅。

25~30cm
25~30cm

**白斑圆叶椒草** *Peperomia obtusifolia* 'Variegata'

**别称：**镶边椒草。**科属：**胡椒科草胡椒属。栽培品种。识别 **花：**穗状花序，花白色。**花期：**夏季。**叶：**阔卵形，革质，叶面近中脉处呈绿色，具白色或乳黄色宽边。用途 **布置：**宜盆栽摆放窗台、电脑旁或书房。

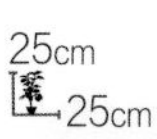

25cm
25cm

**三色椒草** *Peperomia clusiifolia* 'Variegata'

**别称：**红边斑叶椒草。**科属：**胡椒科草胡椒属。栽培品种。识别 **花：**穗状花序，花绿白色。**花期：**夏末。**叶：**倒卵形，厚质，叶面中肋附近绿色，两侧具米色斑块，叶缘红色。用途 **布置：**宜盆栽摆放窗台或书桌。

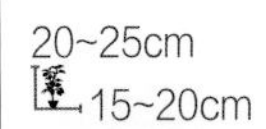

20~25cm
15~20cm

**西瓜皮椒草** *Peperomia argyreia*

**别称：**无茎豆瓣绿。**科属：**胡椒科草胡椒属。**原产地：**南美。识别 **花：**穗状花序，花小，绿色。**花期：**夏末。**叶：**心形，革质，深绿色，叶脉间具银色纵条纹。用途 **布置：**宜盆栽摆放窗台、阳台或书桌，吊盆装饰咖啡屋或小酒吧，非常有情调。

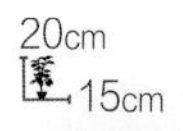

20cm
15cm

**港柯** *Lithocarpus harlandii*

**别称：**东南柯。**科属：**壳斗科柯属。**原产地：**中国。识别 **花：**多个穗状花序组成圆锥花序，花乳白色。**花期：**秋季。**叶：**革质，披针形，椭圆形或倒披针形，叶缘上部具波状钝裂齿。用途 **布置：**枝叶茂密、树冠宽广，是优良的园林树种，宜配植于庭园周围。

15~18m
10~12m

花朵黄褐色

**阔叶十大功劳** *Mahonia bealei*

**别称：**土黄柏。**科属：**小檗科十大功劳属。**原产地：**中国。识别 **花：**总状花序簇生，黄褐色，有芳香。**花期：**春季。**叶：**奇数羽状复叶，顶生小叶较大，有柄，伞形开展，小叶7~15枚，厚革质，卵形，边缘反卷，叶面蓝绿色，背面黄绿色。用途 **布置：**适合林荫下和立交桥下栽植。

2m
3m

**豆瓣绿** *Peperomia obtusifolia*

**别称：**圆叶椒草。**科属：**胡椒科草胡椒属。**原产地：**委内瑞拉。识别 **花：**穗状花序，花白色。**花期：**春秋季。**叶：**阔卵形，革质，深绿色。用途 **布置：**宜盆栽摆放窗台、书桌或茶几，给人以舒适、惬意的感觉。还可制作瓶景，使人耳目一新。

25cm
25cm

**斑叶橐吾** *Farfugium japonicum* 'Aureo-maculata'

**别称：**花叶如意。**科属：**菊科大吴风草属。栽培品种。识别 **花：**头状花序，花黄色。**花期：**秋冬季。**叶：**近肾形，基部簇生，边缘呈棱齿状，深绿色，散生黄白色斑点。用途 **布置：**适合成片种植公园或风景区的坡地、林下或池畔。

50~60cm
50~60cm

**南天竹** *Nandina domestica*

**别称：**天竺。**科属：**小檗科南天竹属。**原产地：**中国、日本、印度。**识别 花：**圆锥花序顶生，花小，星状，白色。**花期：**仲夏。**叶：**对生，2~3 回羽状复叶，小叶革质，椭圆状披针形，深绿色，冬季为红色至淡紫红色。**用途 布置：**在江南古典园林中配植于庭前屋后、墙角背阴处和山石池畔。

2m

1.5m

**玉果南天竹**
*Nandina domestica* var. *leucocarpa*

**别称：**白果天竹。**科属：**小檗科南天竹属。**原产地：**中国、日本、印度。**识别 花：**圆锥花序顶生，花小，星状，白色。**花期：**仲夏。**叶：**对生，2~3 回羽状复叶，小叶革质，椭圆状披针形，深绿色。**用途 布置：**叶片一年四季嫩绿色，具有独特的观赏价值。叶片也比其他品种小，盆栽养护置于墙角背阴处和山石池畔。

2m
1.5m

**斑叶粉花凌霄**
*Pandorea jasminoides* 'Ensel-Variegata'

**别称：**金边肖粉凌霄。**科属：**紫葳科粉花凌霄属。栽培品种。**识别 花：**聚伞状圆锥花序花筒状，白色，喉部深粉红色。**花期：**春夏季。**叶：**奇数羽状复叶，小叶 5~9 枚，卵圆形至披针形，亮绿色，边缘有白色斑纹。**用途 布置：**宜盆栽摆放窗台或走廊。

4~5m
30~40cm

**血苋** *Iresine herbstii*

**科属：**苋科血苋属。**原产地：**巴西。**识别 花：**穗状花序，花白色或绿色。**花期：**夏季。**叶：**卵圆形至圆形，叶面中绿色，镶嵌黄色、深红色或橙色斑纹，背面有金黄色毛。**用途 药：**全草可入药，有调经止血的功效。**布置：**在风景区、公园可成片栽植作地被植物，也可布置花坛、花境。

1~1.5cm
70~90cm

**尖突血苋** *Iresine herbstii* 'Acuminata'

**科属：**苋科血苋属。栽培品种。**识别 花：**穗状花序顶生，花白色。**花期：**夏季。**叶：**宽卵圆形至圆形，中绿色，叶面有彩斑。**用途 布置：**适合盆栽或吊盆点缀家庭客厅、书房、卧室，在南方可配植于花坛或花境。

1~2m

40~50cm

**朝霞印度榕** *Ficus elastica* 'Asahi'

**科属：**桑科榕属。栽培品种。**识别 花：**单性，雌雄同株，隐头花序。**花期：**春季。**叶：**厚革质，长椭圆形，叶面深蓝绿色，叶缘具不规则黄白色斑。**用途 布置：**常栽于温室和室内，盆栽摆放客厅、书房或儿童房。

1~2m
20~30cm

**黑叶印度榕** *Ficus elastica* 'Abidjan'

**别称：**黑金刚。**科属：**桑科榕属。栽培品种。**识别 花：**雌雄同株，隐头花序。**花期：**夏季。**叶：**宽长椭圆形，革质，叶面褐绿色至红黑色。**用途 布置：**幼株盆栽摆放室内，或者装点居室或宾馆等公共场所。

1~2m
20~25cm

**银叶菊** *Jacobaea maritima*

**别称：** 雪叶莲、雪叶菊。**科属：** 菊科疆千里光属。栽培品种。**识别** **花：** 伞房花序，头状花黄色或白色。**花期：** 夏季。**叶：** 椭圆形，深羽裂，叶面银灰色，被银白色绵毛。**用途** **布置：** 适合盆栽摆放窗台、书桌，也可用于花坛、景点布置，因像被雪覆盖，景观效果出色。

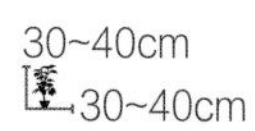

30~40cm
30~40cm

**斑马椒草** *Peperomia marmorata*

**别称：** 甜心椒草。**科属：** 胡椒科草胡椒属。**原产地：** 巴西南部。**识别** **花：** 穗状花序，花小，绿色。**花期：** 夏季。**叶：** 心形，浅蓝绿色，色调暗淡，叶面有银灰色条纹和锯齿状脉纹。**用途** **布置：** 摆放家庭居室的窗台或书桌。

20~25cm
20~25cm

**皱叶冷水花** *Pilea mollis*

**别称：** 虾蟆草。**科属：** 荨麻科冷水花属。**原产地：** 中美、南美。**识别** **花：** 聚伞花序，白色。**花期：** 夏季。**叶：** 卵圆形至倒卵形，先端尖，具锯齿，叶脉呈凹陷状，红褐色，脉间叶肉突起，叶面起波皱，黄绿色，两侧由深转浅。**用途** **布置：** 宜盆栽摆放书桌或窗台。

20~25cm
15~30cm

**大银脉虾蟆草** *Pilea spruceana*

**别称：** 思鲁冷水花。**科属：** 荨麻科冷水花属。栽培品种。**识别** **花：** 聚伞花序腋生，花玫瑰红色。**花期：** 夏季。**叶：** 纸质，宽卵圆形，叶面赤铜红色至浅黑绿色，具银色带状条斑，叶背酒红色。**用途** **布置：** 宜盆栽摆放窗台、镜前或炉台。

10~15cm
20~30cm

**白脉椒草** *Peperomia tetragona*

**别称：** 白脉豆瓣绿。**科属：** 胡椒科草胡椒属。**原产地：** 秘鲁。**识别** **花：** 穗状花序，细长，花白色。**花期：** 夏末。**叶：** 3~4 枚轮生，长椭圆形至长卵形，全缘，革质，深绿色，叶面有 5 条银白色网脉，叶背淡绿色。**用途** **布置：** 宜盆栽摆放门厅、窗台、书桌、几架。**赠：** 有"清新宜人"之意。

20~30cm
20~30cm

**斑叶紫露草**
*Tradescantia ohiensis* 'Albovittata'

**科属：** 鸭跖草科紫露草属。栽培品种。**识别** **花：** 聚伞花序顶生或腋生，花浅碟状，白色。**花期：** 全年。**叶：** 卵圆形或椭圆形，浅绿色，镶嵌纵向白色条纹。**用途** **布置：** 宜盆栽摆放室内花园、宾馆大堂，布置室内窗台、花架、走廊。

10~15cm
15~20cm

**冷水花** *Pilea cadierei*

**别称：** 白雪草。**科属：** 荨麻科冷水花属。**原产地：** 越南。**识别** **花：** 聚伞状花序，花白色，雄花开花时会自动喷散花粉。**花期：** 夏季。**叶：** 对生，椭圆状卵形，叶缘上半部具锯齿，下半部全缘，叶片主脉银白色条纹。**用途** **布置：** 是耐阴性强的室内装饰植物，盆栽点缀几架、书桌，显得翠绿光润。

30~50cm
15~30cm

**银叶椒草** *Peperomia hederifolia*

**别称：** 常春藤叶椒草。**科属：** 胡椒科草胡椒属。**原产地：** 巴西。**识别** **特征：** 为小型丛生种，叶丛生于短茎顶，全株呈莲座状。**花：** 穗状花序，花小，绿色。**花期：** 夏季。**叶：** 心状，银灰色，沿脉纹镶嵌铜色。**用途** **布置：** 适用于盆栽，也可配以奇石、小草、各式小摆件。

15~20cm
10~15cm

**兔儿伞** *Syneilesis aconitifolia*

**别称：** 水鹅掌。**科属：** 菊科兔儿伞属。**原产地：** 中国、俄罗斯、朝鲜、日本。**识别** **花：** 头状花序，在顶端密集成复伞房状，花淡红色。**花期：** 夏初。**叶：** 茎叶 2 枚，互生，圆盾形，掌状深裂，表面绿色，背面灰白色。**用途** **药：** 全草均可入药，有舒筋活血的功效。**布置：** 宜盆栽摆放窗台、阳台。

70~120cm
30~40cm

**镜面草** *Pilea peperomioides*

**别称:** 椒样冷水花。**科属:** 荨麻科冷水花属。**原产地:** 中国。**识别 花:** 圆锥花序,花小,黄绿色。**花期:** 夏季。**叶:** 集生于枝顶,近圆形,盾状,肉质,亮绿色。**用途 药:** 全草可入药,有消炎解毒的功效。**布置:** 姿态美观,宜盆栽摆放茶几、案桌、橱柜。

25~30cm
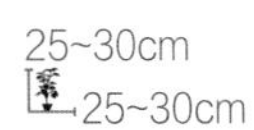
25~30cm

**泡叶冷水花** *Pilea nummulariifolia*

**别称:** 蔓性冷水花。**科属:** 荨麻科冷水花属。**原产地:** 西印度群岛、南美热带地区。**识别 花:** 聚伞花序,花白色。**花期:** 夏季。**叶:** 圆形,叶缘具圆齿,淡绿色,叶面脉纹凹陷,叶肉有泡状浮凸。**用途 布置:** 常用于盆栽或吊篮栽培,布置窗台、壁挂或走廊,翠绿繁茂,清丽动人。

10~15cm
50~60cm

**匍匐锦竹草** *Callisia repens*

**科属:** 鸭跖草科锦竹草属。栽培品种。**识别 花:** 聚伞花序顶生或腋生,浅碟状,粉红色或白色。**花期:** 全年。**叶:** 窄卵圆形至椭圆形,深绿色,镶嵌绿、白、粉红和银等色条纹,背面深紫色,密生细毛。**用途 布置:** 宜盆栽摆放室内花园、宾馆大堂,布置室内窗台、花架、走廊。

45cm
45cm

**斑叶紫背万年青**
*Tradescantia spathacea* 'Vittata'

**别称:** 斑叶紫锦兰。**科属:** 鸭跖草科紫露草属。栽培品种。**识别 花:** 聚伞花序腋生,白色。**花期:** 冬春季。**叶:** 呈莲座状排列,密生于茎顶,剑状,重叠,叶面黄绿色,具浅黄色条纹,叶背紫色。**用途 布置:** 是常见的盆栽观叶植物,适合家庭阳台、窗台和花架摆放。

20~40cm
20~40cm

**红天使椒草** *Peperomia* 'Red Angel'

**别称:** 红背椒草。**科属:** 胡椒科草胡椒属。栽培品种。**识别 花:** 穗状花序短而粗壮,花小,浅绿色。**花期:** 夏季。**叶:** 长心脏形,掌状脉5出,中肋微微凹陷,深绿色,脉纹银灰色,叶背鲜红色。**用途 布置:** 适合家庭的庭园、阳光房、屋顶花园的盆栽材料。

15~20cm
15~20cm

**紫背万年青** *Tradescantia spathacea*

**别称:** 紫锦兰。**科属:** 鸭跖草科紫露草属。**原产地:** 中美洲。**识别 花:** 聚伞花序腋生,花白色。**花期:** 秋季。**叶:** 呈莲座状排列,密生于茎顶,剑状,重叠,叶面深绿色,背面深紫色。**用途 布置:** 是常见的盆栽观叶植物,适合家庭阳台、窗台和花架摆放,还可以装饰会场、展览厅等公共场所。

30cm
30cm

**吊竹梅** *Tradescantia zebrina*

**别称:** 吊竹草。**科属:** 鸭跖草科紫露草属。**原产地:** 墨西哥。**识别 花:** 聚伞花序顶生,花浅碟状,粉紫色至蓝紫色。**花期:** 全年。**叶:** 互生,基部抱茎,宽卵圆形或长卵圆形,先端尖,叶面紫绿色,具银绿色纵条纹,背面深紫色。**用途 布置:** 宜盆栽摆放室内花园、宾馆大堂或居室窗台。

15cm

20cm

**三色白花紫露草**
*Tradescantia fluminensis* 'Tricolor'

**科属:** 鸭跖草科紫露草属。栽培品种。**识别 特征:** 茎部肉质,节间易生根。**花:** 顶生或腋生,聚伞花序,白色至淡紫色。**花期:** 春夏季。**叶:** 卵圆形至卵状长圆形,淡绿色,具白色、米色条纹和黄白色晕。**用途 布置:** 适合盆栽或吊篮栽培,布置居室窗台、花架、走廊、壁面。

10~15cm
15~20cm

**银霜女贞** *Ligustrum japonica* 'Jack Frost'

**科属：**木樨科女贞属。**识别** **花：**圆锥花序顶生，花白色。**花期：**春夏季。**叶：**对生，倒卵圆形，革质，初生叶绿色，边缘粉红色，成熟叶边缘由粉红色渐变银白色。**用途** **布置：**可在庭园、小游园与落叶观花树中配植。

2~3m
1.5~2.5m

**花叶海桐** *Pittosporum tobira* 'Variegatum'

**别称：**花叶山矾。**科属：**海桐科海桐属。**识别** **花：**聚伞花序顶生，花钟状，乳白色或带黄绿色。**花期：**春夏季。**叶：**单叶互生，叶圆形或倒卵形，深绿色，镶嵌白色斑纹。**用途** **布置：**适用于风景区、公园、住宅区的道旁、岸边、草坪、山石等处配植。

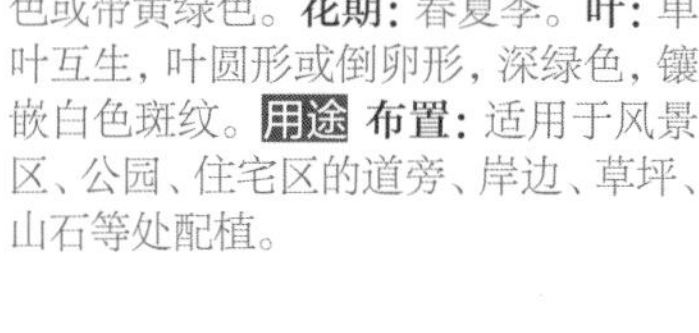

2~3m
1~2m

**花叶虎耳草**
*Saxifraga stolonifera* 'Variegata'

**别称：**花叶金钱吊芙蓉。**科属：**虎耳草科虎耳草属。**识别** **花：**圆锥花序，花小，白色，基部有黄色斑点。**花期：**夏季。**叶：**肾形或圆形，具较深的缺刻，中绿色至深绿色，叶缘具不规则乳白色镶边。**用途** **布置：**常用吊篮或盆栽装饰窗台、阳台或花架，披垂飘逸。

20~30cm
20~30cm

**花叶栀子**
*Gardenia jasminoides* 'Variegata'

**别称：**斑叶栀子。**科属：**茜草科栀子属。**识别** **花：**花单生枝顶或叶腋，高脚碟状，白色，有重瓣。**花期：**春夏季。**叶：**对生，或3叶轮生，长椭圆形，深绿色，镶嵌黄白色边缘，有光泽。**用途** **布置：**适合配植于台阶前、池畔或路旁，芳香素雅，格外清丽可爱。

2~10m
1~3m

**蓝湖柏**
*Chamaecyparis pisifera* 'Boulevard'

**科属：**柏科扁柏属。**识别** **花：**雌雄同株，球花单生枝顶，雄球花有雄蕊3~6对，雌球花有3~6对珠鳞。**花期：**春季。**叶：**鳞叶先端锐尖，蓝绿色或灰蓝色，有银白色光泽。**用途** **布置：**适合风景区、公园景观布置，也可配植于庭园、小游园观赏。

1~3cm
1~2cm

**芙蓉菊** *Crossostephium chinense*

**别称：**香菊、白艾。**科属：**菊科芙蓉菊属。**原产地：**中国。**识别** **花：**头状花序，花小球状，金黄色。**花期：**春季至秋季。**叶：**互生，密生于枝顶，倒披针形或匙形，先端常齿裂，密被白色茸毛。**用途** **布置：**常盆栽摆放阳台、窗台、门厅、客厅、书房观赏，也可在风景区和公园作地被植物。

20~50cm
20~50cm

**花叶多花玉竹**
*Polygonatum multiflorum* 'Variegatum'

**别称：**花叶玉竹。**科属：**天门冬科黄精属。**识别** **特征：**根茎横走，肉质。**花：**花序腋生，花2~6朵，筒状，下垂，白色。**花期：**春夏季。**叶：**互生，卵圆状披针形，亮绿色，有白色纵纹，背面灰白色。**用途** **布置：**宜用于城市绿地的花境或林缘布置观赏性地被植物。

30~50cm
25~30cm

**花叶筋骨草** *Ajuga reptans* 'Variegata'

**别称：**筋骨草。**科属：**唇形科筋骨草属。**识别** **特征：**茎直立，不分枝。**花：**穗状聚伞花序，花深蓝色。**花期：**夏季。**叶：**卵圆形或长圆状匙形，灰绿色，叶缘镶嵌乳白色或粉红色斑纹。**用途** **布置：**常用于风景区、旅游景点、城市绿地的花坛、花境的布置，也是很好的地被植物。

12~15cm
60~90cm

**斑叶马醉木** *Pieris japonica* 'Variegata'

**别称：**花叶马醉木。**科属：**杜鹃花科马醉木属。**识别** **花：**总状花序，花吊钟形，白色或粉红色。**花期：**春季。**叶：**披针形至倒披针形，或长椭圆形，革质，中绿色，叶面呈红、粉红、橙黄等色，有光泽。**用途** **布置：**常用于花篱、色块图案，也可栽植于花坛中、山石旁、林缘和草坪上。

2~4m
1~3m

**金森女贞** *Ligustrum japonicum* 'Howardii'

**别称:** 霍华德女贞。**科属:** 木樨科女贞属。**识别** **花:** 圆锥花序,花白色。**花期:** 夏季。**叶:** 卵圆形,有光泽,中绿色,春季新叶鲜黄色,至冬季转金黄色。**用途** **布置:** 宜在风景区、公园、住宅区丛植作彩色绿篱,也可在庭园、小游园与落叶观花树中种植。

2~3m
1.5~2.5m

**花叶柊树**
*Osmanthus heterophyllus* 'Variegata'

**别称:** 五彩柊树、花叶刺桂。**科属:** 木樨科木樨属。**识别** **花:** 花簇生于叶腋,筒状,白色,具芳香。**花期:** 夏秋季。**叶:** 对生,革质,叶缘具刺状齿,叶绿色,布满黄白色斑。**用途** **布置:** 适用于风景区、庭园中栽植,又可群植修剪成绿篱和盆栽观赏。

3~5m
3~5m

**花叶薄荷** *Mentha suaveolens* 'Variegata'

**别称:** 斑叶圆叶薄荷、花叶凤梨薄荷。**科属:** 唇形科薄荷属。**识别** **花:** 轮伞花序腋生,花管状,粉红色。**花期:** 夏季。**叶:** 对生,椭圆形或长圆状披针形,深绿色,边缘有较宽的乳白色斑,具芳香。**用途** **布置:** 适用于城市绿地作花境或地被材料,也可盆栽供家庭环境绿饰用。

60~100cm
不限定

**玉簪-银河** *Hosta* 'Galaxy'

**科属:** 天门冬科玉簪属。**识别** **花:** 花葶高 50~60 厘米,花漏斗状,淡紫色。**花期:** 夏季。**叶:** 心形,先端渐尖,基部心形,叶面深绿色,中心镶嵌浅绿色斑纹。**用途** **布置:** 在园林中适用于林下、角隅、山石旁、路边布置。盆栽可摆放庭园、阳台、台阶与花卉构成一体。

40~60cm
40~60cm

**黄金枸骨** *Ilex × attenuata* 'Sunny Foster'

**别称:** 杂种枸骨。**科属:** 冬青科冬青属。**识别** **特征:** 株型狭窄。**花:** 聚伞花序,腋生,花小,白色。**花期:** 春季。**叶:** 单叶互生,革质,倒卵状披针形,亮绿色,几乎被金黄色所覆盖,靠近顶端有针齿。**用途** **布置:** 适用于城市交通的分隔带、河岸两侧、风景区色带、公园花境布置。

3~4m
1~2m

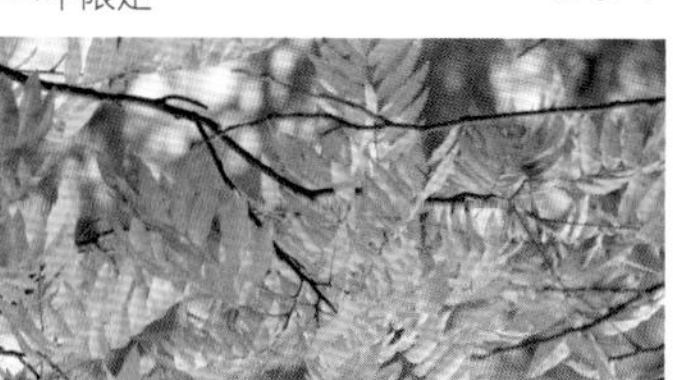

**无患子** *Sapindus saponaria*

**科属:** 无患子科无患子属。**原产地:** 中国。**识别** **花:** 圆锥花序顶生,花小,绿白色或黄白色。**花期:** 春季。**叶:** 双数羽状复叶,纸质,卵状披针形,顶端渐尖,基部楔形,两侧不整齐,全缘,绿色,秋季转金黄色。**用途** **布置:** 园林中宜作行道树、庭荫树,也可丛植于庭园角隅或道路两侧。

10~15m
8~10m

**花叶金莲花** *Tropaeolum majus* 'Varigata'

**别称:** 旱金莲、金丝荷叶。**科属:** 旱金莲科旱金莲属。**识别** **花:** 花梗细长,生于叶腋,花黄色,花瓣基部有褐红色斑块。**花期:** 夏秋季。**叶:** 互生,圆形或盾形,边缘波状,淡绿色,具米黄色斑点。似莲叶。**用途** **布置:** 吊篮装饰窗台、阳台和几架,成片摆放花槽或窗前花台。

1~3m
1.5~5m

**金边扶芳藤**
*Euonymus fortunei* 'Emerald Gold'

**别称:** 金边爬行卫矛。**科属:** 卫矛科卫矛属。**识别** **花:** 聚伞花序,花小,绿色或白色。**花期:** 春夏季。**叶:** 叶小,卵形或椭圆状卵形,亮绿色,镶有宽的金黄色边,入秋后呈红色。**用途** **布置:** 适用于墙篱、拱门、山石、花柱、棚架攀缘,也可作林下的常绿地被植物。

40~60cm
60~80cm

**黄栌** *Cotinus coggygria*

**别称:** 红叶。**科属:** 漆树科黄栌属。**原产地:** 欧洲南部、中国。**识别** **花:** 圆锥花序,花杂性,花瓣卵形。**花期:** 夏季。**叶:** 广椭圆形,中绿色,后转黄色至橙色,秋季转红色。**用途** **布置:** 适用于风景区、公园、城市绿地成片栽植,形成秋季观叶胜地,也可在住宅区、小游园种植,秋季赏景。

3~5m
3~5m

# 第七章 多肉植物

# 番杏科
## *Aizoaceae*

番杏科所有种类的叶都有不同程度的肉质化，是多肉植物中叶肥厚的代表。本科植物约有 160 属 2500 种，主要分布在非洲南部，其次在大洋洲。本节主要介绍肉锥花属、生石花属以及番杏科其他属的代表植物。

**白拍子** *Conophytum longum*

**别称**：长叶肉锥花。**属**：肉锥花属。**原产地**：纳米比亚和南非。**识别** **花**：雏菊状，白色至浅粉色。**花期**：夏末至秋季。**叶**：亮绿色至灰绿色，顶端有小窗，表皮薄。**用途** **布置**：宜盆栽摆放于博古架、书桌、窗台，新奇别致，看起来像“有生命的工艺品”。

3cm
不限定

**藤车** *Conophytum hybrida*

**属**：肉锥花属。栽培品种。**识别** **花**：单生，雏菊状，粉红色。**花期**：夏末。**叶**：球形，肉质，小而圆，叶面淡绿色，具深色暗点。**用途** **布置**：宜盆栽摆放于博古架、书桌、窗台，新奇别致，绿意融融。

1~2cm
1~2cm

**清姬** *Conophytum minimum*

**属**：肉锥花属。**原产地**：南非。**识别** **花**：单生，雏菊状，小型，白色，夜间开花，有香味儿。**花期**：夏末。**叶**：球形，肉质，顶端平坦，中心有一小裂如唇，淡灰绿色，具褐色花纹。**用途** **布置**：宜摆放于有纱帘的窗台或阳台。

1.5~2cm
2~3cm

**烧卖** *Conophytum angelicae*

**属**：肉锥花属。**原产地**：南非。**识别** **花**：紫红色。**花期**：夏季。**叶**：肉质叶顶部方形，形似烧卖，叶片顶面有明显的凹凸皱褶，生长期植株呈绿色，休眠期渐变为黄褐色。**用途** **布置**：宜盆栽摆放于博古架或室内隔断。

1.2~1.5cm
1.5~2cm

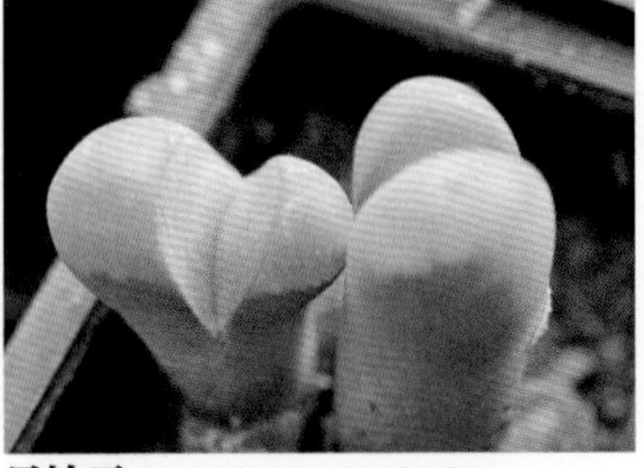

**风铃玉** *Conophytum friedrichiae*

**别称**：弗氏肉锥花。**属**：肉锥花属。**原产地**：纳米比亚和南非。**识别** **特征**：单生或 2~3 个群生。**花**：单生，粉色，白天开放。**花期**：夏季。**叶**：圆柱状，顶部 2 裂，裂片圆，表皮有小疣，褐红色，顶面有小窗，裂口很深。**用途** **布置**：宜摆放于有纱帘的窗台或阳台。

1.5~2cm
2cm

**灯泡** *Conophytum burgeri*

**别称：**布氏肉锥花。**属：**肉锥花属。**原产地：**纳米比亚和南非。**识别** **花：**花大，雏菊状，淡紫红色，中心色较浅。**花期：**春秋季。**叶：**单生，半球形，表皮绿色，半透明，光照充足时变鲜红色。**用途** **布置：**宜盆栽摆放于博古架、书桌、窗台，非常诱人，栩栩如生。

2.5~4cm
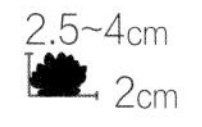 2cm

**少将** *Conophytum bilobum*

**属：**肉锥花属。**原产地：**南非西北部。**识别** **特征：**成年植株分枝呈丛生状。**花：**单生，雏菊状，黄色。**花期：**夏末。**叶：**肥厚，心形，淡灰绿色，顶部鞍形，中缝深，先端钝圆。**用途** **布置：**宜摆放于有纱帘的窗台或阳台。

5cm
2~3cm

**口笛** *Conophytum luiseae*

**属：**肉锥花属。**原产地：**南非。**识别** **花：**黄色，异花授粉。夜间开放。**花期：**夏季。**叶：**表面有很多短小的肉质刺，肉质叶元宝状，叶片顶端有浅浅的棱，阳光充足时棱会发红。**用途** **布置：**盆栽点缀窗台、书桌、茶几，非常可爱有趣，也可配用于制作小型瓶景。

1~1.5cm
1.5~2cm

**群碧玉** *Conophytum minutum*

**别称：**凤雏玉。**属：**肉锥花属。**原产地：**南非。**识别** **特征：**球形。**花：**花从中缝开出，雏菊状，粉红色。**花期：**夏末。**叶：**顶端平坦，黄绿色，中央有一小而浅的裂缝。**用途** **布置：**宜摆放于有纱帘的窗台或阳台。

1~1.5cm
1.5~2cm

**天使** *Conophytum ectypum*

**属：**肉锥花属。**原产地：**南非。**识别** **特征：**成年植株易群生。**花：**单生，雏菊状，粉红色。**花期：**夏末。**叶：**对生，肉质，顶部中央裂如唇，浅绿色，有深绿色斑点。**用途** **布置：**宜盆栽摆放于博古架、书桌、窗台，新奇别致，看起来像“有生命的工艺品”。

2~3cm
3~5cm

**寂光** *Conophytum frutescens*

**属：**肉锥花属。**原产地：**南非。**识别** **特征：**株型矮小，无茎。**花：**花从肉质叶中间的缝开出，花橙色。**花期：**夏秋季。**叶：**顶端开叉较大，肉质叶片如同心形。**用途** **布置：**宜盆栽摆放于博古架或窗台，新奇别致，很有情趣。

1~2cm
1~2cm

**福寿玉** *Lithops eberlanzii*

**属：**生石花属。**原产地：**南非。**识别** **特征：**植株群生。**花：**雏菊状，白色。**花期：**夏末至中秋。**叶：**卵状，对生，淡青灰色，顶面紫褐色，有树枝状下凹的红褐色斑纹。**用途** **布置：**宜盆栽点缀窗台、书桌或博古架，显得精致、小巧又可爱。

2cm
1~2cm

**红大内玉** *Lithops optica* 'Rubra'

**属：**生石花属。栽培品种。**识别** **特征：**植株群生。**花：**单生，雏菊状，白色，花瓣尖端粉色。**花期：**盛夏至中秋。**叶：**心形至截形，沟深，叶表肾形，光滑，不透明，灰色中带粉色。**用途** **布置：**宜盆栽点缀窗台、书桌或博古架。

2~3cm
1.5~2cm

**李夫人** *Lithops salicola*

**属：**生石花属。**原产地：**南非。**识别** **特征：**植株群生。**花：**雏菊状，白色。**花期：**盛夏至中秋。**叶：**球果状，对生，浅紫色平头顶面有深褐色下凹花纹。**用途** **布置：**宜盆栽点缀窗台、书桌或博古架，小巧精致，好似精致的工艺品。

2.5~3cm
2~3cm

**荒玉** *Lithops gracilidelineata*

**属：**生石花属。**原产地：**纳米比亚、南非。**识别** **特征：**植株群生，属大中型。**花：**单生，雏菊状，黄色。**花期：**夏末至中秋。**叶：**截形，稍圆凸，沟浅，上表面椭圆形，两叶对称，不透明，表面粗糙，花纹清晰，灰褐色。**用途** **布置：**宜盆栽点缀窗台、书桌或博古架。

2~2.5cm
4~5cm

**弁天玉** *Lithops lesliei* var. *venteri*

**别称：**辨天玉。**属：**生石花属。**原产地：**纳米比亚和南非。**识别** **特征：**植株群生。**花：**雏菊状，黄色。**花期：**夏末至中秋。**叶：**球果状，对生，浅灰色，平头，密布深绿色斑纹。**用途** **布置：**宜盆栽点缀窗台、书桌或博古架。

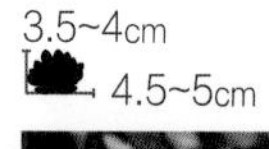

3.5~4cm
4.5~5cm

**绿微纹玉** *Lithops fulviceps* 'Green'

**属：**生石花属。**原产地：**南非。**识别** **特征：**植株群生。**花：**单生，雏菊状，黄色。**花期：**夏末至初秋。**叶：**卵状，对生，肉质，黄绿色，顶面有灰绿色凸起的小点。**用途** **布置：**宜盆栽摆放于博古架或隔断，小巧玲珑，显得活泼可爱。

3.5~4cm
8~10cm

**红窗玉** *Lithops julii* 'Kosogyoku'

**属：**生石花属。栽培品种。**识别** **花：**花单生，雏菊状，黄色。**花期：**夏末至初秋。**叶：**卵状，对生，肉质，灰绿色，顶面褐红色，散布不规则深色圆形斑点。**用途** **布置：**宜盆栽摆放于博古架或隔断，小巧玲珑，显得活泼可爱。

2~2.5cm

 2.5~3cm

**赤褐富贵玉** *Lithops hookeri* 'Red-Brown'

**属：**生石花属。栽培品种。**识别** **花：**单生，雏菊状，黄色。**花期：**夏末至初秋。**叶：**卵状，对生，肉质，棕色或灰色，顶面镶嵌红褐色凹纹。**用途** **布置：**宜盆栽点缀窗台、书桌、茶几等处，别有风韵。

2~2.5cm

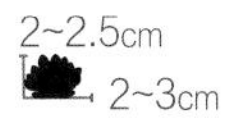 2~3cm

**丽虹玉** *Lithops dorotheae*

**属：**生石花属。**原产地：**南非。**识别** **特征：**植株群生。**花：**雏菊状，黄色。**花期：**夏末至中秋。**叶：**锥状，对生，肉质，灰绿色，顶面有深橄榄绿色花纹及红色条纹。**用途** **布置：**宜盆栽点缀窗台、书桌或博古架，小巧精致。

2~3cm

8~10cm

**日轮玉** *Lithops aucampiae*

**属：**生石花属。**原产地：**南非。**识别** **特征：**植株球果状，群生。**花：**雏菊状，黄色。**花期：**夏秋季。**叶：**卵状，对生，淡红色至褐色或黄褐色，顶面黄褐色间杂着深褐色下凹花纹。**用途** **布置：**宜盆栽点缀窗台、书桌或博古架，小巧精致，好似一件精致的工艺品。

3.5~4cm

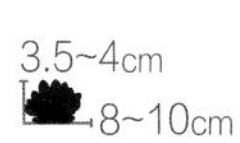 8~10cm

**大津绘** *Lithops otzeniana*

**属：**生石花属。**原产地：**南非。**识别** **特征：**植株群生。**花：**单生，雏菊状，黄色。**花期：**盛夏至中秋。**叶：**倒圆锥形，浅灰绿色至浅灰紫色，中缝较深，顶面圆凸，有透明的蓝色或灰绿色窗，外缘和中缝有浅绿色斑块。**用途** **布置：**宜盆栽点缀窗台、书桌或博古架。

2.5~3cm

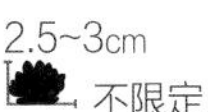 不限定

**碧琉璃** *Lithops localis*

**属：**生石花属。**原产地：**南非。**识别** **花：**单生，雏菊状，黄色，花径2.5厘米。**花期：**夏末至初秋。**叶：**卵状，对生，肉质，灰绿色或绿色，顶面有黄绿色、棕黄色密生斑点。**用途** **布置：**宜盆栽点缀窗台、书桌、博古架，形似精致的工艺品。

2.5~3cm

1.5~2cm

**鹿角海棠** *Astridia velutina*

**属：**鹿角海棠属。**原产地：**南非。识别 **特征：**茎细长，多分枝。**花：**单生，雏菊状，淡黄色。**花期：**夏季。**叶：**对生，三角柱状，先端稍尖，背钝圆，灰绿色或蓝绿色，基部联合。用途 **布置：**宜盆栽摆放于窗台、案头或博古架。

10~20cm
20cm

**群波** *Faucaria gratiae*

**别称：**虎钳草。**属：**虎腭花属。**原产地：**南非。识别 **特征：**植株密集丛生。**花：**雏菊状，黄色，午后开放。**花期：**夏秋季。**叶：**对生，肉质，倒披针形，绿色，叶缘具肉质细齿，叶面平展，叶背浑圆。用途 **布置：**随意摆放在书房、卧室的柜子上，都是一道可爱的风景线。

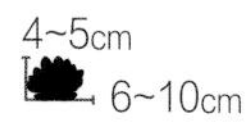

4~5cm
6~10cm

**照波** *Bergeranthus multiceps*

**别称：**仙女花。**属：**照波花属。**原产地：**南非。识别 **特征：**放射状丛生。**花：**单生，漏斗状，黄色。**花期：**夏季。**叶：**肉质，三棱形，叶面平，背面龙骨突起，深绿色，密生白色小斑点。用途 **布置：**宜盆栽摆放于窗台、案头或博古架。

5cm
10cm

**五十铃玉**
*Fenestraria rhopalophylla subsp. aurantiaca*

**属：**窗玉属。**原产地：**纳米比亚。识别 **特征：**植株密集群生。**花：**单生，雏菊状，黄色。**花期：**夏末至秋季。**叶：**对生，棍棒形，灰绿色，顶端透明。用途 **布置：**宜盆栽摆放于窗台、案头或博古架，也可用于配植瓶景和框景。

5cm
30cm

**宝绿** *Glottiphyllum linguiforme*

**别称：**舌叶花。**属：**舌叶花属。**原产地：**南非。识别 **特征：**株型较大。**花：**花大，雏菊状，黄色。**花期：**秋冬季。**叶：**肉质，叶舌状，对生2列，斜面突出，叶端略向外反转，切面呈三角形，光滑透明，鲜绿色。用途 **布置：**宜盆栽摆放于窗台、案头或博古架。

6cm
30cm

**天女** *Titanopsis calcarea*

**属：**天女玉属。**原产地：**南非。识别 **特征：**植株由匙形叶片组成莲座状，常群生。**花：**雏菊状，金黄色或橙色。**花期：**夏末至秋季。**叶：**淡蓝绿色，有时具白色晕，无茎，先端宽厚，着生淡红色或淡灰白色疣点。用途 **布置：**宜盆栽摆放于窗台、案头或博古架。

3cm
10cm

**唐扇** *Aloinopsis schooneesii*

**属：**菱鲛属。**原产地：**南非。识别 **特征：**植株小型，具块状根，无茎。**花：**单生，雏菊状，黄色、红色相间。**花期：**秋末。**叶：**匙形，先端钝圆，8~10枚排列呈莲座状，深绿色，表皮密生深色舌苔状小疣突。用途 **布置：**宜盆栽摆放于窗台、案头或博古架。

2cm
不限定

**亲鸾** *Pleiospilos magnipunutatus*

**别称：**凤翼。**属：**对叶花属。**原产地：**南非。识别 **花：**单生，雏菊状，黄色，花径4.5~5厘米。**花期：**夏季。**叶：**对生，肉质，灰绿色或褐绿色，表面密生深绿色小圆点，长3~7厘米。用途 **布置：**盆栽摆放于博古架或窗台，新奇别致，花时姿色十分诱人。

4~5cm
5~7cm

**花蔓草锦** *Mesembryanthemum cordifolium* 'Variegata'

**别称:** 露草锦。**属:** 日中花属。栽培品种。**识别** **特征:** 植株匍匐状,茎圆柱形,淡灰绿色。**花:** 单生,雏菊状,紫红色。**花期:** 夏秋季。**叶:** 肉质,宽卵形,对生,顶端急尖或圆钝具凸尖头,基部圆形,亮绿色。**用途** **布置:** 宜盆栽摆放窗台、案头或博古架。

5cm 不限定

**露草** *Mesembryanthemum cordifolium*

**别称:** 花蔓草、露花。**属:** 日中花属。**原产地:** 南非。**识别** **特征:** 植株匍匐状,茎圆柱形,淡灰绿色。 **花:** 单生,紫红色。**花期:** 夏季或秋季。**叶:** 宽卵形,亮绿色。**用途** **布置:** 盆栽点缀窗台、书桌或茶几。

5cm 不限定

**粉花金铃** *Argyroderma delaetii* 'Pink'

**属:** 银叶花属。**原产地:** 南非。**识别** **特征:** 茎元宝状。**花:** 雏菊状,粉红色。**花期:** 夏季。**叶:** 叶半卵状,肉质,2~4 片交互对生,叶面银灰色或灰绿色,表皮光滑无斑点。**用途** **布置:** 花大色美,盆栽十分抢眼,适合在书桌、窗台、茶几等处摆设欣赏。

3~4cm 4~5cm

**紫星光** *Trichodiadema densum*

**别称:** 仙宝、迷你沙漠玫瑰。**属:** 仙宝木属。**原产地:** 南非。**识别** **特征:** 植株丛生,茎绿色,肉质。**花:** 顶生,雏菊状,紫红色。**花期:** 夏季。**叶:** 圆柱形,淡绿色,顶端簇生白色叶刺。**用途** **布置:** 宜盆栽摆放于窗台、案头或博古架。

15cm 20cm

**青鸾** *Pleiospilos simulans*

**属:** 对叶花属。**原产地:** 南非。**识别** **特征:** 植株宽厚,舌状,元宝形。**花:** 雏菊状,黄色或橙色。**花期:** 夏末至秋初。**叶:** 1~2 对交互对生,肉质,平伸,表皮淡红色、淡黄色或淡褐绿色,密披深绿色小圆点。**用途** **布置:** 宜盆栽摆放于窗台、案头或博古架。

4~5cm 5~7cm

**金铃** *Argyroderma delaetii*

**属:** 银叶花属。**原产地:** 南非、纳米比亚。**识别** **花:** 雏菊状,黄色、红色或白色。**花期:** 夏季。**叶:** 半卵状,肉质,2~4 片交互对生,呈元宝状,灰绿色,表皮光滑无斑点。**用途** **布置:** 株美花大,盆栽十分抢眼,适合在书桌、窗台等处摆设。

3~4cm 4~5cm

# 仙人掌科

## Cactaceae

仙人掌科植物约有140属2000种，分布于美洲热带至温带地区，中国栽培的有600多种。本科植物外形奇特，多供观赏，在热带地区常植作围篱。

**腹隆鸾凤玉**

***Astrophytum myriostigma*** **'Fukuryu'**

**别称：**核桃鸾凤玉。**属：**星球属。栽培品种。**识别 特征：**植株单生，球形至圆筒形。茎6棱，表面无刺，深绿色，有起伏的褶皱，布满白色星点。**花：**漏斗状，黄色。**花期：**夏季。**用途 布置：**盆栽适合在阳台、窗台等处栽培观赏。

10~15cm
10~15cm

**有星大凤玉**

***Astrophytum capricorne*** **var.*crassispinum*** **'Kihousyoku'**

**属：**星球属。**原产地：**墨西哥。**识别 特征：**植株单生，幼株球形，老株柱形。表皮绿色，有小星点，棱脊生有刺座，浅灰色至褐色。**花：**花生于顶端，漏斗状，黄色。**花期：**夏季。**用途 布置：**适用于中大型盆栽。

30~40cm
10~15cm

**大疣琉璃兜锦**

***Astrophytum asterias*** **var. *nudas*** **'Ooibo Kabuto Variegata'**

**属：**星球属。栽培品种。**识别 特征：**植株单生，扁球形，具8个整齐宽大的棱面，棱面青绿色，带黄色隐斑，棱脊中央生有2~3个纵向大绒球状刺座。**花：**漏斗状，白色至浅黄色。**花期：**夏季。**用途 布置：**适用与其他仙人掌植物装点瓶景或框景欣赏。

5~10cm
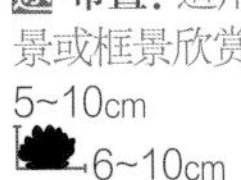
6~10cm

**龟甲连星琉璃兜锦**

***Astrophytum asterias*** **var. *nudas*** **'Rense Variegata'**

**属：**星球属。栽培品种。**识别 特征：**植株单生，幼时球形，长大后圆筒形。茎8棱，表面绿色，棱脊上刺座连接成线，密生白色茸毛。**花：**花生于顶端，漏斗状，黄色。**花期：**夏季。**用途 布置：**盆栽或组合盆栽用于室内窗台和客室绿饰。

10~15cm
10~15cm

**龟甲琉璃兜**

***Astrophytum asterias*** **var.*nudas*** **'Kitsukou'**

**属：**星球属。栽培品种。**识别 特征：**植株单生，扁球形。表皮光洁，刺座圆形，有茸毛，无刺，上有凹陷的横隔使棱面成龟壳状。**花：**漏斗状，粉红色。**花期：**夏季。**用途 布置：**适合盆栽或组合盆栽，也是爱好者青睐收集的品种。

4~6cm
6~8cm

**恩冢鸾凤玉**

***Astrophytum myriostigma*** **'Onzuka'**

**属：**星球属。栽培品种。**识别 特征：**植株单生，球形至圆筒形。茎4~8棱，表面青绿色，有星点，表面丛卷毛连成不规则的片，布满球体。**花：**花漏斗状，淡黄色。**花期：**夏季。**用途 布置：**常盆栽用于室内窗台装饰。

6~10cm
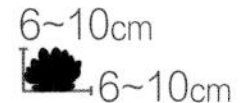
6~10cm

**龟甲琉璃鸾凤玉锦**

***Astrophytum myriostigma*** **var. *nudas*** **'Red Kitsukou Variegata'**

**属：**星球属。栽培品种。**识别 特征：**球体呈不规则错乱，疣突形状突出，表面褐绿色，镶嵌橘黄色，带红晕。**花：**淡黄色。**花期：**夏季。**用途 布置：**盆栽适合在阳台、窗台等处栽培观赏，别致耐观。

6~10cm
6~10cm

**红花琉璃兜**

***Astrophytum asterias*** **var. *nudas*** **'Rediflora'**

**属：**星球属。栽培品种。**识别 特征：**植株单生，扁球形。通常8棱，表皮光洁，青绿色，无星点，棱脊中整齐生有纵向绒球状刺座。**花：**漏斗状，粉红色。**花期：**夏季。**用途 布置：**盆栽或组合盆栽用于室内窗台和客室摆放。

5~10cm
6~10cm

**岩牡丹** *Ariocarpus retusus*

**属：**岩牡丹属。**原产地：**墨西哥。**识别** **特征：**疣状突起肥厚三角形，灰绿色，呈莲座状，顶端附生乳白色茸毛。**花：**花生于顶端茸毛中，漏斗状，粉白色。**花期：**夏秋季。**用途** **布置：**生长较快，养护容易，适用于家庭栽培。

7~9cm

18~25cm

**黑牡丹** *Ariocarpus kotschoubeyanus*

**属：**岩牡丹属。**原产地：**墨西哥。**识别** **特征：**疣状突起呈三角形，疣突表面有“十”字状裂纹，裂纹处生有白色茸毛。**花：**花生于顶端，漏斗状，花朵大可覆盖整个株体。**花期：**秋季。**用途** **布置：**宜盆栽摆放于博古架或隔断，花大色美，新奇别致。

3~8cm
5~8cm

**龟甲牡丹** *Ariocarpus fissuratus*

**属：**岩牡丹属。**原产地：**美国、墨西哥。**识别** **特征：**茎扁平，具钝圆、先端尖、灰绿色的疣状突起，上表皮皱裂呈深而纵走的沟纹，纵沟处密生茸毛。**花：**花生于顶端，钟状，粉红色或淡紫红色。**花期：**夏秋季。**用途** **布置：**株型奇特，为名贵的珍稀品种，适合盆栽。

3~4cm

10~15cm

**花笼** *Aztekium ritteri*

**属：**皱棱球属。**原产地：**墨西哥。**识别** **特征：**植株扁圆形。**花：**漏斗状，淡粉红色。**花期：**春季至秋季。**用途** **布置：**小型珍稀名贵种的盆栽用于点缀窗台、隔断或博古架，也适合瓶景和组合盆栽观赏。

3~5cm
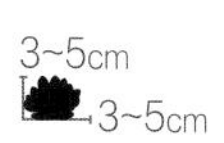
3~5cm

**姬牡丹**
*Ariocarpus kotschoubeyanus* var. *macdowellii*

**属：**岩牡丹属。栽培品种。**识别** **特征：**具肥大直根，株体呈莲座状。**花：**顶生，钟状，淡紫红色。**花期：**秋季。**用途** **布置：**适合在室内书桌和茶几上摆设。**赠：**是仙人掌爱好者收集的珍琦品种之一。

5cm

6cm

**龟甲牡丹锦** *Ariocarpus fissuratus* 'Variegata'

**属：**岩牡丹属。栽培品种。**识别** **特征：**疣状突起为短三角形，呈粉红色，表面有纵沟，先端密生茸毛。**花：**花钟状，紫红色。**花期：**秋季。**用途** **布置：**常用于室内盆栽，株型美观奇特，也是爱好者青睐的珍贵品种。

3~4cm
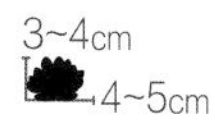
4~5cm

**龙舌兰牡丹锦**
*Ariocarpus agavoides* 'Variegata'

**属：**岩牡丹属。栽培品种。**识别** **特征：**茎扁平，茎端簇生细长三角形疣突，表皮角质，初深绿色，后转灰绿色，基部呈橙黄色。**花：**着生于新刺座茸毛中，钟状，玫瑰红色。**花期：**秋季。**用途** **赠：**是仙人掌爱好者收集的珍琦品种之一。

2~6cm
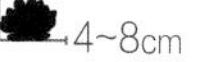
4~8cm

**信氏花笼** *Aztekium hintonii*

**别称：**欣顿花笼、赤花花笼。**属：**皱棱球属。**原产地：**墨西哥。**识别** **特征：**植株扁圆形至长筒形，成年植株群生子球。**花：**单生，漏斗状，深粉红色。**花期：**春季至秋季。**用途** **布置：**宜盆栽点缀窗台、隔断或博古架。

8~12cm
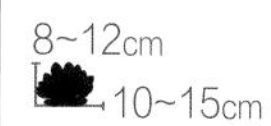
10~15cm

**象牙球** *Coryphantha elephantidens*

**别称：**象牙仙人球、象牙丸。**属：**凤梨球属。**原产地：**墨西哥西南部。**识别** **特征：**植株球形，茎部疣状突起明显。**花：**漏斗状，白色至粉红色。**花期：**夏季。**用途** **布置：**盆栽摆放窗台、阳台或书桌，其丰厚的疣状突起十分起眼。

12~15cm
15~20cm

**狂刺金琥**
*Kroenleinia grusonii* 'Intertextus'

**属：**金琥属。栽培品种。**识别** **特征：**植株深绿色，刺座上的周围刺和中刺呈不规则弯曲，金黄色，其中刺比金琥的稍宽。**花：**钟状，黄色。**花期：**春季至秋季。**用途** **布置：**小球盆栽摆放于窗台、书房或餐室，活泼自然。

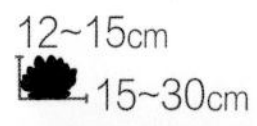

12~15cm
15~30cm

**玉狮子** *Coryphantha radians*

**属：**凤梨球属。**原产地：**墨西哥。**识别** **特征：**植株圆筒形，疣突小而密，刺长而多，紧贴球体。**花：**花大，漏斗状，柠檬黄色。**花期：**夏季。**用途** **布置：**盆栽摆放窗台、阳台或书桌，其丰厚的疣状突起十分起眼，给居室增添了活泼可爱的气氛。

10~12cm
6~7cm

**千波万波锦**
*Echinofossulocactus multicostatus* 'Variegata'

**属：**多棱球属。栽培品种。**识别** **特征：**单生或群生，扁球形或球形。**花：**漏斗状，淡粉紫色或白色，具淡紫色中条纹。**花期：**春季。**用途** **布置：**适合盆栽点缀茶几、书桌或窗台，四季青翠，植株姿态怡人。

10cm
10cm

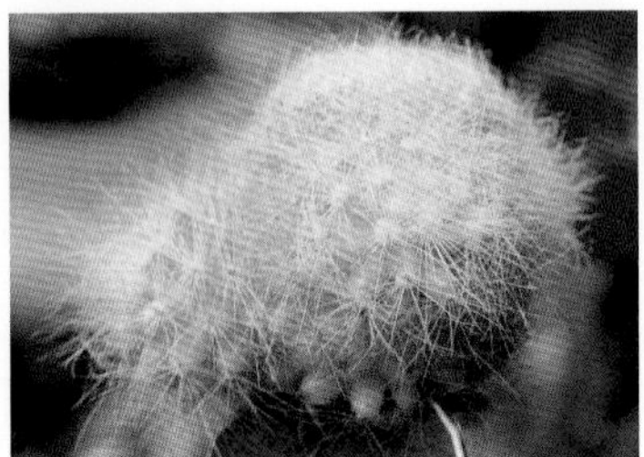

**金鸟座** *Dolichothele albescens* var. *aurea*

**属：**长疣球属。栽培品种。**识别** **特征：**茎圆球形，不分棱，疣状突出，肉质柔软，球体黄色。**花：**顶生，漏斗状，黄色。**花期：**夏季。**用途** **布置：**宜盆栽摆放在书桌、案头或茶几，为居室环境增添情趣。

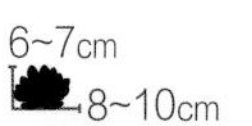

6~7cm
8~10cm

**金星** *Mammillaria longimamma*

**别称：**长疣八卦掌。**属：**长疣球属。**原产地：**墨西哥中部。**识别** **特征：**茎圆球形，易丛生，肉质柔软，多汁，绿色。**花：**侧生，漏斗状，黄色。**花期：**春末至夏初。**用途** **布置：**宜盆栽摆放在书桌或茶几，为居室环境增添情趣。

8~10cm
15~30cm

**金琥** *Kroenleinia grusonii*

**属：**金琥属。**原产地：**墨西哥中部。**识别** **特征：**植株单生，球形，茎亮绿色，具20~40棱，刺座上着生周围刺8~10枚，中刺3~5枚，均为金黄色。**花：**钟形，黄色。**花期：**夏季。**用途** **布置：**宜点缀门厅、客厅，显得金碧辉煌。

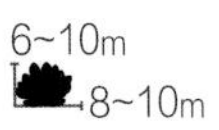

6~10m
8~10m

**雪溪锦**
*Echinofossulocactus albatus* 'Variegatus'

**属：**多棱球属。栽培品种。**识别** **特征：**植株单生，茎球形或卵球形，通体黄色，具20~30棱，棱扁薄而波折。**花：**顶生，漏斗状，白色。**花期：**春季。**用途** **布置：**适合盆栽点缀茶几、书桌或窗台，体姿怡人。

12cm
8~10cm

**世界图** *Echinopsis eyriesii* 'Variegata'

**属：**仙人球属。栽培品种。**识别** **特征：**植株易生子球，初生为球形，长大后呈圆筒形。茎中绿色，镶嵌黄色斑块，有时几乎整个球体呈鲜黄色。**花：**侧生，漏斗状，白色。**花期：**夏季。**用途** **布置：**盆栽摆放在窗台或客厅，金光闪闪，十分醒目。

10~12cm
8~10cm

**类栉球** *Uebelmannia pectinifera*

**属：**乳胶球属。**原产地：**巴西东部。**识别** **特征：**球形或圆筒形，茎具12~18棱，表皮绿色，刺座密集具白毛。**花：**漏斗状，黄色。**花期：**夏季。**用途** **布置：**适合盆栽点缀客厅或走廊。

30~50cm
15cm

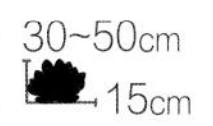

**橙花短毛球**
*Echinopsis eyriesii* var. *orange*

**属：**仙人球属。栽培品种。**识别** **特征：**植株圆筒形，刺座上着生淡褐色周围刺10枚，中刺4~6枚。**花：**侧生，漏斗状，橙红色。**花期：**夏季。**用途** **布置：**盆栽摆放窗台或客厅。

20~30cm
10~15cm

**山吹** *Echinopsis chamecereus* 'Lutea'

**别称：**黄体白檀柱。**属：**仙人球属。栽培品种。**识别** **特征：**植株丛生，多分枝，细圆筒形。**花：**侧生，漏斗状，红色。**花期：**夏季。**用途** **布置：**制作成组合盆栽、框景，更能凸显室内装饰的整体美。

10~15cm
8~10cm

**粉花秋仙玉**
*Neoporteria hankeana* 'Roseiflora'

**属：**智利球属。栽培品种。**识别** **特征：**植株短圆筒形，刺座上着生灰白色的周围刺和黄色的中刺。**花：**漏斗状，淡粉红色。**花期：**秋季。**用途** **布置：**适合盆栽点缀窗台、书桌或茶几。

10~15cm
10~15cm

**多色玉**
*Thelocactus bicolor subsp. heterochromus*

**别称：**红鹰。**属：**天晃玉属。**原产地：**墨西哥。**识别** **特征：**植株单生，扁球形至圆球形，茎灰绿色。**花：**钟状，紫红色。**花期：**夏季。**用途** **布置：**盆栽摆放在窗台或落地窗旁，十分艳丽悦目，也可制作瓶景或框景观赏。

13~15cm
13~15cm

**落花之舞** *Rhipsalidopsis rosea*

**属：**假昙花属。**原产地：**巴西东南部。**识别** **特征：**灌木状，分枝稠密，茎叶状，扁平。**花：**喇叭状，玫瑰红色。**花期：**早春。**用途** **布置：**适合盆栽装饰居室中的窗台、阳台或客厅，能衬托出热情喜庆的氛围。

20~25cm
25~30cm

**瑞云** *Gymnocalycium mihanovichii*

**属：**裸萼球属。**原产地：**巴拉圭。**识别** **特征：**植株单生或群生，球形。茎表面灰绿色至紫褐色，刺座着生在棱脊上，灰黄色，弯曲，并伴随着白色茸毛。**花：**常数朵同开，漏斗状，粉红色。**花期：**春末至夏初。**用途** **布置：**宜点缀案头、书房或窗台。

3~5cm
4~5cm

**白翁玉** *Neoporteria gerocephala*

**属：**智利球属。**原产地：**智利。**识别** **特征：**茎球状或圆筒形，灰绿色，座灰白色，密生短绵毛。**花：**顶生，筒状漏斗形，桃红色。**花期：**早春。**用途** **布置：**适合盆栽点缀窗台、书桌或茶几。

10~15cm
7~8cm

**绯花玉** *Gymnocalycium baldianum*

**别称：**瑞昌玉。**属：**裸萼球属。**原产地：**阿根廷。**识别** **特征：**植株单生或簇生，球形或扁球形。茎具9~11浅棱，深绿色，圆疣状突起。**花：**顶生，漏斗状，紫红色。**花期：**春末至夏初。**用途** **布置：**适合盆栽和瓶景观赏，可点缀案头、书房或窗台。

8cm
7~8cm

**菊水** *Strombocactus disciformis*

**属**：独乐玉属。**原产地**：墨西哥。**识别特征**：植株单生，具萝卜状的肉质根，茎球形，肉质坚硬，表皮灰绿色，棱被菱状疣突所分割，每个疣突的中心长有刺座，没有中刺。**花**：漏斗状，白色或淡黄色。**花期**：夏季。**用途 布置**：盆栽植株显清雅别致，也是吸引眼球的名贵品种。

12~15cm
15~25cm

**白斜子** *Coryphantha echinus*

**属**：凤梨球属。**原产地**：墨西哥。**识别特征**：植株群生，茎球形或倒卵形。含白色乳汁，表皮绿色，球体由密集的疣状突起组成，刺座长条形，生有白刺呈梳状排列。**花**：花，侧生，钟状，黄色或粉红色。**花期**：春夏季。**用途 布置**：非常有特色的仙人掌植物，刺和花都很美，适合盆栽观赏。

5~6cm
3~5cm

**蔷薇球缀化**
*Turbinicarpus valdezianus* 'Cristata'

**属**：升龙球属。栽培品种。**识别特征**：有粗大的块状根。植株冠状，茎扁化呈鸡冠状或山峦状。疣突顶端刺座上生有白色细发状软刺。**花**：花生于顶端，漏斗状，深粉红色或白色。**花期**：春季。**用途 布置**：仙人掌科中的名贵品种，盆栽装点博古架，精致典雅。

2~4cm
4~6cm

**荷花球** *Lobivia* 'Lotus'

**属**：丽花球属。栽培品种。**识别特征**：植株单生，易萌生小球，成为群生。茎球形至圆筒形。**花**：侧生，漏斗状，花筒长12~18厘米，花有紫红色、粉红色、玫瑰红色。**花期**：春末夏初。**用途 布置**：仙人掌植物中花朵很美的一种，花朵硕大，色彩艳丽，群体开放非常热闹。

15~20cm
15~20cm

**精巧球** *Pelecyphora aselliformis*

**属**：斧突球属。**原产地**：墨西哥。**识别特征**：植株小，圆球形或椭圆球形，单生或丛生。茎部肉质较坚硬，疣突似斧头呈螺旋状排列，表皮灰绿色。刺座为细长的虫形，生灰白色细刺，呈篦齿状。**花**：花生于顶端，钟状，紫红色。**花期**：春季。**用途 布置**：球体精致美观，花色艳丽，适用于室内和窗台装点。

3~5cm
3~4cm

**蔷薇球** *Turbinicarpus valdezianus*

**属**：升龙球属。**原产地**：墨西哥。**识别特征**：有粗大的块状根。茎球形或长球形，表皮蓝绿色，球体常被四角形的疣突所分割，呈螺旋状排列。**花**：花生于顶端，漏斗状，深粉红色或白色。**花期**：春季。**用途 布置**：仙人掌科中的名贵品种，常被爱好者收集用于盆栽欣赏。

2~4cm
4~6cm

**赤花姣丽玉** *Turbinicarpus alonsoi*

**属**：升龙球属。**原产地**：墨西哥。**识别特征**：茎部近似球形，单生，有时群生。刺座生于疣突顶端，具明显的一小团白色至灰白色绵毛，刺2~3枚，扁平，柔软且易卷曲，灰白色至淡褐色。**花**：花生于顶端，漏斗状，深粉红色或玫瑰红色。**花期**：夏季。**用途 布置**：适用于室内盆栽观赏。

4~6cm
6~8cm

**丽光殿** *Mammillaria guelzowiana*

**属**：乳突球属。**原产地**：墨西哥。**识别特征**：茎部球形，绿色，肉质柔软，刺座上着生周围刺60~80枚，白色发丝状，中刺1枚，黄色、红色或褐色，顶端钩状。**花**：花漏斗状，紫红色。**花期**：夏季。**用途 布置**：适用于窗台和阳台摆设。

4~6cm
7~8cm

**海王锦**
*Gymnocalycium paraguayense* 'Variegata'

**属:** 裸萼球属。栽培品种。**识别 特征:** 植株扁球形或球形。茎具6~8个宽厚的疣突直棱，表皮黄绿相间。刺座稀疏，生有5~9枚弯曲、黄色的细刺。**花:** 花生于顶端，钟状，白色。**花期:** 夏季。**用途 布置:** 盆栽用于窗台、茶几或书桌摆设。

8~10cm
12~15cm

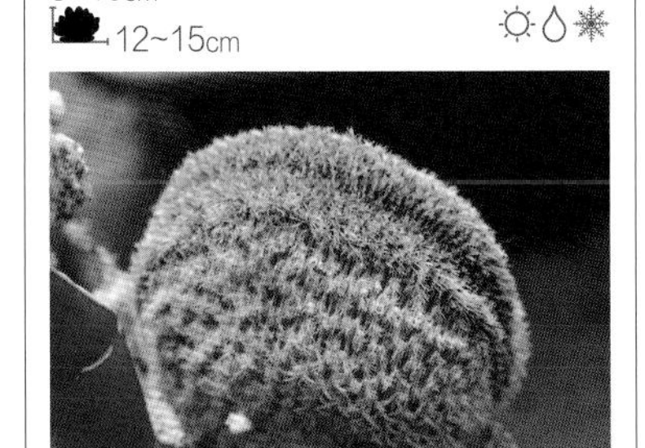

**太阳缀化**
*Echinocereus rigidissimus* 'Cristata'

**别称:** 吾妻镜。**属:** 鹿角柱属。栽培品种。**识别 特征:** 植株茎部扁化呈鸡冠状，有刺座，周围刺覆盖整个鸡冠状体，刺红色。**花:** 花漏斗状，浅粉红色。**花期:** 春末初夏。**用途 布置:** 为仙人掌植物中名贵品种，盆栽装点窗台，开花时十分热闹。

10~15cm
15~18cm

**乌羽玉缀化**
*Lophophora williamsii* 'Cristata'

**属:** 乌羽玉属。栽培品种。**识别 特征:** 植株由扁圆形扁化成鸡冠状或馒头状株型，表面深蓝绿色，球体上分布不规则的刺座，生有黄白色茸毛。**花:** 花钟状，粉红色至洋红色。**花期:** 春至秋季。**用途 布置:** 盆栽植株点缀窗台、书桌、茶几。

3~4cm
8~10cm

**松露玉缀化**
*Blossfeldia liliputana* 'Cristata'

**属:** 松露玉属。栽培品种。**识别 特征:** 茎部扁化呈鸡冠状，灰绿色或深绿色，鸡冠状茎部上的刺座呈不规则的螺旋状排列，具灰色茸毛，无刺。**花:** 花漏斗状，淡黄白色。**花期:** 夏季。**用途 布置:** 为珍稀的仙人掌植物，宜盆栽摆放博古架装饰。

6~8cm
10~15cm

**芳香球缀化**
*Mammillaria baumii* 'Cristata'

**属:** 乳突球属。栽培品种。**识别 特征:** 植株单生，茎部由球形或卵球形扁化呈鸡冠状或山峦状，中绿色，刺座上生有周围刺30~35枚，白色，中刺5~6枚，淡黄色。**花:** 花钟状，黄色。**花期:** 夏季。**用途 布置:** 盆栽摆放窗台或阳台，开花时既能看植株奇特姿态，又能欣赏密集美丽的花朵。

8~10cm
10~12cm

**帝冠缀化** *Obregonia denegrii* 'Cristata'

**属:** 帝冠球属。栽培品种。**识别 特征:** 植株扁球形。茎部被菱形疣突包围，疣突三角形呈螺旋状排列，表皮通体黄色，稍带绿色晕。**花:** 花单生，漏斗状，白色。**花期:** 夏季。**用途 布置:** 为仙人掌科的稀有品种，植株的色彩、花朵、姿态都具有特色。

3~5cm
4~6cm

**绿竹** *Eulychnia castanea* f. *varispiralis*

**别称:** 翠竹、栗色壶花柱。**属:** 壶花柱属。栽培品种。**识别 特征:** 植株圆柱状，绿色，刺座呈螺旋状盘旋排列，形似翠竹，刺不多，黄白色。**花:** 花壶状，白色。**花期:** 春季。**用途 布置:** 植株青翠典雅，用它点缀窗台、案头，更显淡雅亮丽。

10~15cm
12~20cm

**绿竹缀化**
*Eulychnia castanea* f. *varispiralis* 'Cristata'

**属:** 壶花柱属。栽培品种。**识别 特征:** 植株圆柱状扁化呈鸡冠状或山峦状，绿色。刺密集，黄白色。**花:** 花壶状，白色。**花期:** 春季。**用途 布置:** 植株青翠碧绿，用来点缀窗台、茶几，别具风韵。

10~15cm
12~20cm

# 景天科

## *Crassulaceae*

景天科植物约有 34 属 1 500 种，以我国西南部、非洲南部及墨西哥种类较多。景天科植物叶片高度肉质化，其形状和色彩的变化是观赏的重点。本章主要介绍天锦木属、莲花掌属、银波木属、青锁龙属、石莲花属、风车莲属、伽蓝菜属、景天属以及景天科其他属的代表植物。

**养护** **习性：**喜温暖、干燥和阳光充足的环境。**土壤：**宜肥沃、疏松和排水良好的沙质壤土。**繁殖：**春季播种，发芽适温 19~24℃，夏季取茎或叶片扦插。

**用途** **布置：**盆栽点缀窗台、博古架或隔断，形似精致的工艺品。

代表品种：绿卵

**天锦木属**
Adromischus

**养护** **习性：**喜温暖、干燥和阳光充足的环境。**土壤：**宜肥沃、疏松和排水良好的沙质壤土。**繁殖：**春季播种，发芽适温 19~24℃，早春或深秋取顶茎扦插。

**用途** **布置：**盆栽点缀窗台、书桌或儿童房，显得翠绿可爱。

代表品种：福娘

**银波木属**
Cotyledon

**莲花掌属**
Aeonium

代表品种：清盛锦

**养护** **习性：**喜温暖、干燥和阳光充足的环境。**土壤：**宜肥沃、疏松和排水良好的沙质壤土。**繁殖：**春季播种，发芽适温 19~24℃，夏初取莲座状体扦插。

**用途** **布置：**刚买回的盆栽植株，摆放在阳光充足的窗台或阳台，不要摆放在过于遮阴和通风差的场所。

**青锁龙属**
Crassula

**养护** **习性：**喜温暖、干燥和阳光充足的环境。**土壤：**宜肥沃、疏松和排水良好的沙质壤土。**繁殖：**早春播种，发芽适温 15~18℃，全年均可进行扦插，以春秋季生根快，成活率高。

**用途** **布置：**盆栽点缀窗台、书桌或茶几，也可水培，青翠典雅，十分诱人。

代表品种：若歌诗

养护 **习性:** 喜温暖、干燥和阳光充足的环境。**土壤:** 宜肥沃、疏松和排水良好的沙质壤土。**繁殖:** 春夏季播种，种子发芽适温 19~24℃，春季是侧芽爆发的季节。

用途 **布置:** 盆栽植物小巧玲珑，非常别致，用来点缀窗台、书桌、茶几，十分可爱有趣，也适用组合盆栽、瓶景等装饰。

代表品种：白牡丹

养护 **习性:** 喜温暖、干燥和阳光充足的环境。**土壤:** 宜肥沃、疏松和排水良好的沙质壤土。**繁殖:** 早春播种，发芽适温 21℃，春季或夏季取茎部扦插。

用途 **布置:** 盆栽摆放窗台、几案或书桌，显得活泼可爱。

代表品种：不死鸟锦

## 石莲花属 Echeveria

## 风车莲属 Graptopetalum

## 伽蓝菜属 Kalanchoe

## 景天属 Sedum

代表品种：初恋

养护 **习性:** 喜温暖、干燥和阳光充足的环境。**土壤:** 宜肥沃、疏松和排水良好的沙质壤土。**繁殖:** 种子成熟即播种，发芽适温 16~19℃，春季分株或取茎或叶片扦插。

用途 **布置:** 盆栽点缀窗台、书桌或茶几，非常可爱有趣，也可用于瓶景、框景或作为插花装饰。

代表品种：姬星美人

养护 **习性:** 喜温暖、干燥和阳光充足的环境。**土壤:** 宜肥沃、疏松和排水良好的沙质壤土。**繁殖:** 早春播种，发芽适温 15~18℃，春秋季扦插为好，取嫩枝或中下部成熟叶片均可。

用途 **布置:** 盆栽点缀书桌、窗台、几案，青翠光亮，显得清雅别致。

**鼓槌水泡** *Adromischus* 'Guchuishuipao'

**属**：天锦木属。**原产地**：南非。**识别** **花**：聚伞花序，花小，管状。**花期**：夏季。**叶**：卵圆形，形似小鼓槌。**用途** **布置**：适合盆栽点缀窗台、博古架或隔断，形似精致的工艺品。

3~5cm
3~5cm

**绿卵** *Adromischus mammillaris*

**属**：天锦木属。**原产地**：南非。**识别** **花**：管状，绿褐色。**花期**：夏初。**叶**：肉质，橄榄形，绿色，被白毛。**用途** **布置**：适合盆栽点缀窗台、博古架或隔断，形似精致的工艺品。

5~10cm
10~15cm

**红蛋** *Adromischus marianiae* var. *hallii*

**属**：天锦木属。栽培品种。**识别** **特征**：植株茎短。**花**：聚伞花序，花小，筒状，绿褐红色。**花期**：夏季。**叶**：肉质，扁豆形，淡紫红色，叶片无柄，叶面粗糙，有细密的坑洼。**用途** **布置**：本种叶片厚实艳丽，多用小型盆栽摆放室内观赏。

4~6cm
8~10cm

**天章** *Adromischus cristatus*

**属**：天锦木属。**原产地**：南非。**识别** **花**：聚伞花序，筒状，淡绿红色。**花期**：夏季。**叶**：对生，椭圆形至扇形，上缘波状，灰绿色，密被细白毛。**用途** **布置**：适合盆栽点缀窗台、博古架或隔断。

10cm
不限定

**御所锦** *Adromischus maculatus*

**别称**：褐斑天锦章。**属**：天锦木属。**原产地**：南非。**识别** **花**：花小，筒状，白色带红晕。**花期**：夏季。**叶**：互生，圆形或倒卵形，表面绿色，密布红褐色斑点，叶缘较薄。**用途** **布置**：适合盆栽点缀窗台、博古架或隔断。

5~10cm
12cm

**花鹿水泡**
*Adromischus marianiae* 'Meihualu'

**属**：天锦木属。栽培品种。**识别** **特征**：植株茎短，成年植株匍匐生长。**花**：聚伞花序，花小，筒状，绿色带褐红色。**花期**：夏季。**叶**：肉质，卵形至长卵形，先端尖，灰绿色至黄绿色，有暗红色斑点。**用途** **布置**：宜小型盆栽观赏，摆放窗台或阳台。

8~10cm
10~15cm

**松虫** *Adromischus hemisphaericus*

**别称**：天锦星。**属**：天锦木属。**原产地**：南非。**识别** **花**：聚伞花序，花小，管状。**花期**：夏季。**叶**：紧密排列，叶面有淡绿色斑点。**用途** **布置**：适合盆栽点缀窗台、博古架或隔断，形似精致的工艺品。

10~12cm
15~20cm

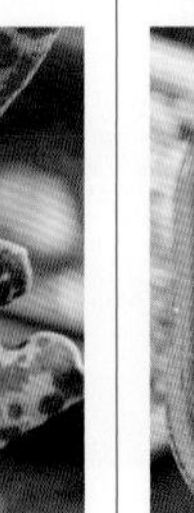

**海豹水泡**
*Adromischus cooperi* 'Silver Tube'

**属**：天锦木属。栽培品种。**识别** **特征**：茎短，灰褐色。**花**：聚伞花序，花筒状，上部绿色，下部紫红色。**花期**：夏季。**叶**：肉质，大而圆润，基部较厚，似圆柱形，灰绿色，具紫红色至红褐色斑点，形似海豹。**用途** **布置**：适用小型盆栽或组合盆栽。

8~10cm
10~15cm

**圆叶朱唇石**
*Adromischus herrei* 'Rotundifolia'

**别称**：圆叶翠绿石。**属**：天锦木属。栽培品种。**识别** **花**：聚伞花序，花筒形，绿色。**花期**：夏季。**叶**：肉质，圆形，呈放射状生长，表面青绿色，皱缩粗糙，表皮密布小疣突，有光泽。**用途** **布置**：小型盆栽适用书桌或茶几上摆放欣赏。

7~8cm
8~10cm

**爱染锦** *Aeonium domesticum* f. *variegata*

**属**：莲花掌属。栽培品种。**识别** **花**：圆锥花序，花星状，黄色。**花期**：春季。**叶**：匙形，浅绿色，镶嵌白色斑纹。**用途** **布置**：叶形、叶色较美，有较好的观赏价值，宜盆栽摆放在客厅茶几、窗台或镜前。

20~30cm
10~15cm

**红缘莲花掌** *Aeonium haworthii*

**别称**：红缘长生草。**属**：莲花掌属。**原产地**：加那利群岛。**识别** **花**：圆锥花序，花星状，淡黄色至淡粉白色。**花期**：春季。**叶**：匙形组成莲座状，淡蓝绿色，边缘红色，锯齿状。**用途** **布置**：宜盆栽摆放在客厅茶几、窗台或镜前。

50~60cm
50~60cm

**嘉年华法师** *Aeonium* 'Fiesta'

**属**：莲花掌属。栽培品种。**识别** **特征**：植株中型，茎部有分枝。**花**：圆锥花序，花星状，淡黄色。**花期**：春季。**叶**：中型叶盘，有叶80~100片，长的匙形，肉质，生于茎端。紧密排列呈莲座状，外围叶片红褐色，有丝绒质感，中心叶绿色。**用途** **布置**：宜盆栽布置窗台、阳台和地柜。

10~15cm
20~25cm

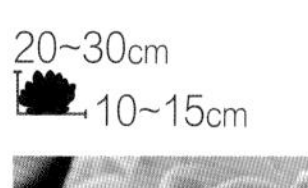

**山地玫瑰** *Aeonium aureum*

**属**：莲花掌属。**原产地**：非洲、北美和地中海沿岸地区。**识别** **花**：总状花序，星状，黄色。**花期**：春季至夏季。**叶**：互生，长卵圆形至近球形，呈莲座状紧密排列，浅绿色至深绿色。**用途** **布置**：宜盆栽摆放在客厅茶几、窗台或镜前。

10~15cm
15~20cm

**翡翠冰缀化**
*Aeonium* 'Jadeite Ice Cristata'

**属**：莲花掌属。栽培品种。**识别** **特征**：植株具分枝。**花**：圆锥花序，花星状，淡黄色。**花期**：春季。**叶**：叶片长的匙形，有叶100~200片，草绿色至灰绿色，边缘白色，排列紧密呈扇状生长。**用途** **布置**：宜盆栽布置客室，有清新舒适的感觉。

10~15cm
15~20cm

**火凤凰** *Aeonium* 'Phoenix Flame'

**别称**：美杜莎。**属**：莲花掌属。栽培品种。**识别** **花**：圆锥花序，花星状，黄色。**花期**：春季。**叶**：小型叶盘，有叶50~60片，长的匙形，肉质，生于茎端，紧密排列呈莲座状，光照充足时呈紫红色。**用途** **布置**：本种叶片火辣艳丽，多用于居室的窗台和客厅点缀。

10~15cm
15~20cm

**清盛锦** *Aeonium decorum* f. *variegata*

**属**：莲花掌属。**原产地**：非洲、北美和地中海沿岸地区。**识别** **花**：总状花序，生于莲座叶丛中心，花星状，白色。**花期**：夏初。**叶**：倒卵圆形，呈莲座状排列，新叶杏黄色，后转为黄绿色至绿色，叶缘红色。**用途** **布置**：宜盆栽摆放在客厅茶几、窗台或镜前。

10~15cm
10~15cm

**铜壶法师** *Aeonium* 'Tonghu'

**别称**：红玫瑰法师。**属**：莲花掌属。栽培品种。**识别** **花**：圆锥花序，花星状，淡黄色。**花期**：春季。**叶**：较薄，有40~50片呈莲座状排列，叶面暗紫褐色。**用途** **布置**：本种叶片黝黑，具有丝绒质感，气质特别，适用于室内盆栽点缀窗台或阳台。

10~15cm
20~30cm

**黑法师**
*Aeonium arboreum* 'Atropurpureum'

**属**：莲花掌属。**原产地**：摩洛哥。**识别** **花**：圆锥花序，花星状，黄色。**花期**：春末。**叶**：倒卵形，紫黑色，叶缘细齿状，在光照不足时，中心叶呈深绿色。**用途** **布置**：宜盆栽摆放在客厅茶几、窗台或镜前。

10~15m
20~25m

**假明镜** *Aeonium* 'Pseudotabuliforme'

**属：**莲花掌属。**原产地：**加那利群岛。**识别** **花：**圆锥花序，花星状，黄色。**花期：**春季。**叶：**茎端叶盘排列紧密，呈莲座状，叶片匙形，叶片和叶缘光滑，亮绿色。**用途** **布置：**宜盆栽摆放客厅茶几、窗台或镜前。

60~80cm

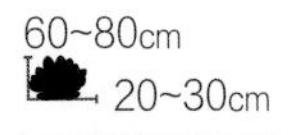

20~30cm

**盘叶莲花掌** *Aeonium tabuliforme*

**别称：**明镜。**属：**莲花掌属。**原产地：**加那利群岛。**识别** **花：**圆锥花序，顶生，花星状，黄色。**花期：**春季。**叶：**叶盘大，有叶100~200枚，匙形，草绿色，排列紧密，扁平如盘。**用途** **布置：**宜盆栽摆放在客厅茶几、窗台或镜前。

8~10cm

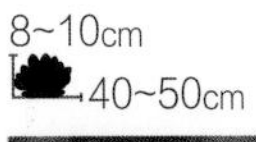

40~50cm

**花叶寒月夜** *Aeonium subplanum* 'Variegata'

**属：**莲花掌属。栽培品种。**识别** **花：**圆锥花序，花星状，淡黄色。**花期：**春季。**叶：**舌状，肉质，呈莲座状，新叶绿色，叶缘两侧黄白色，成熟叶先端和叶缘有红色晕，有细锯齿。**用途** **布置：**宜盆栽摆放客厅茶几、窗台或镜前。

20cm

20~25cm

**鸡蛋山地玫瑰**
*Aeonium diplocyclum* var.*gigantea*

**属：**莲花掌属。**识别** **花：**聚伞状圆锥花序，黄色。**花期：**春夏季。**叶：**叶片倒卵形，叶尖圆形、截形或微凹。呈莲座状紧密排列，浅绿色至深绿色。**用途** **布置：**本种的莲座状叶片形似“鸡蛋”，受到爱好者赏识。常盆栽用于装点客厅和地柜等处。

10~15cm

15~20cm

**小人祭** *Aeonium sedifolium*

**属：**莲花掌属。**原产地：**加那利群岛。**识别** **特征：**茎直立，分枝至下垂，叶片合拢，形似卷心菜。**花：**总状花序，花星状，金黄色。**花期：**春季。**叶：**有黏性，绿色中间带紫红色纹理，叶缘有红边。**用途** **布置：**宜盆栽摆放客厅茶几、窗台或镜前。家庭栽培，很少见开花。

15~40cm

10~13cm

**花叶寒月夜缀化**
*Aeonium subplanum* 'Variegata Cristata'

**别称：**灿烂缀化。**属：**莲花掌属。栽培品种。**识别** **特征：**茎部有分枝。**花：**圆锥花序，亮黄色。**花期：**春季。**叶：**细长倒卵形，密集呈扇状生长，叶面浅绿色，叶缘粉红色，锯齿状。**用途** **布置：**叶色、株型十分醒目，多用于盆栽绿饰阳台、窗台和客厅。

15~20cm

20~25cm

**熊童子** ***Cotyledon tomentosa***

**别称：**毛银波木。**属：**银波木属。**原产地：**南非。**识别** **花：**圆锥花序，顶生，筒状，红色。**花期：**夏末至秋季。**叶：**叶厚，倒卵球形，灰绿色，密生细短白毛，顶端叶缘具缺刻。**用途** **布置：**适合盆栽点缀窗台、书桌或儿童室，显得活泼可爱，使整个居室环境充满亲切感。

30cm
12~20cm

**鹿角福娘**
***Cotyledon orbiculata* 'Elk Horns'**

**名称：**细叶福娘。**属：**银波木属。栽培品种。**识别** **特征：**茎部圆筒形，分枝，绿色，**花：**花管状，红色。**花期：**夏末至秋季。**叶：**叶片丛生，形似鹿角，肉质，灰绿色，表面被白粉，叶尖红色。**用途** **布置：**本种叶片很有观赏性，多盆栽用于居室欣赏。

15~20cm
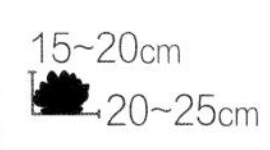20~25cm

**达摩福娘** ***Cotyledon pendens***

**属：**银波木属。栽培品种。**识别** **花：**圆锥花序，顶生，花管状，红色。**花期：**夏末至秋季。**叶：**卵圆形，叶片顶端边缘具紫色。**用途** **布置：**适合盆栽点缀窗台、书桌或儿童室，显得翠绿可爱，新奇别致，使整个居室环境充满亲切感。

20~30cm
20~30cm

**乒乓福娘**
***Cotyledon orbiculata* 'Oophylla'**

**属：**银波木属。栽培品种。**识别** **花：**圆锥花序，顶生，管状，红色或浅黄红色。**花期：**夏末至秋季。**叶：**卵圆形至宽的扁棒形，形似乒乓球板，对生，肉质，灰绿色，面披白粉，叶片顶端边缘具紫色。**用途** **布置：**适合盆栽点缀窗台、书桌或儿童室。

50~60cm
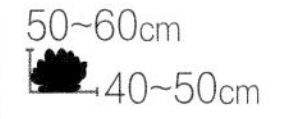40~50cm

**旭波之光**
***Cotyledon orbiculata* var. *oblonga* 'Variegata'**

**属：**银波木属。栽培品种。**识别** **花：**筒状，橙色或浅红黄色。**花期：**夏末至秋季。**叶：**卵形，中央绿色，周边间杂纵向白色斑纹，被白粉。**用途** **布置：**适合盆栽点缀窗台、书桌或儿童室，显得翠绿可爱，新奇别致，使整个居室环境充满亲切感。

30cm
25cm

**银波锦** ***Cotyledon orbiculata* var. *oblonga***

**属：**银波木属。**原产地：**安哥拉、纳米比亚和南非。**识别** **特征：**茎直立，粗壮。**花：**筒状，橙色或淡红黄色。**花期：**秋季。**叶：**卵形，绿色，密被白色蜡质，顶端扁平，波状。**用途** **布置：**适合盆栽点缀窗台、书桌或儿童室。

50cm
50cm

**花月锦** *Crassula ovata* 'Variegata'

**属:** 青锁龙属。**原产地:** 南非。**识别特征:** 茎粗壮，圆柱形，灰褐色，易分枝。**花:** 花星状，白色。**花期:** 春季。**叶:** 卵圆形，肉质，深绿色，嵌有黄色斑块。**用途 布置:** 适用于盆栽点缀窗台、书桌或茶几，观赏性强。

40~50cm

40~50cm

**三色花月锦**
*Crassula ovata* 'Tricolor Jade'

**名称:** 落日之雁。**属:** 青锁龙属。栽培品种。**识别特征:** 茎部圆柱形，灰褐色，易分枝。**花:** 花星状，白色。**花期:** 秋季。**叶:** 卵圆形，肉质，深绿色，嵌有红色、黄色、白色三色叶斑。**用途 布置:** 叶色绚烂，盆栽摆放在客厅和阳台，有极佳的装饰效果。

50~60cm
40~50cm

**十字星锦** *Crassula perforata* 'Variegata'

**别称:** 星乙女锦。**属:** 青锁龙属。栽培品种。**识别 花:** 筒状，白色。**花期:** 春季。**叶:** 卵圆状三角形，肉质，交互对生，浅绿色，边缘有黄色宽斑，呈"十"字形。**用途 布置:** 适用于盆栽点缀窗台、书桌或茶几，可爱奇特。

15~20cm

10~12cm

**绿塔** *Crassula pyramidalis*

**属:** 青锁龙属。**原产地:** 南非。**识别特征:** 茎部有分枝。**花:** 白色。**花期:** 秋季。**叶:** 肉质4棱，排列紧密，植株呈塔形，中绿色。**用途 布置:** 本种塔状的株型很别致，是小型盆栽的极佳素材。宜摆放博古架或隔断欣赏。

3~10cm

8~10cm

**雨心** *Crassula volkensii*

**属:** 青锁龙属。**原产地:** 南非。**识别 花:** 花小，星状，白色。**花期:** 春季。**叶:** 梭形，对生，绿色叶片上具浅褐色或紫色细密斑点。**用途 布置:** 适用于盆栽点缀窗台、书桌或茶几，青翠典雅，小巧可爱。

3~4cm
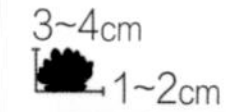
1~2cm

**花月** *Crassula ovata*

**别称:** 翡翠木、玉树、燕子掌。**属:** 青锁龙属。**原产地:** 南非。**识别 花:** 星状，白色或浅粉色。**花期:** 秋季。**叶:** 交互对生，倒卵形，尖头，肉质，光滑，中绿色，有时具红色边。**用途 布置:** 适用于中小型盆栽点缀窗台、书桌或茶几，青翠典雅。

3~4cm
1~2cm

**玉椿** *Crassula barklyi*

**属:** 青锁龙属。**原产地:** 南非。**识别 花:** 花小，白色，有芳香。**花期:** 春季。**叶:** 圆头形或碗状，肉质，交互对生，上下层层紧密排列，看不到茎，形似肉质柱，灰绿色，边缘灰白色。**用途 布置:** 适用于盆栽点缀窗台、书桌或茶几，青翠典雅。

4~5cm

1~2cm

**月光** *Crassula barbata*

**属:** 青锁龙属。**原产地:** 南非。**识别 花:** 花白色。**花期:** 春季。**叶:** 半圆形呈"十"字形叠生，浅绿色，叶片边缘生稀疏白色刺毛。春秋季温差增大，叶色会由绿变红。**用途 布置:** 本种的莲座状株型和晶莹洁白的刺毛，非常有特点，盆栽植株很容易吸睛。

3~4cm
1~2cm

**稚儿姿** *Crassula deceptor*

**属：**青锁龙属。**原产地：**南非。**识别 花：**漏斗状，白色至淡黄色或粉红色。**花期：**春季。**叶：**肉质肥厚，三角形，交互对生，呈 4 列，柱状，浅灰绿色。**用途 布置：**刚买回的盆栽宜摆放在有纱帘的窗台或阳台。

8~10cm
8~10cm

**白妙** *Crassula corallina*

**属：**青锁龙属。**原产地：**南非。**识别 花：**花朵细小，黄色，生于叶先端。**花期：**春季。**叶：**叶小，肉质，呈莲座状排列。**用途 布置：**适合盆栽点缀窗台、书桌或茶几，青翠典雅。

4~5cm
3~4cm

**巴** *Crassula hemisphaerica*

**属：**青锁龙属。**原产地：**南非。**识别 花：**管状，白色。**花期：**春季。**叶：**半圆形，末端渐尖如桃形，灰绿色，交互对生，上下叠接呈“十”字形排列，全缘，具白色纤毛。**用途 布置：**刚买回的盆栽宜摆放在有纱帘的窗台或阳台。

5~15cm
18cm

**半球星乙女** *Crassula brevifolia*

**属：**青锁龙属。**原产地：**南非。**识别 特征：**植株小型，易群生。**花：**花小，筒状，白色或黄色。**花期：**夏秋季。**叶：**卵状三角形，交互对生，肉质叶面平展，背面似半球形，灰绿色。**用途 布置：**本种株型十分美观，叶色也非常粉嫩，是盆栽和制作小盆景的好素材。

3~4cm
1~2cm

**茜之塔** *Crassula tabularis*

**别称：**绿塔。**属：**青锁龙属。**原产地：**南非。**识别 花：**聚伞花序，花小，星状，白色。**花期：**秋季。**叶：**无柄，对生，长三角形，叶片密排成 4 列，整齐，由基部向上渐趋变小，堆砌呈塔形，深绿色，冬季阳光下呈橙红色。**用途 布置：**适用于盆栽点缀窗台、书桌或茶几。

5~8cm
8~12cm

**红稚儿**
*Crassula pubescens subsp. radicans*

**别称：**沁变。**属：**青锁龙属。**原产地：**南非。**识别 花：**簇状花序，花小，星状，白色。**花期：**春季。**叶：**倒卵形，肉质，交互对生，叶端红色。**用途 布置：**刚买回的盆栽宜摆放在有纱帘的窗台或阳台，观赏性强。

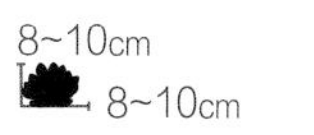

8~10cm
8~10cm

**若歌诗** *Crassula rogersii*

**属：**青锁龙属。**原产地：**南非。**识别 花：**聚伞花序，白色。**花期：**夏季。**叶：**对生，扁平，卵圆形，绿色，有小茸毛，春秋季叶片会变浅红色。**用途 布置：**刚买回的盆栽宜摆放在有纱帘的窗台或阳台。

15~25cm
15~25cm

**火祭六角变异**
*Crassula capitella* ‘Campfire’

**别称：**秋火莲。**属：**青锁龙属。栽培品种。**识别 花：**星状，白色。**花期：**秋季。**叶：**对生，卵圆形至线状披针形，排列紧密，灰绿色，秋冬季叶片转鲜红色。**用途 布置：**适合盆栽点缀窗台、书桌或茶几，带来喜庆气氛。

20cm
15cm

**雪莲** *Echeveria laui*

**属：**石莲花属。**原产地：**墨西哥。**识别** **花：**总状花序，长 20 厘米，花卵球形，淡红白色 。**花期：**春夏季。**叶：**圆匙形，肥厚，长 2~3 厘米，宽 1~1.5 厘米，淡红色，布满白粉，呈莲座状排列。**用途** **布置：**可用于瓶景、框景或作为插花装饰。

5~8cm

10~15cm

**星影** *Echeveria elegans* 'Potosina'

**属：**石莲花属。**原产地：**墨西哥。**识别** **花：**总状花序，长 20~25 厘米，花淡红色。 **花期：**春季。**叶：**长匙形，呈莲座状排列，肉质，浅青色，被白粉。**用途** **布置：**适用于瓶景、框景或作为插花装饰。

5~10cm

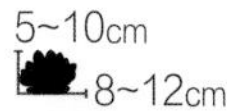

8~12cm

**静夜** *Echeveria derenbergii*

**别称：**德式石莲花。**属：**石莲花属。**原产地：**墨西哥。**识别** **花：**总状花序，长 10 厘米，花钟状，黄色。 **花期：**夏季和冬季。**叶：**倒卵形或楔形，肉质，肥厚，被白粉，呈莲座状排列，叶尖和叶边具红色。 **用途** **布置：**宜盆栽摆放在窗台、案头或博古架，非常可爱有趣。

10cm

10~20cm

**草莓冰** *Echeveria* 'Strawberry Ice'

**属：**石莲花属。**原产地：**墨西哥。**识别** **花：**聚伞花序，花浅红色。 **花期：**冬季和春季。**叶：**长匙形，全缘，尖端有一小尖，蓝绿色，被白粉，排列成莲座状。**用途** **布置：**宜盆栽摆放在窗台、案头或博古架。

5~10cm

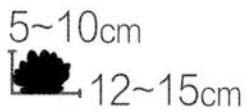

12~15cm

**月影** *Echeveria albicans*

**别称：**美丽石莲花。**属：**石莲花属。**原产地：**墨西哥。**识别** **花：**花淡红色。 **花期：**夏季和冬季。**叶：**叶片多，卵形，先端厚，稍内弯，新叶有小尖，肥厚多汁，淡粉绿色，表面被白粉，排列成莲座状。**用途** **布置：**适用于瓶景、框景或作为插花装饰。

5cm

10~20cm

**粉蓝鸟** *Echeveria* 'Blue Bird'

**属：**石莲花属。栽培品种。**识别** **花：**聚伞花序，花钟形，红色。**花期：**春夏季。**叶：**宽匙形，排列成莲座状，蓝色或蓝绿色，被白霜，先端有一小尖，红色。 **用途** **布置：**宜盆栽摆放在窗台、案头或博古架。

5~8cm

8~10cm

**圣诞东云**
*Echeveria agavoides* 'Christmas'

**属：**石莲花属。栽培品种。**识别 花：**聚伞花序，花红色，顶端黄色。**花期：**春夏季。**叶：**翠绿色，较大温差下，叶缘会变成红色，甚至整株转为艳丽的红色。**用途 布置：**宜盆栽摆放在窗台、案头或博古架。

10~15cm
20~25cm

**相府莲**
*Echeveria agavoides* var. *prolifera*

**属：**石莲花属。栽培品种。**识别 花：**聚伞花序，花红色。**花期：**夏季和秋季。**叶：**长三角形，呈莲座状排列，绿色，先端尖，红色。**用途 布置：**适用于瓶景、框景或作为插花装饰。

12~15cm
20~25cm

**玉杯** *Echeveria* 'Gilva'

**别称：**冰莓东云。**属：**石莲花属。栽培品种。**识别 花：**聚伞花序，花红色，顶端黄色。**花期：**春夏季。**叶：**绿色，春秋季容易变色。**用途 布置：**适用于瓶景、框景或作为插花装饰。

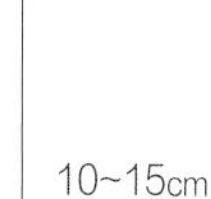

10~15cm
20~25cm

**东云** *Echeveria agavoides*

**别称：**龙舌兰石莲花。**属：**石莲花属。**原产地：**墨西哥。**识别 花：**聚伞花序，花红色，顶端黄色。**花期：**春夏季。**叶：**卵圆形或卵圆状三角形，肉质，浅绿色，长3~9厘米，叶尖红色，呈莲座状排列。**用途 布置：**用于点缀窗台、书桌或案头，非常可爱有趣。

12~15cm
20~25cm

**魅惑之宵**
*Echeveria agavoides* 'Corderoyi'

**属：**石莲花属。栽培品种。**识别 花：**聚伞花序，花红色。**花期：**春夏季。**叶：**长三角形，呈莲座状排列，绿色，质硬，先端尖，红色。**用途 布置：**宜盆栽摆放在窗台、案头或博古架，新颖别致。

15m
30cm

**冰河世纪** *Echeveria* 'Ice Age'

**属：**石莲花属。**原产地：**墨西哥。**识别 花：**聚伞花序，花红色，顶端黄色。**花期：**春夏季。**叶：**翠绿色，较大温差下，叶缘会变红，甚至呈现出亮红色的边。**用途 布置：**宜盆栽摆放在窗台、案头或博古架。

20~25cm
20~25cm

**吉娃娃** *Echeveria chihuahuaensis*

**别称:** 吉娃莲、杨贵妃。**属:** 石莲花属。**原产地:** 墨西哥。**识别** **花:** 聚伞花序，花钟形，红色。**花期:** 春夏季。**叶:** 宽匙形，呈莲座状排列，蓝绿色，被白霜，先端急尖，叶缘和叶尖红色。 **用途** **布置:** 用于点缀窗台、书桌或案头，非常可爱有趣。

4~5cm
20~25cm

**卡梅奥** *Echeveria* 'Cameo'

**属:** 石莲花属。栽培品种。**识别** **花:** 聚伞花序，花钟形，浅红色。**花期:** 夏季和冬季。**叶:** 匙形，宽厚，扁平，叶缘波状，青绿色，叶面上常长出不同形状的肉突。**用途** **布置:** 宜盆栽摆放窗台、案头或博古架。

10~15cm
15~20cm

**桃太郎** *Echeveria* 'Momotaro'

**属:** 石莲花属。**原产地:** 墨西哥。**识别** **花:** 聚伞花序，花红色。**花期:** 春夏季。**叶:** 宽匙形，呈莲座状排列，叶片上被薄薄一层白粉，先端急尖，叶尖红色。**用途** **布置:** 宜盆栽摆放在窗台、案头或博古架。

8~10cm
12~15cm

**露娜莲** *Echeveria* 'Lola'

**属:** 石莲花属。栽培品种。**识别** **花:** 聚伞花序，花淡红色。**花期:** 夏季至冬季。**叶:** 卵圆形，肉质，先端有小尖，灰绿色，被浅粉色晕。**用途** **布置:** 宜盆栽摆放在窗台、案头或博古架观赏。

5~7cm
8~10cm

**乙姬花笠** *Echeveria coccinea*

**属:** 石莲花属。**原产地:** 墨西哥。**识别** **花:** 淡黄色。**花期:** 春夏季。**叶:** 倒卵形，基部窄，灰绿色，叶缘淡红色，呈波浪形起伏，叶质肥厚，光照充足时叶面转红色。**用途** **布置:** 用于点缀窗台、书桌或案头，非常可爱有趣。

20~30cm
20~30cm

**玉蝶** *Echeveria glauca*

**别称:** 石莲花、宝石花。**属:** 石莲花属。**原产地:** 墨西哥。**识别** **花:** 总状花序，花小，外红内黄。**花期:** 春季。**叶:** 30~50 枚匙形叶片组成莲座状叶盘。叶片淡灰绿色，先端有一小尖，被白粉。**用途** **布置:** 宜盆栽摆放在窗台、案头或博古架。

20~35cm
10~15cm

**菲奥娜** *Echeveria* 'Fiona'

**属：**石莲花属。栽培品种。**识别 花：**粉红色和黄色。**花期：**春夏季。**叶：**叶片上被薄薄一层白粉。**用途 布置：**用于点缀窗台、书桌或案头，非常可爱有趣。

8~16cm
30~40cm

**乌木** *Echeveria agavoides* 'Ebony'

**别称：**黑檀汁。**属：**石莲花属。**识别 特征：**植株大型。**花：**聚伞花序，花小，钟形，黄色，先端红色。**花期：**春末至初夏。**叶：**宽大，广卵形至三角卵形，先端尖锐，叶背稍拱起呈龙骨状，叶片灰绿色或绿白色，入秋后叶缘和叶尖渐变淡紫色或紫红色。**用途 布置：**叶色非常有特点，盆栽植株常是花市中的抢手货。

10~15cm
15~25cm

**初恋** *Echeveria* 'Huthspinke'

**属：**石莲花属。栽培品种。**识别 花：**浅红色。**花期：**春夏季。**叶：**匙形，肉质，呈松散莲座状，中绿色，生长期摆放阳光充足和通风处，易变红。**用途 布置：**宜盆栽摆放在窗台、案头或博古架。

10~15cm
10~25cm

**卡罗拉** *Echeveria colorata*

**别称：**具色石莲花。**属：**石莲花属。**原产地：**墨西哥。**识别 花：**聚伞花序，花钟形，红色。**花期：**春夏季。**叶：**宽匙形，呈莲座状排列，蓝绿色，被白霜，先端有一小尖，紫色。**用途 布置：**宜盆栽摆放在窗台、案头或博古架。

8~10cm

12~15cm

**摩氏石莲花** *Echeveria moranii*

**别称：**摩氏玉莲。**属：**石莲花属。**原产地：**墨西哥。**识别 花：**总状花序，花小，红色，上部黄色。**花期：**春夏季。**叶：**互生，匙形，全缘，呈莲座状排列，叶面灰绿色，布满红褐色细茸点。**用途 布置：**宜盆栽摆放在窗台、案头或博古架。

5~10cm
10~15cm

**德科拉** *Echeveria* 'Decora'

**属：**石莲花属。栽培品种。**识别 花：**聚伞花序，浅黄至红色。**花期：**夏季和冬季。**叶：**"C"字形至扇形，呈莲座状排列，青绿色，秋季转红色。**用途 布置：**宜盆栽摆放窗台、案头或博古架，清新雅致。

10~15cm
15~25cm

**猎户座** *Echeveria* 'Orion'

**属：**石莲花属。栽培品种。**识别 花：**穗状花序，花钟形，橙色。**花期：**春夏季。**叶：**匙形，前端有小尖，呈莲花状紧密排列。**用途 赠：**是十二星座中射手座的代表多肉植物。

5~6cm

10~23cm

**罗密欧** *Echeveria agavoides* var. *romeo*

**属：**石莲花属。栽培品种。**识别 花：**聚伞花序，红色。**花期：**春夏季。**叶：**长三角形，肥厚，叶尖，叶面光滑，有光泽。新叶绿色，生长一段时间后变为浅紫色。**用途 布置：**用于点缀窗台、书桌或案头，非常可爱有趣。

12~15cm
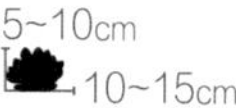
20~25cm

**象牙莲** *Echeveria* 'Ivory'

**属：**石莲花属。**原产地：**墨西哥。**识别 花：**总状花序，花小，黄色。**花期：**春季。**叶：**宽匙形，蓝灰色至蓝绿色，被白粉，呈莲座状排列。**用途 布置：**宜盆栽摆放在窗台、案头或博古架。

8~10cm
12~15cm

**玉蝶锦** *Echeveria glauca* 'Variegata'

**属：**石莲花属。栽培品种。**识别** **特征：**植株短茎。**花：**总状花序，花小，外红内黄。**花期：**春季。**叶：**匙形，组成莲座状“叶盘”。叶面淡灰色，边缘两侧白色，先端有一小尖，被白粉。**用途** **布置：**本种植株圆润，造型形似一朵荷花，适于盆栽观赏。

10~15cm
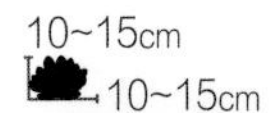10~15cm

**姬莲** *Echeveria minima*

**别称：**迷你石莲花。**属：**石莲花属。**原产地：**墨西哥。**识别** **花：**聚伞花序，花红色。**花期：**春夏季。**叶：**卵圆形，先端有小尖，肉质，肥厚，小尖与叶缘红色。**用途** **布置：**宜盆栽摆放窗台、案头或博古架。

5~8cm
8~10cm

**花月夜** *Echeveria pulidonis*

**别称：**红边石莲花。**属：**石莲花属。**原产地：**墨西哥。**识别** **花：**花小，黄色。**花期：**春夏季。**叶：**匙形，肉质，呈莲座状排列，叶面浅绿色，被白粉，全缘，椭圆顶具小尖，红色，叶缘有红色细边。**用途** **布置：**盆栽点缀窗台、书桌或案头，非常可爱有趣。

10~15cm
15~20cm

**鲁氏石莲花** *Echeveria runyonii*

**属：**石莲花属。**原产地：**墨西哥。**识别** **花：**聚伞花序，花钟状，橘红色。**花期：**春夏季。**叶：**匙形，先端有小尖，叶上半部背面有微龙骨突，呈莲座状排列，灰白色。**用途** **布置：**盆栽点缀窗台、书桌或案头，非常可爱有趣，观赏性也强。

8~12cm
15~25cm

**大和锦** *Echeveria purpusorum*

**别称：**三角莲座草。**属：**石莲花属。**原产地：**墨西哥。**识别** **花：**总状花序，花小，红色，上部黄色。**花期：**春夏季。**叶：**互生，三角状卵形，全缘，先端急尖，呈莲座状排列，叶面灰绿色，有红褐色斑点。**用途** **布置：**可用于瓶景、框景或作为插花装饰。

5~10cm
10~15cm

**女雏** *Echeveria* 'Mebina'

**属：**石莲花属。栽培品种。**识别** **特征：**植株群生。**花：**聚伞花序，花浅红色。**花期：**春夏季。**叶：**卵圆形至长卵圆形，肉质，向内抱合，呈莲座状排列，中绿色，春秋季阳光充足，叶片变成粉红色。**用途** **布置：**宜盆栽摆放在窗台、案头或博古架。

8~10cm
10~15cm

**帕米亚玫瑰** *Echeveria prolifica*

**属**：石莲花属。**原产地**：墨西哥。**识别** **花**：穗状花序，花倒钟形，黄色。**花期**：春季。**叶**：匙形，呈莲座状排列，被白粉。**用途** **布置**：宜盆栽摆放在窗台、案头或博古架。

5~6cm
 8~12cm

**锦晃星** *Echeveria pulvinata*

**别称**：茸毛掌、白闪星。**属**：石莲花属。**原产地**：墨西哥。**识别** **花**：圆锥花序，小花坛状，黄色或红黄相间。**花期**：春夏季。**叶**：匙形或倒卵圆形，肥厚，中绿色，具白色茸毛，边缘及顶端呈红色。**用途** **布置**：宜盆栽摆放在窗台、案头或博古架。

20~30cm
30~50cm

**绮罗** *Echeveria* 'Luella'

**别称**：手捧花。**属**：石莲花属。栽培品种。**识别** **特征**：植株中型，茎短，圆柱形。**花**：聚伞花序，花小，钟形，黄色。**花期**：春季。**叶**：匙形或倒卵形，先端有斜边，有小叶尖，呈松散的莲座状排列。**用途** **布置**：多用于盆栽或组合盆栽，宜摆放在窗台、阳台、地柜等处。

8~12cm
 10~15cm

**粉红台阁**
*Echeveria runyonii* 'Fenhongtaige'

**属**：石莲花属。栽培品种。**识别** **花**：聚伞花序，花小，粉红色。**花期**：夏季至冬季。**叶**：扇形扁平，尖端有小尖，灰绿色，被白粉，呈莲座状排列。**用途** **布置**：可用于瓶景、框景或作为插花装饰。

6~10cm
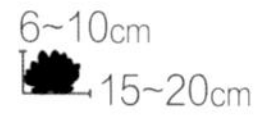 15~20cm

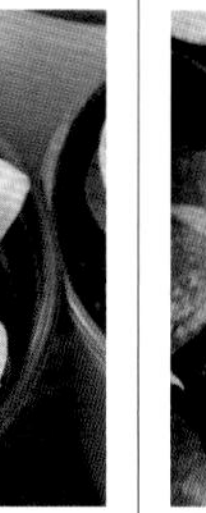

**彩虹** *Echeveria* 'Rainbow'

**属**：石莲花属。栽培品种。**识别** **花**：聚伞花序，花钟形，红色。**花期**：春末至夏季。**叶**：宽的匙形，排列成莲座状，蓝绿色，被白霜，先端急尖，叶缘和叶尖红色。**用途** **布置**：本种的莲座状叶片很有特点，似彩虹一般，盆栽非常讨人喜欢。

4~5cm
20~25cm

**大和峰** *Echeveria turgida*

**属**：石莲花属。栽培品种。**识别** **特征**：植株中型，有短茎。**花**：总状花序，花小，红色，上部黄色。**花期**：春季至初夏。**叶**：宽三角形，叶面内凹，叶背稍拱起，有小叶尖，呈紧密的莲座状排列，光照充足时为粉红色带橙色。**用途** **布置**：叶色多变，柔美动人，适用于盆栽和组合盆栽观赏。

8~10cm
 12~15cm

**紫珍珠** *Echeveria* 'Perle von Nurnberg'

**属**：石莲花属。栽培品种。**识别** **花**：聚伞花序，红色。**花期**：春夏季。**叶**：卵圆形，叶端有小尖，肉质，稍薄，粉红色。**用途** **布置**：宜盆栽摆放在窗台、案头或博古架，非常清新可爱，增添趣味。

6~10cm
8~12cm

**舞会红裙** *Echeveria* 'Party Dress'

**属**：石莲花属。栽培品种。**识别** **花**：聚伞花序，红色。**花期**：夏季至冬季。**叶**：叶缘小波浪状褶皱，翠绿至红褐色，强光与昼夜温差较大时，叶色变为艳丽的鲜红色。**用途** **布置**：宜盆栽摆放在窗台、案头或博古架。

20~30cm
30~50cm

**特玉莲** *Echeveria runyonii* 'Topsy Turvy'

**别称：**特叶玉蝶。**属：**石莲花属。栽培品种。**识别** **花：**总状花序，花小，黄色。**花期：**夏季至冬季。**叶：**匙形，叶缘向下反卷，似船形，先端有一小尖，肉质，蓝绿色至灰白色，被白粉，呈莲座状排列。**用途** **布置：**宜盆栽摆放窗台、案头或博古架。

5~10cm
10~12cm

**锦司晃** *Echeveria setosa* var. *hybrid*

**别称：**茸毛石莲花、白毛匙叶草。**属：**石莲花属。**原产地：**墨西哥。**识别** **花：**红色，顶端黄色。**花期：**春夏季。**叶：**卵圆形至匙形，叶被覆茸毛，中绿色，叶缘和顶端呈红色。**用途** **布置：**宜与其他景天科多肉植物搭配，制作盆栽摆放在窗台、案头或博古架。

4cm
20~30cm

**祇园之舞** *Echeveria shaviana*

**属：**石莲花属。**原产地：**墨西哥。**识别** **花：**聚伞花序，粉红色或浅橙色。**花期：**春季。**叶：**椭圆形或匙形，呈莲座状排列，全缘，尖顶，老叶绿色，新叶灰绿色。**用途** **布置：**宜盆栽摆放在窗台、案头或博古架，优雅动人，观赏性极强。

5~10cm
12~15cm

**霜之朝** *Pachyveria* 'Powder Puff'

**属：**厚石莲属。**原产地：**墨西哥。**识别** **花：**聚伞花序，浅红色。**花期：**春夏季。**叶：**长卵圆形，肉质，灰绿色，被白粉，呈莲座状排列。**用途** **布置：**株型紧凑小巧，叶片十分饱满，在阳光充足的情况下非常挺拔，摆放在书桌和窗台很漂亮。

8~12cm
12~15cm

**高砂之翁**
*Echeveria* 'Takasago No Okina'

**属：**石莲花属。栽培品种。**识别** **花：**聚伞花序，红黄色。**花期：**夏季和冬季。**叶：**倒卵形，叶缘波状，呈莲座状排列，灰绿色带红缘。**用途** **布置：**植株紧实美观，宜盆栽摆放在窗台、案头或博古架。

20~30cm
30~40cm

**沙漠之星**
*Echeveria shaviana* 'Desert Star'

**属：**石莲花属。栽培品种。**识别** **花：**总状花序，花小，红黄色。**花期：**春夏季。**叶：**卵圆形，叶缘多皱褶，蓝绿色。**用途** **布置：**宜盆栽摆放在窗台、案头或博古架。

10~12cm
12~15cm

**七福美尼** *Echeveria* 'Sitifukumiama'

**属：**石莲花属。栽培品种。**识别** **花：**总状花序，花小，红黄色。**花期：**春夏季。**叶：**长匙形，基部稍窄，蓝绿色，披白霜。**用途** **布置：**宜盆栽摆放在窗台、案头或博古架，青翠典雅，用于点缀气氛。

5~8cm
15~20cm

**久米之舞** *Echeveria spectabilis*

**属：**石莲花属。**原产地：**墨西哥。**识别** **花：**聚伞花序，红色。**花期：**春夏季。**叶：**卵圆形至圆形，具小尖，叶面稍有波折，亮绿色至黄绿色，秋季叶缘转红色。**用途** **布置：**宜盆栽摆放在窗台、案头或博古架。

8~10cm
12~15cm

**姬秋丽** *Graptopetalum* 'Mirinae'

**属：**风车莲属。**原产地：**墨西哥。**识别** **花：**聚伞花序，花星状，白色。**花期：**冬春季。**叶：**长卵圆形，圆润饱满，灰绿色，被浅粉色。**用途** **布置：**盆栽植物小巧玲珑，适合点缀窗台、书桌、案头。

10~15cm

10~15cm

**艾伦** *Graptopetalum* 'Ellen'

**属：**风车莲属。**识别** **特征：**植株有短茎，常群生。**花：**聚伞花序，花星状，白色。**花期：**春夏季。**叶：**卵圆形，灰绿色，表面覆盖一层薄薄的白粉，呈莲座状排列，光照充足时叶尖渐变红色。**用途** **布置：**适合小型盆栽或组合盆栽，宜摆放在博古架或隔断等处装饰。

10~15cm

15~20cm

**蓝豆** *Graptopetalum pachyphyllum*

**别称：**厚叶缟瓣。**属：**风车莲属。栽培品种。**识别** **花：**聚伞花序，花星状，白色。**花期：**冬春季。**叶：**长卵圆形，肉质，簇生，表面蓝绿色，叶尖褐红色。**用途** **布置：**适合组合盆栽、瓶景等装饰。

2.5~3cm

2.5~3cm

**桃蛋** *Graptopetalum amethystinum*

**属：**风车莲属。**原产地：**墨西哥。**识别** **花：**总状花序，花钟状，浅红色。**花期：**春季。**叶：**匙形，肉质，肥厚，粉绿色，被白粉，秋季转粉红色。**用途** **布置：**植株颜色粉嫩，宜盆栽摆放在窗台、案头或博古架。

6~10cm

8~12cm

**美丽莲** *Graptopetalum bellum*

**属：**风车莲属。**原产地：**墨西哥。**识别** **花：**聚伞花序，花星状，深红色。**花期：**春夏季。**叶：**卵圆形，灰绿色至灰褐色，先端有小尖，呈莲座状排列。**用途** **布置：**盆栽植物小巧玲珑，适合点缀窗台、书桌、案头。

5~7cm

10~15cm

**胧月** *Graptopetalum paraguayense*

**别称：**风车草、初霜。**属：**风车莲属。**原产地：**墨西哥。**识别** **花：**聚伞花序，花星状，白色，花瓣前端有红斑。**花期：**冬春季。**叶：**匙形至卵圆披针形，呈莲座状排列，灰绿色。**用途** **布置：**适合组合盆栽、瓶景等装饰。

20cm

不限定

**绿豆**
*Graptopetalum pachyphyllum* 'Green Bean'

**属：**风车莲属。栽培品种。**识别** **特征：**植株小型，易群生。**花：**聚伞花序，花星状，白色。**花期：**冬春季。**叶：**倒卵形，肉质，环状对生，表面浅绿色，披白粉，叶尖红色。**用途** **布置：**适合组合盆栽，摆放在窗台、书桌和儿童房欣赏。

2.5~3cm

2.5~3cm

**姬胧月**
*Graptopetalum paraguayense* 'Bronze'

**属：**风车莲属。**原产地：**美国、墨西哥。**识别** **花：**聚伞花序，星状，白色，花瓣前端有红斑。**花期：**冬春季。**叶：**匙形至卵圆披针形，呈莲座状排列，平时为绿色，光照充足时为朱红色带红褐色，被白粉。**用途** **布置：**盆栽植物小巧玲珑，适合摆放在窗台、书桌上。

10~15cm

不限定

**罗马** ***Graptopetalum* 'Roma'**

**别称：**罗马风车草。**属：**风车莲属。栽培品种。**识别** **花：**聚伞花序，花星状，白色。**花期：**春夏季。**叶：**互生，卵圆形，全缘，先端急尖，呈莲座状排列，扁平，叶面粉绿色至粉紫色。**用途** **布置：**盆栽植物小巧玲珑，适合用于点缀窗台、书桌和茶几。

5~8cm
12~15cm

**银星** ***Graptoveria* 'Silver Star'**

**属：**风车石莲属。栽培品种。**识别** **花：**总状花序，星状，花小，黄色。**花期：**春季。**叶：**莲座状叶盘较大，长卵形，较厚，叶面青绿色略带红褐色，有光泽，叶尖褐色。**用途** **布置：**盆栽植物造型独特，适合用于点缀窗台、书桌、案头。

8~10cm
10~12cm

**紫乐** ***Graptopetalum* 'Purple Delight'**

**别称：**紫悦多肉。**属：**风车莲属。栽培品种。**识别** **特征：**植株小中型。**花：**聚伞花序，花小，星状，白色。**花期：**冬春季。**叶：**倒卵形，叶尖外凸或渐尖，粉红色。**用途** **布置：**叶片肥厚，颜色柔美，多用于装点客厅窗台和几架等处。

8~10cm
10~12cm

**白牡丹** ***Graptoveria* 'Titubans'**

**属：**风车石莲属。栽培品种。**识别** **花：**聚伞花序，星状，浅红色。**花期：**冬春季。**叶：**卵圆形，先端有小尖，肉质，肥厚，呈莲座状，灰白色或淡粉色。**用途** **布置：**盆栽植物小巧玲珑，适合摆放在窗台、书桌和茶几上。

8~12cm
15~20cm

**黛比** ***Graptoveria* 'Debbie'**

**别称：**黛比风车莲。**属：**风车石莲属。栽培品种。**识别** **花：**聚伞花序，星状，浅红色。**花期：**冬春季。**叶：**匙形，肉质，肥厚，绿色，呈莲座状排列。**用途** **布置：**宜盆栽摆放在窗台、书桌、案头，小巧可爱。

8~10cm
10~12cm

**丸叶姬秋丽** ***Graptopetalum mendozae***

**属：**风车莲属。**原产地：**墨西哥。**识别** **特征：**茎部多分枝，常群生。**花：**聚伞花序，花小，星状，白色。**花期：**冬春季。**叶：**肉质，圆卵形或倒卵形，叶背面圆凸，先端圆钝，淡粉色，在强光下叶片渐变橘红色。**用途** **布置：**宜盆栽摆放在茶几、书桌等处。

10~15cm
10~15cm

**华丽风车**
***Graptopetalum pentandrum subsp. superbum***

**属：**风车莲属。**原产地：**墨西哥。**识别** **花：**聚伞花序，星状，白色。**花期：**春夏季。**叶：**呈椭圆形，扁平，先端有小尖，浅紫红色，被白粉。**用途** **布置：**盆栽植物小巧玲珑，适合摆放在窗台、书桌、案头上。

5~8cm
12~15cm

**秋丽** ***Graptosedum* 'Francesco Baldi'**

**属：**风车景天属。栽培品种。**识别** **花：**聚伞花序，星状，黄色。**花期：**冬季至春季。**叶：**与姬秋丽相似，但体形较大，叶片更细长，通常绿色。充足光照下，呈现粉红色、橙色、红色、紫色等多种颜色。**用途** **布置：**盆栽植物小巧玲珑，适合摆放在窗台、书桌、案头上。

15~25cm
15~25cm

**梅兔耳** *Kalanchoe beharensis*

**别称：**贝哈伽蓝。**属：**伽蓝菜属。**原产地：**马达加斯加。**识别** **花：**聚伞状圆锥花序，坛状，黄绿色。**花期：**冬季。**叶：**宽三角形至披针形，边缘有锯齿，有长柄，黄绿色至褐色，叶面具银色或金黄色毛。**用途** **布置：**盆栽摆放在窗台、案头或书桌，显得活泼可爱。

10~20cm
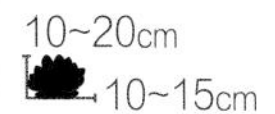
10~15cm

**大叶不死鸟** *Kalanchoe daigremontiana*

**别称：**花蝴蝶、大叶落地生根。**属：**伽蓝菜属。**原产地：**马达加斯加。**识别** **花：**似聚伞状的圆锥花序，宽钟形，下垂，淡灰紫色。**花期：**冬季。**叶：**披针形，肉质，绿色，具淡红褐色斑点，边缘锯齿状，着生不定芽。**用途** **布置：**盆栽造型特别，宜盆栽装饰室内。

10~20cm
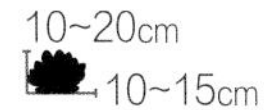
10~15cm

**不死鸟锦**
*Kalanchoe daigremontiana* 'Variegata'

**属：**伽蓝菜属。栽培品种。**识别** **花：**似聚伞状的圆锥花序，管钟状，下垂，浅灰紫色。**花期：**冬季。**叶：**披针形至长椭圆形，肉质肥厚，小苗叶缘红色。**用途** **布置：**盆栽摆放在窗台、案头或书桌，显得可爱有趣。

10~20cm
10~15cm

**唐印锦** *Kalanchoe thyrsiflora* 'Variegata'

**属：**伽蓝菜属。**识别** **花：**管状至坛状，黄色，长 1~2 cm。**花期：**春季。**叶：**叶片较大，卵形至披针形，浅绿色，具白霜，叶片边缘具粉红色、黄色斑纹。**特征：**本种株型大，叶色多彩，有引人入胜的感觉。适合大型组合盆栽和室内景观布置。

40~60cm
20~30cm

**朝霞玉吊钟**
*Kalanchoe fedtschenkoi* 'Rusy Dawn'

**属：**伽蓝菜属。栽培品种。**识别** **特征：**分枝密，最初匍匐，以后直立。**花：**聚伞花序，小花，钟状，橙红色。**花期：**夏季。**叶：**交互对生，肉质扁平，卵形，边缘有齿，蓝色或灰绿色，叶面有乳白色、黄色斑块。**用途** **布置：**串串彩钟，玲珑满枝，给节日增添喜庆氛围。

20~30cm
50cm

**褐雀扇** *Kalanchoe rhombopilosa*

**属：**伽蓝菜属。**原产地：**马达加斯加。**识别** **特征：**植株小型。**花：**圆锥花序，花小，筒状，黄绿色，中肋红色。**花期：**春季。**叶：**基部楔形，上部三角状扇形，顶端叶缘浅波状，叶面灰绿色，具紫褐色斑点。**用途** **布置：**盆栽摆放在窗台、案头或书桌，显得活泼可爱。

8~12cm
5~7cm

**唐印** *Kalanchoe thyrsiflora*

**别称：**牛舌洋吊钟。**属：**伽蓝菜属。**原产地：**南非。**识别** **花：**聚伞状圆锥花序，直立至展开，管状至坛状，黄色。**花期：**春季。**叶：**卵形至披针形，浅绿色，具白霜，边缘红色。**用途** **布置：**叶形、叶色较美，宜盆栽摆放在窗台、案头或书桌。

10~20cm
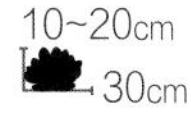
30cm

**月兔耳** *Kalanchoe tomentosa*

**别称：**褐斑伽蓝。**属：**伽蓝菜属。**原产地：**马达加斯加。**识别** **花：**聚伞状圆锥花序，钟状，黄绿色，具红色腺毛。**花期：**春季。**叶：**长圆形，肥厚，灰色，密被银色茸毛，叶上缘锯齿状，缺刻处有淡红褐色斑。**用途** **布置：**盆栽用于装饰卧室、阳台等处，极富情趣。

10~20cm

8~10cm

**巧克力兔耳**
*Kalanchoe tomentosa* 'Chocolate Soldier'

**别称：**巧克力兔耳。**属：**伽蓝菜属。栽培品种。**识别** **花：**钟状，黄绿色。**花期：**春季。**叶：**长圆形，肥厚，灰色，密被银色茸毛，叶上缘锯齿状，被深褐色斑点包围。**用途** **布置：**盆栽摆放在窗台、案头或书桌上，显得玲珑有趣。

10~20cm
8~10cm

**天使之泪** *Sedum treleasei*

**别称：**圆叶八千代。**属：**景天属。**原产地：**墨西哥。**识别 特征：**植株小型。茎部直立，多分枝。**花：**聚伞花序，花小，钟形，黄绿色。**花期：**秋季。**叶：**倒卵形或纺锤形，肉质肥厚，先端圆润，稍被白霜。**用途 布置：**小巧玲珑，非常别致，适用于居室的窗台、案头布置。

6~10cm
8~12cm

**婴儿手指** *Sedum* 'Baby Finger'

**属：**景天属。**识别 特征：**植株小型，易群生。**花：**花小，钟形，绿白色。**花期：**秋季。**叶：**肉质，长椭圆形，先端稍尖，叶面浅粉色，犹如婴儿的手指。阳光充足时，叶先端渐变粉红色。**用途 布置：**肉质叶柔嫩好看，适合盆栽布置儿童居室和幼儿活动场所欣赏。

6~10cm
8~12cm

**虹之玉锦**
*Sedum × rubrotinctum* 'Aurora'

**属：**景天属。**识别 花：**聚伞花序，花星状，淡黄色。**花期：**冬季。**叶：**倒长卵圆形，轮生，中绿色或粉红色，镶嵌有黄白色斑纹。**用途 布置：**小巧精致，叶色通透灵动，用于盆栽或组合盆栽都非常出色。

20~25cm
15~20cm

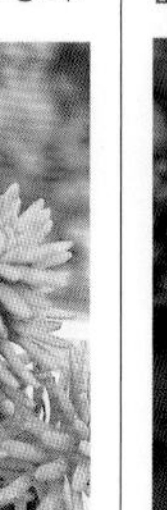

**小松绿** *Sedum multiceps*

**别称：**球松。**属：**景天属。**原产地：**阿尔及利亚。**识别 特征：**植株分多枝，近似球形。**花：**聚伞花序，花小，星状，黄色。**花期：**春季。**叶：**线形，呈放射状生于茎顶，绿色至深绿色。**用途 布置：**盆栽点缀书桌、窗台、几案，青翠光亮，显得清雅别致。

8~10cm
8~10cm

**乙女心** *Sedum pachyphyllum*

**属：**景天属。**原产地：**墨西哥。**识别 花：**花小，星状，黄色。**花期：**春季。**叶：**短棒形，簇生茎顶，黄绿色，被有白霜，老叶一般没有白霜，温差大时叶顶端变红色，光照充足时整株变红色。**用途 布置：**盆栽点缀书桌、窗台、几案，美丽光亮，显得清雅别致。

30cm
20cm

**欧洲明月** *Sedum* 'Europa Brightmoon'

**属：**景天属。**识别 特征：**茎短，常群生。**花：**聚伞花序，花小，星状，黄色。**花期：**春季。**叶：**卵圆形至圆筒形，肉质肥厚，呈莲座状排列，叶面青绿色至蓝绿色，顶端部分鲜红色。**用途 布置：**本种是极佳的盆栽材料，摆放在客厅的隔断、茶几，可作迎宾之用。

10~15cm
15~20cm

**黄丽** *Sedum adolphii*

**别称：**金景天。**属：**景天属。**原产地：**墨西哥。**识别 花：**花小，星状，红黄色。**花期：**夏季。**叶：**匙形，呈莲座状排列，叶表黄绿色，末端有红色晕。**用途 布置：**盆栽点缀书桌、窗台、几案，显得清雅别致。

8~10cm
12~15cm

**帝雅** *Sedeveria* 'Letizia'

**别称：**蒂亚、绿焰。**属：**景天石莲属。栽培品种。**识别 花：**聚伞花序，钟状，白色。**花期：**春季。**叶：**匙形或卵形，肉质，先端有小叶尖，呈紧密莲座状。叶尖和叶缘渐变红色。**用途 布置：**叶色美观，观赏性佳，盆栽适合窗台、茶几摆放。

15~25cm
10~15cm

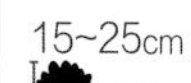

**铭月** *Sedum nussbaumerianum*

**别称：**黄玉莲。**属：**景天属。**原产地：**墨西哥。**识别 花：**聚伞花序，花小，星状，白色。**花期：**春夏季。**叶：**对生，肉质，倒卵形，呈莲座状排列，黄绿色，光照充足时会变红色。**用途 布置：**盆栽点缀书桌、窗台、几案，青翠光亮，显得清雅别致。

20~40cm
15~30cm

**卷绢锦**
*Sempervivum arachnoideum* 'Variegata'

**属：**长生草属。栽培品种。**识别 花：**聚伞花序，花小，星状，淡紫粉色。**花期：**夏季。**叶：**倒卵形，呈莲座状排列，金黄色。**用途 布置：**宜盆栽摆放窗台、茶几或案头。

8~10cm
8~10cm

**白霜** *Sedum spathulifolium*

**属：**景天属。**原产地：**墨西哥。**识别特征：**植株小型。茎细，多分枝，茎部顶端生莲座状“叶盘”。**花：**聚伞花序，花小，星状，黄色。**花期：**春秋季。**叶：**互生，倒卵形或匙形，灰绿色或灰白色，肉质，被白霜。**用途 布置：**本种为知名的小型盆栽素材，其白色的叶色十分抢眼。

5~10cm
15~20cm

**葡萄** *Graptoreria* 'Amethorum'

**别称：**葡萄风车石莲。**属：**风车石莲属。栽培品种。**识别 特征：**植株中小型。茎短，常群生。**花：**聚伞花序，花小，钟状，红色，顶端黄色。**花期：**夏季。**叶：**匙形或短的匙形，先端渐尖，肉质肥厚，呈紧密的莲座状排列。**用途 布置：**圆润饱满，叶色艳丽，适用于盆栽和组合盆栽观赏。

8~12cm
10~15cm

**富士** *Orostachys* 'Fuji'

**属：**瓦松属。栽培品种。**识别 花：**总状花序，花小，星状，白色。**花期：**夏秋季。**叶：**匙形，肉质，叶盘呈莲座状排列，钝头，全缘，淡蓝绿色，叶两侧乳白色。**用途 布置：**宜盆栽摆放门厅、客厅或书桌，小巧秀气，十分可爱。

3~4cm
8~10cm

**粉美人** *Pachyphytum Species*

**属：**厚叶草属。**原产地：**墨西哥。**识别 花：**总状花序，花钟形，浅红色。**花期：**春季。**叶：**长的匙形，肉质，肥厚，粉色，被白霜，叶端具红点。**用途 布置：**粉嫩可爱，有较好的观赏性，适合家庭窗台或阳台盆栽或组合盆栽欣赏。

10~15cm
15~18cm

**重楼魔南景天** *Monanthes polyphylla*

**属：**魔莲花属。**原产地：**加那利群岛。**识别 特征：**植株小型，垫状。**花：**总状花序，有花1~4朵，星状，红色。**花期：**春夏季。**叶：**倒卵形或椭圆形，肉质肥厚，浅绿色，密被茸毛，呈紧密的莲座状排列。**用途 布置：**群体盆栽点缀窗台、案头、茶几，十分可爱有趣，也是制作瓶景和玻璃框景的佳材。

10~12cm
15~20cm

**千羽** *Dudleya* 'Qianyu'

**属：**仙女杯属。栽培品种。**识别 花：**圆锥花序腋生，花筒状，鲜黄色。**花期：**春夏季。**叶：**呈莲座状排列，肉质，长的匙形，绿色或蓝绿色，表面有蜡质覆盖。**用途 布置：**本种叶色纯净，株型优美，多用于盆栽或组合盆栽观赏。

10~15cm
15~18cm

**桃美人** *Pachyphytum* 'Blue Haze'

**属：**厚叶草属。栽培品种。**识别 花：**总状花序，花钟状，浅红色。**花期：**春季。**叶：**匙形，肉质，肥厚，青绿色，被白粉，秋季渐变粉红色。**用途 布置：**为本属的经典品种，多盆栽装饰居室，惹人喜爱。

6~10cm
8~12cm

**紫牡丹** *Sempervivum* 'Stansfieldii'

**属：**长生草属。栽培品种。**识别 特征：**植株小型，低矮，易群生。**花：**聚伞花序，花星状，紫红色。**花期：**夏季。**叶：**倒卵状匙形，肉质，呈莲座状排列，叶端和叶缘密生短白色丝毛。**用途 布置：**叶色易受光而由绿色变红色，因此盆栽观赏时要注意摆放位置。

6~8cm
15~20cm

# 百合科

## *Liliaceae*

百合科植物除第四章介绍的内容外，还有部分为多肉植物。本节主要介绍该科芦荟属和十二卷属的代表植物。前者中有10多种可入药，少部分可食；后者翠绿清秀，挺拔秀丽，广泛用于园艺栽培。

**不夜城** *Aloe perfoliata*

**别称：**大翠盘、不夜城芦荟、高尚芦荟。**属：**芦荟属。**原产地：**南非。**识别** **特征：**茎粗壮，直立或匍匐，顶生莲座状叶丛。**花：**总状花序，花筒状，深红色。**花期：**冬季。**叶：**卵圆披针形，肥厚，浅蓝绿色，叶缘四周长有白色缘齿。**用途** **布置：**适置于窗台、门庭或客厅，翠绿清秀。

30~50m

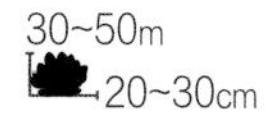

20~30cm

**千代田锦** *Gonialoe variegata*

**别称：**翠花掌、什锦芦荟。**属：**什锦芦荟属。**原产地：**南非。**识别** **花：**总状花序腋生，花筒状，下垂，粉红色或鲜红色。**花期：**夏季。**叶：**披针形，肉质，呈莲座状，深绿色，具不规则银白色斑纹，表面下凹呈"V"字形，叶缘密生细小齿状物。**用途** **布置：**适置于窗台、门庭或客厅，十分有气势。

20cm

15~20cm

**翡翠殿** *Aloe juvenna*

**属：**芦荟属。**原产地：**南非。**识别** **花：**总状花序顶生，花小，淡粉红色，带绿色尖。**花期：**夏季。**叶：**互生，旋列于茎顶，呈轮状，叶三角形，淡绿色至黄绿色，两面具白色斑纹，叶缘有白色缘齿。**用途** **布置：**适置于窗台、门庭或客厅，挺拔秀丽。

30~40cm

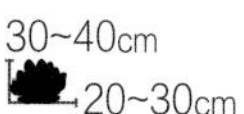

20~30cm

**琉璃姬孔雀** *Aloe haworthioides*

**别称：**羽生锦、毛兰。**属：**芦荟属。**原产地：**马达加斯加。**识别** **特征：**无茎且具吸根的多肉植物。**花：**顶生总状花序，花筒状，橙色。**花期：**夏季。**叶：**披针形，呈莲座状，肉质，灰绿色，在干燥条件下叶变红色，每个叶片有一个顶端刺和白色的边缘齿状物。**用途** **布置：**适置于窗台、门庭或客厅。

10~15cm

10cm

**雪花芦荟** *Aloe rauhii* 'Snow Flake'

**属：**芦荟属。栽培品种。**识别** **特征：**植株无茎。**花：**顶生总状花序，花筒状，粉红色。**花期：**夏季。**叶：**三角披针形，呈莲座状排列，叶面亮绿色，几乎通体布满白色斑纹。**用途** **布置：**植株体型娇小，有着肥厚的肉质叶片，具有很强的观赏性，适宜装饰居室。

10~15cm

20~25cm

**绫锦** *Aloe aristata*

**属：**芦荟属。**原产地：**南非。**识别** **花：**圆锥花序顶生，花筒状，橙红色。**花期：**秋季。**叶：**呈莲座状排列，披针形，肉质，叶上有白色小斑点和软刺，叶缘具细锯齿，深绿色。**用途** **布置：**适置于窗台、门庭或客厅，翠绿清秀，挺拔秀丽，使居室环境更添幽雅气息。

10~15cm

20~30cm

**锦沙子宝** *Gasteria gracilis* f. *variegata*

**属：**鲨鱼掌属。栽培品种。**识别** **特征：**植株无茎，矮小。**叶：**舌状，呈2列，肉质肥厚，绿色，叶面布满不规则的白色或绿白色纵向斑纹，叶缘角质化。**花期：**春秋季。**用途** **布置：**肉质厚实，盆栽点缀窗台、阳台和露台，别有一番风韵。

10~12cm
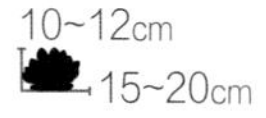15~20cm

**子宝锦**
*Gasteria gracilis* var. *minima* 'Variegata'

**属：**鲨鱼掌属。栽培品种。**识别** **特征：**植株中大型。**花：**总状花序，花小，管状，橙红色。**叶：**叶片舌状，两侧互生，叶表面有深黄色斑纹。**花期：**春夏季。**用途** **布置：**造型奇特，盆栽点缀窗台、案头、书桌，显得别具一格。

10~15cm
15~20cm

**比兰西卧牛锦**
*Gasteria pillansii* 'Variegata'

**别称：**恐龙卧牛锦。**属：**鲨鱼掌属。栽培品种。**识别** **特征：**植株中大型。**花：**总状花序，花小，筒状，上绿色下橙色。**花期：**春末至夏季。**叶：**舌状，肥厚坚硬，呈2列叠生，散生白色小疣点，镶嵌有纵向黄色条纹，甚至整叶黄色。**用途** **布置：**盆栽适于布置客厅、书房。

5~7cm
8~12cm

**象牙子宝锦**
*Gasteria gracilis* var.*minima* 'Ivory Variegata'

**属：**鲨鱼掌属。栽培品种。**识别** **特征：**植株无茎，易群生。**花：**总状花序，花小，管状，橙红色。**花期：**春末至夏季。**叶：**舌状，肉质厚实，呈2列生长，叶面绿色，布满不规则的白色纵条纹。**用途** **布置：**多用于装点客厅窗台和几架等处。

10~15cm
15~20cm

**碧琉璃卧牛**
*Gasteria armstrongii* 'Nudum'

**属：**鲨鱼掌属。栽培品种。**识别** **特征：**具粗壮的肉质根。植株无茎，**花：**总状花序，小花上部浅绿色，下部红色。**花期：**春末至夏季。**叶：**舌状，肥厚，呈2列生长，叶面深绿色，无小疣点，光滑，向两侧弯曲生长。**用途** **布置：**宜盆栽绿饰窗台、茶几和书桌。

3~5cm
8~12cm

**碧琉璃卧牛锦**
*Gasteria armstrongii* 'Nudum Variegata'

**属：**鲨鱼掌属。栽培品种。**识别** **特征：**植株无茎。**花：**总状花序，小花上部浅绿色，下部红色。**花期：**春末至夏季。**叶：**舌状，肥厚，呈2列生长，叶面深绿色，具有宽窄不一的黄色纵条纹，无小疣点。**用途** **布置：**宜盆栽装点窗台、茶几和书桌。

3~5cm
8~15cm

**矶松锦** *Gasteria gracilis* 'Albovariegata'

**属：**鲨鱼掌属。**识别** **花：**总状花序，花小、管状，橙红色。**叶：**叶片舌状，两侧互生，椭圆尖头，叶面布满白色斑点，镶嵌着白色纵向条纹。**花期：**春夏季。**用途** **布置：**本种叶片肥厚带有色斑，青翠可爱，适用于盆栽绿饰窗台、茶几和书桌。

10~15cm
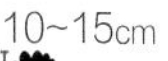15~20cm

**卧牛** *Gasteria nitida* var. *armstrongii*

**别称：**厚舌草。**属：**鲨鱼掌属。**原产地：**南非、纳米比亚。**识别** **花：**总状花序，花小，筒状，上绿下红，下垂。**花期：**春末至夏季。**叶：**舌状，肥厚，坚硬，呈2列叠生，叶面墨绿色，披白色小疣。**用途** **布置：**盆栽布置门厅、客厅和餐厅，都能收到较好的观赏效果。

3~5cm
10~15cm

**恐龙卧牛** *Gasteria pillansii*

**属：**鲨鱼掌属。栽培品种。**识别** **花：**总状花序，花小，筒状，上绿色下红色，下垂。**花期：**春末至夏季。**叶：**舌状，肥厚，坚硬，呈2列叠生，散生白色小疣点，先端有尖，稍微往下凹。**用途** **布置：**叶片光洁美丽，观赏性强，盆栽适用于布置客厅、书房。

3~5cm
10~15cm

**阿寒湖**
*Haworthia comptoniana* 'Akanko'

**属：**十二卷属。栽培品种。**识别** **特征：**植物无茎。**花：**总状花序，小花绿白色。**花期：**春末至夏季。**叶：**莲座状排列，肉质，浅褐绿色，叶顶面三角形，叶窗有较高的亮度，具稀疏的网络状脉纹，在阳光充足的环境下有淡红褐色纹路。**用途** **布置：**盆栽点缀窗台、阳台和客室，别有一番风韵。

5~6cm
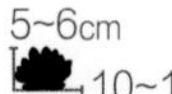 10~15cm

**裹纹冰灯** *Haworthia cooperi* 'Guo Wen'

**属：**十二卷属。栽培品种。**识别** **花：**总状花序，花筒状，白色，中肋绿色。**花期：**夏秋季。**叶：**舟形，肉质，墨绿色，先端肥大呈圆头状，窗面透明，有明显的绿色脉纹。**用途** **布置：**具有通体墨绿色，光滑无毛刺，窗面清莹透明的特点，是盆栽的观赏佳作。

4~5cm
 8~10cm

**静鼓锦**
*Haworthia truncata* × *retusa* 'Variegata'

**属：**十二卷属。栽培品种。**识别** **花：**总状花序，花筒状，白色，中肋绿色。**花期：**夏秋季。**叶：**扁棒状，肉质，青绿色，镶嵌黄色纵向条斑，呈不规则丛生，顶端平头或楔形，半透明状。**用途** **布置：**观赏性佳，盆栽适合阳台、窗台及案头摆放观赏。

5~6cm
10~15cm

**白斑玉露**
*Haworthia cooperi* var. *variegata*

**别称：**水晶白玉露。**属：**十二卷属。栽培品种。**识别** **花：**总状花序，花小白色。**花期：**夏季。**叶：**肥厚饱满，呈紧凑的莲座状排列，叶片顶端角锥状，半透明，叶面碧绿色间杂镶嵌乳白色斑纹。**用途** **布置：**本种叶片肥厚饱满，叶面清新洁白。盆栽适合布置书房、案台、茶几等处。

4~5cm
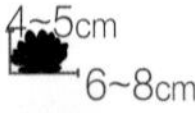 6~8cm

**圆头玉露锦**
*Haworthia cooperi* var. *pilifera* 'Variegata'

**属：**十二卷属。栽培品种。**识别** **特征：**植株大型。**花：**总状花序，花筒状，白色，中肋绿色。**花期：**夏季。**叶：**舟形，肉质，亮绿色，先端肥大饱满呈圆头状，透明，有绿色脉纹，叶尖及边缘有细小的白色“须”。**用途** **布置：**盆栽适合阳台、窗台、案头摆放观赏。

8~10cm
15~25cm

**宝草锦**
*Haworthia cymbiformis* 'Variegata'

**别称：**京之华锦。**属：**十二卷属 。**原产地：**非洲。**识别** **特征：**植株小型。**花：**总状花序，花筒状，绿白色。**花期：**春末至夏季。**叶：**长圆形或匙形，肉质肥厚，叶面绿色或黄色，兼有白色或深绿色纵向条纹，形成半透明的“窗”。**用途** **布置：**盆栽适合摆放书房、客室，十分养眼。

4~5cm
10~15cm

**花水晶**
*Haworthia cooperi* 'Crystal'

**属：**十二卷属。栽培品种。**识别** **特征：**植株小型。**花：**总状花序，花筒状，白色。**花期：**夏季。**叶：**长匙形，肉质，绿色，先端肥厚，有透明的窗，窗面深绿色，有白色和黄色纵向条纹，先端叶缘有细小茸毛。**用途** **布置：**观赏性佳，盆栽适合阳台、窗台及案头摆放观赏。

4~5cm
 8~12cm

**玉万锦** *Haworthia truncata* × *maughanii*

**属：**十二卷属。栽培品种。**识别** **特征：**植株小型。**花：**总状花序，花筒状，白色。**花期：**秋冬季。**叶：**从基部斜出，呈松散的莲座状排列，叶片半圆筒形，顶端截形，半透明，肉质叶深绿色和黄色，并伴有条纹。**用途** **布置：**适合博古架、隔断、案头摆放观赏。

3~5cm
 8~10cm

**阔叶楼兰**
*Haworthia* 'Mirrorball Broadleaf'

**别称：**大叶楼兰。**属：**十二卷属。栽培品种。**识别** **特征：**植株中型。**花：**总状花序，花筒状，白色，中肋绿色。**花期：**夏季。**叶：**舟形，肉质，翠绿色，窗体半透明，有深绿色脉纹，叶窗顶部有短的顶刺。**用途** **布置：**盆栽适合布置博古架和隔断等处，饱满耐看。

4~6cm
8~10cm

**毛猴** *Haworthia retusa* 'Maohou'

**属：**十二卷属。栽培品种。**识别 特征：**植株小型。**花：**总状花序，花筒状，白色。**花期：**冬末至初春。**叶：**肥厚饱满，窗面鼓起，为凸窗。肉质叶有数条竖形脉纹，密布茸毛刺，自然向上生长，浅褐色，底窗透亮。**用途 布置：**盆栽适合窗台、茶几摆放，观赏性佳。

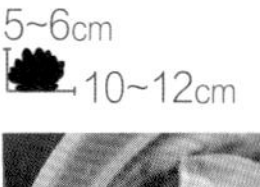5~6cm 10~12cm 

**红颜玉露** *Haworthia cooperi* 'Hongyan'

**属：**十二卷属。栽培品种。**识别 特征：**植株中型。**花：**总状花序，花筒状，白色，中肋绿色。**花期：**夏季。**叶：**舟形，肉质，肥厚而短，浅绿色，先端肥大呈圆头三角状，半透明，叶背有红色脉纹。**用途 布置：**盆栽适用于窗台、茶几、案头等观赏。

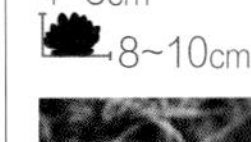4~5cm 8~10cm

**冰剑** *Haworthia retusa* 'Bingjian'

**属：**十二卷属。栽培品种。**识别 花：**总状花序，花筒状，白色。**花期：**冬末初春。**叶：**叶顶面三角形，肥厚，前端尖长，棱角分明，叶片稍下翻，叶表光滑亮透，窗体有油亮光泽，上面有稀疏的不规则白色纹路。**用途 布置：**适用于盆栽绿饰窗台、茶几和书桌。

4~6cm 8~12cm 

**大久保康平寿锦**
*Haworthia comptoniana* 'Dajiubao Variegata'

**属：**十二卷属。栽培品种。**识别 特征：**植株小型。**花：**总状花序，花小，绿白色。**花期：**春末至夏季。**叶：**肉质，叶顶面三角形，有密集小颗粒状突起，但稍显光滑，脉纹清晰，呈浅粉红色，半透明。**用途 布置：**盆栽适合摆放于案几或窗台等处观赏。

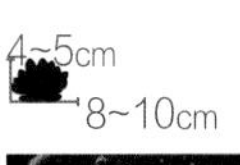4~5cm 8~10cm 

**潘多拉魔盒**
*Haworthia retusa* 'Panduolamohe'

**属：**十二卷属。栽培品种。**识别 特征：**对角四片叶能组成一个正方形，故名"魔盒"。**花：**总状花序，花筒状，白色。**花期：**冬末至初春。**叶：**丸叶形。叶窗不透明，上面有很多疣突，叶表面纹路很清晰，墨绿色。**用途 布置：**适合隔断、案头摆放观赏。

4~6cm 10~12cm 

**纹康平寿锦** *Haworthia comptoniana* 'Kelikete Variegata'

**属：**十二卷属。栽培品种。**识别 特征：**植株小型。**花：**总状花序，小花绿白色。**花期：**春末至夏季。**叶：**肉质，红褐色，叶顶面三角形，有密集小颗粒状突起，但脉纹清晰，有银白色的线条或斑点，半透明。**用途 布置：**盆栽适合摆放案几或窗台等处观赏。

4~5cm 8~10cm

**条纹十二卷锦** *Haworthia fasciata* 'Variegata'

**别称：**锦鸡尾锦。**属：**十二卷属。栽培品种。**识别** **特征：**植株小型，无茎，群生。**花：**总状花序，花小，筒状，绿白色。**花期：**夏季。**叶：**呈莲座状紧密轮生在茎轴上，叶三角状披针形，先端渐尖，叶面深绿色，不规则分布白色斑点，叶背有横向的白色瘤状突起形成的条纹。**用途** **布置：**本种是最常见的多肉植物，非常适合盆栽和组合盆栽观赏。

10~15cm
15~20cm

**冬之星座** *Tulista pumila*

**属：**珠纹卷属。**原产地：**南非。**识别** **花：**总状花序，花筒状，浅绿色。**花期：**春末至初夏。**叶：**狭三角状披针形，叶背面稍龙骨状突起，基部宽而厚，呈放射状丛生，深绿色至墨绿色，叶表有横向排列的吸盘状白色疣点。**用途** **布置：**盆栽适用于隔断、茶几、案头等处装饰。

10~15cm
15~20cm

**松之雪** *Haworthia attenuata* var. *redula*

**属：**十二卷属。 **原产地：**南非。**识别** **特征：**植株易群生。**花：**总状花序，花筒状，绿白色。**花期：**夏季。**叶：**长有丛生状的剑形叶，叶基部较宽，深绿色至墨绿色，呈螺旋状排列，叶片布满大小不一的白色疣点。**用途** **布置：**外观非常有特色，是很有价值的盆栽观赏素材。

8~10cm
10~15cm

**九轮塔锦**
*Haworthia coarctata* f. *chalwinii* 'Variegata'

**属：**十二卷属。栽培品种。**识别** **花：**总状花序，花管状，浅粉白色，中肋淡绿褐色。**花期：**夏季。**叶：**卵圆形至披针形，先端急尖，向内侧弯曲，螺旋状环抱株茎，绿色间嵌着黄色晕纹。**用途** **布置：**叶片层叠呈塔形，斑纹色彩奇特，非常适合盆栽观赏。

15~20cm
10~12cm

**琉璃殿锦** *Haworthia limifolia* 'Variegata'

**属：**十二卷属。栽培品种。**识别** **花：**总状花序，花白色，中肋绿色。**花期：**夏季。**叶：**卵圆三角形，呈顺时针螺旋状排列，先端急尖，正面凹陷，背面圆突。叶面深褐绿色，间杂黄白色条纹，布满绿色小疣，呈瓦楞状。**用途** **布置：**叶片和排序非常有特色，是优质盆栽的佳材。

8~10cm
10~12cm

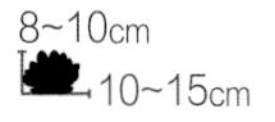

**雪锦色** *Haworthia retusa* 'Xuejinse'

**属:** 十二卷属。栽培品种。**识别** **特征:** 植株小型。**花:** 总状花序，花筒状，白色。**花期:** 冬末初春。**叶:** 厚实，呈紧密的莲座状排列，叶片蓝绿色至墨绿色，窗面有白色疣突组成纵向条斑，叶缘有白色刺毛。**用途** **布置:** 盆栽点缀窗台、案头、书桌，显得典雅别致。

4~6cm

8~12cm

**金城锦**
*Haworthia* 'Subattenuata Variegata'

**属:** 十二卷属。栽培品种。**识别** **花:** 总状花序，花白色。**花期:** 夏季。**叶:** 三角状披针形，叶面扁平，先端尖而狭长，绿色，间杂黄白色大斑块，背面散生白色半球形瘤状物。**用途** **布置:** 盆栽适合摆放案几或窗台等处观赏。

12~15cm
15~20cm

**白折瑞鹤** *Haworthia marginata* 'Baishe'

**属:** 十二卷属。栽培品种。**识别** **花:** 总状花序，花筒状，白色。**花期:** 春季。**叶:** 三角锥形，肉质肥厚，坚硬，紧密轮生在茎轴上，呈螺旋状排列，叶面两侧向内凹陷，叶背隆起，叶面及背部散生白色疣突。**用途** **布置:** 盆栽适合摆放案几或窗台等处观赏。

10~20cm
10~20cm

**漫天星**
*Haworthia minima* var.*poellnitziana*

**别称:** 青虎。**属:** 十二卷属。栽培品种。**识别** **花:** 总状花序，花筒状，白色，中肋绿色。**花期:** 夏季。**叶:** 圆润三角形，基部宽而厚，呈放射状丛生。植株呈深绿色，叶面有横向排列的吸盘状白色疣点。**用途** **布置:** 盆栽适合阳台、窗台、案头摆放观赏。

10~15cm
15~20cm

**松之霜锦** *Haworthia attenuata* f. *clariperla* 'Variegata'

**别称:** 高岭之花。**属:** 十二卷属。栽培品种。**识别** **花:** 总状花序，花筒状，绿白色。**花期:** 夏季。**叶:** 剑形，细长，先端狭而尖，肉质，深绿色，间杂黄色纵向条纹或整片叶黄色，叶表面密生白色小疣点。**用途** **布置:** 适合盆栽观赏，可摆放居室，增添生活气息。

7~10cm
10~15cm

**斑叶油点百合**
*Ledebouria socialis* 'Variegata'

**别称:** 油点百合锦。**属:** 油点百合属。栽培品种。**识别 特征:** 植株属有皮鳞茎植物，鳞茎紫色。**花:** 总状花序，花钟状，20~25 朵，淡紫绿色。**花期:** 春末至夏季。**叶:** 宽披针形，叶面浅绿色，具深绿色斑点，镶嵌黄色或粉红色条纹，背面紫红色。**用途 布置:** 本种的鳞茎、彩叶、花朵都有观赏性，是很有价值的盆栽观赏材料。

10~15cm
10~15cm

**橙色玉扇锦**
*Haworthia truncata* 'Orange Variegata'

**属:** 十二卷属。栽培品种。**识别 特征:** 植株小型，无茎。**花:** 花筒状，白色。**花期:** 夏秋季。**叶:** 肥厚，直立，叶顶面平截，透明或半透明，有小疣点的纹路，叶色碧绿，镶嵌橙色纵向条斑。**用途 布置:** 小型盆栽精品，适合博古架、隔断、案头摆放观赏。

3~5cm
8~10cm

**宽叶弹簧草** *Albuca concordiana*

**属:** 哨兵花属。**原产地:** 南非、纳米比亚。**识别 特征:** 具圆形或不规则形鳞茎，地下部分表皮黄白色，露出土面的部分经日晒后为绿白色。**花:** 总状花序，花淡黄色，中肋绿色。**花期:** 春季。**叶:** 长条形，肉质，先端尖，绿色，由鳞茎顶部抽出，最初直立生长，后扭曲盘旋，越长卷曲程度越高。**用途 布置:** 株型飘逸，叶形奇特，适合案头、窗台等处装饰。

15~20cm
15~25cm

**万象锦**
*Haworthia truncata* var. *maughanii* 'Variegata'

**属:** 十二卷属。栽培品种。**识别 花:** 总状花序，花小，8~10 朵，白色，有绿色中脉。**花期:** 春夏季。**叶:** 圆锥状至圆筒状，肉质，呈放射状排列，叶端截形，淡灰绿色，镶嵌黄色条斑。**用途 布置:** 小型盆栽精品，适合博古架、隔断、案头摆放观赏。

3~5cm
7~9cm

**弹簧草** *Albuca namaquensis*

**别称:** 螺旋草。**属:** 哨兵花属。**原产地:** 非洲南部和东部。**识别 特征:** 植株具圆形或不规则形鳞茎，地表部分晒后呈绿白色。**花:** 总状花序，小花下垂，花瓣正面淡黄色，背面黄绿色。**花期:** 春季。**叶:** 深绿色，最初直立生长，螺旋生长像卷曲的长发。**用途 布置:** 盆栽绿饰居室可带来奇特的观赏效果。

8~10cm
15~20cm

**元宝掌锦** *Gasteraloe* 'Variegata'

**属:** 元宝掌属。栽培品种。**识别 特征:** 植株小型，无茎。**花:** 总状花序，花小，上部淡黄绿色，下部橙红色。**花期:** 秋季。**叶:** 叶片肉质肥厚，长三角形至宽三角形，叶面两侧稍向内折，近全缘。**用途 布置:** 盆栽适用于隔断、茶几、案头等处装饰。

8~10cm
10~15cm

**墨西哥草树** *Dasylirion longissimum*

**属**：猬丝兰属。**原产地**：墨西哥。识别 **特征**：茎部树干状，长而狭的丝状叶簇生于茎端。**花**：圆锥花序，花小，白色。**花期**：夏季。**叶**：针状，细长，革质，绿色，常下垂。用途 **布置**：多盆栽用于阳台、客室、门厅摆放观赏，也适合风景区、公园作景点布置。

1.5~2m
1.5~2m

**草树** *Xanthorrhoea preissii*

**别称**：黑孩子、火凤凰。**属**：黄脂木属。**原产地**：澳大利亚。识别 **特征**：植株灌木状。**花**：穗状花序，烛状，花小。**花期**：夏季。**叶**：针状，细长，革质，蓝绿色。簇生茎部顶端，常下披。用途 **布置**：株型美观，叶姿奇特，别具风情，多盆栽用于阳台、客室、门厅摆放观赏。

1~2m
1~1.5m 

**苍角殿** *Bowiea volubilis*

**属**：苍角殿属。**原产地**：南非和东非。识别 **特征**：鳞茎大，球状，有鳞片，表面淡绿色至淡棕色。茎顶簇生细长蔓枝，多分枝，绿色。**花**：顶生圆锥花序，花小，星状，淡绿白色。**花期**：夏季。**叶**：叶退化成线形，绿色，早落。用途 **布置**：多盆栽用于阳台、窗台或案几上摆放欣赏。

1~2m
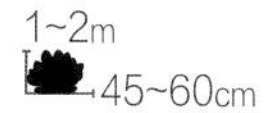45~60cm

**波路** *Gasteraloe beguinii*

**别称**：绫锦。**属**：元宝掌属。栽培品种。识别 **花**：圆锥花序，花橙红色。**花期**：秋季。**叶**：叶盘大，深绿色，三角形带尖，呈紧密的莲座状排列，叶背上部有2条龙骨突，布满白齿状小而硬的疣突，叶缘也布满白色小疣。用途 **布置**：盆栽适合阳台、窗台或案几上摆放欣赏。

8~10cm
15~20cm 

**宝蓑** *Gasteraloe perfectior*

**属**：元宝掌属。栽培品种。识别 **花**：圆锥花序，花橙红色。**花期**：秋季。**叶**：植株叶片多，长三角形带尖，呈莲座状排列，叶较直立，叶端稍弯曲。叶质薄，剑状，叶表深绿色，带有紧密白色小疣点，叶片尖端易干枯。用途 **布置**：用于盆栽或组合盆栽观赏都非常出色。

10~15cm
15~20cm 

# 第八章

# 观果植物

# 葫芦科

## *Cucurbitaceae*

葫芦科植物是重要的食用植物，全世界约有 113 属 800 种，大多分布于热带及亚热带地区。我国约有 32 属 154 种，南北均有分布。本节主要介绍南瓜属、葫芦属、黄瓜属、苦瓜属、西瓜属的代表植物。

**长颈葫芦** *Lagenaria siceraria* var. *cougounda*

**别称**：长瓠、瓢瓜。**属**：葫芦属。**原产地**：赤道非洲南部。**识别** **特征**：茎 5 棱，节间长，有茸毛。**花**：雌雄同株异花，花钟形，白色。**花期**：夏季。**叶**：心状卵形，浅裂，叶面披茸毛，叶柄长。**果**：有棒状、瓢状、壶状等，大小和形状各不相同。嫩果淡绿色或绿色，有时具斑纹，成熟果实果皮坚硬，黄褐色。**果期**：秋季。**用途** **布置**：适用于庭园、花架、棚架和屋顶花园栽培或家庭盆栽观赏。

12~20cm

**白皮甜瓜** *Cucumis melo* 'Baipi'

**别称**：香瓜、果瓜、白兰瓜。**属**：黄瓜属。**原产地**：非洲、印度。**识别** **特征**：茎蔓生，蔓上生有叶和卷须，分枝能力强。**花**：雌雄同株异花，花小，单生，黄色。**花期**：初春。**叶**：叶心脏形，表面粗糙，绿色。**果**：圆形、橄榄形，果皮变化大。**果期**：春未至夏初。常见品种有伊丽莎白、青皮绿瓜、哈密瓜、网纹瓜等。**用途** **布置**：适用于庭园空隙地、棚架旁栽植，也可在台阶旁的栽植槽或盆栽观赏。

10~15cm

**（葫芦）鹤首葫芦**
*Lagenaria siceraria* 'Heshouhulu'

15~20cm

**（甜瓜）厚皮甜瓜**
*Cucumis melo* var. *cantalupensis*

12~14cm

**（甜瓜）早蜜**
*Cucumis melo* 'Zaomi'

12~14cm

**（葫芦）亚腰葫芦**
*Lagenaria siceraria* var. *gourda*

12~14cm

**（葫芦）天鹅葫芦**
*Lagenaria siceraria* 'Tianehulu'

15~20cm

**（甜瓜）网纹甜瓜**
*Cucumis melo* var. *reticulatus*

14~15cm

**（甜瓜）黄皮甜瓜**
*Cucumis melo* 'Huangpi'

10~12cm

**（西瓜）飞龙 2000** *Citrullus lanatus* 'Feilong 2000'

**别称：**夏瓜、水瓜。**属：**西瓜属。**原产地：**南非热带沙漠地区。**识别** **花：**花黄色，雌雄花均具蜜腺。**花期：**春季。**叶：**宽卵形，3 深裂，中间裂片较长，两侧裂片较短，各裂片的边缘又呈不规则的羽状深裂。**果：**圆形或长椭圆形，外皮平滑，色泽和纹饰各式；果肉厚而多汁，有红、白、黄等色。**果期：**夏季。**用途** **布置：**适合家庭阳台、窗台和露台盆栽，也可在庭园棚架栽培。

23~25cm

**（西瓜）迷你西瓜**
*Citrullus lanatus* 'Mini'

3cm

**（西瓜）黑皮西瓜**
*Citrullus lanatus* 'Heipi'

18~20cm

**（西瓜）双抗大地雷**
*Citrullus lanatus* 'Shuangkangdadilei'

20~25cm

**（西瓜）黄皮西瓜**
*Citrullus lanatus* 'Huangpi'

15~18cm

**（苦瓜）长形苦瓜** *Momordica charantia* 'Changxing'

**别称：**癞瓜、凉瓜。**属：**苦瓜属。**原产地：**东印度热带地区。**识别** **特征：**根系发达，茎蔓生、细长。**花：**雌雄同株异花，花小，鲜黄色。**花期：**夏季。**叶：**叶掌状 5~7 裂，青绿色。**果：**有短圆锥形、长圆锥形和长条形；皮色有白、浅绿和深绿，成熟果实为橙黄色。**果期：**秋季。**用途** **药：**根、藤、叶及果实可入药，有清热解毒、明目的功效。**布置：**适合家庭阳台、窗台和露台盆栽，也可在庭园棚架栽培。

6~9cm

**（苦瓜）宝绿苦瓜**
*Momordica charantia* 'Baolü'

6~6.5cm

**（苦瓜）白皮苦瓜**
*Momordica charantia* 'Baipi'

7.5~8.5cm

**（苦瓜）绿皮苦瓜**
*Momordica charantia* 'Lüpi'

6~7cm

**（西葫芦）白皮飞碟瓜** *Cucurbita pepo* var. *patisson*

**别称:** 美洲南瓜、搅瓜。**属:** 南瓜属。**原产地:** 墨西哥、中美洲。**识别** **特征:** 植株有半蔓性或蔓性。茎部粗壮，节间长 3~5 厘米。**花:** 雌雄同株异花，花单生，黄色。**花期:** 夏季。**叶:** 单生，较大，掌状深裂，叶面粗糙，绿色。**果:** 有长筒形、圆球形等，果皮颜色有金黄色、绿色、白色和绿白相间等。**果期:** 秋季。**用途** **布置:** 适用于庭园、露台和屋顶花园栽植或盆栽。

10~15cm

**（南瓜）早熟京绿栗** *Cucurbita moschata* 'Zaoshujinglüli'

**别称:** 金瓜、北瓜、倭瓜。**属:** 南瓜属。**原产地:** 美洲热带地区。**识别** **花:** 雌雄同株，花单生，钟状，黄色。**花期:** 春末。**叶:** 叶大，稍柔软，阔卵形，具 5 浅裂，边缘有细齿，绿色。**果:** 外面常有数条纵沟，或无，常根据原产地、形状、皮色和香味等来命名，品种繁多。**果期:** 夏末至秋季。**用途** **布置:** 适用于庭园、小游园地栽或盆栽，也可搭花架、棚架栽培观赏。

4~20cm

**（南瓜）条纹瓜**
*Cucurbita moschata* 'Tiaowengua'

9~10cm

**（南瓜）飞碟瓜**
*Cucurbita moschata* 'Feidiegua'

12~14cm

**（南瓜）双色福瓜**
*Cucurbita moschata* 'Small Pearl Bicolor'

10~12cm

**（南瓜）栗子南瓜**
*Cucurbita moschata* 'Lizi'

18~20cm

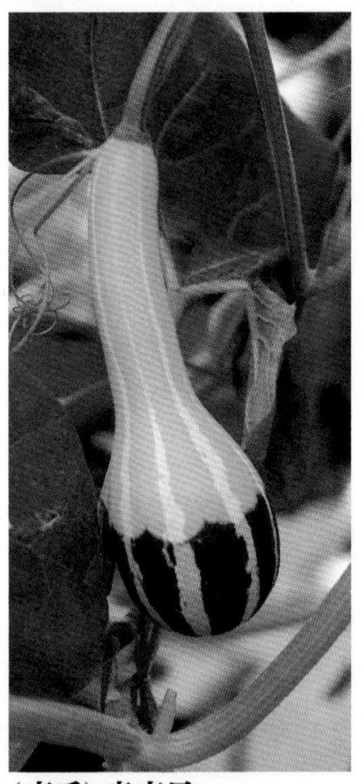
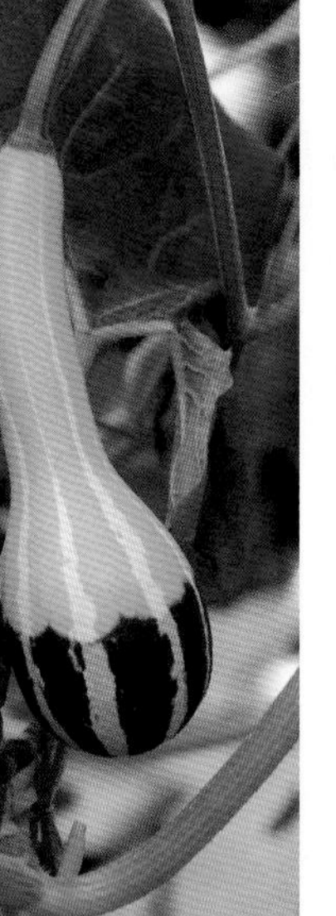

**（南瓜）麦克风**
*Cucurbita moschata* 'Maikefeng'

9~10cm

**（南瓜）早熟京红栗**
*Cucurbita moschata* 'Zaoshujinghongli'

12~14cm

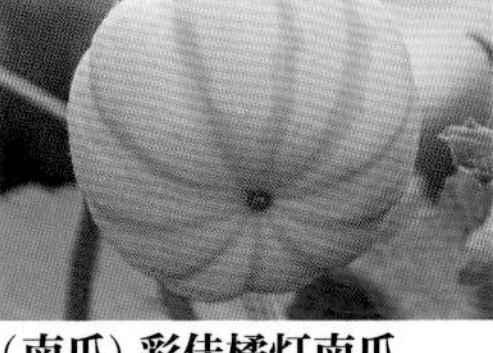

**（南瓜）彩佳橘灯南瓜**
*Cucurbita pepo* 'Caijiajüdeng'

9~10cm

**（南瓜）蜜本南瓜**
*Cucurbita moschata* var. *toonas* 'Miben'

9~10cm

**（南瓜）鸳鸯梨**
*Cucurbita moschata* 'Small Bicolor'

4~7cm

**（南瓜）香炉瓜**
*Cucurbita moschata* 'Xianglugua'

15~20cm

# 蔷薇科

## *Rosaceae*

蔷薇科观果植物在生活中很常见。其中，苹果属植物、梨属植物都是较为典型的蔷薇科观果植物。人们所熟悉的山楂、枇杷、樱桃、草莓等都属于蔷薇科观果植物。

**（海棠果）雪红格** *Malus prunifolia* 'Xuehongge'

**别称：**胡桐、红厚壳。**属：**苹果属。**原产地：**中国。**识别 特征：**小枝粗壮。**花：**伞形花序，有花 4~5 朵，白色或粉红色。**花期：**春季。**叶：**卵形或椭圆形，先端渐尖，基部宽圆形，边缘有细锐锯齿。**果：**果实近球形，成熟时黄色或红色。**果期：**秋季。**用途 布置：**宜在风景区、公园、居住区绿地配植。

2~3cm

**（海棠果）绿叶红宝石**
*Malus prunifolia* 'Red Gem'

3~5cm

**（苹果）红富士** *Malus pumila* 'Red Fuji'

**别称：**频婆。**属：**苹果属。**原产地：**中国和欧洲东南部。**识别 特征：**枝条密生灰白色绒毛。**花：**伞房花序，有花 3~7 朵，白色。**花期：**春季。**叶：**单叶互生，卵圆形或椭圆形，绿色，边缘有圆钝锯齿。**果：**果实扁球形，初为绿色，渐转红色。**果期：**夏末至秋季。**用途 布置：**适用于风景区、公园成片栽植。

5~10cm

**花红** *Malus asiatica*

**别称：**沙果、林檎。**属：**苹果属。**原产地：**欧洲、亚洲中部。**识别 特征：**枝条密生柔毛。**花：**伞房花序，花粉红色。**花期：**春季。**叶：**卵形至椭圆形，绿色，边缘有细锯齿。**果：**果实卵球形，初为绿色，渐转黄色至红色。**果期：**秋季。**用途 布置：**适用于庭园、小游园栽植。也可盆栽摆放观赏。

2~5cm

**冬红果** *Malus pumila* 'Donghongguo'

**别称：**长寿果。**属：**苹果属。**识别 特征：**枝条灰褐色。**花：**伞房花序，淡粉红色。**花期：**春季。**叶：**单叶互生，叶椭圆形，绿色，边缘有锯齿。**果：**果实圆球形，初为绿色，渐转黄色至鲜红色。**果期：**秋季。**用途 布置：**适用于庭园、小游园栽植，春赏花，秋冬观果。也可盆栽摆放阳台、露台、花架观赏。

3~4cm

**（苹果）国光**
*Malus pumila* 'Guoguang'

7~8cm

**秋子梨** *Pyrus ussuriensis*

**别称：**山梨、沙果梨。**属：**梨属。**原产地：**中国北部。**识别** **花：**伞形总状花序，有花5~7朵，白色。**花期：**春季。**叶：**卵形或宽卵形，边缘有带刺芒状尖锐锯齿，深绿色。**果：**果实近圆形，黄色。**果期：**秋季。**用途** **布置：**春季开花，满树雪白，十分壮观。制作盆景摆放庭园、台阶、阳台或桌台，充满生机。

8~12cm

**西洋梨** *Pyrus communis* var. *Sativa*

**别称：**洋梨。**属：**梨属。**原产地：**欧洲、亚洲西部。**识别** **花：**伞形总状花序，有花6~9朵，白色。**花期：**春季。**叶：**叶小，卵形或椭圆形，长2~5厘米，边缘有圆钝锯齿，深绿色。**果：**果实倒卵形，绿色、黄色。**果期：**夏末至秋季。**用途** **布置：**适用于风景区、公园成片栽植，春季观花，秋季赏果。

5~6cm

**沙梨** *Pyrus pyrifolia*

**别称：**麻梨。**属：**梨属。**原产地：**中国。**识别** **花：**伞形总状花序，有花6~9朵，白色。**花期：**春季。**叶：**卵形或卵状椭圆形，先端长尖，基部宽圆形，边缘有刺毛尖锯齿，深绿色。**果：**圆形，浅褐色，有斑点。**果期：**秋季。**用途** **布置：**适用于风景区、公园成片栽植，也可矮化盆栽观赏。

7~10cm

**白梨** *Pyrus bretschneideri*

**别称：**生梨、鸭梨。**属：**梨属。**原产地：**中国北部。**识别** **花：**伞形总状花序，花白色。**花期：**春季。**叶：**卵形或椭圆形，先端渐尖，基部宽楔形，边缘有尖锐锯齿，深绿色。**果：**卵圆形，金黄色。**果期：**秋季。**用途** **布置：**适用于风景区、公园成片栽植。矮化盆栽摆放阳台、露台、屋顶花园观赏。

6~8cm

**念珠梨** *Pyrus* 'Nianzhuli'

**属：**梨属。**识别** **特征：**枝条褐色。**花：**伞形总状花序，有花5~7朵，白色。**花期：**春季。**叶：**叶卵形或卵状椭圆形，先端长尖，基部圆形，边缘有锯齿，深绿色。**果：**长圆形，褐色。**果期：**秋季。**用途** **布置：**适用于风景区、公园成片栽植，形成观果景观。也可盆栽摆放阳台、露台、屋顶花园观赏。

4~5cm

**杏** *Prunus armeniaca*

**别称：**杏子。**属：**李属。**原产地：**中国。**识别** **花：**单生，先叶开放，萼筒圆筒状，萼片卵圆形，花瓣白色或稍带红色晕，圆形至倒卵形。**花期：**春季。**叶：**卵圆形或卵状椭圆形。**果：**近圆形，暗黄色。**果期：**夏季。**用途** **食：**果实可生食或做果脯、果酱。**布置：**宜群植于草坪边缘、山石旁。

3~4cm

**木瓜** *Pseudocydonia sinensis*

**别称：**东方木梨。**属：**木瓜属。**原产地：**中国、日本。**识别** **花：**花单生叶腋，淡粉红色或白色，具芳香。**花期：**春季。**叶：**单叶互生，椭圆状卵形或椭圆状长圆形，边缘有芒状细锯齿，深绿色。**果：**果实梨状，长椭圆形，深黄色。**果期：**秋季。**用途** **布置：**花色艳丽，果大金黄，适于公园、风景区的池畔、草坪边缘种植。

10~15cm

**黄果火棘** *Pyracantha coccinea*

**属：**火棘属。**原产地：**中国。**识别** **花：**复伞房花序，白色。**花期：**春末至夏初。**叶：**倒卵形或倒卵状长圆形，顶端圆或微凹，深绿色。**果：**黄色，存留枝头很久。**果期：**秋冬季。**用途** **布置：**宜散植于水边、草坪边缘、坡地或作绿篱。**赠：**有"吉祥"之意。

0.8~1cm

**枇杷** *Eriobotrya japonica*

**别称:** 金丸、卢橘。**属:** 枇杷属。**原产地:** 中国、日本。**识别** **花:** 圆锥花序顶生，白色。**花期:** 秋冬季。**叶:** 革质，倒披针形，表面多皱，深绿色，叶脉明显。**果:** 杏黄色，味甘形美。**果期:** 夏季。**用途** **食:** 果剥皮可生食或制成糖水罐头。**布置:** 宜群植于草坪边缘、山石旁。

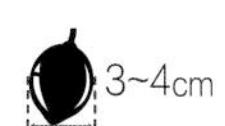 3~4cm 

**樱桃** *Prunus pseudocerasus*

**别称:** 荆桃、朱樱。**属:** 李属。**原产地:** 中国。**识别** **花:** 伞房花序，有花3~6朵，白色。**花期:** 春季。**叶:** 宽卵形至椭圆状卵形，边缘有尖锐锯齿。**果:** 果实近圆形，黄白色转红色。**果期:** 夏秋季。**用途** **布置:** 枝叶繁茂，春花如云，秋叶绛红，果实晶莹艳丽。

 1~2cm 

**草莓** *Fragaria × ananassa*

**别称:** 红莓、洋莓。**属:** 草莓属。**原产地:** 南美洲。**识别** **花:** 聚伞花序，着花5~15朵，白色或粉红色。**花期:** 春季。**叶:** 基生，掌状3出复叶，小叶卵形或菱形，绿色，有长叶柄。**果:** 聚合果，鲜红色。**果期:** 夏季。**用途** **布置:** 宜盆栽摆放庭园或阳台。

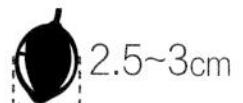 2.5~3cm 

**火棘** *Pyracantha fortuneana*

**别称:** 红果、火把果。**属:** 火棘属。**原产地:** 中国。**识别** **花:** 复伞房花序，白色。**花期:** 春末至夏初。**叶:** 倒卵形或倒卵状长圆形，顶端圆或微凹，深绿色。**果:** 橘红色或深红色。**果期:** 夏秋季。**用途** **食:** 果实可加工成各种饮料。**布置:** 宜散植于水边、草坪边缘、坡地或作绿篱。**赠:** 有“吉祥”之意。

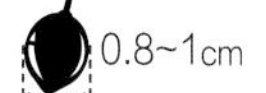 0.8~1cm 

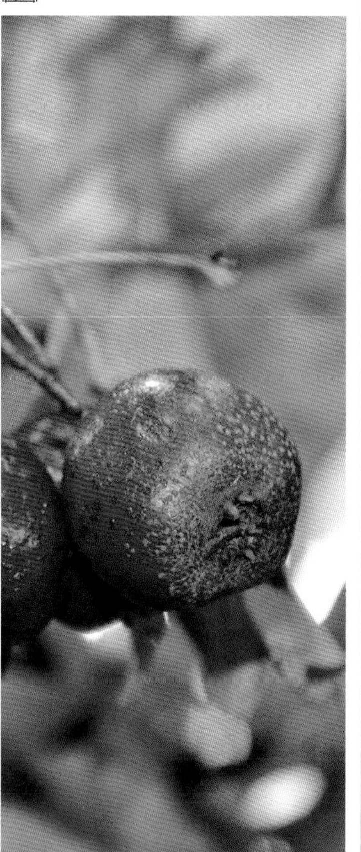

**山楂** *Crataegus pinnatifida*

**别称:** 山里果、山里红。**属:** 山楂属。**原产地:** 中国。**识别** **花:** 伞房花序，花瓣倒卵形或近圆形，白色。**花期:** 春末至夏初。**叶:** 宽卵形或三角状卵形，两侧各有3~5羽状深裂，边缘有锯齿。**果:** 近球形，味酸。**果期:** 秋季。**用途** **食:** 果可生食或做果脯、果糕。**药:** 主治食积。**布置:** 宜盆栽摆放庭园或阳台。

 2~2.5cm 

**黑莓** *Rubus cochinchinensis*

**别称:** 树莓、木莓。**属:** 悬钩子属。**原产地:** 中国。**识别** **花:** 顶生圆锥花序，自花结实，粉红色或白色。**花期:** 春季。**叶:** 奇数羽状复叶，小叶卵形，锯齿缺刻状。**果:** 果实为聚合果，成熟时转红色，最后成紫黑色。**果期:** 夏季。**用途** **布置:** 适合风景区、公园坡地栽植，果熟时成为游客自采游览区。

 1~2cm

# 芸香科

## *Rutaceae*

芸香科植物约有 180 属 1600 种，广泛分布于世界各地。我国约有 29 属 150 种，南北各地均有。其中，柑橘属的果实为著名果品，如甜橙、柠檬、柚子、金橘等。

**柚子** *Citrus maxima*

**别称：**文旦。**属：**柑橘属。**原产地：**中国热带、亚热带地区。**识别** **花：**总状花序，有时有腋生单花，白色。**花期：**春季。**叶：**大而厚，椭圆形至宽卵形，顶端圆，基部阔楔形。**果：**果实大，梨形或扁圆形，果皮厚，黄色。**果期：**秋冬季。**用途** **布置：**在南方，风景区、旅游区成片栽植。

15~25cm 

**甜橙** *Citrus sinensis*

**别称：**广柑、黄果。**属：**柑橘属。**原产地：**中国东南部。**识别** **花：**总状花序，花两性，白色。**花期：**春季。**叶：**互生，革质椭圆形至卵形，先端微尖，基部宽楔形，全缘。**果：**球形，橙黄色或橙红色。**果期：**秋冬季。**用途** **布置：**常作庭园观赏花木，盆栽摆放台阶、门庭，果期鲜艳诱人。

6~10cm 

**香橼** *Citrus medica*

**别称：**枸橼、香泡树。**属：**柑橘属。**原产地：**亚洲热带地区。**识别** **花：**圆锥花序，花瓣外面带紫色，内面白色。**花期：**夏季。**叶：**互生，椭圆形，深绿色，边缘有波状齿。**果：**椭圆形，柠檬黄色，有芳香。**果期：**秋末。**用途** **布置：**适用于庭园点缀，春秋欣赏园景，冬季摘果摆放客厅，香溢满堂。

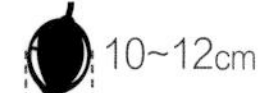10~12cm 

**佛手** *Citrus medica* ‘Fingered’

**别称：**五指柑、佛手柑。**属：**柑橘属。**原产地：**亚洲热带地区。**识别** **花：**单性花，细而小，不结果；两性花，短而粗，花淡紫色。**花期：**春季。**叶：**互生，长圆形，顶端钝，边缘有波状齿。**果：**果实大，橙黄色，芳香浓，顶端合裂如拳或张开似指。**果期：**秋季。**用途** **布置：**盆栽摆放客厅、书房或窗台，古朴典雅。

8~10cm 

**柠檬** *Citrus × limon*

**别称：**柠果。**属：**柑橘属。**原产地：**亚洲东南部。**识别** **花：**花单生或簇生于叶腋，花瓣浅紫红色，内面白色。**花期：**春季。**叶：**互生，椭圆形或卵形，边缘有细齿，浅绿色。**果：**椭圆形或卵形，两端狭，顶端乳头状，柠檬黄色。**果期：**秋季。**用途** **布置：**盆栽摆放客室、书房、阳台，清香扑鼻，消除疲劳。

5~6cm

**金橘** *Citrus japonica*

**别称：**罗浮、枣橘。**属：**柑橘属。**原产地：**中国。**识别** **花：**花单生或2~3朵集生于叶腋，花两性，白色，极香。**花期：**初夏。**叶：**披针形或椭圆形，全缘。**果：**椭圆形，金黄色，有光泽。**果期：**冬季。**用途** **布置：**新春佳节，用它布置厅堂、客室，可以烘托节日气氛，在我国已成为"节日佳果"。

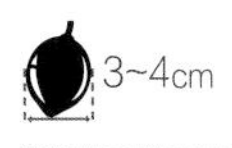

**香圆** *Citrus grandis × junos*

**别称：**香桃。**属：**柑橘属。**原产地：**中国。**识别** **花：**花单生或簇生，白色，具芳香。**花期：**春夏季。**叶：**椭圆形，基部宽楔形，全缘或有波状锯齿，深绿色。**果：**球形或长圆形，金黄色。**果期：**秋末。**用途** **布置：**常见风景区、公园、庭园中种植，也可盆栽摆放台阶、门庭、阳台、书房观赏。

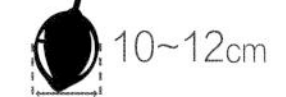

**茵芋** *Skimmia reevesiana*

**别称：**黄山桂、紫玉珊瑚。**属：**茵芋属。**原产地：**中国、日本。**识别** **花：**聚伞状圆锥花序，顶生，白色，有芳香。**花期：**春季。**叶：**单叶互生，多集生于枝顶，厚革质，深绿色。**果：**浆果状核果，卵球形，成熟时红色。**果期：**夏末。**用途** **布置：**在风景区、公园可配植于林缘或草坪边缘，姿态特别，秀丽诱人。

**虎头柑** *Citrus × aurantium* 'Hutou Gan'

**别称：**顺德橘红、大橘。**属：**柑橘属。**原产地：**中国。**识别** **花：**花单生于叶腋，白色。**花期：**全年。**叶：**叶大，互生，椭圆形，深绿色，有翼状的叶柄。**果：**果大，扁圆形，表面粗糙，有突起油泡，熟时橙红色。**果期：**秋季。**用途** **布置：**常用于盆栽，摆放庭园、台阶、门庭、客室、阳台、露台等处点缀观赏。

**朱砂橘** *Citrus reticulata* 'Zhuhong'

**别称：**红橘。**属：**柑橘属。**原产地：**亚洲东南部。**识别** **花：**花单生或数朵丛生于枝端或叶腋，白色，极香。**花期：**春季。**叶：**互生，披针形，深绿色。**果：**果实扁圆形，朱红色，表面粗糙，果皮松软。**果期：**秋末至冬季。**用途** **布置：**是庭园中极佳的观花、观果树种，盆栽又可装饰室内环境。

**红果茵芋** *Skimmia japonica*

**别称：**日本茵芋。**属：**茵芋属。**原产地：**中国台湾。**识别** **花：**聚伞状圆锥花序，顶生，花白色，具芳香。**花期：**春季。**叶：**单叶互生，多集生于枝顶，厚革质，窄椭圆形，深绿色。**果：**浆果状核果，卵球形，成熟时红色。**果期：**秋冬季。**用途** **布置：**常盆栽摆放客室、书房、阳台观赏，也可作插花素材。

**意大利柠檬** *Citrus medica* 'Italian'

**别称：**番鬼柠檬。**属：**柑橘属。栽培品种。**识别** **花：**花单生或簇生于叶腋，花紫色，芳香。**花期：**春季和秋季。**叶：**叶互生，椭圆形，边缘有锯齿，深绿色。**果：**卵形，果顶尖锐，外形似柠檬，熟时橙黄色。**果期：**秋末。**用途** **布置：**适用盆栽观赏，摆放客室、书房、地柜、阳台。

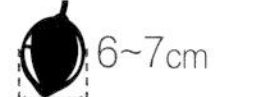

**花椒** *Zanthoxylum bungeanum*

**别称：**秦椒、麻椒子。**属：**花椒属。**原产地：**中国。**识别** **花：**聚伞状圆锥花序，顶生，花小，黄色。**花期：**春季。**叶：**奇数羽状复叶互生，小叶对生，卵形，深绿色，背面灰绿色。**果：**果为蓇葖果，球形，红色。**果期：**夏末至秋初。**用途** **布置：**适用于庭园、小游园和风景区坡地栽植，丰富绿地树种，美化环境。

**吴茱萸** *Tetradium ruticarpum*

**别称：**石虎、吴萸。**属：**吴茱萸属。**原产地：**中国。**识别** **花：**聚伞状圆锥花序，花小，白色。**花期：**夏季。**叶：**树冠圆头状，奇数羽状复叶，对生，椭圆形至卵形，深绿色。**果：**果实为蒴果，紫红色。**果期：**秋季。**用途** **药：**一味散寒止痛的中药。**布置：**适于公园或庭园中丛植或孤植，也可在坡地成片种植。

# 茄科
## *Solanaceae*

茄科观果植物品种繁多。本节主要介绍辣椒属、茄属、枸杞属的代表植物及其他观果植物。辣椒属植物果形各异、果色多样，具有很高的观赏价值。枸杞属植物主要有中华枸杞、宁夏枸杞，其药用价值不可小觑，煲汤时加入枸杞，还可调味提鲜。茄属植物果色鲜艳，广泛应用于切花和盆栽花卉。番茄属植物果色娇艳，食用与药用价值颇高。

**（辣椒）长辣椒** *Capsicum annuum* var. *longum*

**别称**：五彩辣椒、番椒。**属**：辣椒属。**原产地**：美洲北部和南部的热带地区。**识别** **特征**：茎部半木质化，分枝多。**花**：花单生，星状或钟状，白色或黄色。**花期**：夏季。**叶**：互生，卵状披针形或卵圆形，中绿色。**果**：其果实的形状、大小和位置的不同，形成了众多有趣的名字。**果期**：夏末至秋季。**用途** **布置**：常用盆栽点缀庭园和居室的阳台、窗台、露台，小巧玲珑、活泼可爱。

 1~6cm

**（辣椒）甜椒**
*Capsicum annuum* var. *grossum*

 6~8cm

**（辣椒）火焰**
*Capsicum annuum* 'Basket of Fire'

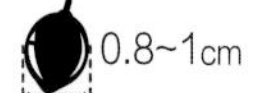 0.8~1cm

**（辣椒）宇宙霜红色**
*Capsicum annuum* 'Uchu Cream Red'

 1.5~2cm

**（辣椒）风铃辣椒**
*Caspsicum baccatum*

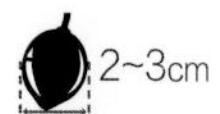 2~3cm

**（辣椒）五色旭光**
*Capsicum annuum* 'Sunshine'

 1.5~2cm

**（辣椒）紫方椒**
*Capsicum frutescens* 'Zifangjiao'

 7~10cm

**（辣椒）探戈橙色**
*Capsicum annuum* 'Tango Orange'

 1.5~2cm

**（辣椒）红肤甜椒**
*Capsicum annuum* var. *grossum* 'Redskin'

 5~6cm

**（辣椒）中国台湾红泡椒**
*Capsicum annuum* var. *cerasiforme* 'Taiwanhongpaojiao'

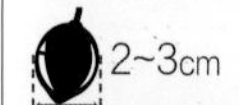 2~3cm

**（辣椒）紫炎**
*Capsicum annuum* 'Shien'

 1.5~2cm

**（辣椒）特大牛角椒**
*Capsicum annuum* 'Tedaniujiaojiao'

 4~5cm

**（辣椒）紫水晶**
*Capsicum annuum* 'Purple crystal'

 3~4cm

**（茄子）快圆茄** *Solanum melongena* 'Kuaiyuanqie'

**别称：** 昆仑瓜、落苏。**属：** 茄属。**原产地：** 亚洲东南部的热带地区。**识别 特征：** 茎直立，粗壮，分枝。**花：** 花为两性花，一般为单生，也有 2~3 朵簇生，紫色或白色。**花期：** 夏季。**叶：** 单叶，互生，卵状椭圆形，边缘波状，深绿色。**果：** 果实为浆果，果形有圆形、卵形和长形等，果色有黑紫、紫红、绿、白和花色等。**果期：** 夏季。**用途 布置：** 适合地栽或盆栽，布置院落的路边、角隅、塘边或墙旁，既能观赏又能食用，一举两得。

9~10cm

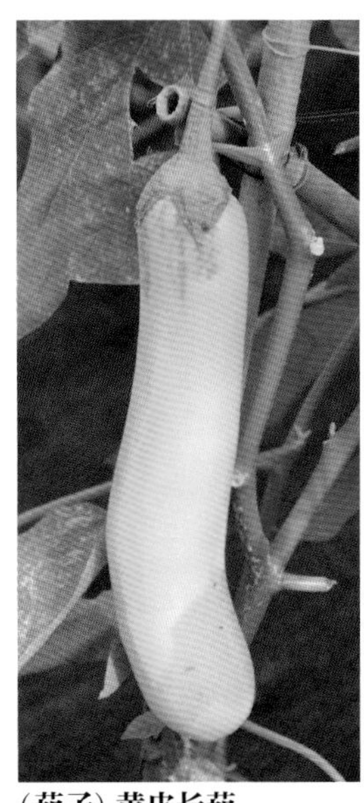

**（茄子）黄皮长茄**
*Solanum melongena* var. *serpentinum* 'Huangpi'

3.5~4cm

**（茄子）青皮长茄**
*Solanum melongena* var. *serpentinum* 'Qingpi'

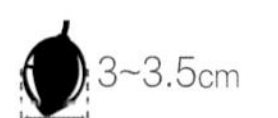

3~3.5cm

**（茄子）蛋茄**
*Solanum melongena* 'Danqie'

3.5~4cm

**（茄子）韩国白罐**
*Solanum melongena* 'Hanguo baiguan'

4~5cm

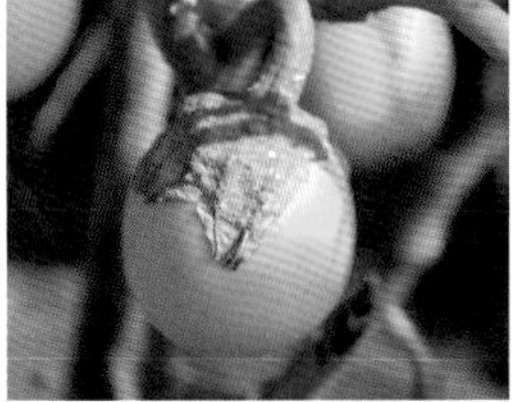

**（茄子）黄皮圆茄**
*Solanum melongena* var. *esculentum* 'Huangpi'

4~5cm

**（茄子）黄皮茄**
*Solanum melongena* var. *depressum* 'Huangpi'

4~6cm

**非洲红茄** *Solanum integrifolium*

**别称：** 赤茄、南瓜果。**属：** 茄属。**原产地：** 巴西、秘鲁。**识别 特征：** 茎部紫黑色，具稀疏皮刺。**花：** 聚伞花序，星状，白色，略带紫晕。**花期：** 夏季。**叶：** 互生，卵形至长圆状卵形，边缘有波状深裂，亮绿色。**果：** 浆果圆形，猩红色，果面具 4~6 沟棱。**果期：** 夏秋季。**用途 布置：** 常用于盆栽观赏，布置庭园或居室有喜庆的气氛，其果枝还是优质的插花素材。

3~4cm

**乳茄** *Solanum mammosum*

**别称：** 五指茄、黄金果。**属：** 茄属。**原产地：** 美洲热带地区。**识别 特征：** 茎部密生白色茸毛，散生倒钩刺。**花：** 单生或数朵聚成腋生聚伞花序，花冠紫色。**花期：** 夏季。**叶：** 互生，阔卵形，叶缘浅缺裂。**果：** 浆果圆锥形，幼果淡绿色，成熟后橙色，果面基部具数个乳头状突起。**果期：** 秋冬季。**用途 布置：** 植株可塑造各种造型，用它摆放居室，让人感到新奇和喜悦。

5~6cm

**香瓜茄** *Solanum muricatum*

**别称：**人参果、寿仙桃。**属：**茄属。**原产地：**安第斯山地区。**识别 特征：**茎部易生不定根，直立，稍木质化。**花：**聚伞花序，白色至紫色，有条斑。**花期：**夏季。**叶：**长椭圆形，深绿色。**果：**浆果卵形，未熟果绿白色，成熟果橘黄色，带紫色斑纹。**果期：**秋冬季。**用途 布置：**适合地栽或盆栽，布置院落的路边、角隅或窗台、阳台，极富情趣。

 3.5~4cm 

**金银茄** *Solanum texanum*

**别称：**巴西茄、观赏茄。**属：**茄属。**原产地：**亚洲热带东南部。**识别 特征：**茎部直立，常修剪矮化。**花：**紫色，5瓣，呈星状。**花期：**全年。**叶：**互生，椭圆形。果：椭圆形，初时白色，成熟后渐变金黄色。果期：全年。**用途 布置：**果形小巧玲珑，盆栽布置居室或庭园，让人赏心悦目，百看不厌。

 3.5~4cm 

**（番茄）中国台湾粉贝贝**
*Lycopersicon esculentum* var. *cerasiforme* 'Taiwanfenbeibei'

 2~3cm

**冬珊瑚** *Solanum pseudocapsicum*

**别称：**吉庆果、珊瑚樱。**属：**茄属。**原产地：**欧洲、亚热带地区。**识别 特征：**茎部半木质化，茎枝有细刺毛。**花：**单生，绿白色。**花期：**夏季。**叶：**互生，椭圆形至披针形，边缘波状。**果：**圆球形，幼果绿色，成熟时鲜红色，有毒。**果期：**秋冬季。**用途 布置：**果实分布均匀，橙红浑圆，玲珑可爱，适合盆栽观赏。

 1.5~2cm 

**番茄** *Solanum lycopersicum*

**别称：**西红柿、洋柿子。**属：**茄属。**原产地：**中美洲和南美洲。**识别 花：**聚伞花序，黄色，辐射状。**花期：**春秋季。**叶：**互生，奇数羽状复叶，卵形或长圆形。**果：**浆果扁球形或球形，成熟后红色或黄色。**果期：**夏秋季。**用途 布置：**适合地栽或盆栽，既能美化环境又能食用。

 3~4cm 

**枸杞** *Lycium chinense*

**别称：**狗奶子。**属：**枸杞属。**原产地：**中国。**识别 花：**单生或2~4朵簇生叶腋，花漏斗状，紫红色。**花期：**春季。**叶：**互生或簇生于短枝上，卵形或卵状披针形，中绿色。**果：**浆果卵形，成熟时红色。**果期：**夏秋季。**用途 布置：**植于坡地、水边或假山缝隙处，入秋红果蕾蕾，十分诱人。

 1~1.5cm 

**醉仙桃** *Solanum capsicoides*

**别称：**牛茄子、丁茄。**属：**茄属。**原产地：**中国南部和西南部。**识别 特征：**茎及小枝具有直的长刺。**花：**聚伞花序腋生，花少数或单生，白色。**花期：**夏季。**叶：**互生，宽卵形，5~7羽状浅裂，叶脉上均具长刺。**果：**浆果扁球形，幼果绿色，成熟时橙红色，有毒。**果期：**春季至秋季。**用途 药：**有化瘀止痛之功效。**布置：**常作盆栽观赏，点缀庭园或阳台。

 2~2.5cm 

**（番茄）中国台湾红罗曼**
*Lycopersicon esculentum* var. *cerasiforme* 'Taiwanhongluoman'

 3~5cm

**（枸杞）宁夏枸杞** *Lycium barbarum*

 1~1.2cm

**气球果** *Gomphocarpus physocarpus*

**别称**：天鹅蛋。**科属**：夹竹桃科钉头果属。**原产地**：非洲。**识别** **花**：钟状花顶生或腋生，小花五星状，米白色或淡绿白色。**花期**：夏季。**叶**：对生，窄披针形，灰绿色。**果**：卵圆形，淡绿色，极像小气球。**果期**：秋季。**用途** **布置**：在南方，配植池畔、山石旁或建筑物前，盆栽点缀厅堂和客室。

2~3cm

**阳桃** *Averrhoa carambola*

**别称**：洋桃、杨桃。**科属**：酢浆草科阳桃属。**原产地**：东南亚。**识别** **花**：聚伞状圆锥花序，钟状，淡紫红色。**花期**：夏季至冬季。**叶**：奇数羽状复叶，窄卵状椭圆形，夜间对折下垂。**果**：浆果椭圆形，5 棱状，淡绿色，成熟时蜡黄色。**果期**：秋冬季。**用途** **布置**：在南方，作为风景区绿化果树，其奇特果实十分吸人眼球。

2~4cm

**番木瓜** *Carica papaya*

**别称**：木李。**科属**：番木瓜科番木瓜属。**原产地**：中国。**识别** **花**：单性或两性，花乳黄色。**花期**：全年。**叶**：叶片大，聚生于茎顶部，5~9 深裂，微披柔毛。**果**：浆果肉质，成熟时橙黄色或黄色，长圆球形、梨形或近圆球形，果肉柔软多汁，味香甜。**果期**：全年。**用途** **布置**：宜配植于园林或庭园周围。

10~15cm

**板栗** *Castanea mollissima*

**别称**：栗子。**科属**：壳斗科栗属。**原产地**：中国。**识别** **花**：单性，雌雄同株，雄花序穗状。**花期**：春末至夏初。**叶**：互生，椭圆形至椭圆状披针形，边缘具芒状齿。**果**：成熟壳斗的锐刺有长有短、有疏有密，壳斗内的坚果径 2~4 厘米。**果期**：夏秋季。**用途** **布置**：宜栽植于庭园、岩石园或盆栽观赏。

4~6cm

**薄壳山核桃** *Carya illinoinensis*

**别称**：美国山核桃。**科属**：胡桃科山核桃属。**原产地**：北美洲。**识别** **花**：雌性穗状花序直立。**花期**：春季。**叶**：奇数羽状复叶，卵状披针形至长椭圆状披针形。**果**：矩圆状或长椭圆形，有 4 条纵棱。**果期**：夏末至秋季。**用途** **布置**：宜孤植或丛植于湖畔、草坪，也可作庭荫树、行道树。

2.5~3cm

**凤梨** *Ananas comosus*

**别称**：菠萝。**科属**：凤梨科凤梨属。**原产地**：巴西。**识别** **花**：花序长圆卵球形，紫色或蓝紫色。**花期**：夏季至冬季。**叶**：簇生，线形，深绿色，叶缘有锐刺。**果**：圆筒形或短圆形，有鳞状硬壳。**果期**：全年。**用途** **布置**：宜盆栽摆放公共场所或居室客厅，在南方配植于花坛和园宅中。

10~15cm

**油橄榄** *Olea europaea*

**别称**：齐墩果、洋橄榄。**科属**：木樨科木樨榄属。**原产地**：地中海地区。**识别** **花**：腋生圆锥花序，花白色，有芳香。**花期**：春季。**叶**：单叶对生，革质，窄椭圆形至披针形，全缘，灰绿色。**果**：卵圆形，成熟时紫黑色。**果期**：夏季。**用途** **布置**：宜丛植或群植草坪边缘。

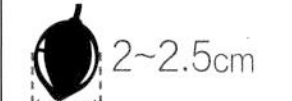

2~2.5cm

**小果野蕉** *Musa acuminata*

**科属**：芭蕉科芭蕉属。**原产地**：亚洲。**识别** **花**：穗状花序顶生，大苞片佛焰苞状，紫红色，花黄白色。**花期**：夏秋季。**叶**：螺旋状排列，长矩圆形，羽状平行脉，绿色。**果**：果身弯曲，有 4 或 5 条纵棱，果皮由青色变为黄色。**果期**：全年。**用途** **布置**：宜配植于庭园、窗前、墙隅，寒冷地区用于室内景观布置。

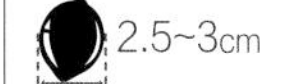

2.5~3cm

**中华猕猴桃** *Actinidia chinensis*

**别称**：几维果。**科属**：猕猴桃科猕猴桃属。**原产地**：中国。**识别** **花**：着生 2~3 朵花，乳白色，后变淡黄色，雌株花后结果。**叶**：卵圆形或心形，背面密生灰白色星状毛，中绿色。**果**：椭圆形，棕褐色，有柔毛。**花期**：初夏。**果期**：夏秋季。**用途** **布置**：宜盆栽点缀花廊、棚架、拱门。

4~5cm

**老鸦柿** *Diospyros rhombifolia*

**科属：**柿科柿属。**原产地：**中国。**识别** **花：**单生于叶腋，白色，花萼宿存，向后反曲。**花期：**春季。**叶：**卵状菱形至倒卵形，深绿色。**果：**球形，嫩时黄绿色，有柔毛，后变橙黄色、橘红色，无毛。**果期：**秋季。**用途** **布置：**宜配植于庭园作观果树种，也可盆栽作盆景，摆放居室欣赏。

8~10cm

**大花假虎刺** *Carissa grandiflora*

**别称：**美国樱桃。**科属：**夹竹桃科假虎刺属。**原产地：**南非。**识别** **花：**聚伞花序顶生或腋生，花 5 瓣也有 4 瓣，白色，具芳香。**花期：**春秋季。**叶：**卵圆形，深绿色。**果：**卵圆形，红色转紫黑色。**果期：**夏末至秋季。**用途** **布置：**宜盆栽摆放台阶、阳台和别墅入口处。

2~3cm

**大叶冬青** *Ilex latifolia*

**别称：**宽叶冬青。**科属：**冬青科冬青属。**原产地：**中国、日本。**识别** **花：**聚伞花序，花黄绿色。**花期：**春季。**叶：**厚革质，长椭圆形，边缘疏生锐锯齿，主脉在表面凹陷，深绿色。**果：**球形，红色或褐色。**果期：**秋季。**用途** **布置：**适用于庭园、公园、风景区种植，可作风景树、绿篱。

6~7mm

**柿** *Diospyros kaki*

**科属：**柿科柿属。**原产地：**中国。**识别** **花：**聚伞花序腋生，着花 3~5 朵，钟形，淡黄白色，花萼宿存。**花期：**春夏季。**叶：**纸质，卵状椭圆形至倒卵形或近圆形，灰绿色。**果：**球形、扁球形等，基部通常有棱，嫩时绿色，后变黄色、橙黄色。**果期：**秋季。**用途** **布置：**宜配植于庭园作观果树种。

4cm 

**火龙果** *Hylocereus undatus*

**科属：**仙人掌科量天尺属。**原产地：**中美洲。**识别** **花：**花萼管状，花瓣宽阔，纯白色。**花期：**夏秋季。**叶：**三角柱状，3 棱，棱常翅状，边缘波状，深绿色，刺座着生 3 枚以上圆锥形刺。**果：**长圆形或卵圆形，表皮红色，具卵状而顶端急尖的鳞片。**果期：**夏秋季。**用途** **布置：**在南方配植于花坛和园宅中。

10~12cm

**冬青** *Ilex chinensis*

**别称：**红果冬青。**科属：**冬青科冬青属。**原产地：**中国、日本。**识别** **花：**单生，排列成聚伞花序，花淡紫红色，有香气。**花期：**春季。**叶：**薄革质，长椭圆形，中绿色至深绿色。**果：**椭圆形，成熟时深红色。**果期：**夏秋季。**用途** **布置：**宜在庭园中孤植或群植，可修剪造型，作绿篱栽培。

1~1.2cm 

**红果仔** *Eugenia uniflora*

**别称：**番樱桃、蒲红果。**科属：**桃金娘科番樱桃属。**原产地：**巴西。**识别** **花：**单生或数朵聚生于叶腋，白色，有淡香味。**花期：**春季。**叶：**对生，革质，卵形至卵状披针形。**果：**球形，有 8 棱，熟时深红色。**果期：**春季至秋季。**用途** **布置：**色泽美观，宜作盆栽观赏或美化庭园，也可作园林绿化树种。

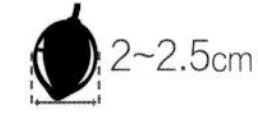2~2.5cm 

**酒红智利爱神木**
*Gaultheria mucronata* 'Mulberry Wine'

**别称：**桑酒爱神木。**科属：**杜鹃花科白珠属。**原产地：**智利、阿根廷。**识别** **花：**单生，下垂，白色或粉红色。**花期：**春末至夏初。**叶：**卵状椭圆形至长圆状椭圆形，锯齿状，深绿色。果：球形，外表结实光滑，紫红色。**果期：**全年。**用途** **布置：**宜栽植于庭园、岩石园或盆栽观赏。

1~1.5cm 

**山茱萸** *Cornus officinalis*

**别称：**山萸肉、山芋肉。**科属：**山茱萸科山茱萸属。**原产地：**中国、朝鲜、日本。**识别** **花：**伞形花序，簇状，腋生或顶生，花金黄色。**花期：**春季。**叶：**对生，纸质，卵状披针形或卵状椭圆形。**果：**长椭圆形，红色至紫红色。**果期：**秋季。**用途** **布置：**红果累累，为秋冬季观果佳品，宜单植或片植于庭园、花坛。

5~6mm 

**枸骨冬青** *Ilex aquifolium*

**别称：**圣诞树。**科属：**冬青科冬青属。**原产地：**中国、日本。**识别 花：**单生，雌雄异株，排列成聚伞花序，花淡紫红色，有香气。**花期：**春季。**叶：**薄革质，长椭圆形，中绿色至深绿色。**果：**球形，成熟时鲜红色。**果期：**秋末至冬季。**用途 布置：**配植于林缘、溪边、池畔和草坪，孤植或群植于庭园中。

8~10mm

**枸骨** *Ilex cornuta*

**别称：**老虎刺。**科属：**冬青科冬青属。**原产地：**中国、朝鲜。**识别 花：**雌雄异株，聚伞花序，花黄绿色。**花期：**春季。**叶：**硬革质，矩圆状四方形，先端有3枚坚硬刺齿，基部平截，表面深绿色，背面淡绿色。**果：**球形，入秋后红果满枝，经冬不凋。**果期：**秋末至冬季。**用途 布置：**适合盆栽装点庭园。

9~10mm

**嘉宝果** *Plinia cauliflora*

**别称：**珍宝果。**科属：**桃金娘科树番樱属。**原产地：**巴西。**识别 花：**花小，白色，顶着淡黄色的花小粉，有清香。**花期：**春季和秋季。**叶：**对生，披针形或椭圆形，革质，深绿色，有光泽。**果：**球形，从青色变红色再变紫色，最后成紫黑色。**果期：**全年。**用途 布置：**盆栽全年枝叶浓密，适宜摆放庭园或阳台。

1~1.5cm

**杨梅** *Morella rubra*

**科属：**杨梅科杨梅属。**原产地：**中国。**识别 花：**雌雄异株，柔荑花序腋生，花黄红色。**花期：**冬春季。**叶：**互生，革质，倒长卵形至倒披针形，全缘。**果：**球状，外表面具乳头状凸起，外果皮肉质，成熟时深红色或紫红色，多汁液。**果期：**夏季。**用途 布置：**宜孤植或丛植于草坪、庭园，也可列植于路旁。

2~3cm

**兔眼越橘** *Vaccinium ashei*

**别称：**蓝浆果。**科属：**杜鹃花科越橘属。**原产地：**欧亚北部、日本、北美。**识别 花：**顶生短总状花序，花2~8朵，稍下垂，钟形，白色或淡红色。**花期：**夏季。**叶：**互生，倒卵形或椭圆形，表面深绿色，背面淡绿色。**果：**质硬，成熟前颜色红如兔眼。**果期：**秋季。**用途 布置：**群植或列植于园林中的坡地、池畔、溪边。

5~6cm

**石榴** *Punica granatum*

**别称：**安石榴。**科属：**千屈菜科石榴属。**原产地：**欧洲和喜马拉雅山地区。**识别 花：**钟状或筒状，有红、白、黄、粉红等色。**花期：**春夏季。**叶：**对生或簇生，长披针形或长倒卵形，亮绿色。**果：**大型而多室、多子，每室内有多数子粒。**果期：**秋季。**用途 布置：**宜摆放公园、风景区。**赠：**有"多子多孙"之意。

8~10cm

**紫金牛** *Ardisia japonica*

**别称：**千年不大。**科属：**报春花科紫金牛属。**原产地：**中国、日本。**识别 花：**伞状花序，花白色。**花期：**夏季。**叶：**对生或轮生，椭圆形。缘有细齿，中绿色至深绿色，背面绿色或紫红色。**果：**球形，鲜红色转黑色。**果期：**秋季。**用途 布置：**宜配植于假山、岩石旁。**赠：**有"喜庆瑞祥"之意。

5~6mm

**朱砂根** *Ardisia crenata*

**别称：**黄金万两。**科属：**报春花科紫金牛属。**原产地：**中国、日本。**识别 花：**总状花序，花白色。**花期：**夏季。**叶：**对生，集中顶枝，深绿色。**果：**球形，鲜红色，具腺点。**果期：**秋冬季。**用途 布置：**宜盆栽摆放窗台、阳台和厨房一角，适合庭园林下配植，剪枝瓶插绿饰镜前，明艳而炫目。

5~6mm

# 附录一 全书植物拉丁文索引

## A

## B

## C

## D

## E

## F



## G

## H

# I



# J



# K



# L

# M

## N

## O



## P

## Q



## R

## S

## T

## U



## V



## W

# X



# Y



# Z

# 附录二 全书植物拼音索引

## A



## B

## C

## D

## E



## F

## G

## H

## K



## L

## M

## N



## O



## P

# Q



# R

## S

## T



## W

# X

## Y

## Z